普通高等教育“十二五”规划教材

水利工程管理

（第2版）

主　编　梅孝威
副主编　桂建平　余周武　胡　斌
主　审　黄泽钧

中国水利水电出版社
www.waterpub.com.cn

内 容 提 要

本书的任务是使学生掌握水利工程的检查观测、养护维修、调度运行以及防汛抢险的基本知识和基本技能，为从事水利工程管理工作打下基础。

全书的主要内容有：绪论，水库调度运用，用水管理，土石坝的检查观测，混凝土及砌石坝的检查观测，土石坝的养护修理，混凝土与浆砌石坝的运用管理，水闸与溢洪道的运用管理，隧洞和涵管的运用管理，渠道及渠系建筑物运用管理，堤防管理与堤坝防汛抢险。各部分内容均有明确的知识目标和能力目标，列举了经典案例，并配有系统的强化训练题。

本书为高等职业技术学院水利水电工程和农业水利技术等水利类专业的教材，也可供从事水利工程管理的技术人员参考。

图书在版编目（CIP）数据

水利工程管理 / 梅孝威主编. -- 2版. -- 北京 : 中国水利水电出版社, 2013.10(2022.7重印)
普通高等教育“十二五”规划教材
ISBN 978-7-5170-1309-9

Ⅰ. ①水… Ⅱ. ①梅… Ⅲ. ①水利工程管理－高等学校－教材 Ⅳ. ①TV6

中国版本图书馆CIP数据核字(2013)第248856号

书　　名	普通高等教育“十二五”规划教材 **水利工程管理**（第2版）
作　　者	主编　梅孝威
出版发行	中国水利水电出版社 （北京市海淀区玉渊潭南路1号D座　100038） 网址：www.waterpub.com.cn E-mail：sales@mwr.gov.cn 电话：(010) 68545888（营销中心）
经　　售	北京科水图书销售有限公司 电话：(010) 68545874、63202643 全国各地新华书店和相关出版物销售网点
排　　版	中国水利水电出版社微机排版中心
印　　刷	天津嘉恒印务有限公司
规　　格	184mm×260mm　16开本　19.75印张　467千字
版　　次	2005年8月第1版　2005年8月第1次印刷 2013年10月第2版　2022年7月第7次印刷
印　　数	16501—21500册
定　　价	**59.00**元

前言

本书第1版自2005年出版以来已有8年，8年来水利工程管理已有了很大的发展，特别是国家投巨资对大中型及重点小型病险水库除险加固，对大型灌区进行续建配套与节水改造，涌现了许多新技术、新工艺和新材料。同时，高等职业教育改革发展迅猛，要求教学内容与职业岗位对接，采用工学结合的教学模式。教育部又颁布了《高等职业学校专业教学标准（试行）》，迫切需要对第1版进行修订。

教育部、财政部决定2011～2012年实施“支持高等职业学校提升专业服务能力”项目，重点支持高等职业学校专业建设，提升高等职业教育服务经济社会能力。本教材的编写得到中央财政项目的支持，突出了当前职业教育关于课程改革的新理念，增强了应用性和实用性。

根据高等职业教育的特点，本书以职业能力为本位，以应用为核心，以“必须，够用”为原则，紧密联系水利工程管理实际，能与相应的职业资格标准相互衔接。本书力求内容全面、语言简洁、通俗易懂、实例丰富、图文并茂。为充分体现以学生为主体的教育观念，突出对学生能力的培养，各章都有明确的知识目标和能力目标，列举了近年来的一些经典案例，并配有系统的强化训练题，使学生明确学习目的和要求，便于自主进行能力训练，同时方便教学。

本书由梅孝威任主编，桂建平、余周武、胡斌任副主编，黄泽钧任主审。

参加本书编写工作的有梅孝威（绪论、第一章），桂建平（第二章～第四章），余周武（第五章～第七章），胡斌（第八章～第十章）。梅龙参加了本书的绘图和校对工作，谨在此表示感谢。

“水利工程管理”是一门实践性很强的课程，内容十分广泛，限于水平，本书难免存在不足之处，恳请读者批评指正。

编者

2013年5月

第1版前言

本书是21世纪高职高专教育统编教材，本教材的任务是使学生掌握水利工程的检查观测、养护维修、调度运行以及防汛抢险的基本知识和基本技能，为从事水利工程技术管理工作打下基础。

为适应水利工程管理部门的需要，培养具有较强技能的应用型人才，本课程除要求学生掌握各种水工建筑的日常运用和维护外，还着重培养学生掌握观测设备布置、埋设、观测等操作知识，能根据具体情况制定对建筑物加固的措施和修理方法。

参加本教材编写的有：湖北水利水电职业技术学院梅孝威（第一、四、八章），湖南水利水电职业技术学院刘华平（第二、三章），湖北水利水电职业技术学院桂建平（第五、六、七章），安徽水利水电职业技术学院奚立平（第九、十、十一章）。

全书由梅孝威任主编，桂建平和刘华平任副主编，武汉大学石自堂教授主审。梅龙同志绘制了本书第二、三、四、五章的插图，并参加了本书的文字校对工作，谨此表示感谢。

《21世纪高职高专教育统编教材　水利工程管理》是一门实践性很强的课程，内容十分广泛。虽然在编写过程中力求突出高职高专教育特色，重视实践技能培养，尽量体现新技术、新工艺、新材料、新规范在工程管理中的应用，但限于水平，难免存在不足之处，恳请读者批评指正。

编者

2005年7月

目录

绪　论

【知识目标】

- 了解水利工程管理的意义。
- 掌握水利工程管理的任务和内容。

一、我国水利管理的发展和成就

我国是水利历史悠久的国家，长期以来，积累了非常丰富的水利工程管理经验。我国古代有过诸如河防、岁修、堵口复堤、通舟保漕等属于水利管理范畴的事迹和制度。唐《水部式》就是唐代颁布执行的水利工程管理法规，代表了当时水利管理的成就。但 19 世纪中叶以后，我国沦为半封建半殖民地社会，不仅水利建设停滞不前，而且已有的一些水利工程也年久失修，管理制度废弛，管理水平已十分落后。直至 20 世纪初，我国才开始学习和引进西方先进的水利科学技术，但管理落后的局面并未有大的改变。

新中国成立 60 多年来，水利水电建设事业迅速发展，水利水电管理事业也不断壮大，其发展过程可大体分为三个阶段：

第一阶段是中华人民共和国成立初期的三年经济恢复时期和第一个五年计划时期。这一时期，水利水电建设发展快、质量好、效益显著。随着新建水利工程的迅速增加，水利工程的管理开始机构和业务建设。从中央到地方各级水利部门相应建立了工程管理部门，各类水利工程也建立了专管机构，开始对工程进行运用管理，并把水利工程的技术管理归纳为检查观测、养护修理和控制运用，建立了有关规章制度，这一时期开始了中国水利水电管理事业。

第二阶段是从“大跃进”到“十年动乱”时期。1958 年的“大跃进”中，大批水利工程上马，水利建设虽然取得了很大成绩，但在“左”的思想指导下，“边勘测、边设计、边施工”，不少工程标准低、质量差、尾工多、不配套，给管理工作留下了不少后遗症。全国现有的 300 多座大型水库中有 200 多座是在这一时期动工兴建的，遗留的设计标准低和质量问题很多，至今除险加固的任务还十分艰巨。与此同时，水利管理工作大大削弱，“重建设、轻管理”的现象十分严重，出现了不少中小型工程无人管理和在管理中乱指挥、乱运用、乱操作的情况。为了建立正常的管理秩序，当时的水利电力部于此后陆续颁发了水库、坝、堤防管理通则，制定了水利工程检查观测和养护的技术规范。但是，从 1966 年开始的“十年动乱”时期，水利水电工程管理也同其他事业一样，遭到了严重破坏。许多水利管理机构被撤销，大批科技人员下放，大批技术资料档案被销毁，管理制度废弛，秩序一片混乱。有统计表明，“十年动乱”期间，水库垮坝最多。最严重的是 1973 年，全国中小水库垮坝 500 余座。1975 年，河南省遭受特大洪水，板桥、石漫滩两座大型水库垮坝失事，致使下游地区遭受毁灭性灾难。受灾人口 1100 万人，淹没耕地 1700 万亩，倒塌房屋560万间，京广铁路被毁102km，中断行车18天。造成严重灾害的主要原因，固然是由于遭受了历史罕见的特大洪水，但是，如果水利工作能够尊重科学，按客观规律办事，把工程修好，加强管理，是可以大大减少洪灾损失的。

第三阶段是党的十一届三中全会以后至今。我国推行了以经济建设为中心、全面改革、对外开放的一系列方针政策，国民经济持续稳定增长，国家面貌发生了深刻变化，逐步扭转了不讲经济效益、重建设轻管理的思想，使水利工程管理工作逐步走上了以提高经济效益为中心的轨道上来。把水利工程管理的任务归纳为“安全、效益、综合经营”，制定了“加强经营管理，讲究经济效益”的水利工作方针。

新中国成立以来的半个多世纪内，水利工程的发展主要是兴建，进入21世纪，水利工作的着重点逐渐转移到水利工程管理上来。2006年以来，政府加大了对病险水库除险加固的力度，中央投资完成了6240座大中型及重点中小型病险水库的除险加固任务，对408处大型灌区进行续建配套与节水改造工程建设。但是目前全国还有2亿多农村居民饮用水不安全，8万多座水库中还有4.1万座水库存在安全隐患，一些城市饮水供应紧张，防洪排涝不时出现问题。2011年中央一号文件要求，巩固大中型病险水库加固的成果，加快小型水库除险加固的步伐。到“十二五”期末，全面解决农村居民饮用水不安全的问题，进一步提高城市供水能力，确保饮用水达标。

党中央要求进一步克服“重大型轻小型、重建设轻管理”的思想，切实加大水资源管理、水利工程管理、基层水利管理和水价管理等方面的改革力度。特别是在我国中部和东部地区，主要不是兴修大、中型水利工程，而是需要加强中小型水利工程的整修和管理，将水利工程发展到一个新的阶段。

水利工程管理的内容随着水利事业的发展也在不断充实和发展，从20世纪50年代只限于技术管理的内容，现已发展成为了以已建的水利工程为对象，以水利技术为基础，以现代管理科学为手段，以提高经济效益为宗旨的一门新的管理学科。它的内容很广泛，一般可分为工程技术管理和经营管理。本书主要讲述水库调度运用、用水管理、工程检查观测、工程养护维修和防汛抢险等工程技术管理的内容，水利工程管理的其他有关内容将在“水利水电工程经营管理”等课程中讲述。

二、水利工程管理的意义

水利工程的建成，为发展国民经济创造了有利条件，为确保工程安全，充分发挥工程的效益，还必须加强工程管理。常言道：“三分建，七分管”，对水利工程而言，建设是基础，管理是关键，使用是目的。水利工程管理的好坏，直接影响效益的高低，管理失当可能造成严重事故，给国家和人民生命财产带来不可估量的损失。

影响水利工程安全和性能的主要因素有以下几个方面：

（1）由于影响水利工程的自然因素复杂，水工理论技术仍处于发展阶段，同时水工建筑物的工程量大、施工条件困难，因此，在工程的勘测、规划、设计和施工中难免有不符合客观实际之处，致使水工建筑物本身存在着不同程度的缺点、弱点和隐患。

（2）水工建筑物长期处在水中工作，受到水压力、渗透、冲刷、气蚀、冻融和磨损等物理作用以及侵蚀化学作用的影响。在长期运行中，可能受到设计时所未能预见的自然因素和非常因素的作用，如遭遇超标准的特大洪水、强台风和地震等。

(3) 水工建筑物失事危害随社会发展不断加大。随着国民经济的迅速发展，水利工程下游的城镇居民和工矿企业均日益增多，条件也日渐优越，一旦水工建筑物失事，溃坝洪水所造成的损失，将远远超过以往任何时期而难以估量。

如1998年汛期，长江上游先后出现8次洪峰，并与中下游洪水相遇，形成了全流域性的特大洪水。在长江荆江河段以上洪峰流量小于1931年和1954年的洪水，而洪量大于1931年和1954年的洪水。在这场大洪水中，长江中下游干流和洞庭湖、鄱阳湖共溃垸1075个，总淹没面积32.1万km^2，其中耕地约19.7万km^2，涉及人口229万人，死亡人口1562人；长江干堤九江大堤决口，尽管未造成人员死亡，但给国家及当地工农业发展造成了难以估量的损失。

水工建筑物在运用中，受到各种外力和外界因素的作用，随着时间的推移，逐渐降低其工作性能，缩短工程寿命，甚至造成严重事故。因此，必须对水工建筑物加强检查观测，及时发现问题，进行妥善的养护，对病害及时进行维修，不断发现和克服不安全的因素，确保工程安全。同时，科学调度、使用和保护水资源，可使水利工程长期地充分发挥其效益，提高水库运行的预见性，延长建筑物使用期限。而加强用水管理的意义是使各部门、各单位合理用水，高效用水，以满足不断增长的用水需求。

三、水利工程管理的任务和内容

1. 水利工程管理的任务

水利工程管理的主要任务是：确保工程的安全、完整，充分发挥工程和水资源的综合效益。具体是通过合理调水、用水，兴利除害，最大限度地发挥水资源的综合效益；通过检查观测了解建筑物的工作状态，及时发现隐患；对工程进行经常的养护，对病害及时处理；开展科学研究，不断提高工程管理水平，逐步实现工程管理现代化。

为了做好工程管理工作，首先应详细掌握工程的情况。在工程施工阶段即筹建管理机构，并派驻人员参与施工；工程竣工后，要严格履行验收交接手续，要求设计和施工单位将勘测、设计及施工资料，一并移交管理单位；管理单位要根据工程具体情况，制定出工程运用管理的各项工作制度，并认真贯彻执行，保证工程正常高效的运用。

在建筑物的管理中，必须本着“以防为主，防重于修，修重于抢”的原则。首先做好检查观测和养护工作，防止工程病害的发生和发展，发现病害后，应及时修理。做到小坏小修，随坏随修，防止病害进一步扩大，以免造成不应有的损失。

“兴建容易修补难”是人们在实践中总结出的至理名言。改革开放以来，各级水利部门十分重视水工建筑物养护维修工作，取得了很好的效果，积累了许多整治病害的经验，在水库除险中引进了许多新技术、新材料、新工艺。例如，采用高压定向喷射灌浆法构筑防渗墙以处理坝基渗漏；在土坝中采用劈裂灌浆法处理坝体渗漏；应用土工膜和土工织物防渗排渗，以节省投资、缩短工期；采用聚合物水泥砂浆修补混凝土；采用环氧树脂、聚氨酯等新型化学灌浆材料；采用物探技术探测土质堤坝隐患；等等。在养护修理工作中，对难以解决的特殊问题，一般需与设计、施工、科研等单位会商，确定处理措施，并及时进行观测，验证其效果。工程出现险情，应在党和政府的统一领导下，充分发动群众，立即进行抢护。在防汛抢险中，应随时做好防大汛、抢大险的准备，制定相应的抢险方案，尽可能地减少洪灾造成的损失。

2. 水利工程管理的内容

(1) 水库控制运用。在原规划设计的基础上，根据水文气象、上下游防洪要求，结合工程情况与用水部门的要求，有计划地进行洪水调度和兴利调度，保证工程安全并发挥最大效益。

(2) 用水管理。根据水源情况、工程条件、工农业生产安排等方面的信息，编制用水计划，实行计划用水。按照用水计划的规定和水量调配组织的指导，调节、控制水量，准确地从水源引水、输水，按计划向用水单位供水，同时做好水质水量的监测工作。在灌溉用水中，减少渠道水量损失、提高灌溉水的利用率是一项极为重要的工作，其主要措施包括改善灌水技术、渠道防渗、积极开展灌排试验等。

(3) 检查观测。水工建筑物在运用过程中，其状态和工作情况随时都在变化，有的是正常变化，不影响建筑物的安全，但异常变化，就可能引起失事。管理人员应定期对建筑物进行系统、全面的检查观测工作，随时掌握建筑物的状况，及时发现问题并采取措施，改善工程运用状况，保证工程安全。

(4) 养护修理。根据检查观测的情况，及时消除建筑物的隐患，进行加固处理，以保持建筑物处于良好的工作状态。除此之外，还要对建筑物进行定期维护，以延长工程寿命，使建筑物保持完整和正常运行。

(5) 防汛抢险。各级机构应建立防汛机构，组织防汛队伍，储备物资器材，立足于防大汛、抢大险，确保工程安全。不断总结防汛抢险的经验教训，及时发现险情，准确判断险情的类型和程度，采取正确措施处理险情，迅速有效地把险情消灭在萌芽状态，是取得防汛抢险胜利的关键。

强 化 训 练

一、填空题

1. 我国古代有过诸如________、岁修、________、通舟保漕等属于水利管理范畴的事迹和制度。

2. 水利工程管理的任务归纳为________、________和________。

3. 水利工程管理的内容归纳为________、________、________、________和________。

4. 水工建筑物的管理中，必须本着________、________、________的原则。

二、判断题

1. 今后，水利工程主要不是兴修大、中型水利工程，而是加强水利工程的管理。(　　)

2. 水工建筑物可能受到的非常因素作用就是遭遇超标准的特大洪水。(　　)

3. “兴建容易修补难”是人们在实践中总结出的至理名言。(　　)

三、简答题

1. 水利工程管理的重要意义是什么?

2. 水利工程管理的任务是什么，它的内容主要有哪些?

第一章　水库调度运用

【知识目标】

- 了解水库控制运用的内容、日常业务和工作制度。
- 了解水库泥沙淤积的防治方法。
- 理解水库防洪调度的原则，初步掌握灌溉水库防洪调度的方法。
- 理解水库兴利调度的目的、任务和原则，初步掌控灌溉水库兴利调度的方法。

【能力目标】

- 掌握库区降雨量、水位和泄水流量的观测方法。
- 初步掌握灌溉水库防洪调度图的绘制和应用方法。
- 初步掌握灌溉水库兴利调度图的绘制和应用方法。

第一节　库区水文观测

水文观测是水库运行管理中的一项基本工作，是了解和掌握各种水文变化情况，分析计算水库的水账，以及进行水库调度运用、保证水库安全，充分发挥效益的基本依据。

水库的水文观测项目，主要有降水、水位、流量观测等。

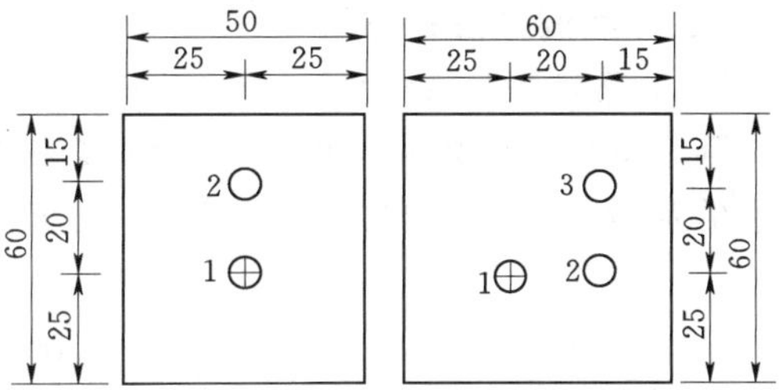

图 1-1　雨量观测场地布置图（单位：m）
1—E-601 蒸发皿；2—雨量器；3—自记雨量计

一、降水量观测

从天空降落的雨、雪、霜、雹等统称降水。降水是地表水和地下水的来源，降水量是计算水库水账、掌握水库水情的一个基本因素。

（一）观测场地及设备

1. 观测场地

观测站的观测场地应尽可能选择在四周空旷、平坦的地点，避开局部地形、地物（如高地、房屋、树林等）对降水观测的影响。观测场地的大小视观测仪器的种类和数量，参考图 1-1 确定。

降水量观测常用的设备是 20cm 口径的雨量器（图 1-2）和自记雨量计（图 1-3）。

2. 自记雨量计

自记雨量计多采用虹吸式自记雨量计（图 1-3），其工作原理为：雨水由承雨器进入浮子室后，将浮子升起并带动自记笔在自记钟的外围的记录纸上做出记录。当浮子室内雨水储满时，雨水通过虹吸管排至储水瓶，同时自记笔又下降到起点，继续随雨量增加而上升。这样，降雨过程便在自记纸上绘出。

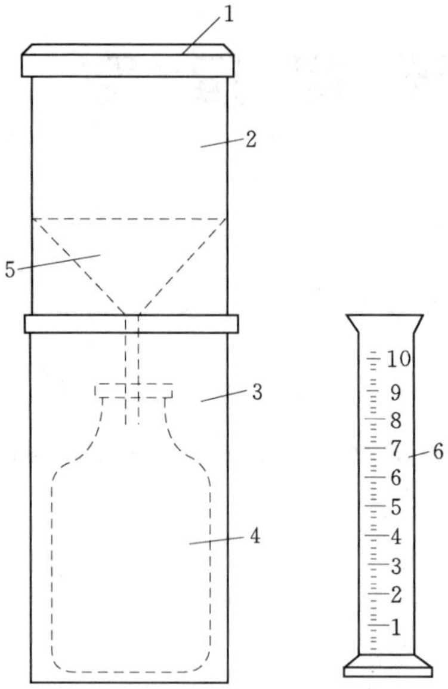

图 1-2 雨量器
1—器口；2—承雨器；3—雨量筒；
4—储水器；5—漏斗；6—雨量杯

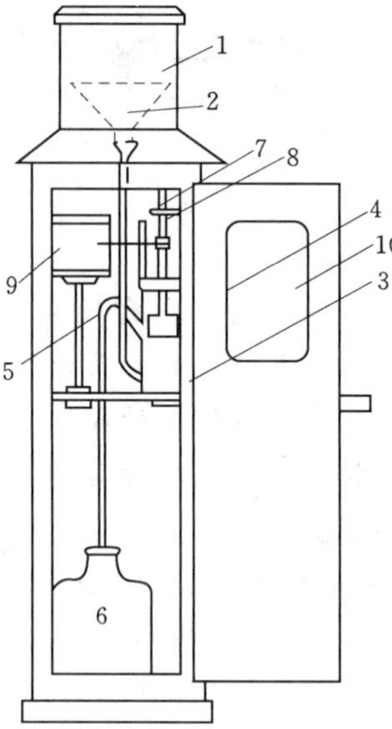

图 1-3 自记雨量计（单位：cm）
1—承雨器；2—漏斗；3—浮子室；4—浮子；
5—虹吸管；6—储水器；7—自记笔；
8—笔档；9—自记钟；10—巡视窗

（二）观测方法和记录

1. 观测方法

降水量是以降落到地面的水层深度来表示，单位以 mm 计。一般只测记降雨、降雪、降雹的水量，并注记雪、雹的符号，必要时测记雹的粒径、最大积雪深、初霜和终霜的日期。

降水物的符号：*—雪；·*—有雨，也有雪；▲—雹或雨夹雹；▲*—有雹，也有雪；凵—霜。

降水物的符号记于降水量数值的右侧，降水量记至 0.1mm。我国降水量的观测规定，以每日 8：00 作为日分界，以本日 8：00 至次日 8：00 的 24h 内所有降水量为本日降水量。

（1）用雨量器观测降水量。用雨量器观测降水量，一般采用定时分段观测，观测次数和时间，根据上级要求执行。但在暴雨过程中，为了随时掌握雨量的情况，可在一阵急雨过后立即加测降雨量。当降水为液体时，可在规定时间用空储水瓶换回雨量器内储水瓶。将瓶内雨水倒入量杯，端平或放平量杯，读取凹形水面最低处的刻度数值，即为降水量。读数精确到 0.1mm，量杯的刻度到 10mm。降水量大时，可分几次量取，记录总数。在降雪时期，应将雨量器漏斗摘下，不放储水瓶，直接用雨量筒盛雪。观测时，将雨量筒拿到室内，先用量杯量取一定数量的温水注入雪中，在雪完全融化后再量取量杯中读数，用该数值减去注入的温水数，即得降水量数值。

（2）用自记雨量计观测降水量。

1）观测时间。一般在汛期使用自记雨量计观测降水量。除每日 8：00 观测一次外，降水之日应在 20：00 检查一次（西北地区可适当提前）。暴雨适当增加检查次数。观测时正遇大雨，换纸可适当推迟或提前。如已到记录纸末端仍不能换纸，应迅速转动钟筒（先顺后逆），将笔尖移过压纸条，对准坐标时间继续记录。

2）观测的操作程序与方法。

a. 在自记纸上作记号，注明日期、时间。

b. 慢慢注水，检查虹吸是否正常，即查看实际注水量是否与纸上相应记录量相等。

c. 更换自记纸，上纸要做到纸底边与钟筒底缘对齐，纸面平整，纸首尾的纵坐标衔接，无雨日可不换纸，在检查虹吸后，注入 1mm 水，使笔尖升至前一日记录线以上一个整毫米数的位置，继续使用。连续为无雨日时，可数日换一次纸。

d. 上发条对准时间，画时间记号、并在纸左边注明日期、时间。

e. 量读储水瓶内水量，并检查漏斗有无杂物堵塞。

巡查时可只进行上述ⓐ和ⓔ项工作，并查看仪器运转是否正常。

3）记录纸的整理。记录纸更换后应及时进行整理：

a. 首先检查记录纸上的时间、虹吸、记录是否正常，如不正常应先进行订正。

b. 计算每小时降水量与降水时间。当 1 小时内连续降水时，则该小时内之降水量为起止两条小时整点线上降水读数之差，并在时间相应位置作记录。当 1 小时内降水有间断，记实有降水量与时间。

c. 将时段内各小时降水量累计相加，即时段降水量，并填记在相应时段的附近。

d. 记录纸按月装订成册，并进行降水量的特征值统计工作。

由图 1-4 自记雨量计记录纸上画出的降水过程线可以看出，这场雨是从 8：25 左右开始，当时浮子室里尚存有以前降水 1.5mm。在降雨过程中，浮子室满溢过 3 次，到 14：00 雨止，浮子室存水 8.7mm。因此，这场雨共降水 3×10＋8.7－1.5＝37.2（mm）。各时段降雨强度也可从图 1-4 上量算，如 11：00～12：00 之内降了 13.5mm，是这场降雨强度最大的一段。

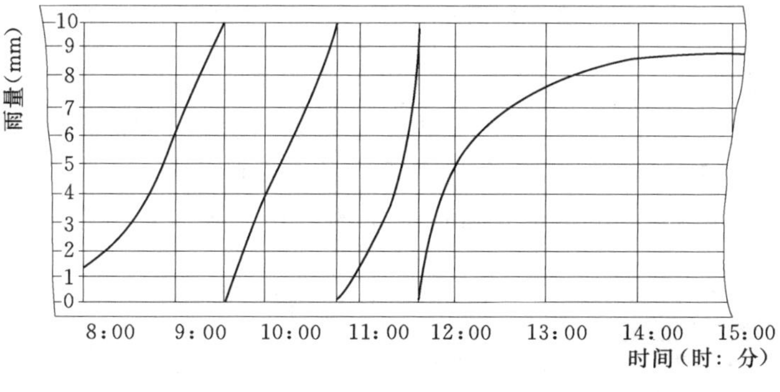

图 1-4　自记雨量计记录纸

2. 观测记录

记录格式有分时段定时观测记录表（表 1-1）和分时段记入降雨起讫时间记录表

（表 1－2）。根据上级规定采用相应记录格式，历时记至分钟。

表 1－1　6 月份降水量记录表

日期	时段降水量（mm）					一日降水量（mm）
	8:00	14:00	20:00	次日 2:00	次日 8:00	
13		23.5	10	3	15	51.5

表 1－2　6 月份降水量观测记录表

降水次序	日	时:分	实测降水量（mm）	一次降水量		时段降水量（mm）	一日降水量	
				mm	历时		日	mm
41	13	7:15						
		8:00	10.0			10.0	12	10.0
		8:50	3.5	13.5	1:35			
42		9:10						
		14:00	20.0			23.5		
		20:00	10.0			10.0		
		21:50	3.0	33.0	12:40			
	14	2:00				3.0		
43		2:20						
		3:10	5.0	5.0	0:50			
44		3:50						
		4:20	3.0	3.0	0:30			
45		5:00						
		7:20	7.0	7.0	2:20			
		8:00				15.0	13	51.5
	15	8:00						

二、水位观测

水库水位观测，包括库区水位观测及水工建筑物的上、下游水位观测。库区水位观测是为了测定水库水位变化情况，并由此推求水库蓄水量的变化。水工建筑物上、下游的水位变化情况，通过水位-流量关系推求泄放流量的变化。水位观测是水库运行管理过程中的一项基本观测工作。

（一）测点布设与观测设备

1. 测点布设

根据作用的不同，水位观测可分为库区水位观测及输、泄水建筑物上、下游水位观测两部分。

库区水位观测一般是为了求得水库平均水位，通常又分为坝前水位和库周水位两类。

坝前水位是水库水位观测的基本测点，对于水库面积较小的中小型水库，可仅在坝面或坝身附近岸边设置一个坝前水位测点，以坝前水位代表库区平均水位。对于水面特别开阔或形状特殊的大型水库，库周水位往往不同，所以除了应观测坝前水位外，还需要在水库周围设置几个水位测点，同时进行观测，以推求库区平均水位。过水建筑物的上游水位，通常用坝前水位代表，不再另设测点。但如果泄水建筑物远离大坝，或枢纽包括有彼此相距较远的几个泄水建筑物，则应另外分别设置水位测点。

水位测点应设在水流平稳、受风浪和泄水影响较小、河床和岸坡较稳固、便于观测的地方，设在能满足工程管理和观测资料分析需要的、有代表性的地方。例如，所有库区水位测点距溢洪设施都不宜小于最大溢洪水头的 3～5 倍，以避免受到溢洪时跌水线的影响；下游水位测点，应尽可能设在较顺直的河段内，观测断面应保持稳定并不受回水影响。有时根据观测需要，可设置辅助水位测点。例如，为观测闸墩收缩断面水位，就应在闸前翼墙及闸墩侧壁设测点；为观测弯道水位，应在两岸设辅助测点，以观测水面横比降等。

2. 观测设备

常用的水位观测设备，有水尺和自记水位计两种。

（1）水尺。由靠桩和水尺板组成。水尺的布置，应保证水尺刻度变化幅度在整个水位变幅内都能观测，观测范围一般要高于最高水位和低于最低水位 50cm。因此，水尺往往不是一根而是一组，如图 1－5 所示。水尺应加编号，并向库内顺序排列。相邻两根水尺交替处，应有 10～20cm 的重合部分，便于相互校对。在建筑物上、下游设置水尺时，可以在不受水位下降和水跃影响的侧墙上直接用油漆涂绘尺面，以替代尺面板。

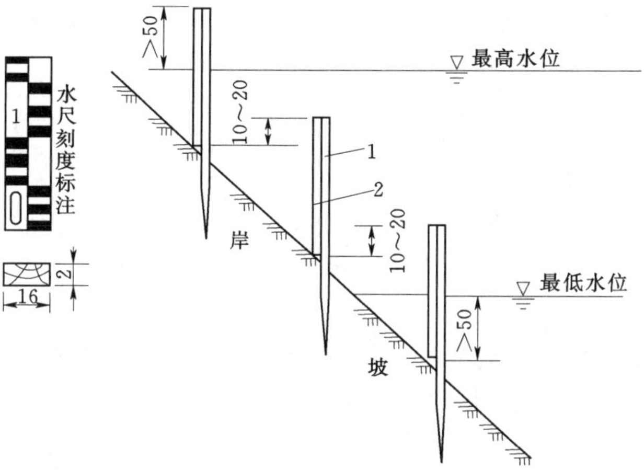

图 1－5　水尺设置示意图（单位：cm）

1—靠桩；2—水尺板

为了消除风浪对观测的影响，可在水尺上安装“静水设备”。静水设备的种类很多，图 1－6 为其中一种，它是一根直径为 1～2cm 的玻璃管，两端开口，用 2～3 对有弹性的卡子夹在水尺板或测尺上。管子下端进水口应予缩小或裹一只沙袋，以便消除管内水面波动。管内放入一支火柴杆或带颜色的软木浮子，显示管内水面的位置。

（2）自记水位计。常见的自记水位计分机械型和电传型两类。机械型自记水位计，结构简单，使用方便，使用于小型水库。图 1－7 所示的一种机械型自记水位计示意图。水面升降使测井内的浮子起落，通过悬索带动滑轮，再经过齿轮系统带动记录笔杆作相应的摆动，笔尖便在随时钟转动的记录纸上画出相应的水位随时间的变动曲线。

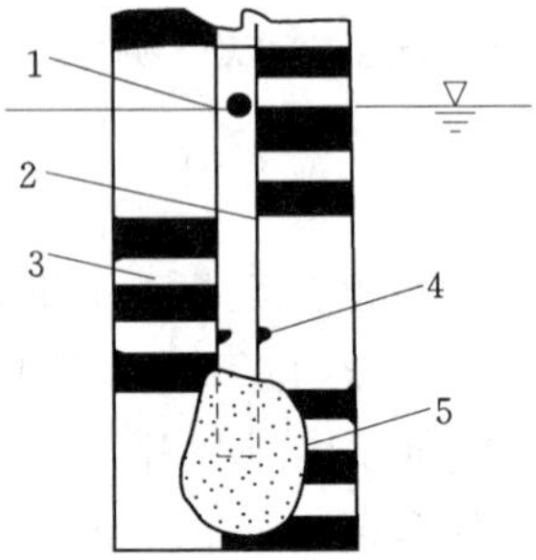

图 1－6 水尺静水设备

1—浮子；2—玻璃管；3—水尺板；4—卡子；5—沙袋

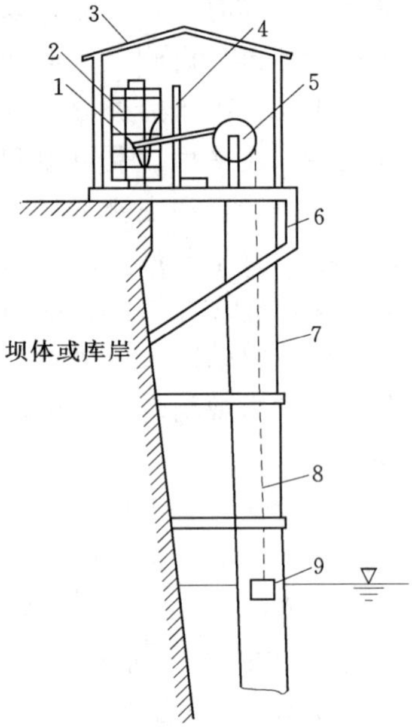

图 1－7 自记水位计示意图

1—自记笔；2—时钟；3—仪器室；4—笔档；5—滑轮；6—支架；7—测井；8—悬索；9—浮子

（二）观测方法和记录

观测水尺水位时，观测者应尽量蹲下身体，视线接近水面，读取水面反映在水尺刻划上的数值，称为水尺读数。水尺读数加上水尺零点高程，即等于水位。水位以 m 表示，读数记至 cm 即 0.01m。

如果观测时有风浪，水尺上又没有静水设备，则应将一个波浪的峰顶和谷底在水尺上反映的数值都读下来，记取其平均值。

观测次数和时间，应根据水位变化特点及满足观测需要而确定。根据各地水库管理的实践，观测次数大致有以下经验，可供参考。

水位观测：①不下雨，不泄放流量或库水位平稳时，每日 8 时观测一次；②水库来水面积内降雨，来水量加大，库水位上升，从水位上升时起每隔一定时间（如 0.5～1h）加测一次，遇到暴雨时，应在水位起涨及涨落速度最大时加密测次；③水库开始放水、停止放水及调整放水闸门孔数和开度的前后，各加测一次；④水库开始溢洪及停止溢洪后各加测一次。在溢洪过程中，每隔一定时间观测一次，在调整闸门孔数和开度的前后各加测一次。

水库水位观测必须按时填写观测记载表。表格形式可参考表 1－3。该表格中，分别列出坝前、溢洪道及放水管（洞）三个观测点记载内容，其中水库蓄水量一栏，是根据坝前水位从水位-库容关系曲线上查得，下泄流量和放水流量是从水位-流量关系曲线上查得。

举例如下：

某水库输水塔最底层高程为51.74m，作为水尺的零点高程。7月21日8：00观测P_4水尺，读数为5.89m。中午降大雨，水库水位上涨，15:00时，观测P_4水尺，读数为5.96m，15:30观测P_4和P_3水尺，读数均为6.08m，16:00观测P_3水尺，读数为6.25m，记录见表1-3所列。

表1-3　水库水位、流量观测记录表

坝前								溢洪道								放水涵管（洞）									
日期				水尺编号	水尺读数（m）	水位（m）	蓄水量（万m^3）	日期				水尺编号	水尺读数（m）	水位（m）	下泄流量（m^3/s）	日期				启闸高度（m）	水尺读数（m）		水位（m）		放水流量（m^3/s）
月	日	时	分					月	日	时	分					月	日	时	分		上游	下游	上游	下游	
7	21	8	0	P_4	5.89	57.60	686																		
		15	0	P_4	5.96	57.70	705																		
		15	30	P_4	6.08	57.82	730																		
		15	30	P_3	6.08	57.82	730																		
		16	0	P_3	6.25	57.98	768																		

三、流量观测

流量观测包括进库流量观测和出库流量观测。进库流量是在水库上游河道上设置测流断面，进而观测而得。本节主要介绍出库流量的观测（即水工建筑物流量观测）。

水库出库流量包括灌溉、发电的放水流量和溢洪道的泄洪流量。由于水库所有泄放水量都必须通过一定的水工建筑物，这些建筑物的过流断面形式固定，过流影响因素单一，只要观测水工建筑物上、下游水位及水流形态，就可按水力学公式计算出流速和流量。

水库泄放水量的水工建筑物，一般有溢洪道、卧管、涵洞及堰闸等类型。下面介绍利用这些建筑物查算流量的方法。

水库出库流量的查算必须依据各水工建筑物的水位—流量关系曲线图（表）。此图（表）一般由设计单位制作，在工程设计书中给出，如果没有，水库管理人员可按下面介绍的方法进行补做，建立各水工建筑物的出流关系图（表），以便查用。

（一）水库出流关系的建立

1. 溢洪道

水库溢洪道大都为宽顶堰、实用堰，也有明渠、薄壁堰等形式，一般为自由出流。小型水库多为开敞式的溢洪道，也有闸门控制的。所以，溢洪道水流分堰流和孔流。

自由式出流堰流流量公式为

$$Q=4.43\varepsilon mBH^{\frac{3}{2}} \tag{1-1}$$

式中 Q——流量，m^3/s；

B——溢洪道净宽，m；

H——上游水头，m，由水库水位减溢洪道底（堰顶）高程得出；

m——自由式堰流流量系数，粗略计算时，对于宽顶堰 $m=0.32\sim0.385$，曲线型实用堰 $m=0.43\sim0.56$，折线型实用堰 $m=0.4\sim0.48$；

ε——侧收缩系数，它与堰闸总宽度和上游引水渠宽度的比值、堰顶高度和上游水头的比值及进口边缘形式和墩座形状有关，粗略计算时可采用 0.85～0.95，无侧收缩时 $\varepsilon=1$。

自由式孔流流量公式为

$$Q=M\omega\sqrt{H} \tag{1-2}$$

$$\omega=be$$

式中 Q——流量，m^3/s；

ω——闸下过水断面面积，m^2；

b——闸孔净宽，m；

e——闸门开启高度，m；

M——堰顶闸门自由式孔流流量系数，与闸门开度（e）和上游水头（H）的比值（e/H）有关，数值参考表 1-4 或图 1-8。

表 1-4　自由式孔流流量系数参考表

e/H	0.1	0.2	0.3	0.4	0.5	0.6	0.7
M	2.84	2.75	2.66	2.57	2.48	2.39	2.30

【例 1-1】 某水库为开敞式曲线型实用堰型溢洪道，净宽 10m，堰顶高程为 57.00m，设计最高洪水位为 62.00m，溢洪道堰接陡槽，为自由式出流。按式（1-1）补做泄流量关系曲线，算例见表 1-5 和图 1-9 中的一孔闸门全开曲线。取 $m=0.48$，$\varepsilon=0.95$。

解： 为查用方便，根据表 1-5 中的计算成果绘制成水位—流量关系曲线图，见图 1-9 中的一孔全开曲线。

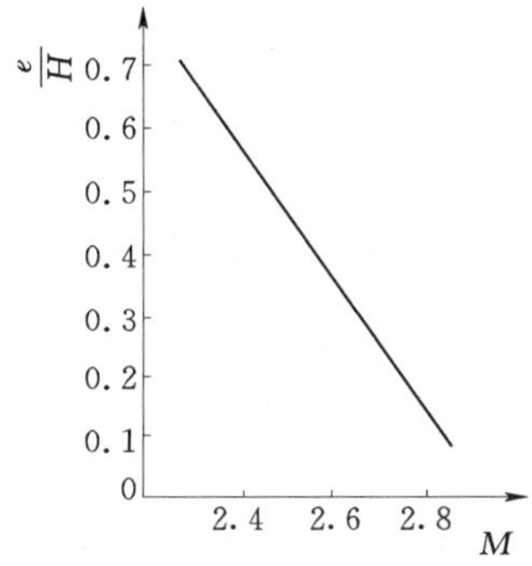

图 1-8 $M—\frac{e}{H}$关系图

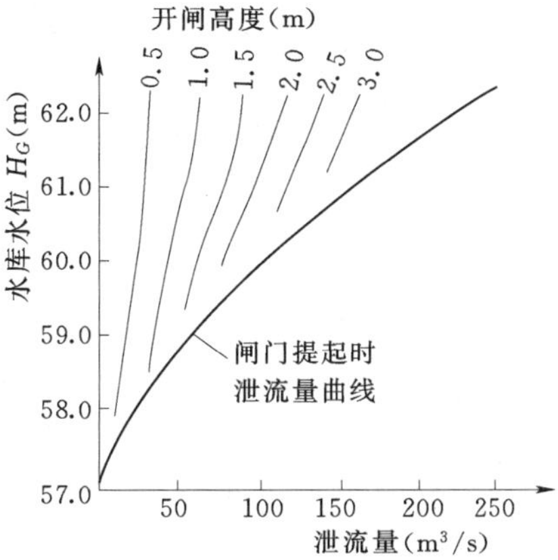

图 1-9 某水库溢洪道泄流量曲线图

表 1-5　　某水库溢洪道水位泄流量关系计算表

水库水位 (m)	水头 H(m)	$H^{3/2}$	$BH^{3/2}$	流　量 $Q=2.02BH^{3/2}$
57.2	0.2	0.089	0.89	1.8
58.0	1.0	1.00	10.00	20.2
59.0	2.0	2.83	28.30	57.2
60.0	3.0	5.20	52.00	105.0
61.0	4.0	8.00	80.00	161.6
62.0	5.0	11.20	112.00	226.2

【例 1-2】 某水库基本资料同上例，但设有两孔闸门，每孔净宽 10m，补做水位—泄流关系曲线。

解： 先将表 1-4 制成图 1-8 以备查用，再按公式（1-2）计算开一孔闸不同开启高度的水位—泄流量关系，见表 1-6。根据表中计算成果，以库水位和流量值为纵、横坐标，以闸门开启高度为参数，点绘泄流关系图，如图 1-9 所示。若两孔同时开启同一高度，可由图中查得的流量值乘以 2 即为两孔同时开启同一高度的泄流量。

表 1-6　　某水库溢洪道不同开度泄流量计算成果表　　流量单位：m^3/s

水库水位 H_G (m)	水头 H (m)	$\sqrt{H}$	开闸高度 e (m)					
			0.5	1.0	1.5	2.0	2.5	3.0
			过水断面面积 ω (m^2)					
			5	10	15	20	25	30
57.2	0.2	0.447						
57.4	0.4	0.632						
57.6	0.6	0.775						
57.8	0.8	0.894	10.5					

续表

水库水位 H_G (m)	水头 H (m)	$\sqrt{H}$	开闸高度 e（m）					
			0.5	1.0	1.5	2.0	2.5	3.0
			过水断面面积 ω（m^2）					
			5	10	15	20	25	30
58.0	1.0	1.00	12.4					
58.2	1.2	1.10	14.1					
58.4	1.4	1.18	15.6	27.4				
58.6	1.6	1.26	16.9	29.8				
58.8	1.8	1.34	17.8	32.6				
59.0	2.0	1.41	19.1	35.0				
59.2	2.2	1.48	20.0	37.4	51.1			
59.4	2.4	1.55	21.3	39.8	54.6			
59.6	2.6	1.61	22.1	41.4	57.8			
59.8	2.8	1.67	22.9	43.6	61.0	76.9		
60.0	3.0	1.73	24.1	45.2	64.4	81.2		
60.2	3.2	1.79	25.0	47.6	67.8	85.6		
60.4	3.4	1.84	25.7	48.9	70.9	88.0		
60.6	3.6	1.90	26.5	50.5	73.2	92.3	109	
60.8	3.8	1.95	27.2	52.7	75.2	96.8	114	
61.0	4.0	2.00	28.4	54.0	77.1	99.2	120	
61.2	4.2	2.05	29.1	55.4	80.4	102	124	142
61.4	4.4	2.10	29.8	57.7	82.3	106	128	145
61.6	4.6	2.14	30.5	59.1	84.3	109	131	151
61.8	4.8	2.19	31.0	60.2	87.3	113	136	159
62.0	5.0	2.24	31.8	61.5	89.3	115	139	161
62.2	5.2	2.28	32.3	62.6	90.9	117	141	164
62.4	5.4	2.32	32.9	63.7	92.5	121	146	170

2. 涵管（洞）

水库输水涵管（洞）都设有闸门，进口高程较低，进口被水淹没。当涵管（洞）内的水面低于涵管（洞）顶部，具有自由水面时，称为无压涵管（洞），如图 1－10 所示。当水流充满涵管（洞），管内无自由水面时，称为有压涵管（洞），如图 1－11 所示。

补做涵管（洞）的水位泄流量关系时，必须事先判断涵管（洞）的水流流态，正确选用计算公式。

（1）按下述情况判别涵管（洞）流态：

1）当出口水深 h_n 小于 0.75d（涵管高度或直径），属无压流。

2）闸门全开时：当出口水深 h_n 大于 0.75d 而小于 d 时，属有压自由式管流；当出口

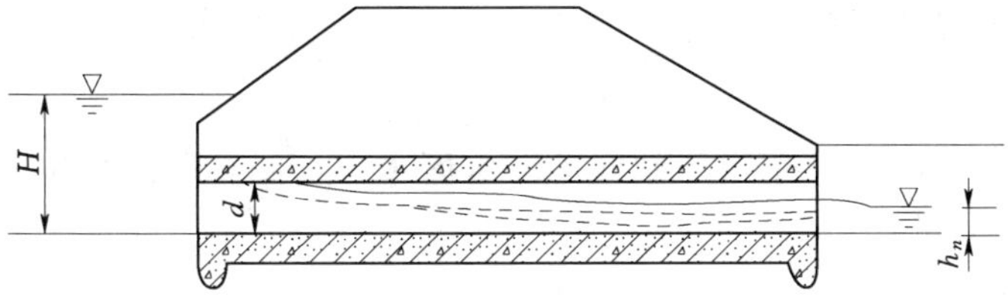

图 1-10　无压涵管（洞）示意图

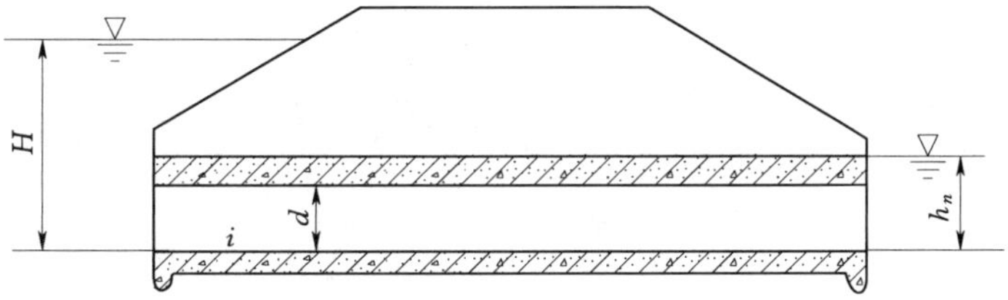

图 1-11　有压涵管（洞）示意图

水深 h_n 大于 d 时，属有压沉溺式管流。

3）闸门不全开时：闸门后水深 h_c 小于闸孔开度 e，属自由式孔流；闸门后水深 h_c 大于闸孔开度 e，属沉溺式孔流。

（2）相应各种流态的流量计算公式如下：

1）涵管（洞）无压流与孔流计算公式相同。

2）自由式孔流流量计算公式为

$$Q=M\omega\sqrt{H-h_c} \tag{1-3}$$

其中

$$M=\sqrt{2g}\varphi\varepsilon=4.43\varphi\varepsilon$$

式中　Q——流量，m^3/s；

ω——闸下过水断面面积，为闸孔宽度 b 和开启高度 e 的乘积，m^2，对于圆管，$\omega=\frac{e}{bs}(3e^2+4s^2)$，$s=\sqrt{8re+4e^2}$（$r$ 为圆管半径）；

H——闸上游水位，m；

M——孔流流量系数；

φ——流速系数，粗略计算可采用 0.95～1.00，ε 为垂直收缩系数，与开闸高度和上游水头的比例（e/H）相关，数值见表 1-7；

h_c——闸下游收缩断面的水深，m，$h_c=\varepsilon e$，可根据 e、H 值查表 1-7 算出。

表 1-7　垂直收缩系数查算表

$\frac{e}{H}$	ε	$\frac{e}{H}$	ε	$\frac{e}{H}$	ε
0.00	0.611	0.30	0.625	0.55	0.650
0.10	0.615	0.35	0.628	0.60	0.660
0.15	0.618	0.40	0.632	0.65	0.675
0.20	0.62	0.45	0.638	0.70	0.690
0.25	0.622	0.50	0.645	0.75	0.705

3）沉溺式孔流流量计算公式为

$$Q=M\omega\sqrt{Z} \tag{1-4}$$

式中 Z——闸上、下游水位差，即闸门上游水库水位与涵管下游水位的差值，m；

其他符号的意义同式（1-3）。

4）有压自由式涵管出流量计算公式为

$$Q=\mu\omega\sqrt{H'} \tag{1-5}$$

圆管
$$\mu=\frac{4.43}{\sqrt{1+\frac{\lambda L}{d}+\sum\xi}}$$

方管
$$\mu=\frac{4.43}{\sqrt{1+\frac{\lambda L}{4R}+\sum\xi}}$$

5）有压沉溺式管出流量计算公式为

$$Q=\mu\omega\sqrt{Z} \tag{1-6}$$

圆管
$$\mu=\frac{4.43}{\sqrt{\frac{\lambda L}{d}+\sum\xi}}$$

方管
$$\mu=\frac{4.43}{\sqrt{\frac{\lambda L}{4R}+\sum\xi}}$$

以上各式中 Q——流量，m^3/s；

ω——涵管断面面积，圆管 $\omega=\pi r^2$（r 为圆管半径）；

H'——涵管出口中心处水头，m，为当时库水位减去出口中心处高程；

Z——涵洞上、下游水位差，m；

μ——管流流量系数；

λ——涵管沿程摩擦阻力系数，混凝土管道采用 $\lambda=0.022$；

L——涵管长度，m；

d——圆形涵管内径，m；

R——方形涵管水力半径，m，为涵管断面积与湿周的比值；

$\sum\xi$——局部摩擦系数的总和，粗略计算时可采用以下数值：进口摩阻系数，带拦污栅为 5～10，不带拦污栅为 2～5；出口摩阻系数，非沉溺式出流为 0.5，沉溺式出流为 1。

【例 1-3】 某水库放水涵管（洞）为混凝土方管，过水断面面积为 $1.5\times1.5=2.25m^2$，管长 75m，涵洞进口边缘未修圆，设为拦污栅，出口中心高程为 53.75m，不发生沉溺式管流，补做闸门全开情况下放水流量关系。

解： 流态判别。闸门全开，且出口不发生沉溺，故属有压自由式管流，应采用式（1-5）计算，即 $Q=\mu\omega\sqrt{H'}$。

流量系数为

$$\mu=\frac{4.43}{\sqrt{1+\frac{0.022\times75}{4\times\frac{2.25}{4\times1.5}}+5+0.5}}=\frac{4.43}{\sqrt{1+1.1+5+0.5}}=1.604$$

计算成果见表 1-8 及图 1-12。

表 1-8　　某水库放水涵管（洞）放水流量计算表

水库水位 H_G (m)	水头 H' (m)	$\sqrt{H'}$	流量 Q (m^3/s)	水库水位 H_G (m)	水头 H' (m)	$\sqrt{H'}$	流量 Q (m^3/s)
55.2	1.45	1.20	4.33	59.0	5.25	2.29	8.26
55.4	1.65	1.28	4.62	59.2	5.45	2.33	8.41
55.6	1.85	1.36	4.91	59.4	5.65	2.38	8.59
55.8	2.05	1.43	5.16	59.6	5.85	2.42	8.73
56.0	2.25	1.50	5.41	59.8	6.05	2.46	8.88
56.2	2.45	1.57	5.67	60.0	6.25	2.50	9.02
56.4	2.65	1.63	5.88	60.2	6.45	2.54	9.17
56.6	2.85	1.69	6.10	60.4	6.65	2.58	9.31
56.8	3.05	1.75	6.32	60.6	6.85	2.62	9.46
57.0	3.25	1.80	6.50	60.8	7.05	2.66	9.60
57.2	3.45	1.86	6.71	61.0	7.25	2.69	9.71
57.4	3.65	1.91	6.89	61.2	7.45	2.73	9.85
57.6	3.85	1.96	7.07	61.4	7.65	2.77	10.00
57.8	4.05	2.01	7.25	61.6	7.85	2.80	10.10
58.0	4.25	2.06	7.43	61.8	8.05	2.84	10.20
58.2	4.45	2.11	7.61	62.0	8.25	2.87	10.40
58.44	4.69	2.16	7.80	62.2	8.45	2.91	10.50
58.66	4.91	2.20	7.94	62.4	8.65	2.94	10.60
58.88	4.91	2.25	8.12				

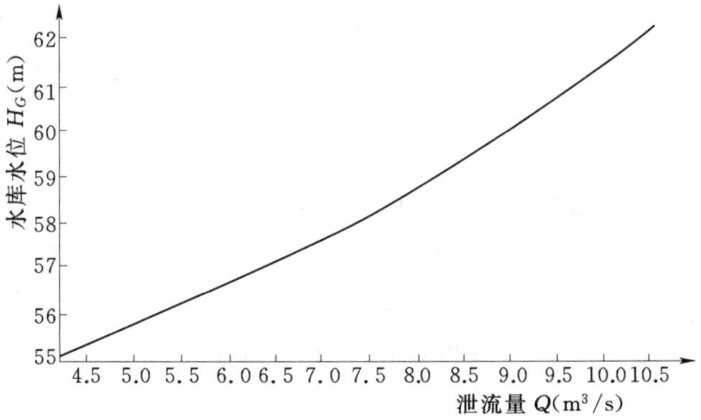

图 1-12　某水库放水涵管（洞）泄流曲线图

（二）出流量关系曲线的率定

从前面叙述中可以看出，流量系数的选用存在着主观任意性，出流量的测算成果存在一定误差，属于简易、粗略的观测方法。为了使水库出流量测算的成果具有准确性，与实际出流量相符，应进行出流量关系的率定。所谓率定，就是用实测流量的方法，对所采用的流量系数或泄流量关系曲线进行修正，使之符合堰闸出流的实际情况。

率定工作一般有两种方法。

1. 间接率定出流量关系曲线

间接率定出流量关系曲线的方法是：先率定流量系数，再根据率定后的流量系数值修正流量关系曲线图。对于已成建筑物，其流量系数的变化，主要受水头 H、开闸高度 e、上下游水位差 Z 等因素影响，流量系数的计算公式及相关因素见表 1-9。

表 1-9 流量计算公式及相关因素表

出流情况	流量计算公式	流量系数计算公式	流量系数的相关因素
自由式堰流	$Q=C_1BH^{\frac{3}{2}}$	$C_1=Q/BH^{\frac{3}{2}}$	$C_1—H$
堰顶闸门自由式孔流	$Q=M_1\omega\sqrt{H}$	$M_1=Q/\omega\sqrt{H}$	$M_1—e/H$
平底闸门自由式孔流	$Q=M\omega\sqrt{H-h_c}$	$M=Q/\omega\sqrt{H-h_c}$	$M—e/H$
平底闸门沉溺式孔流	$Q=M\omega\sqrt{Z}$	$M=Q/\omega\sqrt{Z}$	$M—e/z$ 或 $M_2—e/H_1$
取水塔卧管自由式孔流	$Q=M_2\omega\sqrt{H_1}$	$M_2=Q/\omega\sqrt{H_1}$	$M_2—H_1$
涵洞自由式管流	$Q=\mu\omega\sqrt{H}$	$\mu=Q/\omega\sqrt{H}$	$\mu—H$
涵洞沉溺式管流	$Q=\mu\omega\sqrt{Z}$	$\mu=Q/\omega\sqrt{Z}$	$\mu—z$

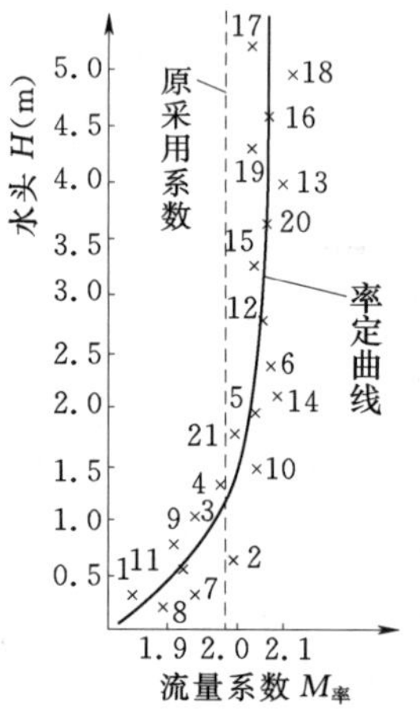

图 1-13 某水库率定溢洪道水头—流量系数关系图

参照表 1-9，每实测一次出流就可以计算出一个相应的流量系数值。在该堰闸的水位变化幅度内，取得包括不同水位、不同开闸高度的 20 次以上的成果后，即可以流量系数为横坐标、以相关因素为纵坐标点绘关系曲线图（图 1-13）。如果实测点的分布比较均匀（上、中、下部都含点子），实测点距的 M 值变化范围（点带宽度）在中上部分一般不超过其中间值的 10%，下部不差过 20%，就可以定线使用了。

例如，某水库溢洪道（曲线型实用堰）净宽 10m，堰顶高程 57.00m，闸门提起情况下的实测流量和流量系数计算成果见表 1-10。首先将各实测点，点绘水头 H 与流量系数 $M_率$ 关系图如图 1-13 所示，若检查实测点的分布和点带宽度符合上述要求，即通过点带中心绘出流量系数 $M_率$ 的率定曲线。然后再根据率定的流量系数曲线（各级水头的流量系数值），重新计算各级水位的泄流量（表 1-10），并绘出率定后的水位—泄流量曲线（图 1-14）以后，就可使用这个新成果进行出流量的测算了。

表 1-10　　**实测水位、流量及系数率定表**

测次	施测时间				水库水位 H_G (m)	水头 H (m)	$H^{3/2}$	$BH^{3/2}$	实测流量 Q (m^3/s)	流量系数 $C_1=\frac{Q}{BH^{3/2}}$
	年	月	日	时:分						
1	1970	7	14	10:05～10:30	57.25	0.25	0.125	1.25	2.31	1.85
2				18:50～19:20	57.60	0.60	0.465	4.65	9.35	2.01
3			15	6:12～6:40	58.00	1.00	1.00	10.00	19.50	1.95
4				11:20～11:54	58.25	1.25	1.40	13.98	28.10	2.01
5				20:10～20:50	58.80	1.80	2.41	24.15	49.60	2.05
6			16	7:05～7:53	59.34	2.34	3.58	35.80	75.00	2.10
7			18	14:30～15:06	57.30	0.30	0.164	1.64	3.20	1.95
8			19	9:15～9:40	57.13	0.13	0.047	0.47	0.89	1.90
9		8	5	13:10～13:46	57.75	0.75	0.650	6.50	12.50	1.92
10			6	10:05～10:45	58.40	1.40	1.66	16.57	34.20	2.06
11			8	9:10～9:42	57.50	0.50	0.354	3.54	6.82	1.93
12	1971	8	11	13:12～13:55	59.75	2.75	4.56	45.60	94.80	2.08
13			13	10:40～11:30	60.92	3.92	7.76	77.61	163.00	2.10
14			16	15:10～15:50	59.01	2.01	2.85	28.50	59.90	2.10
15	1972	7	28	9:04～9:55	60.24	3.24	5.83	58.32	121.00	2.07
16			29	16:30～17:25	61.50	4.50	9.55	95.46	200.00	2.10
17			31	10:06～11:15	62.13	5.13	11.62	116.19	241.00	2.07
18			31	18:50～19:50	61.90	4.90	10.85	108.47	229.00	2.11
19		8	2	7:00～7:50	61.25	4.25	8.76	87.62	181.00	2.07
20			3	14:10～14:60	60.60	3.60	6.83	68.31	143.00	2.09
21			5	10:05～10:48	58.73	1.73	2.28	22.75	45.80	2.01

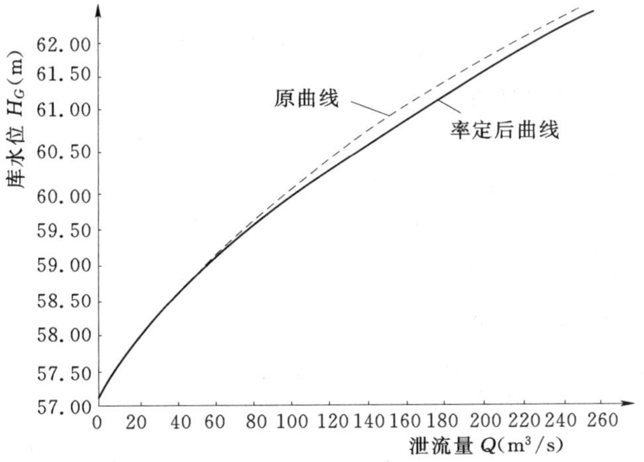

图 1-14　某水库溢洪道率定后水位—泄流量曲线图

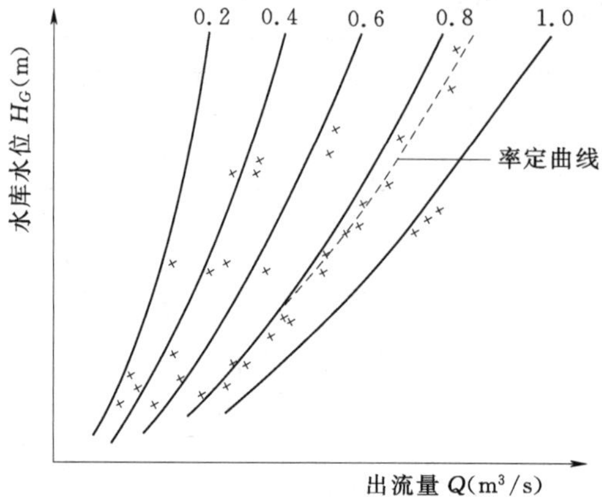

图 1-15 直接率定水位—出流量关系曲线图

2. 直接率定出流关系曲线

直接率定的方法是：不进行出流量系数值的计算，每实测一次出流量，就在水位—出流量关系曲线上点一个实测点，在每一条曲线的变幅内有均匀分布的 20 个以上实测点，就可以修正、改用新曲线（图 1-15）。对关系曲线的精度要求（点带宽度）同前。

率定工作需要较多的测流成果，往往需要积累多年资料，才能完成曲线或系数值的修正。因此，在调度工作中要综合考虑率定的需要，可以在开闸过程中从小到大，开一个尺寸，测一次流量，使一次开闸或调闸，获得两个以上的实测成果，以加快率定工作的进度。

实测流量的位置，可以选在渠道、溢洪道或坝下河道的适宜地点，应注意测流断面与堰闸之间没有水量的加入或损失，以保证测流成果的代表性。测流方法和设备，参考《水文测验手册》（水利电力出版社，1975）。

第二节 水库调度运用

一、概述

水库调度（又称为水库控制运用），就是运用水库的调蓄能力，科学地调度天然来水，使之适应人们的用水需要，达到兴利除害的目的。一座水库，如果调度得当，就能充分利用水库的调蓄能力，合理地安排蓄、泄关系，多次重复使用调蓄库容，做到多蓄水，少弃水，充分发挥工程的效益；但如果调度不当，盲目蓄泄，则会造成需要水时没有水，不用水时又大量弃水，给下游带来不应有的灾害，甚至可能对人民生命和财产造成巨大的损失。因此，水库调度运用，是水库管理工作中的一项重要任务。

（一）调度运用的目的和原则

水库调度运用的目的是：确保工程安全，选用最优调度运用方案，合理安排兴利除害关系，综合利用水利资源，充分发挥工程的综合效益。

水库调度的原则是：局部服从整体，整体照顾局部；兴利服从防洪，防洪兼顾兴利；全面安排，统一领导，把灾害降低到最小范围，将效益扩大到最大限度。

（二）水库调度运用的内容

水库调度包括防洪调度、兴利调度和洪水预报。

1. 防洪调度

科学编制防洪总体规划，确定调度运用指标，编制度汛计划，制定应急措施。具体内容如下：

（1）调查了解水库工程安全现状，分析工程有无异常现象及存在问题；摸清下游河道行洪能力和安全泄量，有无行洪障碍；收集中、长期气象预报，分析全年来水形势等。

（2）根据工程现状确定允许最高洪水位。

（3）复核水库的防洪能力，确定水库现有防洪标准。

（4）确定防洪限制水位。

（5）计算水库各种蓄水位的抗洪能力。

（6）编制度汛计划和防洪调度图。

（7）从最坏处着想，对可能遭遇的非常洪水、电讯中断或其他紧急情况，制定应急措施，如抢筑子堰、炸副坝及报警撤离等。

2. 兴利调度

兴利调度的任务是在保证水库安全的前提下，力争多蓄水，多兴利，尽量满足各用水部门的用水需要。

兴利调度的内容包括算清来水与用水账，编制兴利调度图表。

（1）算清来水与用水账。根据年初水库存水量，结合当年气象预报，参考以往水库实际来水情况，估算本年各月来水量的大小，进行来水与用水的平衡计算，分析本年是否能满足用水需求，以及可能出现的缺水月份和应采取的措施。

（2）编制兴利调度图。即将水库不同时期的控制水位和运用准则绘制成图线，作为调度的依据。

（3）计算抗旱能力。水库不同水位对于不同灌溉面积的抗旱天数，即抗旱能力。它与作物的组成，每日耗水量、灌溉面积、渠系利用系数有关。

3. 洪水预报

洪水预报是汛期水库调度运用的重要组成部分，是根据已经发生的雨情和水情，预报水库即将出现的洪水情况，为水库防汛和调度运用提供科学依据。

预报内容包括三个方面：①水库洪水预报，包括洪水总量、洪峰流量、洪水历时；②水库最大泄流量、最高洪水位和出现时间预报；③水库防洪能力预报。

二、防洪调度

（一）确定汛期运用指标

汛期运用指标包括允许最高洪水位、当年防洪标准、防洪限制水位和泄流方式。

1. 当年允许最高洪水位

水库的允许最高洪水位一般在设计时均已确定，即设计最高洪水位。由于工程状况的改变和隐病患的暴露，若按原设计最高洪水位运用，可能会出现危险，则应视具体情况重新确定当年允许最高洪水位。对于新建成的水库，大坝未经过高水位考验，允许最高洪水位不马上就按设计标准运用，水位要由低到高，逐年抬高。对工程完好的水库，允许最高洪水位按下式确定

允许最高洪水位＝坝顶高程(放浪墙顶高程)－坝顶超高

坝顶超高 d 按式（1－7）计算（图 1－16），对特殊重要的工程，可取 d 大于该计算值。

$$d=R+e+A \tag{1-7}$$

式中 R——波浪在坝坡上的爬高，m；

e——风浪引起的坝前水位壅高，m；

A——安全加高，m，根据坝的级别按表 1-11 选用。

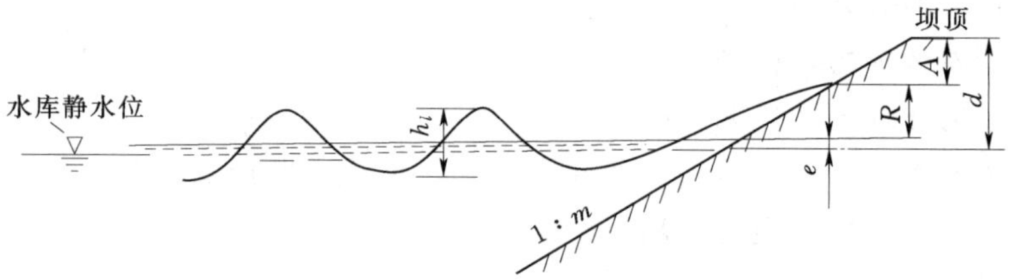

图 1-16 坝顶超高计算图

表 1-11 土石坝的安全加高 单位：m

坝的级别	1	2	3	4，5
正常运行	1.50	1.00	0.70	0.50
非常运行（a）	0.70	0.50	0.40	0.30
非常运行（b）	1.00	0.70	0.50	0.30

注 非常运行（a）适用于山区、丘陵区；非常运行（b）适用于平原区、滨海区。

对于中、小型土石坝，$R+e$ 的高度可按坝前水库中风的吹程 D 作近似估计，参见表 1-12 水库中风速低于 80km/h 时取下限，风速达到 160km/h 时取上限，采用光滑的混凝土板护面时，按表 1-12 中数值再增大 50%。

表 1-12 波浪爬高和风浪壅高（$R+e$）的近似估计值

在水库中风的吹程 D（km）	波浪爬高和风浪壅高（$R+e$）（m）	在水库中风的吹程 D（km）	波浪爬高和风浪壅高（$R+e$）（m）
<1.6	0.9～1.2	8.0	1.8～2.4
1.6	1.2～1.5	16.0	2.1～3.0
4.0	1.5～1.8		

2. 当年防洪标准

已建水库的防洪标准在设计时就已明确。但是，当工程尚未按设计标准完建，如大坝高程不够、溢洪道宽度或深度不够，水库则不能按设计防洪标准运用。当水库在运用过程中，出现严重的病隐患，如坝体渗漏严重、有裂缝等病险情况尚未处理，水库也不能按设计防洪标准运用。应必须按当年水库工程的实际情况，推算其抗洪能力（即防洪标准）。

当年防洪标准的推求方法如下：

（1）确定允许最高洪水位、起调水位（正常高水位或汛限水位）。

（2）计算出各种不同频率的洪水（洪水总量、洪峰流量和洪水过程）。

（3）根据泄洪设施现有泄洪能力，对不同频率的洪水进行调洪演算。当某种频率的洪水经调洪演算，其最高洪水位等于或稍低于允许最高洪水位时，则该种频率即为当年防洪标准（它低于设计防洪标准）。

3. 汛期分期限制水位的确定

根据我国多数地区汛期水文特性和当地暴雨发生的规律，水库防洪运用一般可分为初汛期、主汛期、尾汛期（也可分为两期或四期）进行控制蓄泄。初汛期和尾汛期洪水较小，汛期分期防洪限制水位 $Z_{限}$ 可以适当抬高一些，以增加兴利蓄水量；主汛期洪水较大，汛期分期防洪限制水位 $Z_{限}$ 可适当低一些，以提高水库的抗洪能力。

分期抬高汛期防洪限制水位，是解决防洪与兴利矛盾的有效办法。我国绝大多数河流的洪水由降雨产生，一般可由水库所在流域上的暴雨或洪水发生的时间和次数，统计分析洪水出现的规律性，以确定汛期洪水的分期。例如，某中型水库统计 1963—1982 年日降雨量超过 50mm 的次数列于表 1-13，从表中的统计可以得出初汛期、主汛期、尾汛期出现的时期。

表 1-13　某中型水库 1963—1982 年日降雨量超过 50mm 的次数统计表

月	6			7			8			9		
旬	上	中	下	上	中	下	上	中	下	上	中	下
次数	0	2	3	6	11	8	9	12	9	5	3	2
洪水分期		初汛期			主汛期					尾汛期		

分析出洪水发生的规律后，推求汛期分期防洪限制水位 $Z_{限}$，大体上有两种方式：

（1）各分期采用不同的防洪设计标准。如上所述，中型水库主汛期水库设计洪水标准 $P=1\%$，初汛期、尾汛期 $P=2\%$，而汛期各分期选用同一洪水理论频率曲线。根据汛期各分期的设计洪水，分别进行调洪演算，得出各分期的防洪限制水位 $Z_{限}$。由于主汛期洪水标准较高，则 $Z_{限}$ 较低；非主汛期洪水标准较低，则 $Z_{限}$ 较高。这种方式常用于缺乏资料的中、小型水库分期 $Z_{限}$ 的推求。

（2）各分期采用相同的防洪设计标准。由流量资料或暴雨资料推求汛期各分期的设计洪水，如初汛期为 6 月 10 日至 7 月 10 日，将每年这个时期中的洪峰流量最大值选出，组成系列作频率分析，得出初汛期的设计洪峰流量。同理，分别求出其他时期的设计洪峰流量。虽然洪水的频率相同，但主汛期的洪水大于其他时期，故主汛期推求的 $Z_{限}$ 较低。而非主汛期相同标准的设计洪水较小，推求的 $Z_{限}$ 较高，也就是抬高了汛期限制水位，可多蓄水兴利。这种方式常用于有实测资料的大中型水库。

在水库的防洪运用中，需根据水库工程检查观测的结论确定水库允许的最高水位 $Z_{允}$，然后推求 $Z_{限}$。$Z_{允}$ 可能会大于、不大于水库设计洪水位 $Z_{设}$。为了避免试算，可从 $Z_{允}$ 开始向下调洪计算，这种方法称为调洪逆运算。若采用调洪顺运算，则需先假设起调水位向上调洪计算，看所得最高水位与 $Z_{允}$ 是否相符，如果不符则重新假设起调水位再进行试算。直到二者相符时，所假设的起调水位，即为 $Z_{允}$ 条件下的 $Z_{限}$。

下面分别举例说明无闸门控制自由泄流情况下和有闸门分级控制情况下的调洪逆运算方法。

【例 1-4】 某年调节水库，百年一遇设计洪水过程线资料列入表 1-14 中①、②栏，水位库容、堰上水头与 $q=f(v)$ 关系曲线见表 1-15，或点绘成 $Z-q$ 关系曲线如图 1-17

中的曲线 1。水库溢洪道为无闸门控制的实用堰，堰宽 70m，堰顶高程与正常蓄水位 59.98m 齐平。当 $Z_{允}=62.52$m，水库溢洪道自由泄流时，试用调洪逆运算法推求相应于 $Z_{允}$ 的防洪限制水位 $Z_{限}$。

表 1-14　某水库水位、库容、堰上水头与 $q=f(v)$ 关系曲线表

水库水位 Z（m）	59.98	60.5	61	61.5	62	62.5	63	63.5	64	64.5
总库容 V（万 m^3）	1296	1460	1621	1800	1980	2180	2378	2598	2817	3000
堰上水头 h（m）	0	0.52	1.02	1.52	2.02	2.52	3.02	3.52	4.02	4.52
下泄流量 q（m^3/s）	0	46.5	127.6	232.2	256	496	650	818	999	1191

表 1-15　某水库推求主汛期（$P=1\%$）防洪限制水位的调洪逆运算表（自由泄流）

时间 t（h）	流量 Q（m^3/s）	时段 Δt（1h）	平均流量 $\overline{Q}$（m^3/s）	$\left(\frac{V}{\Delta t}+\frac{q}{2}\right)$（时段末）（$m^3/s$）	$\left(\frac{V}{\Delta t}-\frac{q}{2}\right)$（时段初）（$m^3/s$）	库水位 Z（时段初）（m）
①	②	③	④	⑤	⑥	⑦
10	0	9～10	81			
9	162	8～9	244			
8	326	7～8	409			
7	492	6～7	574	6318	5744	(62.52) 62.45
6	656	5～6	738	6250	5512	62.25
5	820	4～5	903	6030	5127	61.85
4	986	3～4	1068	5550	4482	61.13
3	1150	2～3	960	4750	3790	60.30
2	770	1～2	580	4020	3440	59.90
1	390	0～1	195	3630	3435	59.87
0	0		0	3670	3670	60.12

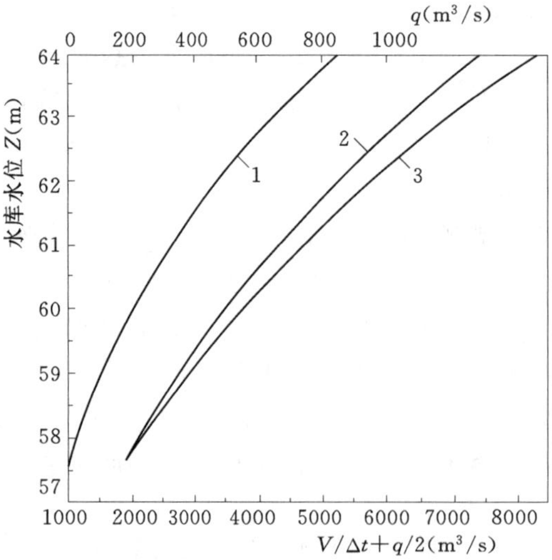

图 1-17　调洪逆运算辅助曲线

解：（1）计算并绘制调洪辅助曲线如图 1-17 所示。图中曲线 2 为 $Z—\left(\frac{V}{\Delta t}-\frac{q}{2}\right)$关系曲线，曲线 3 为 $Z—\left(\frac{V}{\Delta t}+\frac{q}{2}\right)$关系曲线，具体计算见《工程水文学》（詹道江，叶守泽，中国水利水电出版社，2006）。

（2）应用辅助曲线。由 $Z_{允}$ 开始作调洪逆运算求 $Z_{限}$，见表 1-15，其计算步骤如下：

1）若水库 $Z_{允}=62.52$m，相应的 $q_{允}=588m^3/s$。因在 $q_{允}$ 时库水位最高，且入库流量等于出库流量，故应将 $Z_{允}$ 填写在⑦栏中 $q_{允}$ 与$\overline{Q}$相近的时段，即 6～7 时段。库水位6～7 时段达到 $Z_{允}$，因此，从 6～7 时段末库水位为 62.52m 开始逆运算。

2）运用逆运算的公式，水量平衡方程式为

$$\left(\frac{V_2}{\Delta t}+\frac{q_2}{2}\right)-\overline{Q}=\left(\frac{V_1}{\Delta t}-\frac{q_1}{2}\right)$$

式中 V_1、q_1——时段初的蓄水量、泄流量；

V_2、q_2——时段末的泄流量；

$\overline{Q}$——该时段的平均入库流量。

逆运算方法是：由 $Z_{允}=62.52$m，查 $Z-\left(\frac{V}{\Delta t}+\frac{q}{2}\right)$曲线，得$\left(\frac{V_2}{\Delta t}+\frac{q_2}{2}\right)=6318\text{m}^3/\text{s}$，填写在⑤栏 6～7 时段。

由$\left(\frac{V_2}{\Delta t}+\frac{q_2}{2}\right)-\overline{Q}=6318-574=5744(\text{m}^3/\text{s})$，得时段初的$\left(\frac{V_1}{\Delta t}-\frac{q_1}{2}\right)$值，填写在⑥栏；由$\left(\frac{V_1}{\Delta t}-\frac{q_1}{2}\right)=5744$ (m^3/s)，在 $Z-\left(\frac{V_1}{\Delta t}-\frac{q_1}{2}\right)$曲线上查得时段初的库水位 $Z_1=62.45$m，填写在⑦栏。

3）进行下一个时段的计算。重复上述方法，将 62.45m 当成下一个时段末的库水位 Z_2；查 $Z-\left(\frac{V}{\Delta t}+\frac{q}{2}\right)$曲线得$\frac{V_2}{\Delta t}+\frac{q_2}{2}=6250$ (m^3/s)，填写在⑤栏 5～6 时段；

由 6250－738＝5512 (m^3/s)，查 $Z-\left(\frac{V}{\Delta t}-\frac{q}{2}\right)$曲线，得 $Z_1=62.25$m，填写在⑦栏。

4）按上述步骤计算至库水位上升为止。第⑦栏中的最低水位 59.87m，即为防洪限制水位 $Z_{限}$，该值就是相应于 $Z_{允}=62.52$m，在自由泄洪情况下的 $Z_{限}$。

【例 1－5】 由［例 1－4］资料，若 $Z_{允}=62.52$m，相应于下游防洪要求的水库防洪高水位 $Z_{防}=61.91$m，下游防护对象要求按 $q_{安}=50\text{m}^3/\text{s}$ 控制泄流，当水库溢洪道分级防洪控制时，用调洪逆运算法推求分期防洪限制水位 $Z_{限}$，并绘制防洪调度图。

解： 本例属中型水库缺乏资料情况，推求分期防洪限制水位采用不同防洪设计标准的方式。汛期划分为初汛期、主汛期、尾汛期，见表 1－13。水库设计洪水标准主汛期 $P=1\%$，初汛期、尾汛期 $P=2\%$；水库下游防洪标准为 10%。

当水库水位高于 $Z_{防}$ 时，溢洪道自由泄流；当库水位低于 $Z_{防}$ 时，溢洪道泄流控制为 $q_{安}=50\text{m}^3/\text{s}$。

（1）推求主汛期 $P=1\%$洪水时的 $Z_{限}$。调洪逆运算见表 1－16，其步骤如下：

1）从库水位 $Z_{允}=62.52$m 开始向下运算，溢洪道为自由泄流，计算方法同表 1－15。

2）当库水位算至 62.25m 时，即将接近 $Z_{防}=61.91$m，则应按下游防洪要求 $q_{安}=50\text{m}^3/\text{s}$ 控制泄流。由 62.25m 查图 1－17 中 $Z-q$ 曲线得 $q_1=512\text{m}^3/\text{s}$，则

$$\frac{V_1}{\Delta t}=\left(\frac{V_1}{\Delta t}-\frac{q_1}{2}\right)+\frac{q_1}{2}=5512+\frac{512}{2}=5768(\text{m/s})$$

即下一个时段末的$\frac{V}{\Delta t}$值，填写在⑧栏。

3）按控制泄流的水量平衡公式$\frac{V_1}{\Delta t}=\frac{V}{\Delta t}-\overline{Q}+\overline{q}=5768-903+50=4915$（$m^3/s$），填写在⑧栏下一个时段末；$4915-1068+50=3897$（$m^3/s$）；连续运算得出⑧栏中的最小值$\frac{V}{\Delta t}=2312m^3/s$。

4）最小库容$V=2312\Delta t=2312\times3600=832$（万$m^3$），查库容曲线得$Z_{限}=58.28m$。

（2）推求初汛期、尾汛期$P=2\%$入库洪水的$Z_{限}$。用分级防洪控制，从$Z_{允}=62.52m$开始向下调洪逆运算，其计算方法同表1-16，求得初、尾汛期的$Z_{限}=59.72m$。

表1-16　某水库推求主汛期（$P=1\%$）防洪限制水位的调洪逆运算表（分级控制泄流）

时间t（h）	流量Q（m^3/s）	时段Δt（1h）	平均流量$\overline{Q}$（m^3/s）	$\left(\frac{V}{\Delta t}+\frac{q}{2}\right)$（时段末）（$m^3/s$）	$\left(\frac{V}{\Delta t}-\frac{q}{2}\right)$（时段初）（$m^3/s$）	库水位Z（时段初）（m）	$\frac{V}{\Delta t}$（时段末）（m^3/s）	泄流量q（时段初）（m^3/s）
①	②	③	④	⑤	⑥	⑦	⑧	⑨
10	0	9～10	81					
9	162	8～9	244					
8	326	7～8	409			62.52		
7	492	6～7	574	6318	5744	62.45		
6	656	5～6	738	6250	5512	62.25		（512）50
5	820	4～5	903				5768	50
4	986	3～4	1068				4915	50
3	1150	2～3	960				3897	50
2	770	1～2	580				2987	50
1			195				2457	50
0	390	0～1	0				2312	50
	0		0				2362	50

（3）绘制防洪调度图，如图1-18所示。设计洪水位62.52m、防洪高水位61.91m、正常蓄水位59.98m为已知，初汛期、主汛期、尾汛期的$Z_{限}$为本例计算成果。以防洪调度图作为指导水库汛期防洪运用的基本依据，一般情况下，当库水位低于防洪限制水位时，按兴利要求供水不泄洪；当库水位在$Z_{限}$与$Z_{防}$之间，按下游防洪控制点的安全泄流量泄洪；当库水位高于$Z_{防}$时，则按第二级防洪要求，为确保水库安全，自由泄流。由于防洪调度图是在一定设计条件下制定的，它不能包括防洪调度中的许多细节情况和具体措施，故还需拟定各种频率洪水在不同库水位时，相应的蓄水、泄水、闸门开启操作程序等调度规则。

4. 小型水库的防汛限制水位的简化计算

小型水库大多数为无闸控制的开敞式溢洪道。当工程达到设计标准，且无病险隐患，一般防洪限制水位就是正常高水位，与溢洪道堰顶齐平。当水库工程未达到设计标准或有险病隐患时，为确保工程安全，在汛期都应限制蓄水，其蓄水位被限制在溢洪道堰顶高程以下，这个蓄水位即防洪限制水位。小型水库的防洪限制水位常用简化方法计算。

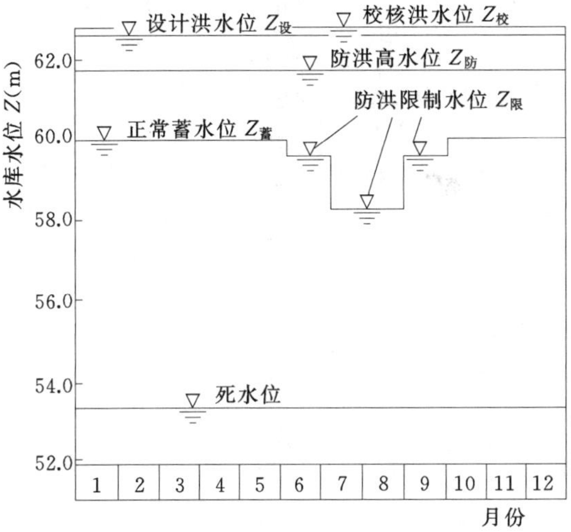

图 1-18　水库防洪调度图

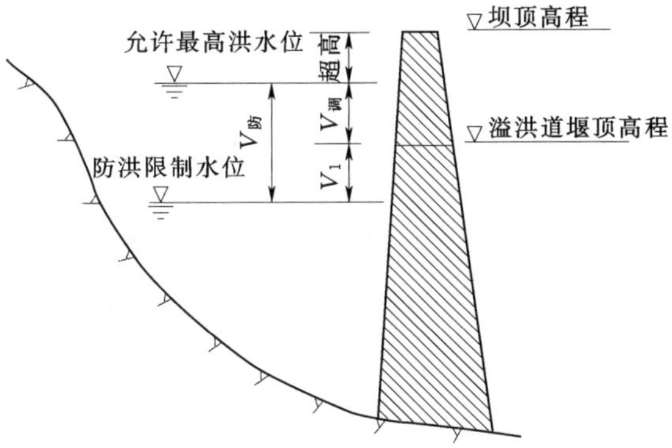

图 1-19　水库汛期运用指标示意图

由于防洪限制水位在溢洪道堰顶以下，洪水来临时一部分洪水首先填充防洪限制水位至溢洪道堰顶之间库容，以 V_1 表示（图 1-19）。这样，溢洪道堰顶以上的调洪库容 $V_调$ 只需对剩余水量 $W-V_1$ 进行调节。根据高切林调洪计算方法，可以近似地认为

$$V_1=W-\frac{V_调}{1-\frac{q_m}{Q_m}} \tag{1-8}$$

式中　V_1——防洪限制水位至溢洪道堰顶之间的库容，称防洪预留库容，万 m^3；

W——一定频率的洪水总量，万 m^3；

Q_m——洪峰流量，m^3/s；

q_m——最大泄洪量，m^3/s；

$V_调$——调洪库容，万 m^3。

从式（1-8）可以看出，水库只要防洪标准、允许最高洪水位、溢洪道尺寸确定后，式中 W、$V_调$、q_m、Q_m 均为已知，便可算得防洪限制所对应的库容，再用这个库容从库容曲线上查得相应的水位，即为所求的防洪限制水位（图 1-20）。

【例 1-6】 如图 1-20 所示，某水库为无闸门控制的开敞式溢洪道，宽 20m，堰顶高程为 90.0m，坝顶高程为 93.0m。根据大坝工程质量情况，允许最高洪水位确定为 92.0m。汛期控制按百年一遇洪水编制计划，最大洪峰流量 $Q_m=364m^3/s$，洪水总量 $W=$ 195 万 m^3，要求算水库的汛期防洪限制水位。

解： 最大溢洪流量 q_m 为

$$q_m=MBH^{1.5}$$

式中　M——溢洪道的流量系数，采用 1.55；

B——溢洪道宽度，$B=20m$；

H——最大溢洪水深，$H=92-90=2m$。

因此，得　$$q_m=1.55\times20\times2^{1.5}=88(m^3/s)$$

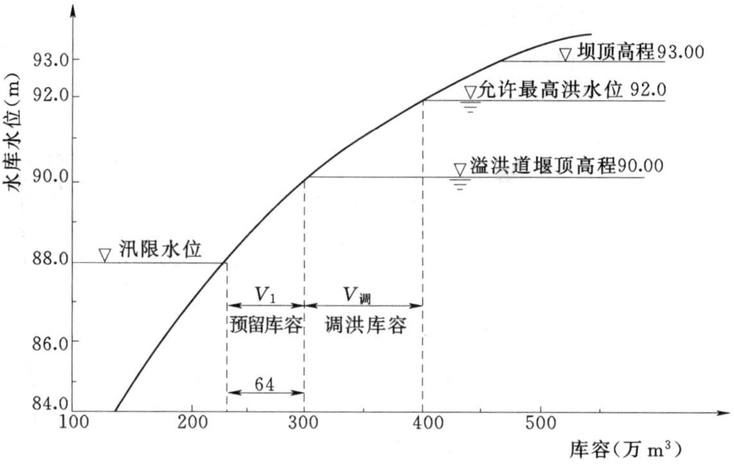

图 1-20 某水库库容曲线

最大调洪库容 $V_{调}$，可以从水位—库容关系曲线上查得，即相应于高程 92.0m 的库容减去相应于高程 90.0m 的库容，得 $V_{调}=100$ 万 m^3。将 $V_{调}$、q_m、Q_m 等值代入式（1-8）得

$$V_1=W-\frac{V_{调}}{1-\frac{q_m}{Q_m}}=195-\frac{100}{1-\frac{88}{364}}=64(万\ m^3)$$

因此，为抵御百年一遇的洪水，该水库应在汛前腾空 64 万 m^3 的库容（从溢洪道堰顶以下算起）。根据水位—库容曲线即可查出汛期蓄水位应控制在溢洪道堰顶高程以下 2m 处，即相应的防洪限制水位为 88.0m。

必须指出，上面推算的防洪限制水位，没有考虑通过输水设备泄放的水量。若输水设备同时放水，则应将以上求得腾空库容 V_1 减去输水设备所泄放的水量。然后再反查水位—库容曲线，则得防洪限制水位。

因溢洪道未设控制闸门，只能靠输水涵管腾空库容。又因输水涵管的预泄能力一般较小，所以需要较长时间才能腾出 V_1，这就需要在汛期之前提早预泄，将库水位降至规定的防洪限制水位。如果汛期洪水的间隙时间过短，库水位就有可能来不及降至防洪限制水位，从而造成防汛紧张。因此，为了防洪安全，确定防洪限制水位时，要求对水库的泄水能力进行具体分析，必要时应留有余地，安排好应急措施。

（二）防洪调度图的绘制

根据【例 1-2】确定的允许最高洪水位和防洪限制水位，在同一张图纸上以水库水位为纵坐标，以日期为横坐标，绘制防洪调度图（图 1-21）。防洪调度图是由校核洪水位 $Z_{校}$、设计洪水位 $Z_{设}$、防洪高水位 $Z_{防}$ 及各汛期分期洪限制水位 $Z_{限}$ 线的连接线所组成。此联接线又称为防洪调度线。各汛期分期洪限制水位线以上的空间，是水库在汛期所必需预留出的防洪库容。

（三）水库防洪调度方式的拟定

以上所介绍的防洪调度图，虽然能够表达出在汛期内各时期水库应预留的防洪库容，

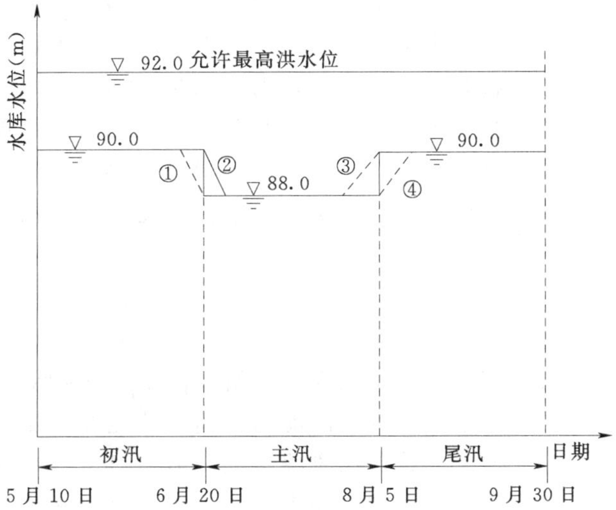

图 1-21　某水库防洪调度示意图

但是当洪水来临时，水库应如何控制蓄泄，还需要考虑上下游的防洪要求、水文预报的可靠程度、洪水特性、泄洪设备使用情况等因素，从而拟定出合适的调度方式。

1. *下游无防洪任务的水库调度方式*

当水库不承担下游防洪任务时，防洪调度的首要任务就是确保大坝安全，水库泄洪一般采取库水位超过某一数值后，即敞开闸门泄洪的方式，现就溢洪道是否设有闸门情况的调度方式进行介绍。

（1）溢洪道上无闸门控制的调度方式。水库溢洪道上不设闸门，汛期限制水位一般与溢洪道堰顶齐平，洪水来临时，库水位到达溢洪道堰顶高程之后，水库就开始自由溢洪，下泄流量的大小取决于库水位的高低。

（2）溢洪道上有闸门控制的调度方式。许多水库为了抬高兴利蓄水位和增加水库泄洪时的初始流量，在溢洪上设置闸门，并使汛期限制水位高于溢洪道堰顶高程。由于闸门的调节性能不同，调度方式又可分为以下两种。

1）闸门能调节流量的调度方式。闸门能够逐渐开启进行调节流量，调度方式是当库水位为限制水位且在洪水开始起涨时，逐渐开启闸门，控制使其下泄量等于入库流量，水库水位维持在汛期限制水位。当闸门开启到与汛期限制水位齐平时，则将闸门全部开启，水库便自由泄流，其泄流过程及库水位变化过程如图 1-22 所示。

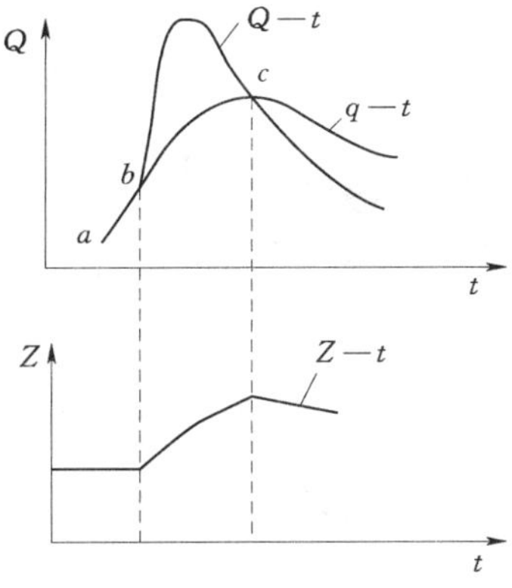

图 1-22　闸门能调节流量的调度方式

2）闸门不能调节流量的调度方式。有些水库溢洪道闸门不能逐步开启，要么全开，要么全关，遇到洪水起涨，就全开闸门泄流，但是此时开始入库的洪水流量较小，而水库的下泄流量较大，故引起水库水位下降，泄空了一部分库容。随着库水位的降低，下泄流量相应逐渐减小，如图 2-23 所示。在 b 点之后，入库的洪水流量大于水库的下泄流量，水库水位又开始回升，先前泄空的一部分库容得到充蓄，泄流量也随之增加。

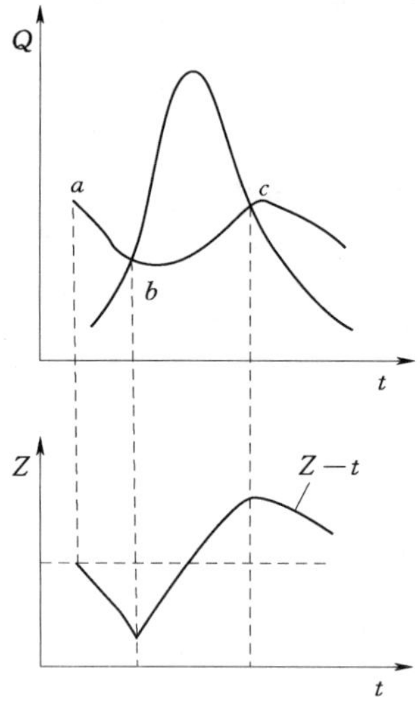

图 1－23 闸门不能调节流量的调度方式

2. 下游有防洪任务的水库调度方式

大多水库都承担着下游防洪任务，这样水库就存在着两种防洪标准：一是水库的防洪标准，包括设计标准和校核标准；另一是水库下游防护对象的防洪标准。此时，不但要分别拟定出水库本身及下游防洪要求的调度方式，而且还要考虑两者的统一调度问题。下面介绍几种下游有防洪任务的调度方式。

（1）固定泄量调度方式。当水库距下游防洪防护对象很近，区间洪水较小，即可采用固定下泄流量的调度方式。固定下泄流量的大小，由下游防洪防护对象的重要性、堤防安全情况及其抗洪能力而定。固定泄量的调度方式如图 1－24 所示。在调洪过程中，利用闸门控制泄量，当 $Q<q_{安}$ 时，闸门逐渐开启，来多少泄多少，水库水位保持不变，泄流过程如图 1－25 中 ab 段；当入库流量 $Q>q_{安}$ 时，闸门逐渐关闭，泄流量限制为 $q_{安}$，泄流过程如图 1－25 中 bc 段，水库水位上升，至 c 点水库水位达最高值。

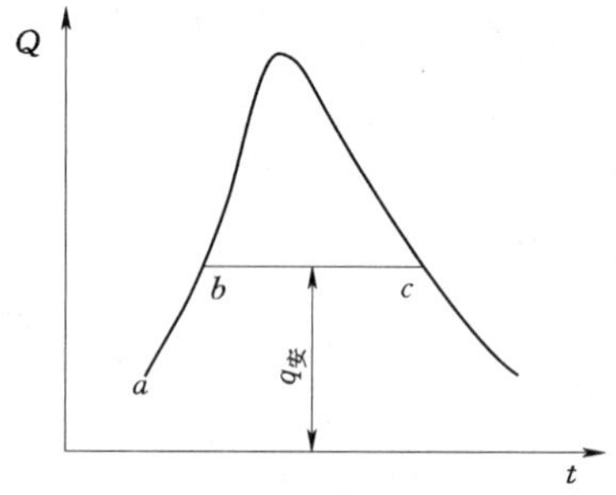

图 1－24 固定泄量调度方式示意图

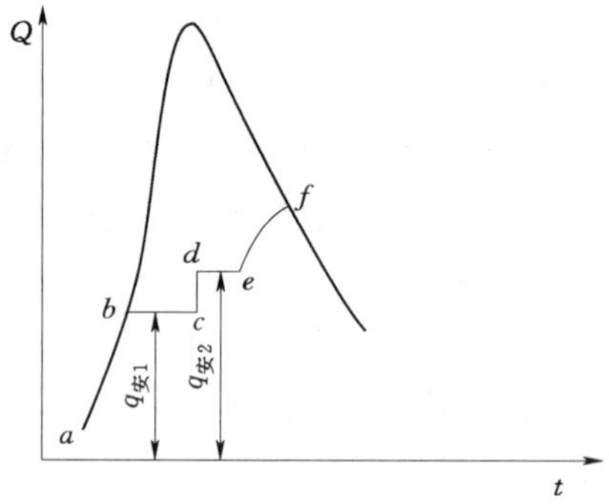

图 1－25 分级调洪调度方式示意图

某一时段 Δt 内调洪演算的基本方程式可写为下列形式

$$V_1=\overline{q}\Delta t-\overline{Q}\Delta t+V_2 \tag{1-9}$$

或

$$\frac{V_1}{\Delta t}=\frac{V_2}{\Delta t}+\overline{q}-\overline{Q} \tag{1-10}$$

式中 V_1、V_2——Δt 时段初、末的水库蓄水量，m^3；

$\overline{q}$、$\overline{Q}$——Δt 时段平均出库、入库流量，m^3/s 。

对于固定下泄流量的演算，可用式（1－9）、式（1－10）进行。当闸门全开时，自由泄洪部分，可参照常规调洪方法进行演算。如果下游各防护对象的抗洪能力有一定差别，受灾后的损失也轻重不同，就应该区分为几个固定下泄流量分级控制，按照“大水多泄，小水少泄”的原则进行调度，可以充分发挥防洪库容的作用，如图 1－25 所示。但分级不宜过多，以免造成调度上的困难。

图 1－25 中规定分为 $q_{安1}$、$q_{安2}$ 两级调度，$q_{安1}$、$q_{安2}$ 分别为下游防洪防护对象相应的安

全泄流量。ab 段为入库洪水 $Q<q_{安1}$ 时，即来多少泄多少，水库水位保持不变，闸门逐渐开启；bc 段为入库洪水 $Q>q_{安1}$，为保护下游防洪防护对象，水库按 $q_{安1}$ 下泄，闸门逐渐关闭，水库水位上升；至 c 点库水位已达某一指标，说明入库洪水很大，此时可以放弃下游某些次要的防护对象，开大闸门，使泄流量 $q_{安1}$ 突变增至 $q_{安2}$；de 段闸门逐渐关闭，泄流量控制在 $q_{安2}$，水库水位继续上升；若至 e 点，库水位又达另一指标，说明入库洪水更大，此时要考虑以确保大坝安全为原则，应在 e 点相应的时刻全开闸门，水库泄洪设施呈自由泄流方式。采用上述调度方式，必须明确对改变下泄流量的判别条件，而且对各种频率洪水的判别条件要统一，即对大洪水过程开始的小流量部分要按小洪水调度，超过上述的各项指标后方能按大洪水调度。

（2）补偿调节调度方式。当水库距下游防洪防护对象有相当距离，区间洪水较大，调度时对区间来水不可忽略，要充分发挥防洪库容的作用，当发生洪水时，区间洪水 $Q_{区}$ 大时，水库少放水，区间洪水 $Q_{区}$ 小时，水库多放水。补偿调节就是控制水库泄流量与区间流量两者的组合流量不超过下游防洪防护对象的允许泄流量 $q_{安}$，见式（1－11）、式（1－12），由两式确定水库的下泄流量过程，如图 1－26 所示。

$$q_{安}=q_{泄}+Q_{区} \tag{1-11}$$

即

$$q_{泄}=q_{安}-Q_{区} \tag{1-12}$$

式中 $q_{泄}$——水库补偿调节的泄流量。

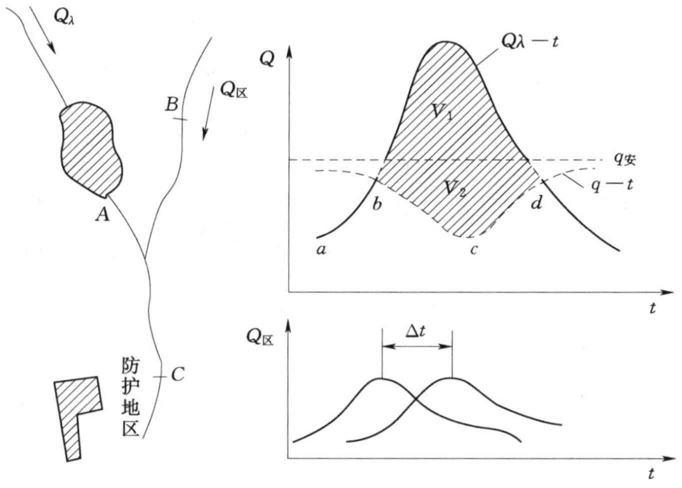

图 1－26 补偿调节调度方式示意图

图 1－26 中 $Q_{入}—t$ 为入库洪水过程，$q—t$ 为下泄流量过程，区间 B 洪水到达到防洪控制点 C 的传播时间为 t_{BC}，水库下泄流量到达 C 的传播时间为 t_{AC}，$t_{BC}-t_{AC}=\Delta t$。将区间洪水过程线 $Q_{区}—t$ 后移 Δt 倒置于 $q_{安}$ 线之下，即为水库补偿的下泄流量过程线 $q—t$（图中 $abcd$ 线），而入库流量过程线与 bcd 曲线所夹的面积为满足下游防洪要求所需的防洪库容。bcd 线与 $q_{安}$ 线所夹的面积为补偿库容。能否实现补偿调节的条件是 $t_{AC}\leqslant t_{BC}$，因为水库下泄流量到达防洪控制点的时间若大于区间洪水的到达时间，当知道区间发生洪水时，水库再减少泄量已来不及，这就限制了补偿调节方式的实现。当 $t_{AC}>t_{BC}$ 时，如区间

洪水可能预报，且预见期 $t_{预}$ 与 t_{BC} 之和大于或等于 t_{AC} 时，也可以进行补偿调节，但是区间洪水预报的精度要求较高。

补偿调节调度方式一般以库水位作为判别条件。通常以防洪高水位以下的库容作为防洪补偿用，当库水位到达防洪高水位后，则不再顾及下游防洪要求，而按保证大坝安全的要求进行调度。

（3）经验调度法调度方式。当水库至下游防洪防护对象的区间面积较大，而区间洪水预报在预见期和预报精度方面又不能满足补偿调节的要求时，可采用一些经验性的补偿调节方式，常用的方法有以下几种。①错峰调度法，即水库留出一定的错峰库容，用来调节洪水，将入库洪峰与区间洪水的洪峰“错”开；②涨率调度法，即根据水库至下游防洪防护对象间一个或几个水文站的洪水大小与涨率来决定水库蓄泄；③固定区间典型洪水补偿法，即区间未涨水之前按入库流量下泄，起涨后按 $q_{泄}=q_{安}-Q_{区}$ 下泄。

三、水库兴利调度

（一）灌溉水库年度供水计划的编制

在有预报的条件下，通常以日历年为时序，根据年初水库实际蓄水量、当年各月来水量预报值、当年各月用水量估算值，根据水库兴利调节水量平衡原理，进行顺时序调节计算，推求当年水库各月末蓄水过程线，以此作为当年计划调度线。对应的供水过程，即为水库年度供水计划。

1. 编制年度供水计划的依据

（1）由国家颁布和上级主管部门下达的有关方针、政策、法规及意见等文件，是编制计划必须遵循的基本原则。

（2）水库工程原设计文件、原设计意图。

（3）本年度计划灌溉面积和作物组成、灌区历年灌溉面积增减、作物组成变更情况。

（4）当年长期气象、水文预报，水库集水面积内和灌区内各测站历年的降水量、蒸发量、径流量资料等。

（5）水库水位-面积和水位-容积关系曲线，水库各种兴利特征水位和防洪特征水位等。

（6）其他综合利用要求（如发电、航运等）。

2. 水库来水量的预测方法

水库来水量的预测通常是由预报的月降雨量计算月径流量，常用的方法有以下几种。

（1）降雨径流相关法。根据预报的各月降雨量 x_i，由月降雨-径流相关图查得月径流深 y_i，从而求得各月来水量 W_i，计算公式为

$$W_i=0.1y_iF \tag{1-13}$$

式中 W_i——月来水量，万 m^3；

y_i——月径流深，mm；

F——水库集水面积，km^2。

（2）月径流系数法：

$$W_i=0.1\alpha_i x_i F \tag{1-14}$$

式中 α_i——某月的月径流系数；

x_i——预报的月降雨量，mm；

其他符号意义同上。

（3）年、月降水量相似法。根据长期预报所给出的当年年降水量和各月降水量，与过去历年年月降水量资料作比较，若过去某年的年降水量、逐月降水量都与当年的预报值很接近，则以该年实测年径流过程作为本年预报的径流过程。

3. 用水量的估算

以灌溉为主的水库，主要是确定灌溉用水量，灌溉用水量加上渠系输水损失，即为灌区总用水量。估算用水量的方法根据具体条件而异，通常采用的有以下几种。

（1）固定灌溉制度法。由于长期气象预报往往只能报出当年各月的降水量，不能预报逐日、逐旬的降水量，这样，用田间水量平衡推算当年灌溉制度就有困难，故常采用固定灌溉制度法，即假定各年同一月份的灌溉用水量为常数。这种方法在北方干旱少雨地区各年的灌溉用水量差别较小的情况下使用十分简便。

（2）年、月降水量相似法。选用过去某年的年、月降水量与预报的本年年、月降水量相似年份的灌溉用水过程，作为本年度灌溉用水过程。但通常还要考虑当年的灌溉面积、作物组成、复种指数等情况作一定修正，然后再考虑渠系输水损失，即得当年灌区总用水过程。

（3）逐月耗水定额法。水库根据灌区试验及多年实践，推得本灌区逐月总耗水定额（m^3/亩），在作本年度供水计划时，由预报已知当年逐月降水量，可按下式推求本年度水库供水量和供水过程，即为灌区总用水过程：

$$W_{供i}=\frac{E-0.667\alpha x_i}{\eta}A \tag{1-15}$$

式中 $W_{供i}$——水库月供水量，万 m^3；

0.667——由 mm 变换成 m^3/亩的单位换算系数；

α——降雨的田间有效利用系数；

x_i——田间月降水量（预报值），mm；

E——作物月耗水定额，m^3/亩；

η——渠系水有效利用系数；

A——灌区总灌溉面积。

4. 绘制当年水库灌溉计划调度线

综上所述，在有长期预报的条件下，可以确定水库当年逐月来水量和估算灌区逐月总用水量，并绘制当年水库灌溉计划调度线（又称为预报调度线）。无论是年调节水库还是多年调节水库，其绘制计划调度线的方法与步骤都是相同的。调节计算与绘制计划调度线时要注意：水库水位在汛期一般不能高于防洪限制水位。如果水库水位超过防洪限制水位，又没有特殊的措施，则应弃水。

灌溉水库当年计划调度线，实质上就是当年各月库水位的预报值，可按它控制全年库水位，以保证按计划用水。实际运用中，常常要根据中、短期水文气象预报及当时的库水位，随时调整或修正计划调度线。在推求当年灌溉计划调度线时，对掌握的当年可能出现的缺水或弃水情况，应提出相应对策。遇到缺水时，为避免集中断水，采用减少各月用水量的方法，节约用水，减少损失。遇到弃水，则应尽量设法加大灌溉用水量，或引水灌塘和增加其他部门（如发电）的用水量等。

虽然河川水情变化复杂，来水量难以准确预计，但当年计划调度线仍可作为当年计划供水的一条控制线。实际库水位落在相应时刻计划调度线附近，可按计划供水；落在计划调度线以上，可加大供水；在计划调度线以下，应减少供水。

下面举例说明防洪与兴利库容结合时当年计划调度线的绘制。当水库有结合库容时，若已知来水量、用水量、兴利库容、年初水库实际蓄水量等条件，即可采用顺时序调节计算的方法推求水库当年计划调度线。在汛期，为了防洪需要，按不同时期的防洪限制水位控制蓄水量，通过兴利调节计算得出当年水库的蓄水过程线，作为当年的计划调度线。关于汛期分期防洪限制水位的确定，详见前述。

5. 绘制年计划调度线实例

（1）基本资料。某水库正常蓄水位为124.5m，兴利库容为4450万m^3；死水位为110.0m，相应死库容为540万m^3。按防洪要求，7月防洪限制水位为113.8m，死水位以上允许蓄水量为1000万m^3，亦即7月预留防洪库容为3450万m^3（4450万－1000万m^3）；8月防洪限制水位为121.6m，死水位以上允许蓄水量为3150万m^3，预留防洪库容为1300万m^3（4450万－3150万m^3）。1983年根据长期预报和估算的当年来水量、用水量见表1－17中②、③栏，水量损失按每月40万m^3计，该年年初死水位以上蓄水量为4030万m^3，要求绘制水库当年计划调度线。

表1－17　　某水库1983年计划调度线计算表　　单位：万m^3

月份	来水量	用水量	水量损失	净来水量－用水量		月末蓄水量	月末库水位	弃水量	备　注
				+	－				
①	②	③	④	⑤	⑥	⑦	⑧	⑨	⑩
1	70	0	40	30		4030	123.30		水库蓄水
2	40	0	40	0		4060	123.35		
3	430	0	40	390		4060	123.35		水库蓄满
4	360	1040	40		720	4450	124.50		水库放水
5	190	2160	40		2010	3730	122.92		水库放水
6	140	1820	40		1720	1720	120.25		放空至死水位
7	2150	1390	40	720		0	110.00		限制蓄水至113.8m
8	4500	1210	40	3250		720	111.65	820	限制蓄水至121.6m
9	1200	1040	40	120		3150	121.60		水库蓄水
10	420	0	40	380		3270	121.85		水库蓄水
11	310	0	40	270		3650	122.60		水库蓄水
12	200	0	40	160		3920	123.15		水库蓄水
合计	10010	8660	480			4080	123.40		

注　表中⑦栏月末蓄水量是指死水位以上蓄水量。

(2) 绘制步骤。现分析汛期防洪限制水位控制时，水库蓄水变化情况，由表 1-17 可以看出：

1) 由已知来水、用水及水量损失资料，计算水库各月的余、亏水量，即表中②、③、④栏，余水填入⑤栏，亏水填入⑥栏。

2) 从 1 月初开始顺时序调节，各月初蓄水量加当月余水量或减当月亏水量，得月末蓄水量。例如，1 月末蓄水量 = 4030 + 30 = 4060 (万 m^3)；4 月末蓄水量 = 4450 - 720 = 3730 (万 m^3)，依此类推。

3) 7 月份有余水量 720 万 m^3，按 7 月防洪限制水位为 113.8m、允许蓄水量为 1000 万 m^3 分析，可把全部余水蓄入库中，此时，实际库水位在防洪限制水位以下，没有问题。

4) 8 月份有余水量 3250 万 m^3，按 8 月防洪限制水位为 121.6m，允许蓄水量为 3150 万 m^3 考虑，余水不能全蓄，弃水量为 3250 - (3150 - 720) = 820 (万 m^3)。9 月份以后汛限水位升至正常蓄水位，按正常情况蓄、泄水，即遇余水加，遇亏水减，直至算到 12 月末。

5) 由水位-库容曲线可查到各月末库水位，填入表中第⑧栏，据此可绘出以日历年为时序的水库当年计划调度线，如图 1-27 所示。

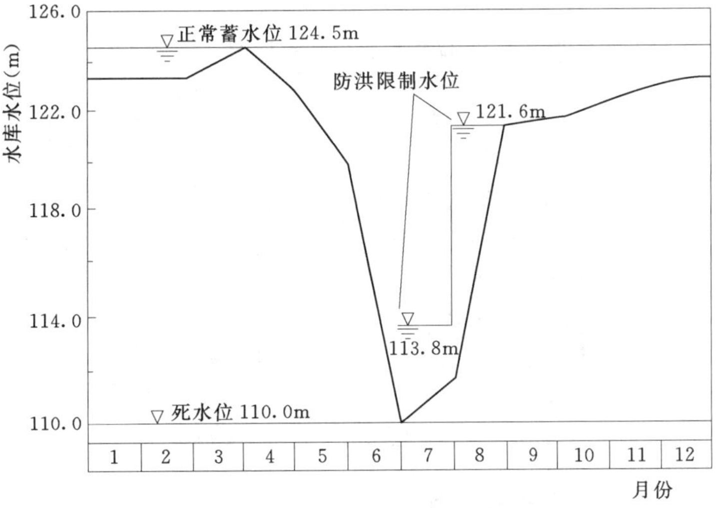

图 1-27 某水库 1983 年计划调度图

(二) 灌溉水库兴利调度图的编制和应用

在缺乏长期水文、气象预报或只有定性预报的情况下，无法采用前面的方法推求水库当年计划调度线。这时，应充分发挥水库的兴利调节作用，尽可能处理好来水、用水之间的矛盾，避免在无预报条件下水库运行的盲目性，通常是应用兴利统计调度图来控制水库的蓄水和放水。

水库的兴利统计调度图 (简称为兴利调度图) 是指根据过去的径流资料系列预估未来水文情势的假定，采用时历法兴利调节结合统计分析的方法，得出不同时间的各种兴利蓄水指示线。现着重介绍年调节水库兴利调度图的作用、绘制和使用。

1. 兴利调度图的作用

在确保大坝安全和满足下游防洪要求的前提下，年调节水库兴利调度图的作用有以下几方面：①在设计枯水年，应保证正常供水；②在平、丰水年，应尽量减少弃水；③在高于设计保证率的特枯年份，应在充分利用水库有效蓄水的前提下，尽量减少遭受破坏的程度。由于作物对干旱有一定的耐受能力，故可采用减少供水的方式，并避免突然集中断水。

对溢洪道无闸的小型水库，防洪限制水位与正常蓄水位相同，以水利年度（或调节年度）为时序的年调节水库兴利调度图最简单的形式如图 1-28 所示。由图 1-28 可知，调度图内共有 4 个控制水位和两条曲线。即允许最高蓄水位、防洪限制水位、正常蓄水位、死水位，以及加大供水线及限制供水线。加大供水线和限制供水线是兴利运用的临界水位线。在蓄水期，只要各时期的实际水位不低于加大供水线，在入库径流相当于设计枯水年的来水时，可以保证在蓄水期末，水库蓄水能达到正常蓄水位；在供水期，只要各时期的实际水位不低于加大供水线，可以正常供水并可避免水库提前放空。限制供水线表示，当水库的实际水位低于该临界水位时，应减少供水，并及早采取措施，防止集中断水。下面介绍对这两条基本调度线的推求。

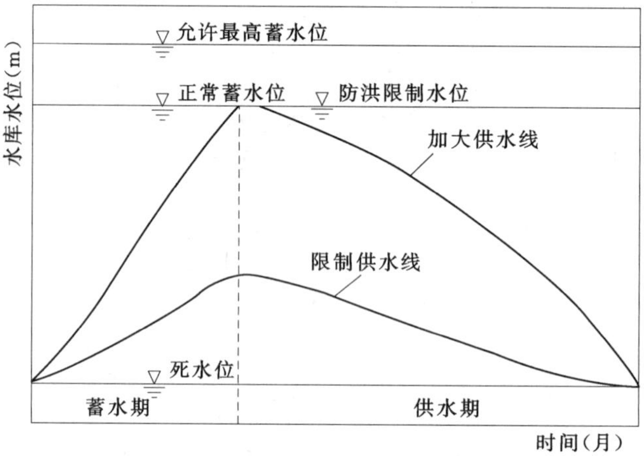

图 1-28 某年调节水库兴利调度图

2. 加大供水线和限制供水线的绘制

水库兴利库容是根据设计枯水年的来、用水确定的，其相应的水库蓄水过程线在蓄水期末正好达到正常蓄水位，在供水期末放空。因此，从满足兴利要求出发，可按它作为指导设计枯水年份供水期水库运用的依据。但是由于径流年内分配的差异性，用不同典型年推求的设计枯水年蓄水过程线各有所不同，所以在绘制水库兴利调度图时，选取不同典型的设计枯水年蓄水过程线的上、下包线作为基本调度线。上包线称为加大供水线，下包线称为限制供水线，并用统计手段归纳、调整后得到的上、下包线组成的调度图，称为兴利统计调度图，其计算步骤如下。

（1）从实测资料中，选择与设计枯水年年来水量接近的若干个枯水典型年（如 4～5 个）来水过程，然后按 $K_1=W_{来p}/W_{来典}$ 的比例进行缩放，即得不同典型年内分配的设计枯水年来水过程。

（2）按 $K_2 = W_{用p}/W_{用典}$ 的比例将各典型年的用水过程进行缩放，得各设计代表年的用水过程。在干旱少雨地区，若灌区内有效降雨量与作物总需水量相比，其数量很小时，可采用固定灌溉定额方式，以简化计算。

（3）对各设计年份的来水、用水过程自供水期末的死库容开始，逆时序（晚蓄方案）进行调节计算，遇亏水加，遇余水减，可按式（1-14）和式（1-15）求得各月月初所需的水库蓄水量，并由水位—容积关系曲线查得相应库水位。

$$V_{初} = V_{末} \mp \Delta V \tag{1-16}$$

$$\Delta V = \Delta W = \Delta W_{来} - \sum \Delta W_{用} - \Delta W_{损} - \Delta W_{弃} \tag{1-17}$$

式中　$V_{初}$、$V_{末}$——时段 Δt 初、末的水库库容，m^3；

ΔV、ΔW——时段 Δt 内水库库容增减值、水库蓄水变量，增加为正，减少为负，m^3；

$\Delta W_{来}$、$\sum \Delta W_{用}$、$\Delta W_{损}$、$\Delta W_{弃}$——时段 Δt 内入库水量、用水总量、损失水量、弃水量，m^3。

（4）将各设计年份的兴利蓄水过程线绘于同一张图上，取各年蓄水过程线的上包线即得加大供水线，取下包线即得限制供水线，如图 1-29 所示。为了防止某些典型年汛期开始较迟，在供水期，将上、下包线结束于同一点，该点相当于汛期第一场洪水最迟开始时刻，如图 1-29 中的 B 点。其方法是将下包线水平移至 B 点，或将下包线的末端与上包线的末端连起来，如图中 BC 线。在蓄水期，常将下包线水平移至供水开始最迟时刻 A，或将 AC 相连。

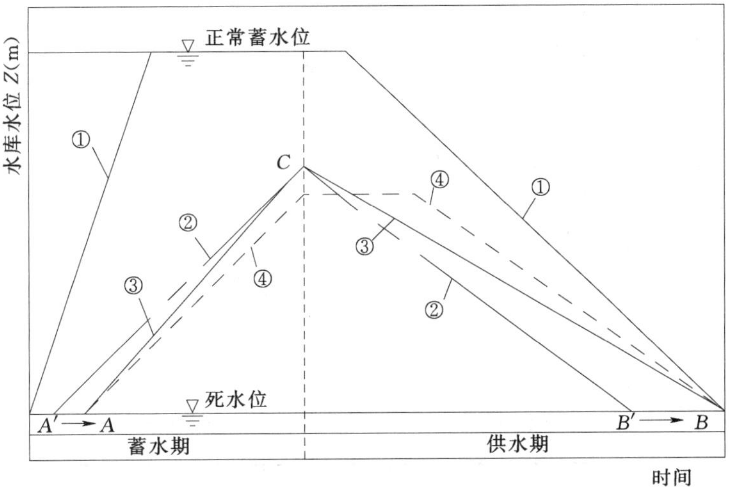

图 1-29　蓄水期、供水期调整调度线示意图

①—上包线；②—下包线；③—ACB 线；④—②线平移至 A、B

3. 兴利调度图的应用

有了水库兴利调度图，在运行管理中，可以根据当时实际库水位所落区域决定应该是

正常供水、加大供水或是减少供水，做到尽量减少弃水，避免供水中断。

由此可见，兴利调度图是根据过去的来水、用水资料作兴利调节计算后分析归纳，然后绘出的。在水库的运行管理中，兴利调度图常与当年计划调度图一起，作为指导水库运行的依据。有条件时，应和中、短期水文气象预报结合，增加调度的可靠性，使水库兴利运用满足经济、安全的要求。

四、兴利调度图编制实例

（一）基本资料

某灌溉水库兴利库容 $V_{兴}=4400$ 万 m^3，设计保证率为 75%，水库有 22 年的径流资料，水库设计时已求出设计枯水年年径流量 $W_p=10000$ 万 m^3。

（二）绘制步骤

（1）在实测资料中，选择出与设计枯水年年径流量（$P=75\%$）相近的 3 个典型年份，即 1958—1959 年、1961—1962 年、1963—1964 年，加上原设计枯水年（1968—1969 年），共 4 个年份的资料。

（2）对各典型年进行缩放，得到不同年内分配的设计代表年来水资料，见表 1-18。

表 1-18　3 个典型年份各月来水量计算表　单位：万 m^3

月份	1958—1959 年		1961—1962 年		1963—1964 年	
	典型年来水量	设计年来水量	典型年来水量	设计年来水量	典型年来水量	设计年来水量
7	1613.0	1290.0	2550.0	2340.0	2000.0	1900.0
8	6800.0	5430.0	4400.0	4040.0	4300.0	4090.0
9	2000.0	1600.0	1500.0	1380.0	2200.0	2090.0
10	500.0	400.0	500.0	460.0	480.0	455.0
11	300.0	240.0	200.0	184.0	198.0	188.0
12	200.0	160.0	110.0	101.0	70.0	66.5
1	150.0	120.0	80.0	73.5	50.0	47.5
2	110.0	80.0	40.0	36.7	40.0	38.0
3	250.0	200.0	38.0	34.9	50.0	47.5
4	300.0	240.0	70.0	64.0	60.0	57.0
5	100.0	80.6	900.0	825.0	680.0	648.0
6	237.0	190.0	500.0	160.0	340.0	323.0
合计	12550		10888		10468	
K	0.80		0.92		0.95	

（3）水库水量损失按每月 25 万 m^3 计，采用固定用水定额法，即各年同 1 月份用水量相同，见表 1-19。

（4）对各设计代表年份，按已知兴利库容和考虑损失后的用水量，进行逆时序调节计算，得到各月月初的水库蓄水量，见表 1-19、表 1-20。在这两张表中，各设计代表年份均从 6 月底死库容起算，遇亏水加、遇余水减逆时序计算到 7 月初。

表 1-19　　3个设计代表年份逆时序调节计算表　　单位：万 m³

月份	用水量+损失水量	1958—1959年			1961—1962年			1963—1964年		
		来水量	供水量	月初兴利蓄水量	来水量	供水量	月初兴利蓄水量	来水量	供水量	月初兴利蓄水量
7	1267.4	1290.0			2340.0	−1072.6	9日开始蓄水	1900.0	−632.6	30日开始蓄水
8	1112.8	5430.0	−4317.9	6日开始蓄水	4040.0	−2927.9	764.5	4090.0	−2977.9	14.6
9	801.5	1600.0	−798.5	3537.5	1380.0	−578.5	3692.4	2090.0	−1288.5	2992.5
10	336.0	400.0	−64.0	4336.0	460.0	−124.0	4270.9	455.0	−119.0	4281.0
11	288.0	240.0	48.0	4864.0 (4400.0)	184.0	104.0	4394.9	188.0	100.0	4758.5 (4400.0)
12	288.0	160.0	128.0	4816.0 (4400.0)	101.0	187.0	4290.9	66.5	211.5	4658.5 (4400.0)
1	288.0	120.0	168.0	4688.0 (4400.0)	73.5	214.5	4103.9	47.5	240.5	4437.0 (4400.0)
2	288.0	80.0	208.0	4520.0 (4400.0)	36.7	251.3	3889.4	38.0	250.0	4196.5
3	288.0	200.0	88.0	4312.0	34.9	253.1	3638.1	47.5	240.5	3946.5
4	801.5	240.0	561.5	4224.0	64.0	737.5	3385.0	57.0	744.5	3706.2
5	2043.9	80.0	1963.9	3662.5	825.0	1218.9	2647.5	648.0	1395.9	2961.5
6	1888.6	190.0	1698.6	1698.6	460.0	1428.6	1428.6	323.0	1565.6	1565.6

表 1-20　　设计枯水年（1968—1969年）调度线计算表　　单位：万 m³

月份	来水量	用水量	损失水量	$W_{来}-W_{用+损}$		月初兴利蓄水量	弃水量	备　注
				+	−			
7	1630.0	1242.4	25.0	362.6		0	309.0	7月26日开始蓄水
8	4500.0	1087.1	25.0	3387.9		53.6		蓄水
9	1760.0	776.5	25.0	958.5		3441.5		蓄水
10	336.0	311.0	25.0			4400.0		蓄水
11	191.0	263.0	25.0		97.0	4400.0		开始放水
12	65.0	263.0	25.0		223.0	4303.0		放水
1	56.0	263.0	25.0		232.0	4080.0		放水
2	36.0	263.0	25.0		252.0	3848.0		放水
3	41.0	263.0	25.0		247.0	3596.0		放水
4	65.0	776.5	25.0		736.5	3349.0		放水
5	890.0	2018.9	25.0		1153.9	2612.0		放水
6	430.0	1863.6	25.0		1458.6	1458.6		放空至死水位
合计	10000.0	9391.0	300.0		4400.0			

（5）将上述 3 个代表年份的各年蓄水过程线绘于同一张图上，作出上包线即为加大供水线，它是这一束曲线各时段最高点的连线，概括了不同年份内分配条件下，为了正常供水应达到的最大蓄水量。因此，若水库实际蓄水量高于该线，就可以加大供水。同样，作出这一束曲线的下包线，即为限制供水线，它是保证正常供水所允许的最小蓄水量，若水库实际蓄水量低于该线，就必须限制供水。由此可绘出兴利调度图，如图 1－30 所示。在图 1－29 中，将供水期的限制供水线调整到供水最迟发生的时间 B 点。

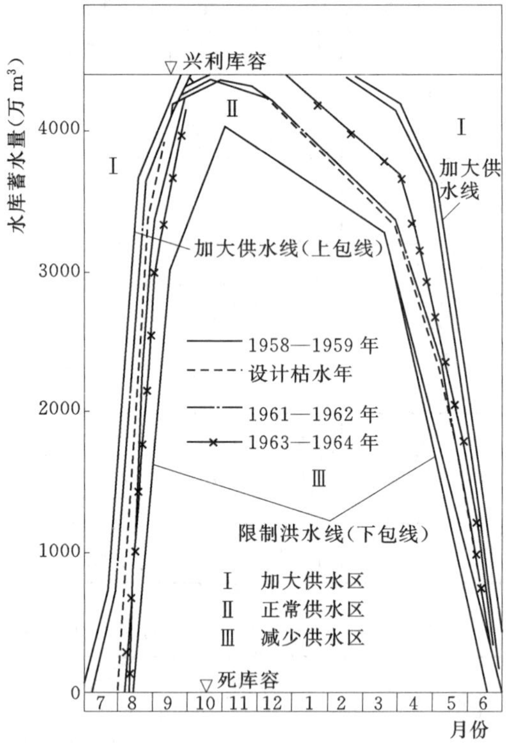

图 1－30 某灌溉水库兴利调度图

第三节 多泥沙水库的调度

我国北方有些河流的含沙量比较大，特别是西北、华北地区流经黄土高原的多沙河流，由于含沙量大，造成水库淤积问题十分突出，给水库带来一系列严重问题，如有效库容减少、灌溉效率降低、防洪能力降低、上游淹没损失扩大等。小型水库解决淤积问题的途径大体有两个方面：一是加强库区水土保持工作，这是防治水库淤积的根本途径；二是合理调度运用，也可以大大减轻水库的淤积，延长水库寿命。本节主要介绍怎样进行合理调度减少水库淤积的问题。

一、水库的淤积形式

库区泥沙的淤积形态，分纵剖面形态与横断面形态。纵剖面形态基本上有三角洲淤积、带状淤积和锥面淤积。横断面形态主要有全断面水平淤高、主槽淤积和沿湿周均匀淤积。

（1）三角洲淤积。淤积体的纵剖面呈三角形形态，如图 1-31 所示。这种淤积形态多见于库容相对于入库洪量较大的水库，特别是湖泊型水库。当这类水库的库水位较高且变幅较小时，挟沙水流进入回水末端以后，随着水深的沿程增加，水流流速逐渐减小，相应挟沙能力也沿程减小，泥沙就不断落淤。

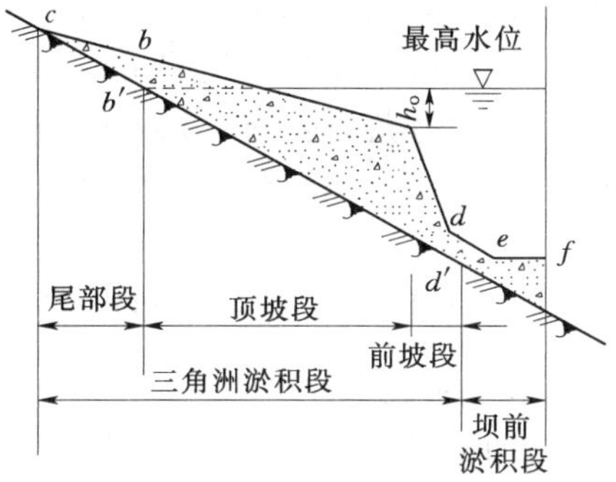

图 1-31　三角洲淤积示意图

（2）锥体淤积。淤积体的纵剖面呈锥体形态，如图 1-32 所示。这种淤积形态多见于多沙河流上的中小型水库。这类水库的壅水段短，库水位变幅大，底坡大，坝不高，在进库水流含沙量较高的情况下，含沙水流往往能将大量泥沙带到坝前而形成锥体淤积。

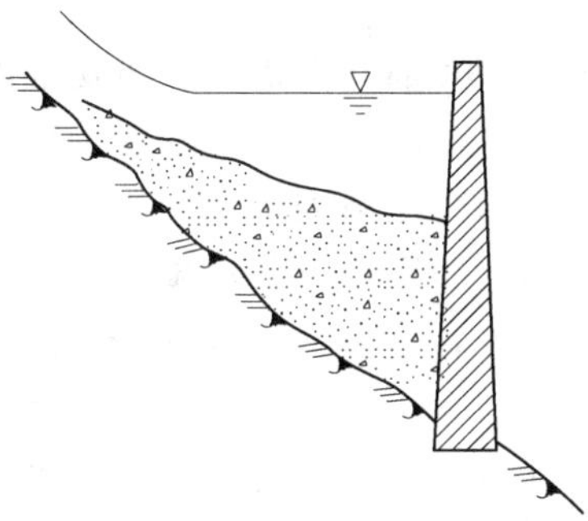
图 1-32　锥体淤积示意图

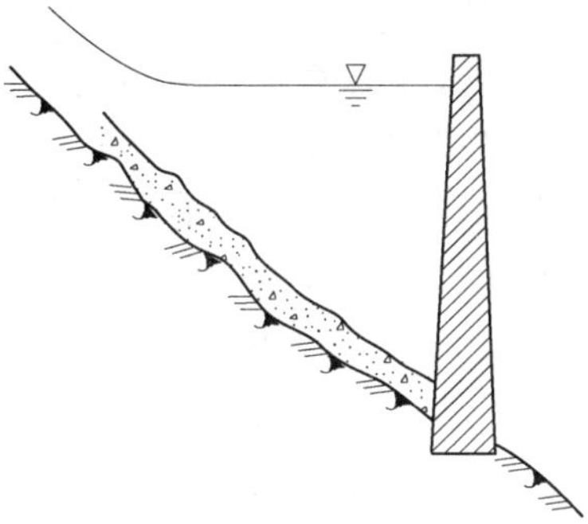
图 1-33　带状淤积示意图

（3）带状淤积。淤积体的纵剖面自坝前到回水末端呈均匀分布的带状形态，见图 1-33。这种淤积形态多见于库水位变动较大的河道型水库，这类水库在进库泥沙颗粒较细且水流含沙量较少时，往往形成带状淤积。

二、水库泥沙冲淤的基本规律

水库淤积的主要形式是壅水淤积。通过淤积对河床组成、河床比降和河床断面形态进行调整，进而提高水流挟沙能力，达到新的输沙平衡。同样，冲刷也是通过对河槽的调整来适应变化了的水沙条件。冲淤的结果都是达到不冲不淤的平衡状态。这就是冲淤发展的第一个基本规律——冲淤平衡趋向性规律。水库泥沙冲淤的另一个基本规律是“淤积一大片，冲刷一条带”。由于挟带泥沙的浑水到哪里，哪里就会发生淤积，而淤积在横断面上往往是平行淤高的，这就是“淤积一大片”的特点。当库水位下降，水库泄流能力又足够大时，水流归槽，冲刷主要集中在河槽内，就能将库区拉出一条深槽，形成滩槽分明的横断面形态，这就是“冲刷一条带”的特点。

水库泥沙冲淤的再一条规律就是“死滩活槽”。即由于冲刷主要发生在主槽以内，所以主槽能冲淤交替。而滩地除只能随主槽冲刷在临槽附近发生坍塌外，一般不能通过冲刷来降低滩面，所以滩地只淤不冲，滩面逐年淤高。这一规律可形象地称为“死滩活槽”。它说明，水库在合理的控制运用下，是可以通过冲刷来保持相对稳定的深槽的。

了解上述规律，对于采用恰当的水库控制运用方式是十分重要的。一方面，为保持有效库容，在水库运用管理中应力求避免滩地库容的损失。汛期要控制减少中小洪水漫滩的机会，特别是含沙量高的洪水要尽量不漫滩。另一方面，要力求恢复和扩大主槽库容，创造泄空冲刷的有利条件，并采用必要措施使主槽冲得深、拉得宽。

三、调度运用方式

1. 年际水沙调度

小型水库来水来沙一般具有“水大沙多，水小沙少”的特点，所以应根据年际来水情况，按照“丰水年多排，枯水年少排”的原则，灵活运用排沙措施。枯水年以蓄水为主，排沙为辅，汛期拦蓄洪水，采用异重流排沙，当水库水位低时，采用高渠泄水拉沙。丰水年以排沙为主，将挟带大量泥沙的水流尽量及时排出，减少水库淤积。同时拦蓄汛后清水，以备枯水年用。这种方式也称为年际间的蓄清排浑。

2. 年内水沙调度

多河流的来沙量主要集中在主汛期，尤其是汛期的前几次供水。汛期来沙量占全年来沙量的大部，故可以在每年分为汛初、主汛和末汛三个阶段来进行水沙调度。

汛初一般洪峰较小，含沙量有限，可以拦蓄，结合灌溉用水采用异重流排沙。

主汛期洪水频繁，洪峰高，沙量大，一般采用空库迎汛或低水位运用，以滞洪排沙为主和高渠拉沙相结合，把含沙量最高的洪水排出库外，这样就可以利用小部分的水排大部分的泥沙，并在下游进行引洪淤灌。

汛末的来沙量一般都不大，如果灌区不需要水，则可关闸蓄水；如果灌区仍需要水，可采用异重流排沙以减少水库淤积。

3. 一次洪水调度

一次洪水过程库内泥沙的淤积，主要在滞洪过程的前期。洪水入库后，除少量大颗粒泥沙立即落淤外，细颗粒泥沙将在库内悬浮一定时间，即洪水入库后从发生壅水至最高水位出现后一段不长的时间内。因此，针对一次洪水挟沙落淤的特点，抓住最高水位出现前的这段时机，及时启闸排沙，可以提高排沙效益。

四、几种排沙方法

（一）泄空排沙与滞洪排沙

1. 泄空排沙

在水库泄空过程中，随着水位降低，回水末端将逐渐向坝前移动，主槽受水流冲刷，其边坡滑塌溜泥，滩地表层稀泥向主槽下滑，可排走部分泥沙；部分尚未固结的泥沙也随回水下移而发生冲刷，特别是在水库泄空的最后阶段，冲刷效果更为显著，这种排沙方式称为泄空排沙。泄空排沙历时较短，故冲刷量有限。

2. 滞洪排沙

在河道来沙的主要季节将水库腾空，洪水一到来就开启闸门，使挟带大量泥沙的洪水尽量排泄。由于汛期含沙量往往比较集中，因此，采用滞洪排沙方式，能取得较好的排沙效果。特别空库迎汛时效果更好。根据陕西省黑松林水库观测资料统计，大、中、小洪水平均排沙效率达90%，对一般中、小洪水基本上可以做到不淤。滞洪排沙的弃水量大，为了充分利用水资源，必须注意结合灌溉用水，积极开展引洪淤灌，将排泄的洪水加以利用。

（二）异重流排沙

在水库蓄水情况下，当洪水挟带大量泥沙入库时，由于清水与浑水的比重不同，而两者基本不相混掺，二是浑水潜入清水底部并沿库底向坝前运行，称为“异重流”。异重流形成后，要使其继续前进，就要求保持产生异重流的条件，即后面始终有异重流推着前进。一旦持续条件遭到破坏，如运行到坝前排沙闸未打开，异重流就会停止运动，大量泥沙就地淤积。若异重流运行到坝前时及时打开排沙闸或底孔，将浑水排出库外，则可减少水库淤积量。黑松林水库异重流排沙效率平均达61.2%，最高可达88.9%。由于水库在异重流排沙的前后，均能蓄水，使水库在汛期保持有一定的调蓄能力，而不产生大量弃水，故对水量较缺或不能泄空排沙的水库较为有利，能达到既能蓄水又能排沙的目的。

（三）高渠泄水冲淤拉沙

上述排沙方法虽可将85%的泥沙排出库外，但不能完全避免淤积，特别是滩地的淤积，“死滩河槽”的现象依然存在。因此，要保持和恢复水库的调蓄能力，关键在于排除滩地淤积。黑松林水库采取人工辅助措施，扩大水流冲刷效果，恢复部分滩地库容，收到了很好的效果，他们称为高渠泄水冲淤拉沙。利用河床坡陡、泄洪洞低的特点，在主河槽一侧淤积滩面上人工开挖一条输水高渠，垂直高渠方向开若干泄水渠道通向主河槽，在高渠进口处的主河槽上筑一座临时挡水坝，将河水引入高渠，利用高渠与主河槽的落差，通过各条泄水渠直接冲刷滩地，收到良好的效果。工程布置如图1-34所示。根据测定，当冲刷流量0.3～0.5m^3/s时，平均每小时可排泥沙350t。黑松林水库的实践证明，滩地淤积是可以排除的，被淤废的库容是可以恢复的。

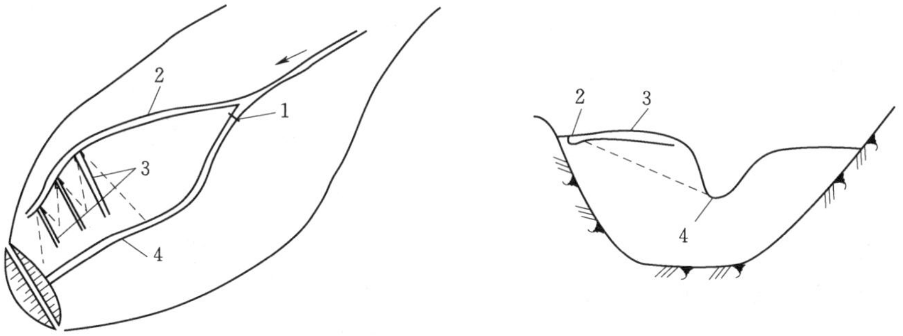

图1-34 高渠泄水冲淤拉沙示意图
1—临时挡水坝；2—输水高渠；3—泄水渠；4—主槽

上述排沙减淤措施，应视水库的具体情况加以选择使用。总之，要分析研究本水库泥沙规律，因势利导，合理地进行水沙调度，减少水库淤积，保持水库的调节库容，使水库充分发挥效益。

强 化 训 练

一、单项选择题

1. 凵表示的降水物是（　　）。

A. 雨　　B. 雪　　C. 雹　　D. 霜

2. 相邻两根水尺交替处，应有（　　）的重合部分，便于相互校对。

A. 10cm　　B. 20cm　　C. 10～20cm　　D. >50cm

3. 闸门全开，当出口水深 h_n 大于 0.75d 而小于 d（涵管直径）时，涵管流态为（　　）。

A. 有压自由式管流　　B. 有压沉溺式管流　　C. 无压流　　D. 自由式孔流

4. 汛期运用指标不包括（　　）。

A. 设计洪水位　　B. 允许最高洪水位　　C. 防洪高水位　　D. 防洪限制水位

5. 当库水位（　　），按下游防洪控制点的安全泄量泄洪。

A. 低于防洪限制水位　　B. 高于防洪限制水位；

C. 在防洪限制水位与防洪高水位之间　　D. 高于防洪高水位

6. 实际库水位落在相应时刻计划线以下，应（　　）。

A. 按计划供水　　B. 节约用水　　C. 减少供水　　D. 加大供水

7. 椎体淤积多见于多沙河流上的（　　）。

A. 大型水库　　B. 中小型水库　　C. 湖泊型水库　　D. 河道型水库

二、多项选择题

1. 水库调度的内容有（　　）。

A. 防洪调度　　B. 兴利调度　　C. 灌溉调度　　D. 洪水预报

2. 水库洪水预报，包括（　　）。

A. 洪水总量　　B. 洪峰流量　　C. 最高洪水位　　D. 洪水历时

3. 水库泥沙冲淤的基本规律包括有（　　）。

A. 冲淤平衡　　B. 淤积一大片，冲刷一条带

C. 死滩活槽　　D. 水大沙多

三、综合题

1. 根据图 1－35，简述闸门能调节流量的方式下水库防洪调度的过程，包括闸门的操作，水位及泄流量的变化过程。

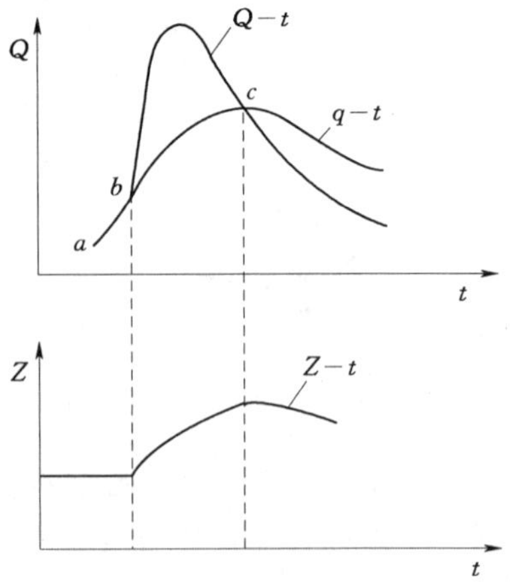

图 1－35　综合题 1 图

2. 某水库正常蓄水位为 130.50m，兴利库容为 5000 万 m^3，死水位为 110.00m，相应死库容为 600 万 m^3。按防洪要求，7 月防洪限制水位为 116.50m，死水位以上允许蓄水量为 1350 万 m^3，亦即 7 月预留防洪库容为 3650 万 m^3；8 月防洪限制水位为 122.90m，死水位以上允许蓄水量为 3500 万 m^3，预留防洪库容为 1500 万 m^3。2002 年根据长期预报和估算当年的来水量、用水量见表 1－21②、③栏，水量损失按每月

50 万 m^3 计，该年年初死水位以上蓄水量为 4200 万 m^3，要求完成水库当年计划调度表格的填写（⑤～⑨栏）。

表 1-21　　综合题 2 表　　单位：万 m^3

月份	来水量	用水量	损失水量	净来水量－用水量		月末蓄水量	月末库水位	弃水量	备　注
				＋	－				
①	②	③	④	⑤	⑥	⑦	⑧	⑨	⑩
1	80	0	50			——			水库蓄水
2	50	0	50						——
3	380	0	50						
4	520	960	50						水库放水
5	310	2280	50						水库放水
6	170	2170	50						
7	2360	1500	50						限制蓄水至 116.5m
8	4750	1360	50						
9	1200	1140	50						水库蓄水
10	480	0	50						水库蓄水
11	260	0	50						
12	160	0	50						水库蓄水
合计	10720	9410	600				——		——

注　表中第⑦栏月末蓄水量是指死水位以上的蓄水量。

3. 某水库为无闸门控制的开敞式溢洪道，宽 22m，堰顶高程为 90m，坝顶高程为 93m。根据大坝工程质量情况，允许最高洪水位确定为 92m。汛期控制按百年一遇洪水编制计划，最大洪峰流量 $Q_m=436m^3/s$，洪水总量 $W=234$ 万 m^3，要求计算水库的汛期防洪限制水位（水库库容曲线同图 1-20）。

四、实训题

1. 进行降水量观测并填报记录表。
2. 进行水位、流量观测并填报记录表。
3. 按自由式出流的堰流公式绘制某水库溢洪道泄流曲线图。
4. 绘制某水库放水涵管闸门全开的泄流曲线图。
5. 推求某水库××××年计划调度线并绘制××××年计划调度图。
6. 根据历年实测资料，绘制某灌溉水库兴利调度图。

第二章 用 水 管 理

【知识目标】

- 了解用水管理的意义，理解计划用水的作用和节约用水的措施。
- 了解城镇供水系统的组成和要求，水质净化和水源的卫生防护，水厂的运行管理。
- 掌握灌溉用水计划编制和执行方法。

【能力目标】

- 能够编制灌溉用水计划并初步掌握执行供水计划的方法。

用水管理是指运用水长期供求计划、水量分配、取水许可制度、征收水费和水资源费、计划用水和节约用水等手段，对地区、部门以及单位和个人使用水资源的活动进行管理，以期达到合理用水、高效用水。水资源的开发利用经历了从以需定供、供需平衡到以供定需三个阶段，水资源已经成为制约我国国民经济持续稳定发展和影响社会安定和发展进步的重要因素，对使用水资源的活动进行行之有效的管理已势在必行。

用水管理的手段很多，一般有：①水长期供求计划和水量分配。是在宏观上控制用水量的增长和不合理用水，以及缓解供需矛盾，解决地区之间、部门之间的用水矛盾，将总的用水量限制在合理的限度之内。②取水许可制度。是用水管理的行政手段，可以对全社会的取水、用水进行有效的控制，促进合理开发和使用水资源。主要包括取水申请、审批、发证及用水的监督管理。③征收水费和水资源费。是用水管理的经济手段，可以促进用水单位节约用水、合理用水，改变供水工程老化失修、效益衰减的状况，维持和扩大工程供水能力。④计划用水。是用水管理的基本制度，是在水长期供求计划和水量分配方案等宏观控制下，按照当年的预测来水量、供水量、需水量，制订年度用水计划，并组织实施与监督。⑤节约用水。是我国的基本国策，它与计划用水并重，是用水管理的核心，贯穿于用水管理的始终。用水单位通过各种节水措施，做到合理用水，而节水水平则是评价用水单位合理用水的一个重要指标。

用水管理的最终目标是使各地区、各部门、各用水单位和个人合理用水，高效用水，以保证在当地水资源处于良性循环的前提下，满足不断增长的社会经济的用水需要。

本章重点对灌区用水管理和城镇用水管理进行分析，并介绍计划用水、水量分配以及节约用水等基本知识。

第一节 灌 溉 用 水 管 理

农业供水管理是水库灌区管理工作的一项重要内容。供水管理主要包括计划用水、节约用水和灌区量水。本书将重点介绍小型水库灌区用水计划的编制和用水计划的执行。

一、用水计划的编制

编制用水计划是实施计划用水的主要依据，无论灌区大小，都要通过编制用水计划，达到有计划地统筹利用水源，合理调配用水量，协调供需矛盾，不断提高水的利用率。

中小型水库通常有以下 3 种供水计划及其编制方法。

（一）生产单位用水计划

生产单位的用水计划，可以根据当地生产实践、灌水经验、作物种植情况和水利设施供水能力等计算水账，制定用水计划。根据水利设施供水量和作物灌溉用水量，进行供需水量平衡计算，在此基础上提出用水计划，见表 2-1。

表 2-1　　灌溉用水计划申请表

上级供水渠道名称	内部配水渠道名称	灌水时间		作物名称	灌溉面积（亩）	灌水定额（万 m^3）	净需水量（万 m^3）	渠道利用系数 η	毛需水量（万 m^3）	小型设施可供水量（万 m^3）	计划需水量（万 m^3）
		起	止								
①	②	③	④	⑤	⑥	⑦	⑧	⑨	⑩=⑧÷⑨	11	12=⑩-11

（二）年度供水计划编制

年度供水计划编制方法按以下步骤进行：

（1）根据灌区各种作物的灌溉面积、灌溉制度、小型水利设施提供的水量，分析计算各月需要的用水量。

（2）分析和确定各月水库可能提供的水量。

（3）对水库可供水量和灌区需要水量进行平衡计算，通过调整和修正，确定年度计划内的灌区面积及各月水库供水量。

水库灌区水量平衡计算，可参照表 2-2 格式计算。

表 2-2　　某水库水量平衡预支表　　单位：万 m^3

项目 / 月份	期初水库存量	预计期间水库来水量	灌区净用水量	小型水利设施可供水量	需要水库供水量		期末水库存水量	水库弃泄水量
					净供水量	毛供水量		
①	②	③	④	⑤	⑥	⑦	⑧	⑨
4								
5								
6								
7								
8								
9								
10								
合计								

注　1. 表中：⑥=④-⑤；⑦=$\frac{⑥}{渠系水利用系数\ \eta}$；⑧=②+③-⑦

2. 当⑧栏数值超过水库限制水位的相应库容时，超过部分为⑨栏弃水量；若⑧栏数值小于水库死库容时，则为水库缺水量，应采取开源节流措施。

（三）分次供水计划

为了使年度计划配水能够实现，在用水紧张季节，如春旱、秋旱，以及水稻生育过程中用水最多的时期（如泡田用水、晒田后集中灌水、生育期补水），在用水期前，需先编制一个简易配水计划，借以指导下一阶段计划配水工作，协调供需矛盾，保证灌溉用水。为此，有必要编制分次配水计划，如春灌、秋灌、泡田、晒田供水等。编制方法基本上与年度供水计划相同，不过考虑的问题更具体些。

分次供水计划编制的步骤如下：

（1）在每次开闸前，应调查和掌握灌区旱情，分析水源形势，包括水库存水量和灌区小型水利设施蓄引水量等。

（2）调查灌区用水要求，按照受益田亩，决定本次放水总量。

（3）召开灌区代表会，商讨分配水量和配水时间以及轮灌方式等。

（4）组织村、组管水员，在规定地点按时交接水量。

分次供水计划，可按表 2-3 编制执行，把水量合理地分配到各用水单位或配水到支渠。

表 2-3　　　　分次供水计划表

<table>
<tr><td rowspan="4">轮灌段别</td><td rowspan="4">支渠名称（或村组）</td><td colspan="7">需水量</td><td colspan="6">配水时间</td><td rowspan="4">分配流量（m^3/s）</td></tr>
<tr><td colspan="4">灌溉作物</td><td rowspan="3">净需水量（万 m^3）</td><td rowspan="3">渠系水利用系数 η</td><td rowspan="3">毛需水量（万 m^3）</td><td colspan="3">起</td><td colspan="3">止</td></tr>
<tr><td colspan="2">××作物</td><td colspan="2">××作物</td><td rowspan="2">月</td><td rowspan="2">日</td><td rowspan="2">时</td><td rowspan="2">月</td><td rowspan="2">日</td><td rowspan="2">时</td></tr>
<tr><td>面积（亩）</td><td>灌水定额（m^3/亩）</td><td>面积（亩）</td><td>灌水定额（m^3/亩）</td></tr>
<tr><td>①</td><td>②</td><td>③</td><td>④</td><td>⑤</td><td>⑥</td><td>⑦</td><td>⑧</td><td>⑨</td><td colspan="3">⑩</td><td colspan="3">⑪</td><td>⑫</td></tr>
<tr><td>第一轮灌段</td><td></td><td></td><td></td><td></td><td></td><td></td><td></td><td></td><td></td><td></td><td></td><td></td><td></td><td></td><td></td></tr>
<tr><td colspan="2">合计</td><td></td><td></td><td></td><td></td><td></td><td></td><td></td><td></td><td></td><td></td><td></td><td></td><td></td><td></td></tr>
<tr><td>第二轮灌段</td><td></td><td></td><td></td><td></td><td></td><td></td><td></td><td></td><td></td><td></td><td></td><td></td><td></td><td></td><td></td></tr>
<tr><td colspan="2">合计</td><td></td><td></td><td></td><td></td><td></td><td></td><td></td><td></td><td></td><td></td><td></td><td></td><td></td><td></td></tr>
</table>

二、用水计划的执行

编制用水计划是实施计划用水的第一步，要达到计划用水的预期目的，关键还在于正确地执行用水计划。

（一）准备工作

（1）放水前，灌区管理单位要将用水计划通知到各用水单位，并召开必要的会议进行宣传，使灌区广大干群了解情况，明确计划用水的意义，做到自觉地贯彻执行用水计划。

（2）建立与健全各级水量调配组织，落实放水专管人员；制定和完善各项规章制度，如水量调配制度、引用制度、节水制度和用水交接制度等。

（3）提前组织检查渠道、建筑物、闸门启闭设备、通信设备、量水设备等，发现问题及时维护。

（4）用水单位要在管理单位的指导下，组织护渠队，整修田间工程，做好渠道清淤等，并发动村民制定用水公约。

（5）灌区管理单位，还必须及时取得上级主管部门和灌区各级领导的支持，制定经济措施，结合行政手段以保证用水计划的执行。

（二）水量调配

1. 水量调配方式

灌区配水方式，一般有以下两种：

（1）续灌。在水库供水比较丰裕的情况下，供需水量基本平衡时，都采用续灌配水方式。根据各地区的经验，一般当供水流量减少后，供需水量差额在40%～50%以内时，干支渠仍可采取续灌，但配水流量应按比例减少；如果供需水量差额超过50%，干支渠就应该改续灌为轮灌。

（2）轮灌。当水源不足，采取降低灌水定额、调整灌溉面积等措施后，供需水量差额仍然较大的情况下，干支渠就要考虑实行轮灌。必须指出，如果灌区大，涉及的行政区域多，轮灌一次间隔时间要长，特别是在抗旱用水紧张季节，往往容易发生矛盾。因此，要认真分析情况，做好工作，与用水单位协商，采取合理的配水顺序。

2. 水量调配原则

（1）水量充足时，先下后上，先远后近，全面满足；水量不足时，保近舍远，避免过多输水损失，力求少水保多田。

（2）库塘结合，先用活水，后用死水；先用塘水，后用库水；先用低处水，后用高处水。

（3）先用灌区自然水、回归水，后用库水。

（4）先灌水田，后浇旱地；先灌成片田，后灌零星分散田。

（三）供水计量

灌区量水是实行计划用水、节约用水的一项必要措施，也是灌区管理单位准确地掌握引水、输水、配水情况的重要手段之一。

1. 供水计量的作用

（1）可以较准确地控制各级渠道的放水流量，避免配水不足或配水过多的现象，减少水量浪费，促进节约用水。

（2）根据量水记录，可以分析计算各级渠道的输水能力和输水损失，统计计算各村组的用水量和各种作物的灌水量，为计划用水提供必要的数据。

（3）按实际用水量征收水费，有利于贯彻合理负担政策，有利于用水计划的执行，有利于供水管理。

2. 灌区量水点的布设

在灌区进行量水工作，一般应在下列各处布设量水点：

(1) 干渠渠首。主要测定从水库引取的水量。一般可利用放水涵管量水，也可在干渠渠首设立量水点。如果有几条干渠，则应在每条干渠的渠首设立量水点。

(2) 支、斗渠口。主要测定支、斗渠道的放水流量。

(3) 水量分水点（或配水点）。一般位于乡村的交界处，主要测定向乡、村的配水流量。图 2-1 为灌区内量水点的布设示意图。

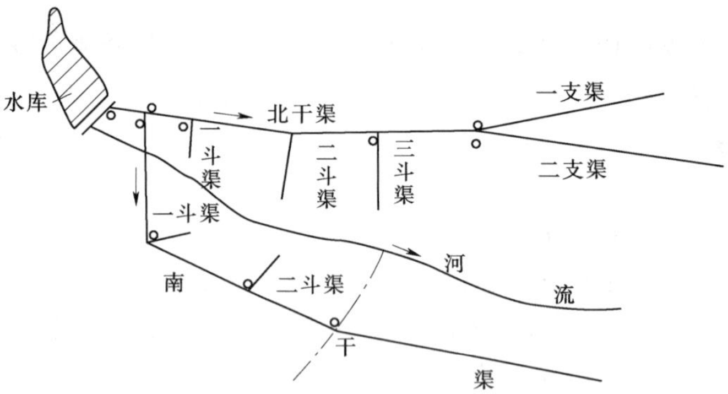

图 2-1 灌区内量水点的布设示意图

——渠道；o量水点；---乡、村分界线

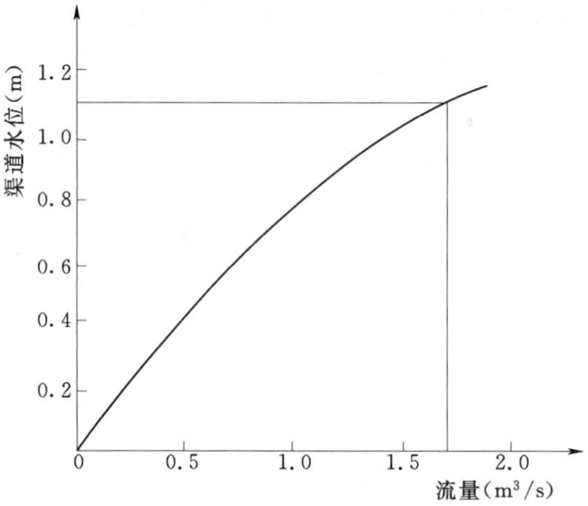

图 2-2 渠道水位—流量关系曲线

3. 灌区量水的主要方法

对于小型水库灌区量水，要求方法简便，设备简单，力求准确，易为群众所掌握。常用的量水方法是利用渠道断面测流。

(1) 绘制水位—流量关系曲线。凡渠床比较稳定，横断面规整，纵断面顺直的渠段，在不受下游节制闸或壅水建筑物回水影响的位置，可利用渠首水位流量关系确定流量。为了提高测量精度，最好将测流渠道用混凝土或三合土进行衬砌。

具体方法是在选定的量水渠段内，设立水尺，水尺零点与渠底齐平。利用流速仪或浮标方法测算不同渠水位时的相应流量，绘制水位—流量关系曲线（图 2-2），供测流时查用。

(2) 用水力学公式测算渠道流量。如果没有条件利用流速仪测流时，也可在人工衬砌的渠段内，根据不同水深计算通过渠段的相应流量为

$$Q=\omega C\sqrt{Ri} \tag{2-1}$$

式中 Q——流量，m^3/s；

i——水力坡度，可采用渠底纵坡；

R——过水断面水力半径，m，$R=\frac{\omega}{\chi}$；

ω——渠道过水断面面积，m^2；

χ——湿水周边长，m；

C——系数，可根据渠道水力半径 R 和渠道糙率系数 n 确定，$C=\frac{1}{n}R^{\frac{1}{6}}$。

4. 水库放水流量的测定

在水库适当地方安设水位尺，放水时定时观测水尺读数 H。根据 H_1、H_2 值，从水库水位—库容关系曲线图 2-3 查得相应水量 V_1、V_2 值，V_1 与 V_2 的差值除以放水时间即得放水平均流量。

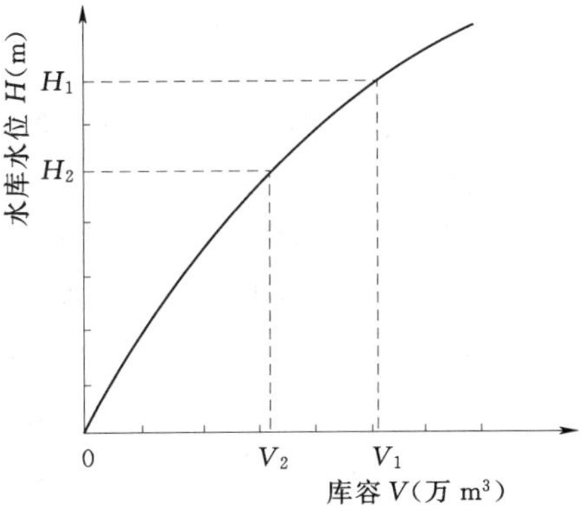

图 2-3　水库水位—库容关系曲线

举例：放水开始时，观测时间为 t_1，测得库水位为 H_1，从水库水位—库容关系曲线上查得相应库容为 V_1；放水结束时（或中途某一时刻），观测时间为 t_2，测得库水位为 H_2，从水库水位—库容关系曲线上查得相应库容为 V_2；则（t_2-t_1）时段所放出水量为

$$V=V_1-V_2$$

（t_2-t_1）时段放水的平均流量为

$$Q=\frac{V_1-V_2}{t_2-t_1}\ (m^3/s)$$

注意：如果在放水的 t_2-t_1 时段内，水库有来水量或损失水量，则在计算流出水量时，应加上来水量或减去损失水量。

（四）供水计划执行情况与检查

通过供水计量资料的分析，可以检查用水计划的执行情况和灌区水的利用效率，探求水量损失的原因，采取措施，提高水的利用率和工程效益，达到确保农业高产稳产的目的。

对供水计划的执行情况，可根据每日观测数据，逐日进行检查分析，用表 2-4 对计划供水量和实际供水量进行对比分析。

表 2-4　　供（用）水计划执行情况表

供水日期		供水量		计划与实际供水量相比			累积供水量		计划与实际累积供水量相比		
月	日	计划	实际	+	−	±%	计划	实际	+	−	±%
①	②	③	④	⑤	⑥	⑦	⑧	⑨	⑩	⑪	⑫

在灌水资料分析中，应重点做好本灌区的实际灌水定额的分析。其方法是，在同一时期内，用实际灌溉面积除实际引入的总净水量（渠道损失水量除外），即得出实际灌溉定额，即

$$m=\frac{W_{净}}{F_{灌}} \tag{2-2}$$

式中 m——实际灌水定额，m^3/亩；

$W_{净}$——一定时间内引入的净水量，等于渠首水有效系数和该时段内引入总水量的乘积，m^3；

$F_{灌}$——同一时段内的实际灌溉面积，亩。

在表2-4中：

(1) 第③栏的数字可抄自年度计划用水数据。

(2) 第④栏为由下式计算的全日供水量数据

$$W=W_1+W_2+W_3+\cdots+W_n$$

式中 W——日供水量，m^3；

W_1，W_2，…，W_n——各时段供水量，m^3。

每一时段流过测站的水量，等于放水时间与该段时间内平均流量的乘积，即

$$W_1=\frac{q_1+q_2}{2}t_1$$

$$W_2=\frac{q_2+q_3}{2}t_2$$

$$\vdots$$

$$W_n=\frac{q_{n-1}+q_n}{2}t_n$$

式中 t_1，t_2，…，t_n——各段放水时间，s；

q_1，q_2，…，q_n——在 t_1，t_2，…，t_n 时段起始和终了时刻的流量，m^3/s。

(3) 第⑤栏或第⑥栏：第③栏－第④栏得正值放在第⑤栏，如果得负值放在第⑥栏。第⑤栏数字说明计划水量有余，实际用水量小于计划用水量；第⑥栏数字说明计划水量不足，实际用水量超过计划用水量。

(4) 第⑦栏数据$=\frac{\text{第⑤栏（或第⑥栏）数据}}{\text{第④栏数据}}\times 100\%$。

(5) 第⑧栏为第③栏的累计数字。

(6) 第⑨栏为第④栏的累计数字。

(7) 第⑩栏或第⑪栏：第⑧栏－第⑨栏得正值填入第⑩栏，得负值填入第⑪栏。

(8) 第⑫栏的意义与第⑦栏相同，即第⑫栏数据$=\frac{\text{第⑩栏（或第⑪栏）数据}}{\text{第⑨栏数据}}\times 100\%$。

三、节水灌溉技术

灌溉用水从水源到田间，到被作物吸收、形成产量，主要包括水资源调配、输配水、田间灌水和作物吸收等环节。在各个环节采取相应的节水措施，组成一个完整的节水灌溉

技术体系，包括节水灌溉工程技术、农艺及生物节水技术和水资源优化调配及节水管理技术。

1. 工程节水技术

工程节水即通过各种工程手段，达到高效节水的目的。常用的工程节水技术有渠道防渗、低压管道输水灌溉、喷灌、微灌、地面节水灌溉技术等。

（1）渠道防渗技术。是指为了减少输水渠道渠床的透水或建立不易透水的防护层面而采取的各种技术措施。根据所使用的防渗材料，可分为土料压实防渗、三合土料护面防渗、石料衬砌防渗、混凝土衬砌防渗、塑料薄膜防渗、沥青护面防渗等。渠道是我国农田灌溉主要输水方式。传统的土渠输水渗漏损失大，约占引水量的 50%～60 %，一些土质较差的渠道渗漏损失高达 70%以上，是灌溉水损失的重要方面。渠道防渗不仅可以显著地提高渠系水利用系数，减少渠水渗漏，节约大量灌溉用水，而且可以提高渠道输水安全保证率，提高渠道抗冲能力，增加输水能力，并加快了输水速度。

（2）低压管道输水灌溉技术。是指利用塑料或混凝土等低压管道代替土渠将水直接送到田间沟畦灌溉作物，以减少水在输送过程中的渗漏和蒸发损失的技术措施。输配水的利用率可达到 95%，另外还能有效提高输水速度，减少渠道占地。由于低压管道输水灌溉技术的一次性投资较低，要求设备简单，管理也很方便，农民易于掌握，故特别适合我国农村当前的经济状况和土地经营管理模式，深受广大农民的欢迎。据统计，截至 2008 年年底，低压管道输水灌溉面积已达 587.3 万 hm^2。

（3）喷灌技术。是指利用自然水头落差或机械加压把灌溉水通过管道系统输送到田间，利用喷洒器（喷头）将水喷射到空中，并使水分散成细小水滴后均匀地洒落在田间进行灌溉的一种灌水方法。喷灌几乎适用于除水稻外的所有大田作物，以及蔬菜、果树等，对地形、土壤等适应性强。与地面灌溉相比，大田作物喷灌一般可节水 30%～50 %，增产 10%～30%，但耗能多、投资大，不适宜在多风条件下使用。

（4）微灌技术。是指根据作物需水要求，通过低压管道系统与安装在末级管道上的灌水器，将作物生长所需的水分和养分以较小的流量均匀、准确地直接输送到作物根部附近的土壤表面或土层中的灌水方法，包括滴灌、微喷灌和涌泉灌等。灌水同时可兼施肥，灌溉效率能够达到 90%以上。与地面灌和喷灌相比，微灌属于局部灌溉，具有省水节能、灌水均匀、适应性强、操作方便等优点，主要缺点是易于堵塞、投资较高。微灌是一些水资源贫乏的地区和发达国家非常重视的一项灌水技术。

（5）地面节水灌溉技术。主要包括优化畦灌技术、节水型沟灌技术以及膜上灌、膜孔沟（畦）灌等地膜覆盖灌水技术。

2. 农艺节水技术

农艺节水包括农田保蓄水技术、节水耕作和栽培技术、适水种植技术、优选抗旱品种、土壤保水剂及作物蒸腾调控技术、各种节水灌溉制度等。由于农作物需水规律不同，各自的灌溉制度及管理措施也不同。灌溉制度包括作物播种前（或插秧前）以及全生育期内的灌水次数、每次灌水的日期、灌水定额与灌溉定额几方面。节水灌溉制度是根据作物的需水规律把有限的灌溉水量在灌区内及作物生育期内进行最优分配，达到高产高效的目的，主要包括不充分灌溉技术、水稻“薄、浅、湿、晒”灌溉技术等。此外，还可利用各种化学制剂调控土壤表面及作物叶面蒸发达到节水的目的，如地面增温保湿剂、抗旱剂、保水剂、种子包衣剂等；利用植物基因工程手段培养高效节水品种等。例如，采用保水剂拌种包衣，能使土壤在降水或灌溉后吸收相当自身质量数百倍甚至上千倍的水分，并在土壤水分缺乏时将所含的水分慢慢释放出，供作物吸收利用，遇降水或灌水时还可再吸水膨胀，循环发挥作用；喷施黄腐酸（抗旱剂 1 号），可以抑制作物叶片气孔开张度，使作物蒸腾减弱等。

3. 灌溉水资源优化调配技术及节水灌溉管理技术

（1）灌溉水资源优化调配技术。主要包括地表水与地下水联合调度技术、灌溉回归水利用技术、多水源综合利用技术、雨洪利用技术。

（2）节水灌溉管理技术。是指根据作物的需水规律控制、调配水源，以最大限度地满足作物对水分的需求，实现区域效益最佳的农田水分调控管理技术，包括用水管理信息化系统、输配水自动量测及监控技术、土壤墒情测报技术、田间管理技术等。其中，输配水自动量测及监控技术采用高标准的量测设备，及时准确地掌握灌区水情，如水库、河流、渠道的水位、流量以及抽水水泵运行情况等技术参数，通过数据采集、传输和计算机处理，实现科学配水，减少弃水。

第二节 乡镇供水管理

近年来，随着农村经济的飞速发展和农民生活水平的迅速提高，以及乡镇企业的迅猛兴起，除了农田灌溉用水外，农村中的乡镇供水也相应得到很大发展。

本书所介绍的乡镇供水管理，主要是指以中小型水库水源为主体的供水。重点介绍供水系统的组成和要求、水质净化和水源的卫生防护、水厂设备的运行管理和维护保养。

一、水量标准和水质标准

（一）用水量标准

1. 农村居民生活用水量定额

每一名居民每日的生活用水量称为生活用水定额［单位：L/(人·d)］。我国在设计农村居民生活用水量时采用的定额见表 2-5 规定。

村镇农家或集体饲养的畜禽饲养用水定额见表 2-6。表 2-6 中的用水定额不包括卫生清扫用水。

表 2-5　农村居民生活用水定额

给水设备类型	社区类别	最高日用水量［L/(人·d)］	给水设备类型	社区类别	最高日用水量［L/(人·d)］
从集中给水龙头取水	村庄	20～50	户内有给水排水卫生设备，无沐浴设备	村庄	40～100
	镇区	20～60		镇区	85～130
户内有给水龙头，无卫生设备	村庄	30～70	户内有给水排水卫生设备和沐浴设备	村庄	130～190
	镇区	40～90		镇区	130～190

表 2-6　　村镇农家或集体饲养的主要畜禽饲养用水定额

畜 禽 类 别	马	牛	猪	羊	鸡	鸭
用水量 [L/(头·d) 或 L/(只·d)]	40～50	50～120	20～90	5～10	0.5～1.0	1.0～2.0

2. 工业企业生产用水量定额

工业企业生产用水量定额，应根据生产工艺过程的要求而定。用水量定额一般有单位产值耗水量、单位产品用水量和单位设备每日用水量等计算方法。生产用水量通常由企业的工艺部门提供。在缺乏资料时，可参照同类企业用水量定额。

3. 公共建筑用水量定额

全镇性的公共建筑，如旅馆、医院、浴室、洗衣房、餐厅、剧院、游泳池、学校等的用水量，不包括在表 2-5 内。公共建筑生活用水量定额，在缺乏实际用水量资料情况下可参照城市用水定额，见表 2-7。

表 2-7　　公共建筑用水量定额

<table>
<tr><th colspan="2">公共建筑物名称</th><th>最高日生活用水定额</th><th>时变化系数</th><th>每日用水时间(h)</th><th>备 注</th></tr>
<tr><td rowspan="3">普通旅馆、招待所</td><td>有盥洗室</td><td>50～100L/(床·d)</td><td>2.5～2.0</td><td>24</td><td rowspan="3">不包括食堂、洗衣房、空调、采暖等用水</td></tr>
<tr><td>有盥洗室和浴室</td><td>100～200L/(床·d)</td><td>2.0</td><td>24</td></tr>
<tr><td>有沐浴设备的客房</td><td>200～300L/(床·d)</td><td>2.0</td><td>24</td></tr>
<tr><td>宾馆</td><td>客房</td><td>400～500L/(床·d)</td><td>2. 0</td><td>24</td><td>不包括餐厅、厨房、洗衣房、空调、采暖、水景、绿化等用水。宾馆指各类高级旅馆、饭店、酒家、度假村等，客房内均有卫生间</td></tr>
<tr><td rowspan="3">医院、疗养院、休养所</td><td>有集中盥洗室</td><td>50～100L/(床·d)</td><td>2.5～2.0</td><td>24</td><td rowspan="3">不包括食堂、洗衣房、空调、采暖、医疗、药剂和蒸馏水制备、门诊等用水。陪住人员应按人数折算成病床数</td></tr>
<tr><td>有盥洗室和浴室</td><td>100～200L/(床·d)</td><td>2.5～2.0</td><td>24</td></tr>
<tr><td>有沐浴设备的病房</td><td>100～250L/(床·d)</td><td>2.0</td><td>24</td></tr>
<tr><td rowspan="2">集体宿舍</td><td>有盥洗室</td><td>50～100 L/(人·d)</td><td>2.5</td><td>24</td><td rowspan="2">不包括食堂、洗衣房用水，高标准集体宿舍（如在房间内设有卫生间）可参照宾馆定额</td></tr>
<tr><td>有盥洗室和浴室</td><td>100～200L/(人·d)</td><td>2.5</td><td>24</td></tr>
<tr><td rowspan="2">公共浴室</td><td>有淋浴器</td><td>100～150L/(人·次)</td><td>2.0～1.5</td><td>12</td><td rowspan="2">淋浴器用水与设置方式有关，单间用水量最大，隔断其次，通间最小。单管热水供应比双管热水供应用水量少，女浴室用水比男浴室多。应按浴室中设置的浴盆、淋浴器和浴池的数量及服务人数确定浴室用水定额，或各类沐浴用水量分别计算然后叠加</td></tr>
<tr><td>有浴池、淋浴器、浴盆和理发室</td><td>80～170L/(人·次)</td><td>2.0～1.5</td><td>12</td></tr>
</table>

续表

公共建筑物名称		最高日生活用水定额	时变化系数	每日用水时间（h）	备注
公共食堂	营业	15～20L/(人·次)	2.0～1.5	12	不包括冷冻机冷却用水。中餐比西餐用水量大，洗碗机比人工洗餐具用水量大
	工业企业、机关、学校、居民食堂	10～15L/(人·次)	2.5～2.0	12	
中、小学校（无住宿）		30～50L/(人·d)	2.5～2.0	10	中小学校包括无住宿的中专、职业中学，有住宿的可参照高等学校，晚上开班时用水量应另行计算。不包括食堂、洗衣房、校办工厂、校园绿化和教职工宿舍用水
剧院		10～20L/(人·场)	2.5～2.0	6	不包括空调用水
体育场	运动员淋浴	50L/(人·次)	2.0	6	不包括空调、场地浇洒用水，运动员人数按大型活动计算。体育场有住宿时，用水量另行计算
	观众	3L/(人·场)	2.0	6	
游泳池	游泳池补充水	每日占水池容积10%～15%			补充水量与游泳池类别、水处理方式有关
	运动员淋浴	60L/(人·场)	2.0	6	
	观众	3L/(人·场)	2.0	6	

4. 消防用水量

在农村供水系统中，一般不单独考虑消防用水量，如果一旦发生火警，可一面提高水厂出水量，一面减少其他用户的用水量，以满足消防要求。一般按居住人数500人左右，可在配水管网中设置1～2个消火栓或2in［1英寸（in）＝0.0254m］闸阀。

（二）农村生活饮用水水质标准

农村生活饮用水水质与人们身体健康和日常生活直接相关。作为生活饮用水，其水质必须满足以下要求：

（1）水中不得含有病原微生物。

（2）水中所含化学物质及放射性物质不得危害人体健康。

（3）水的感官性状良好。

世界上许多国家都各自规定了饮用水水质标准。由于工业废水污染日益严重，已引起人们对水质与健康关系的特别关注。2007年1月，我国发布了《生活饮用水水质标准》（GB 5749—2006），见表2-8。该标准统一了城镇和农村饮用水标准，适用于城乡各类集中式供水的生活饮用水，也适用于分散式供水的生活饮用水。

表 2-8　　城市生活饮用水水质标准

项　目		标　准
感官性状和一般化学指标	色度	不超过 15 度
	浑浊度	不超过 1 度，特殊情况不超过 3 度
	臭和味	无异臭、异味
	肉眼可见物	不得含有
	pH 值	6.5～8.5
	铝	0.2mg/L
	铁	0.3mg/L
	锰	0.1mg/L
	铜	1.0mg/L
	锌	1.0mg/L
	氯化物	250mg/L
	硫酸盐	250mg/L
	溶解性总固体	1000mg/L
	总硬度（以 $CaCO_3$ 计）	450mg/L
	耗氧量（以 O_2）计	3～5mg/L
	挥发酚类（以苯酚计）	0.002mg/L
	阴离子合成洗涤剂	0.3mg/L
毒理学指标	砷	0.01mg/L
	镉	0.005mg/L
	铬（六价）	0.05mg/L
	铅	0.01mg/L
	汞	0.001mg/L
	硒	0.01mg/L
	氰化物	0.05mg/L
	氟化物	1.0mg/L
	硝酸盐（以 N 计）	10mg/L（特殊情况 20mg/L）
	三氯甲烷	0.06mg/L
	四氯化碳	0.002mg/L
	溴酸盐（用臭氧时）	0.01mg/L
	甲醛（用臭氧时）	0.9mg/L
	亚氯酸盐（用二氧化氯时）	0.7mg/L
	氯酸盐（用复合二氧化氯时）	0.7mg/L
微生物指标	总大肠菌群	不得检出
	耐热大肠菌群	不得检出
	大肠埃希氏菌	不得检出
	菌落总数	100CFU/mL
放射性指标	总 α 放射性	0.5Bq/L
	总 β 放射性	1Bq/L

二、供水系统

以地面水为水源，其供水系统一般由以下建筑物组成（图 2-4）：

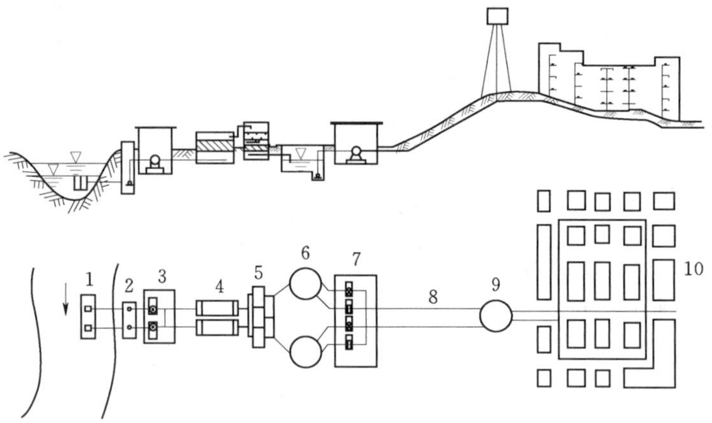

图 2-4 地面水供水系统

1—取水头部；2—集水井；3——级泵站；4—反应沉淀池（或澄清池）；5—滤池；6—取水池；7—二级泵站；8—输水管；9—水塔；10—配水管网

（1）取水建筑物。为从水库取水所修建的建筑物。

（2）一级泵站。其任务是从取水建筑物中抽水，并将水加压输送到净水建筑物。

（3）净水建筑物。在净水厂内所修建的各种净水建筑物，其任务是将水源抽送来的源水进行净化处理，使水质得到改善，从而使水符合生活饮用水水质标准。

（4）清水池。为收集、储备以及调节水厂制水量和用户供水量关系而修建的建筑物。

（5）二级泵站。其任务是从清水池中取水，并将水压送到水塔或直接通过配水管网压送到各用水户的建筑物。

（6）输水管。为连接二级泵站和水塔所修建的输水管道。

（7）水塔。为收集、储备和调节供水量的建筑物。

（8）配水管网。配水管网分布于供水区域，其任务是将水配送到各用户。

图 2-5 为以地下水为水源的供水系统示意图。

三、水厂运行管理

水厂的运行管理，主要包括水源卫生防护、水质净化、机电设备管理和水质检验等内容。

（一）水源卫生防护

为了保证水质不受污染，生活饮用的水源，必须设置卫生防护地带。对卫生防护地带卫生情况应经常进行观察和检查，当发现影响水质卫生因素时，应立即采取措施并与有关部门协调解决。

（二）水质净化

水的净化任务就是通过必要的处理工艺，除去源水中的悬浮物质，胶体物质和细菌等杂质，使净化后的水质满足生活饮用或工业生产的要求。

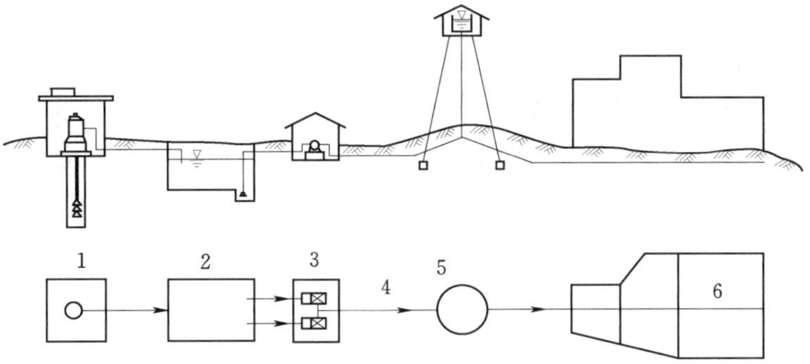

图 2-5　以地下水为水源的供水系统示意图

1—深井（泵站）；2—清水池；3—泵站（二级）；4—输水管；5—水塔；6—配水管网

在供水处理中，常规的净化方法包括混凝、沉淀、澄清、过滤、消毒，有时还需要除铁、除锰和除氟等措施。

1. 混凝

混凝是指向水中投加混凝剂，以破坏水中各种胶体颗粒的稳定性。混凝剂的水解物与胶体粒子凝聚成较大的绒体，吸附水中的悬浮颗粒、细菌和部分有机物等，一起沉淀，从而使水体由浑浊变清。

（1）常用的混凝剂。有硫酸铝、三氯化铁、硫酸亚铁、碱式氯化铝。

（2）常用的助凝剂。有氯气（Cl_2）、生石灰（CaO）、活化水玻璃（$Na_2O \cdot xSiO_2 \cdot yH_2O$）等。投加助凝剂的目的，一是改善混凝絮体结构，提高沉降性能；二是调整被处理水的酸碱度，使达到最佳混凝条件。

2. 沉淀

沉淀是指使源水或已经过混凝作用的水中固体颗粒依靠重力的作用，从水中分离出来的过程。一般在沉淀池内完成，沉淀可分为以下两种：

（1）自然沉淀。天然水体中的水库、湖泊，其自身就是一个很大的天然沉淀池。在乡镇供水中，往往直接从库内把源水引入过滤池消毒后饮用。

（2）混凝沉淀。在源水进入沉淀池之前投加混凝剂，则水中颗粒由于碰撞凝聚作用改变其大小、形状和密度，使源水中的细小悬浮杂质和胶体颗粒凝聚成较粗重的絮凝体，在沉淀池内沉淀下来，以达到清除之目的。

3. 澄清

澄清是反应过程和沉淀过程的综合，一般在沉淀池内进行。澄清是利用源水中的颗粒与池中积累的活性污泥渣相互接触碰撞、吸附、结合，然后同水分离，从而使源水较快的得到净化。

4. 过滤

过滤的目的在于除去残留在沉淀池和澄清池出水中的细小悬浮物质以及一部分细菌。过滤是水质净化过程中一个重要处理工艺，也是农村乡镇供水中自来水厂净化水体的最后手段。通常由过滤池（包括慢滤池和快滤池）清除。

5. 消毒

消毒的目的是消灭或灭绝致病细菌、病毒和其他有害微生物。常用的消毒剂是氯液、漂白粉、漂白精等。

6. 铁和锰的处理

由于铁和锰在水中往往是共存的，在除铁的过程中，也可除去一部分锰。

饮用水中含有过量的铁和锰不仅影响水的外观，而且使人感觉不愉快，也使水带有金属味，另外还将腐蚀管道或造成管道堵塞。在许多工业用水，如奶品、造纸和纺织等用水中，铁和锰同样也是不受欢迎的。

常用除锰和铁的方法有：①氧化（曝气）过滤法；②化学沉淀法。

7. 饮用水除氟

长期饮用含氟量过高的水，将影响人体健康。饮用水中含氟量高可使牙齿出现斑釉、骨硬化症及至发生骨骼畸形。

常用除氟的方法有：①活性氧化铝除氟；②混凝沉淀除氟；③电渗析除氟。

8. 除臭除味

目前采用广泛的除臭除味的方法是用活性炭过滤法，即采用随混凝剂一起向源水中投加活性炭粉末的方法除臭除味。

9. 苦咸水的处理

常用的处理苦咸水的方法有：蒸馏法、反渗透法、电渗析法等。

四、管网的运行管理

（一）管网的运行

管网的运行一般是以水源或水厂将水加压之后通过输入管道压送至配水管网。较长的输水管，应在管道最高点设置排气阀，以避免管中积存空气而阻碍水流流动，检修时通过低处泄水闸放空，方便及时抢修。

配水管网是将输水管道输送来的水分配到各用水区域和各用户。配水管道分为配水干管和配水支管。干管上接输水管道，下连配水支管，担负沿供水区域的输水，并通过两侧用水量较大区域，以最短的距离向用水大户或调节建筑物送水。配水支管直接从配水干管配送至用户和消火栓、给水栓等。

配水管网应设置分段或分区检修闸阀。一般情况下，配水干管的阀门应设在配水支管的下游，以便尽量减少在检修时对支管供水的影响。支管与干管连接处，一般应在支管上设置阀门，以控制支管的送水和检修。管网的运行方式如图 2-6 所示。

（二）管网的维修与保养

金属管道如安装在水中或暴露在空气中，管道表面会逐渐氧化、腐蚀；此外，如管道输送的水体具有一定的侵蚀性时，管道内壁也同样会发生不同程度的腐蚀。因此，必须采取必要的手段加强养护，防止金属氧化过程的发生，延长管道的使用寿命。

管道防腐的方法可分为覆盖层防腐和电化学防腐，常用的是涂敷绝缘覆盖层方法。

1. 管道外壁防腐

明铺的钢管防腐，是将管道外壁铁锈除去，然后刷涂 1～2 遍红丹漆，干后再刷两遍防锈漆。

设在地沟内的钢管防腐，一般采用除锈后涂刷 1～2 遍红丹漆或冷底子油，再刷两遍

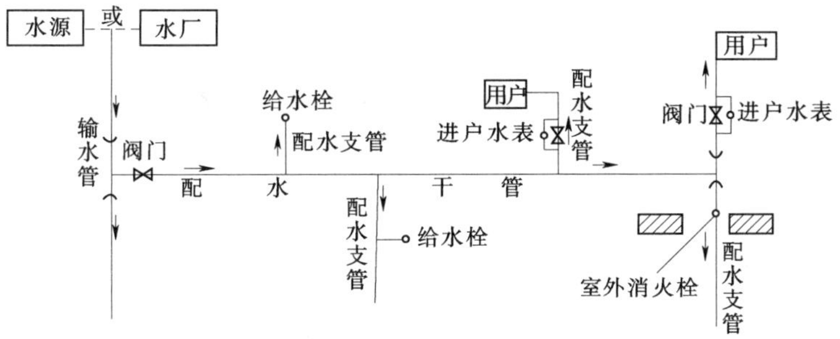

图 2-6　输水管网运行示意图

热沥青或环氧煤沥青的方法。

埋入地下钢管的防腐，一般采用涂沥青油层的方法，先涂冷底子油，然后缠绕牛皮纸或聚氯乙烯塑料布。

2. 管道的经常检查

目前在乡镇供水中，非金属管道材料（如水泥管、塑料管）已被广泛地推广使用。但塑料管的缺点是强度低、刚性差、易老化和断裂。在管网运行中，一定要经常和定期地进行安全检查，发现问题及时修理或更换。

3. 管网附属设施的保养

（1）各种阀门的检查。凡是损坏的应予更换，避免供水事故的发生。

（2）消火栓、集中给水栓的防冻保护。冬季在水管上包以保温材料，防止冰冻。北方严寒地区采用专门的防冻给水栓，使出水管的余水可以放出，以防止冻害。

五、增压设施的运行管理

增压设施的主要作用是为高峰用水、停电或检修设备时储备水量和稳定供水压力，同时还能调节、增加、稳定供水管网中的水压。

（一）增压设施的类型

1. 水塔

水塔一般由基础、塔身、水箱三部分组成，装有进水管、出水管、溢流管、排水管和水位控制系统。水塔一般用于调节二级泵站和用户之间的矛盾。因此，水塔常修建在高处，它除了调节水量的作用外，还有保证供水压力的作用。即在水重力的作用下，水塔将水的势能转换为动能，给配输水管网增压。如图 2-7 所示。

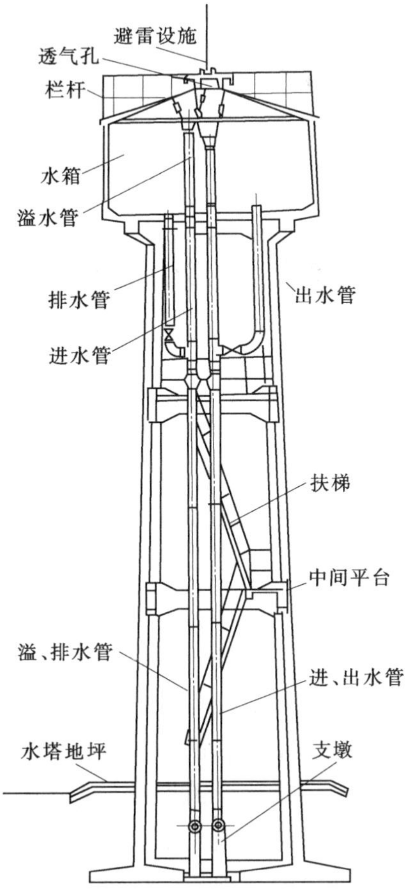

图 2-7　钢筋混凝土水塔构造

2. 高水位池

高水位池一般采用圆形和矩形，用钢筋混凝土或砖石材料建造。高水位池设有进水管、出水管、溢流管、放空管、通风孔、检修孔和必要的阀门、水位标尺。如图 2－8 所示。

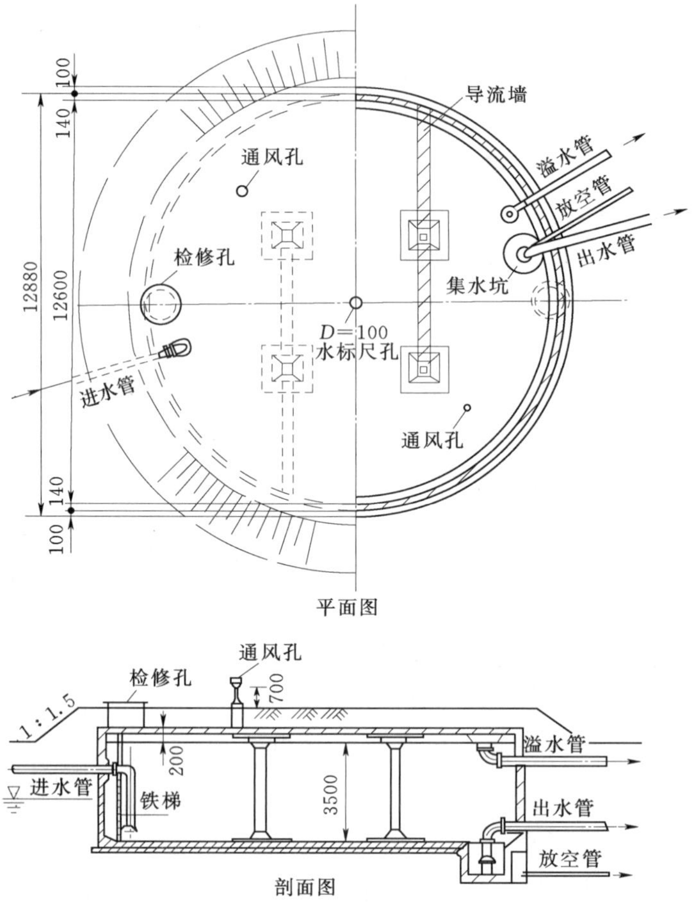

图 2－8 400m³ 圆形钢筋混凝土清水池（单位：mm）

高水位池用于调节一级泵站和二级泵站之间的不平衡。它的原理和作用与水塔相同。

3. 自动供水增压装置

常用的自动供水增压装置是气压给水设备，即压力罐，其工作原理如图 2－9 所示。当水泵的供水量大于用户的用水量时，多余的水进入压力罐，使罐内的水位上升。在这种工况下，罐内的空气受到压缩，压力增大，当压力上升到上限压力值时，电接点压力表的指针就接通上限触电，继电器动作并切断电源，水泵停止工作运行。当用户用水时，压力罐内水位下降，罐内空气压力也随之下降。当压力罐内的压力降至下限压力值时，电接点压力表的指针接通下限触电，继电器动作并接通电源，水泵又启动送水，多余的水量又进入压力罐，重复前述工作过程。压力罐具有自动控制管网水压的能力，可代替水塔不间断地定压供水。

(二) 增压设施的维修与保养

1. 水塔的检修

(1) 水塔属高层建筑物，要注意检查其沉陷情况。如沉陷值属正常范围，应调整水箱和竖管间连接的伸缩接头件；如沉陷值异常并有危害建筑物的情况，要采取措施及时进行水塔基础的加固处理。

(2) 水箱内壁要定期检查防水材料的老化腐蚀情况，必要时重新涂敷防腐材料进行保护；检查水箱内有无沉积物，如有应及时进行清除。水塔外部构件经常处于大气风化作用下，也要根据风化程度，进行涂敷防腐材料进行保护。

(3) 水塔的各种进出管道，要定期进行除锈，涂敷防腐材料，腐蚀严重的要更换；要检查阀门，损坏的要换掉。

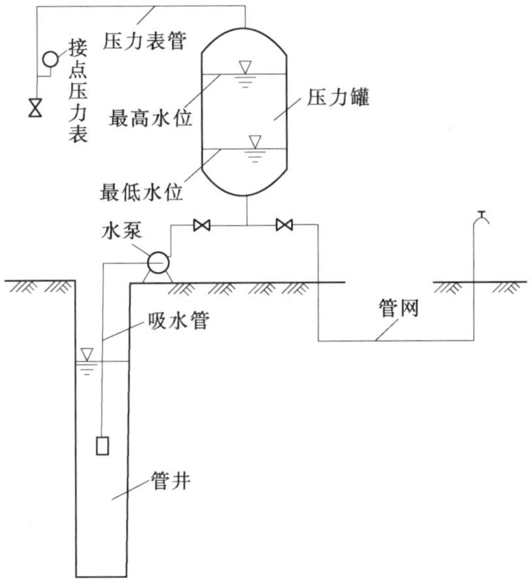

图 2-9 压力罐式供水的工作原理

(4) 在寒冷地区，水塔应采取防冻措施，所有管道也应采取防冻措施。

(5) 水塔顶应装设避雷装置，必要时应测试其是否满足避雷要求。

(6) 检查水箱中水位控制设备是否灵敏，如有损坏要更换。

2. 高水位池的检修

(1) 检查池内壁防水材料的老化和损坏情况，并加以修复和补强。

(2) 定期检查池内沉积物，并通过排污管（或放空管）清除，保持池内的清洁卫生。

(3) 经常察看通风孔和检修孔，发现异物掉入，要及时除去。

(4) 水池各种进出水管，要定期进行除锈，涂敷防腐材料，锈蚀严重的管道和损坏的阀门要更换。

(5) 在严寒地区，对于砖石高位水池，要注意防冻，所有管道要采取防冻措施。由于砖石结构水池的抗拉、抗渗、抗冻性能较差，所以要经常检查其渗漏情况，一旦发现要及时进行防渗补强和池的加固。

(6) 水池上设置的水位标尺和各种观测设施，要定期测试、校正和维修，保持良好的工作状态。

3. 自动增压装置的维修与保养

(1) 压力容器是具有爆炸危险的承压设备，必须采用正规厂家生产的产品，质量要符合要求。

(2) 压力装置（压力罐）应进行定期检验。一般情况下，使用期达 15 年的容器，每两年至少进行一次内外部检验；使用期达 20 年的容器，每年至少进行一次内外部检验；对于无法进行内部检验的压力罐，每 3 年至少进行一次耐压试验。

(3) 运行操作人员要经过培训，应严格遵守安全操作规程和岗位责任制，及时发现问题，消除事故隐患。

强 化 训 练

一、填空

1. 当水源不足时，采用降低灌水定额，调整灌浆面积等措施后，供需水量差额仍然较大的情况下，干支渠就要考虑实行________。

2. 水量充足时，________，全面满足；水量不足时，________，力求少水保多田。

3. 库塘结合先用活水，后用死水；先用________水，后用________水；先用________水，后用________水。

4. 先灌________，后浇________；先灌成片田，后灌________田。

5. 在供水管理中，常规的净化方法包括混凝、沉淀、澄清、过滤、________，有时候还要采取除铁、除锰和________等措施。

6. 较长的输水管，应在管道最高点设置________，以避免管中积存空气而阻碍水流流动，检查时通过________放空，方便及时抢修。

7. 埋入地下钢管的防腐，一般采用________方法，先涂________，然后缠绕聚氯乙烯塑料布。

8. 高水位池用于调节________之间的不平衡。它的原理和作用与________相同。

二、多项选择题

1. 中小型水库通常有（　　）计划。

A. 生产单位用水　B. 灌溉用水　C. 年度供水　D. 分次供水

2. 供水处理中常用的助凝剂有（　　）。

A. 硫酸铝　B. 氯气　C. 生石灰　D. 活化水玻璃

3. 塑料管的缺点是（　　）。

A. 强度低　B. 刚性强　C. 易老化　D. 易断裂

三、简答题

1. 编制年度供水计划的步骤有哪些？
2. 编制分次供水计划的步骤有哪些？
3. 如何利用渠道断面测定流量？
4. 农田灌溉中常用的工程节水技术有哪些？
5. 在供水管理中，常见的净化水质的方法有哪些？
6. 供水金属管道外壁如何进行防腐蚀？

四、实训题

1. 编制灌溉用水计划申请表。
2. 编制分次供水计划表。
3. 编制用水计划执行情况表。
4. 试绘出地面水给水系统流程示意图。
5. 试绘出输水管网运行示意图。
6. 试用水力学公式计算渠道流量，并绘制渠道水位—流量曲线。

第三章　土石坝的检查观测

【知识目标】

• 了解土石坝检查观测的目的、意义和主要内容。

• 掌握巡视检查，变形观测和渗流观测的基本方法。

• 初步掌握土石坝观测资料管理分析的内容和方法。

【能力目标】

• 能够对土石坝变形观测和渗流观测的基本项目进行规范操作。

• 能够对土石坝观测资料进行整理和初步分析。

第一节　土石坝的巡视检查

土石坝的巡视检查是用眼睛、耳听、手摸等直观方法并辅以简单的工具，对水工建筑物外露的部分进行检查，以发现一切不正常现象，并从中分析、判断建筑物内部的问题，从而进一步进行检查和观测，并采取相应的处理措施。

土石坝的观测是用专门的仪器设备进行定期定量观测，以获得比较精确的数据。首先，仅用仪器设备对坝体进行观测是不能完全说明问题的，这是因为在坝的表面和内部设置的测点是典型断面和个别部位上的一些点，而坝的表面和内部异常情况的发生，往往不一定刚好发生在测点位置上，这就造成在测点上有可能测不出局部破坏情况。其次，用仪器观测是定时进行，其时间间隔一般较长，这就可能造成坝的异常情况发生在未观测时期内而不能及时发现故障。例如，某大型水库在一个深夜于库水位下的上游坝面发生滑坡，是保安人员巡视发现的。因此，对土石坝进行观测是发现土石坝异常情况的重要手段。据国内外对水工建筑物的检查观测统计，大部分异常情况并非首先由仪器观测发现的，而是由平时的巡查发现的。

土石坝的检查观测工作分为三个时期；初蓄期（第一期）是从施工期到首次蓄水至设计水位后 1 个月，这阶段坝体与坝基的应力、渗漏、变形较大、较快，是对土石坝加强检查观测的时期。第一期后经过 3～5 年或更长时间，土石坝的性能及变形渐趋稳定，称为稳定运行期（第二期）。经过第二期以后的运用期即第三期有时又称为坝的老化期。水工建筑物的检查观测在各阶段的要求是不同的。

一、土石坝巡视检查的制度和内容

土石坝的巡视检查工作分为经常检查、定期检查、特别检查和安全鉴定等 4 项。

经常检查由工程管理单位的职能科（股）组织有关专职人员进行，用直观的方法经常对土石坝表面、坝趾、坝体与岸坡连接处等部位进行的巡查，以了解坝的形态和性能变化，发现不正常或影响安全的情况，保证土石坝安全、完整、清洁、美观。经常检查，在初蓄期每周至少1次，稳定运行期每月至少2次，老化期每月至少1次。

定期检查是在每年汛前汛后、用水期前后、第一次高水位、冻害地区的冰冻期，由工程管理单位组织有关科（股）人员和专职人员，对土石坝进行较全面或专项的巡查，上级部门可视情况抽查或复查。定期检查主要是了解土石坝能否正常蓄水拦洪，或经过汛期运用有无不正常现象，防凌、防冻措施效果如何，冰冻对坝坡有无破坏现象。

特别检查是指当土石坝发生比较严重的险情或破坏现象，或在发生特大洪水、3年一遇暴雨、7级以上大风、5级以上地震，以及第一次最高水位、库水位日降落0.5m以上等非常运用情况下，由工程管理单位组织专门力量进行的巡查，必要时可邀请上级主管部门会同设计、施工等单位共同进行。特别检查应结合观测资料进行分析研究，判断外界因素对土石坝状态和性能的影响，并对水库的管理运用提出结论性报告。

安全鉴定在水库建成的第一、二时期每隔3～5年进行1次，第三期每隔6～10年进行1次。按照工程分级管理的原则，由上级主管部门组织管理、设计、施工、科研等单位及有关专业人员共同参加的鉴定工作，应对土石坝的安全情况做出鉴定报告，评价工程建筑物的运行状态，如需处理应提出措施。

为了保证巡视检查工作的正常开展，必须要有专人负责，落实巡查工作定制度、定人员、定时间、定部位、定任务的“五定”要求。同时，要确定巡查路线和顺序。特别应注意在高水位期间，要加强对背水坡、排水设备、两岸接头处、下游坝脚一带和其他渗透出逸部位进行巡查；在大风浪期间，加强对上游护坡的巡查；在暴雨期间，加强对坝面排水系统和两岸截流排水设施的巡查；在泄流期间，加强对坝脚可能被水流淘刷部位的巡查；在库水位骤降期间，加强上游坝坡可能发生滑坡的巡查；在冰冻、有感地震后，加强对坝体结构、渗流、两岸及地基进行巡查，观察是否有异常现象。

1. 土石坝巡视检查的要求

对土石坝进行的巡视检查应注意以下要求：

(1) 每次巡查都应按照规定的内容、要求、方法、路线、时间进行，每项工作都应落实专人，要明确各自的任务和责任。

(2) 发现异常情况应及时上报，上级主管部门应分析决定是否进行更高一级巡查工作。

(3) 应加强水库安全运行的宣传工作，号召坝区群众爱护工程设施，爱护观测设备，做到防患于未然。

2. 土石坝巡视检查的内容

土石坝的巡视检查一般包括以下内容：

(1) 坝体有无裂缝、塌坑、隆起、滑坡、冲蚀等现象，有无兽害及白蚁活动迹象。

(2) 坝面排水系统有无裂缝、损坏，排水沟有无堆积物等。

(3) 坝面块石护坡有无翻起、松动、垫层流失、架空、风化等现象，还应注意观察砌块下坝面有无裂缝。

(4) 背水坡、两端接头和坝脚一带有无散漫、漏水、堵塞、管涌、流土或沼泽化现象，减压井、反滤排水沟的渗水是否正常。

(5) 防浪墙有无变形、裂缝、倾斜和损坏。

（6）对于堤防，还应注意护岸、护坡是否完好，有无冲刷和坍塌，堤身有无挖坑、取土和耕作，护坡草皮和防护林是否完好，河道水流有无变化，险工是否有上提下挫。

影响土石坝安全运用的病害，主要有裂缝、渗漏、滑坡等，因此巡查时这些方面应是重点。

二、裂缝的巡查观测

土石坝裂缝是最常见的病害现象，对坝的安全威胁很大。个别横向裂缝还会发展成集中渗流通道，有的纵向裂缝可能造成滑坡。有资料显示，在土石坝出现的各种事故中，因裂缝造成的事故要占到1/4。因此，对土石坝裂缝的巡查必须引起重视。

土石坝裂缝的巡查主要凭肉眼观察。对于观察到的裂缝．应设置标志并编号，保护好缝口。对于缝宽大于5mm裂缝，或缝宽小于5mm但长度较长、深度较深，或穿过坝轴线的横向裂缝、弧形裂缝（可能是滑坡迹象的裂缝）、明显的垂直错缝以及与混凝土建筑物连接处的裂缝，还必须进行定期观测，观测内容包括裂缝的位置、走向、长度、宽度和深度等。

观测裂缝位置时，可在裂缝地段按土坝桩号和距离，用石灰或小木桩画出大小适宜的方格网进行测量，并绘制裂缝平面图。

裂缝长度可用皮尺沿缝迹测量。对于缝宽，可在整条缝上选择几个有代表性的测点，在测点处裂缝两侧各打一排小木桩，木桩间距以50cm为宜。木桩顶部各打一小铁钉。用钢尺量测两铁钉距离，其距离的变化量即为缝宽变化量。也可在测点处撒石灰水，直接用尺量测缝宽。

必要时可对裂缝深度进行观测，在裂缝中灌入石灰水，然后挖坑探测，深度以挖至裂缝尽头为准，如此即可量测缝深及走向。

对土石坝裂缝观测的同时，应观测库水位和渗水情况，并作好观测记录，见表3-1。

表3-1　　裂缝观测记录表

日期（年-月-日）	编号	裂缝位置及走向	缝长（m）	缝深（cm）	测点缝宽			温度（℃）		上游水位	裂缝渗水情况	备注

观测者：　　　　　　校核者：

土石坝裂缝巡测的测次，应视裂缝发展情况而定。在裂缝发生的初期，应每天巡测1次。待裂缝发展缓慢后，可适当延长间隔时间。但在裂缝有明显发展和库水位骤变时，应加密测次。雨后还应加测。特别是对于可能出现滑坡的裂缝，在变化阶段，应每隔1～2h巡测1次。

三、渗漏巡查

土石坝渗漏的巡视检查也是用肉眼观察坝体、坝基、反滤坝趾、岸坡、坝体与岸坡或混凝土建筑物结合处是否有渗水、洇湿以及渗流量的变化等。

在进行渗漏巡查时，应记录渗漏发生的时间、部位、渗漏量增大或减小的情况及渗水浑浊度的变化等，同时应记录相应的库水位。渗水由清变浑或明显带有土粒，漏水冒沙现象，渗流量增大，是坝体发生渗透破坏的征兆。若渗水时清时浊、时大时小，则可能是渗漏通道塌顶，也可能由蚁患引起，但这种情况可观察到菌圃屑或白蚁随水流出，此时应加强巡查和渗漏观测，并采取措施予以处理。

如下游坝基发生涌水冒沙现象，说明坝基已发生渗透破坏。出现这种情况时，涌水口附近开始会形成沙环，以后沙环逐渐增大。当渗水再增大时沙粒会被带走，涌水口附近可能出现塌坑。

巡查中如发现库水位达到某一高程时，下游坝坡开始出现渗水，就应检查迎水面是否有裂缝或漏水孔洞。

四、滑坡巡查

在水库运用的关键时刻，如初蓄、汛期高水位、特大暴雨、库水位骤降、连续放水、有感地震或坝区附近大爆破时，应巡查坝体是否发生滑坡。在北方地区，春季解冻后，坝体冻土因体积膨胀，干容重减小，融化后土体软化，抗剪强度降低，坝坡的稳定性整，也可能发生滑坡。坝体滑坡之前，往往在坝体上部先出现裂缝，因此应加强对坝体裂缝的巡查。

第二节 土石坝水平位移观测

土石坝在自重、水压力等荷载作用下，会产生不同程度的变形，各部位变形在空间某一点上的反映即为位移。其位移量的大小除与外荷作用有关外，还随坝体材料、结构型式、施工质量、地基状况的不同而不同。不论何种情况引起的位移，都可视为水平方向的位移和垂直方向的位移，而水平位移又分为垂直坝轴线和平行坝轴线方向的位移，通常称为横向水平位移和纵向水平位移。本节介绍水平位移观测。

对土石坝进行位移观测，目的在于了解大坝在施工和运用期间是否稳定和安全，坝的变形是否符合客观规律，是否在正常的变化范围之内，并与其他观测项目联系分析，研究坝体内部是否存在问题，判断坝体有无裂缝或滑坡。

水库大坝在运行的第一期，大坝及地基会因库水位的变化而发生较大变化，因此水平位移观测的间隔时间较短，一般每周观测 1 次。第二期，水平位移观测周期可适当延长至每月 1 次。第三期，水平位移观测每季 1 次，随着时间的推移最后可减至每半年 1 次。不论处在哪一时期，当水库工程有异常现象，或库水位等其他外部因素急剧变化时，应临时增加测次，以便密切监视大坝的状态变化。

测定大坝水平位移的方法很多，主要有视准线法、小角度法、前方交会法、激光准直法等。小角度法、前方交会法与大地测量方法相同，下面介绍视准线法，对激光技术在土石坝水平位移观测中的应用也作简单介绍。

一、视准线法测定坝的横向水平位移

（一）观测原理

在坝体两端岸坡上各建立一个工作基点，通过两工作基点构成一条基准线，测量坝体

某点到基准线的距离，其距离变化量即为该点的坝体位移。这里要求基准线不能随坝体位移而位移，亦即两工作基点必须建立在不受大坝变形影响且稳定可靠的两端基岩中。这条基准线是用一端工作基点上安置的经纬仪照准另一端工作基点上的固定觇标而得出的，因此把这条基准线称为视准线。其观测原理可用图 3-1 来说明。

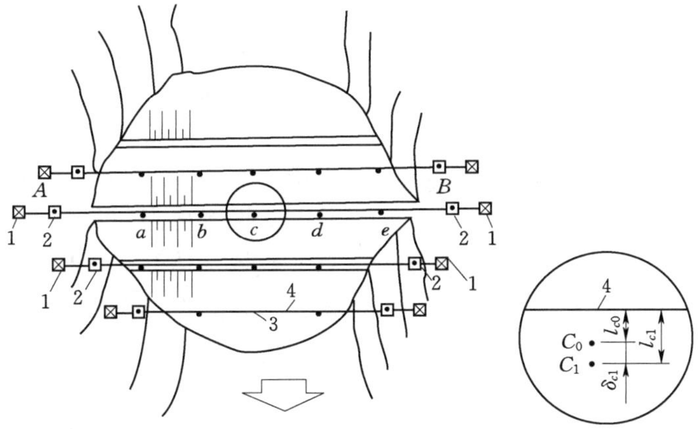

图 3-1　视准线法观测水平位移原理图

1—校核基准点；2—工作基点；3—位移标点；3—视准线

将经纬仪安置在 A（或 B）点，后视 B（或 A）点固定觇标，构成视准线。首次测出位移标点 a、b、c、d、e 中心偏离视准线的距离 l_{a0}、l_{b0}、l_{c0}、l_{d0}、l_{e0} 作为初测成果。当坝体发生水平位移后，各位移标点随之位移，再次测出各位移标点中心偏离视准线的距离 l_{a1}、l_{b1}、l_{c1}、l_{d1}、l_{e1}，与初测成果的差值即为各位移标点在垂直视准线方向上的水平位移，亦即坝体横向水平位移。以 c 点为例，初测成果为 l_{c0}，坝体位移后的第一次测得 c 点偏离视准线的距离为 l_{c1}，l_{c1} 与 l_{c0} 的差值即为第一次测得位移标点 c 的横向水平位移量。因此，对任一点第 i 次测得的累计横向水平位移量为

$$\delta_i = l_i - l_0 \tag{3-1}$$

式中　δ_i——第 i 次测得位移标点的累计横向水平位移量；

l_i——第 i 次测得位移标点偏离视准线的距离，亦即偏离值；

l_0——初次测得位移标点偏离视准线的距离，亦即标点的初始偏距或埋设偏距。

由以上观测原理知，测定坝体水平位移除需建立工作基点外，还应在坝体上设置位移标点。此外还规定，坝体位移以向下游为正，向上游为负；向左岸为正，向右岸为负。

（二）测点布设

1. 测点布设原则

为了全面掌握土石坝水平位移的变化规律，同时不使观测工作过于繁重，应在坝体上选择有代表性的部位作为测点，在测点上埋设位移点。测点选择的原则是要有代表性、能反应出坝体位移的全貌。对于坝体纵向来说，一般在坝顶的坝肩布设一排测点，最高蓄水位以上的上游坝坡布设一排，下游坝坡布设 2～3 排。位移标点的布设还应做到使各纵排上的标点在相应的横断面上。横断面一般选择在最大坝高处、合龙段、坝内有泄水底孔处

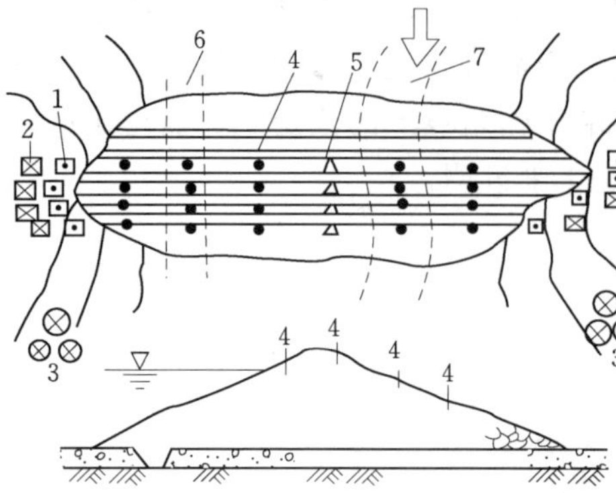

图 3-2 土石坝位移测点布置示意图
1—工作基点；2—校核基点；3—水准基点；4—位移标点；5—增设工作基点；6—合龙段；7—原河床

以及地基坡度和地质情况突变的地段。横断面间距一般为 50～100m，个数不少于 3 个。

工作基点是用来构成基准线的。要求将工作基点埋设于岸坡岩基中或原状土中，每排位移标点两端各一个。通过两工作基点中心构成的基准线应基本平行坝轴线，并高于位移标点顶部 0.5m 以上。

工作基点要求稳固可靠，但在长期使用中难免有变化。为了检测工作基点是否位移，应设置更高一级的基准点，即校核基准点来校核工作基点。校核基点的布设要求和稳定性较工作基点为高。

位移标点、工作基点、校核基点的布置形式如图 3-2 所示。

图 3-2 中校核基点布设是一种形式，也可在每个工作基点附近隔一定距离布置两个校核基点，使两个校核基点与工作基点的连线分别平行和垂直坝轴线，此时对工作基点校核时不用仪器观测，只需在校核基点和工作基点顶部的钢板上刻上十字丝，用钢尺丈量即可。

2. 测点结构

(1) 位移标点。有块石护坡的土石坝埋设的位移标点形式如图 3-3 (a) 所示，标点柱身为 ϕ50 的铁管。铁管浇筑在混凝土坡的位移标点形式如图 3-3 (b) 所示，标点柱身和底座为钢筋混凝土结构。标点顶部高出坝面 50～80cm，底座位于最深冰冻线以下 0.5m 处。

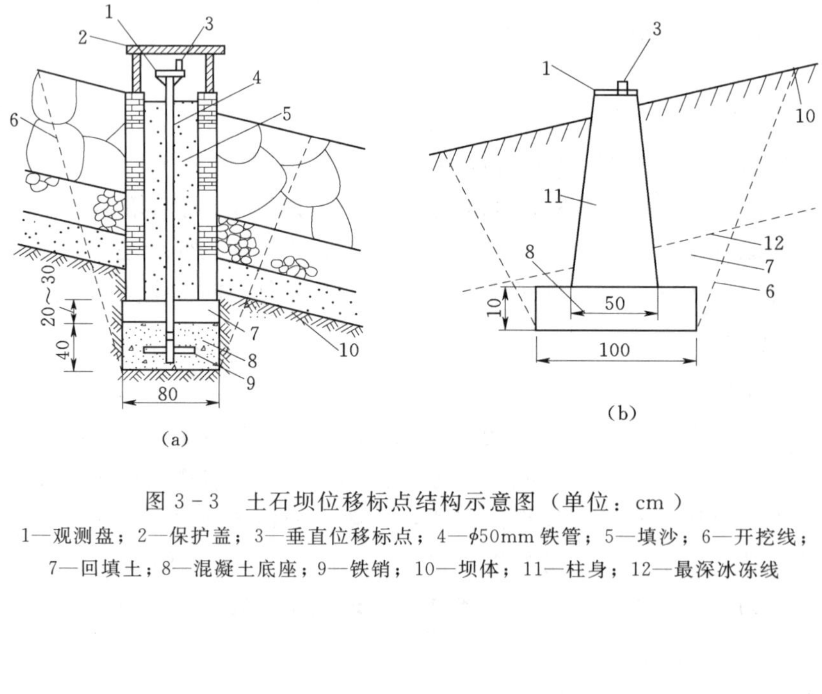

图 3-3 土石坝位移标点结构示意图（单位：cm）
1—观测盘；2—保护盖；3—垂直位移标点；4—ϕ50mm 铁管；5—填沙；6—开挖线；7—回填土；8—混凝土底座；9—铁销；10—坝体；11—柱身；12—最深冰冻线

（2）工作基点。工作基点供安置仪器和照准标志以构成基准线，分固定工作基点和非固定工作基点两种。布设在两岸山坡上的工作基点为固定工作基点。当大坝较长或为折线形坝时，需要在两个固定工作基点之间的坝体上增设工作基点，这种工作基点为非固定工作基点，如图 3－2 所示。固定工作基点和非固定工作基点的结构型式相同。

工作基点包括混凝土墩和上部结构两部分。混凝土墩通常由高 100～200cm 断面 30cm×30cm 的混凝土柱体和长宽均为 100cm、厚 30cm 的底板组成，如图 3－4 所示。

（3）校核基点。校核基点的结构形式和尺寸与工作基点相同，通常埋设在工作基点附近地基稳定处。

（4）观测盘。位移标点、工作基点和校核基点顶部均要设置供安置观测仪器或测量设备用的观测底盘。其形式，一种是金属托架式，是一种类似经纬仪三角架上的三角形仪器底盘，浇筑混凝土墩时将其埋设在混凝土墩顶部，这种底盘的对中误差较大。另外还有三槽式、三点式强制对中底盘，它们的对中误差较小。此外，对于简易测量法或只用钢尺丈量时，观测底盘上只需刻上十字丝即可。

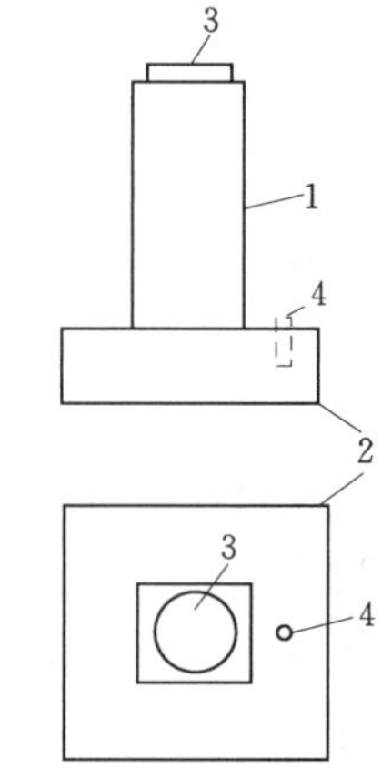

图 3－4　工作基点结构示意图

1—混凝土墩；2—底板；3—观测盘；4—金属标点头

（三）观测仪器和测量设备

视准线法观测一般用经纬仪。对于不太长的土石坝可用 J_2 级经纬仪，坝长超过 500m 时最好使用 J_1 级经纬仪。

测定位移时，需要在另一工作基点和位移标点上安置标志，以供仪器照准目标和测量位移。常用的标志有固定觇标和活动觇标两种。

（1）固定觇标。固定舰标设于固定工作基点上，供经纬仪照准构成基准线。

（2）活动觇标。活动觇标设于位移标点上，供经纬仪照准并测量标点的位移。

1）简易活动觇标，如图 3－5 所示，觇标底缘刻有毫米分划，其零分划与觇标图案中线一致。应用简易活动觇标，位移标点顶部的观测盘上只需刻上十字丝，观测时将十字线中心对准觇标底缘分划尺上的位置，读数，估读至 0.1mm。

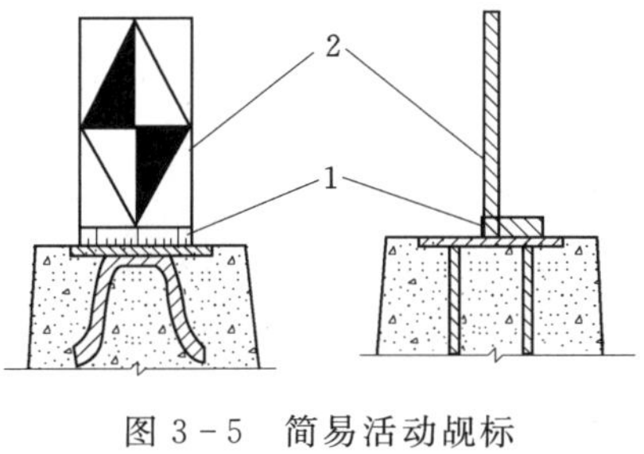

图 3－5　简易活动觇标

1—刻度尺；2—觇牌

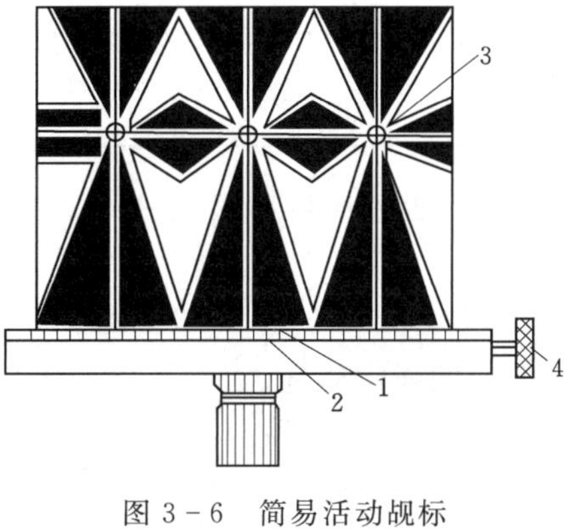

图 3－6　简易活动觇标

1—刻度尺；2—觇牌；3—红玻璃；4—水平微动螺旋

2）精密活动觇标。图 3-6 为直插式精密活动觇标，使用时插入带圆孔的观测盘。觇标上有调节螺旋，用以移动觇标以对准观测仪器的竖丝，然后通过觇标的刻度尺和游标尺读数。精密活动觇标的底座形式类似于经纬仪底座，其位移标点顶部的观测盘应配强制对中底盘。

（四）水平位移观测方法

1. 固定端点设站观测法

如图 3-1 所示，将经纬仪（或大坝视准仪）安置在工作基点 A，B 点安置固定觇标，在位移标点 c 安置活动觇标。首先将经纬仪整平并调焦瞄准 B 点的固定觇标中心，随即固定经纬仪水平度盘及照准部，使其不能左右转动。再次调焦准确，并调整水平微动螺旋，精确瞄准 B 点觇标中心。这时通过望远镜十字丝中心，在空中得到一条通过 A、B 两点的视准线。然后俯下望远镜，观测者指挥 c 点司标者移动觇牌，使觇牌的中线与望远镜的竖丝重合，随即令司标者停止移动觇牌并读数。读数后继续在原来方向上移动觇牌，令觇牌离开视准线，然后再反向移动觇牌，使觇牌中线再次与视准线重合，再读数。一般读取 2～4 次读数，取其平均值作为上半测回。然后倒转望远镜，按上述方法测下半测回。取盘左盘右读数的平均值作为一测回成果。需测的测回数根据精度要求、视线长度及所用的仪器而定，也可由精度估算的方法进行估算。其余 a、b、d、e 点的观测方法与 c 点一样。观测标点的顺序一般是从靠近仪器端，依次向坝另一端观测。如果坝较长，前视最远处位移标点视线超过 250m 时，可在 A 点安置仪器观测靠近 A 点 1/2 坝长内的位移标点，然后将仪器搬至 B 点，在 B 点后视 A 点固定觇标后，观测靠近 B 点 1/2 坝长内的位移标点。观测记录格式见表 3-2。

表 3-2　　　水平位移观测记录计算表（视准线法）

日期________　天气________　气温________　水位________

测站________　后视________　司标________　司镜________

记录________　计算________　校核　　　　单位：mm

测点	测回	正镜			倒镜			一次测回平均值	本次偏离值	埋设偏距	上次偏离值	间隔位移量	累计位移量
		1	2	平均	1	2	平均						
Ⅲ-3	1	+16.8	+16.4	+16.6	+17.6	+16.8	+17.2	+16.9	+16.7	+14.3	+15.6	+1.1	+2.4
	2	+16.6	+15.8	+16.2	+16.6	+17.0	+16.8	+16.5					
⋮	⋮	⋮	⋮	⋮	⋮	⋮	⋮	⋮	⋮	⋮	⋮	⋮	⋮

表 3-2 中的累计位移量按式（3-1）计算，每两次之间观测的间隔位移量由下式计算

$$\delta_{ji}=\delta_i-\delta_{i-1}=l_i-l_{i-1} \tag{3-2}$$

式中 δ_j——间隔位移量；

δ——累计位移量；

i——观测次序；

l——偏离值。

当坝体较长，仅用两端固定工作基点进行观测时，误差将较大，这时可采用分段观测法。即在坝体上设置若干个非固定工作基点，较精确地测定非固定工作基点的偏离值，再在各分段内测定各位移标点的偏离值。这时，由于利用固定工作基点只需测定少数几个非固定工作基点的偏离值，故可以选择最有利时间进行，也可增加测回数以提高观测精度。至于分几段合适，应视具体情况而定，一般以每段300m左右为宜。

点位移后，视准线发生位移而在位移标点处的位移值。以 C 点为例，设第 i 次观测时 C 点位移至 C' 点，由图3-7可知，按视准线 K'、B 测得 C' 点的偏离值为 l''_{ci}，实际上 C' 点对 A、B 视准线的偏离值为

$$l_{ci}=l''_{ci}+l'_{ci}=l''_{ci}+\frac{BC}{BK}\Delta K \tag{3-3}$$

第 i 次测得 C 点的累计位移量为

$$\delta_{ci}=l_{ci}+l_{c0}=l''_{ci}+\frac{BC}{BK}\Delta K-l_{c0} \tag{3-4}$$

式中　l''_{ci}——视准线 K'、B 测得 C' 点的偏离值；

l'_{ci}——视准线在位移标点 C 处的位移量；

l_{c0}——C 点偏离 A、B 视准线的初始偏离值；

BK 和 BC——K 点至 B 点和 C 点至 B 点的距离，可实地丈量得出。

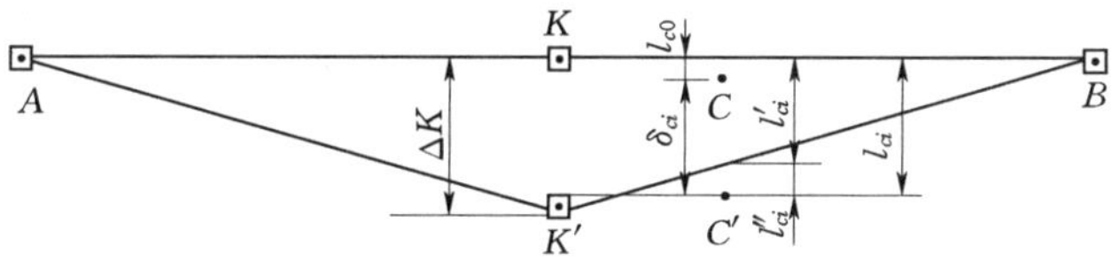

图3-7　直线坝非固定工作基点设站观测示意图

当视准线分为三段、四段时，均可按同样的方法进行计算。

2. 中点设站观测法

上述分段观测，当测定 K 点的偏离值时，仪器仍然置于固定端点后视另一固定端点，此时视线长度并未缩短，精度很难提高。只有当 K 点测定以后，利用它来测定分段内位移标点的偏离值时才缩短了视线。中点设站分段观测法是将经纬仪安置于非固定工作基点进行观测，如图3-8所示。A 和 B 分别为大坝两端的固定工作基点，K 为非固定工作基点。布点时为了消除仪器的调焦误差，尽可能 $s_1=s_2$。观测时，将经纬仪安置于变位后的非固定工作基点 K' 上，在固定工作基点 A 和 B 上分别安置固定觇标和活动觇标。先于盘左位置后视 A 点，十字丝竖丝与觇标中心精确重合后即固定水平度盘及照准部，倒转望远镜前视 B 点，并指挥 B 点司标者令觇标中心与视线重合 n 次，读取 n 次读数，为上半测回。然后在水平方向将仪器旋转180°，以盘右位置后视 A 点。再次倒转望远镜前视 B 点，方法同上，读取 n 次读数为下半测回，两半测回为一测回，按精度要求依法施测若干测回。由图3-8可知，K' 点的偏离值为

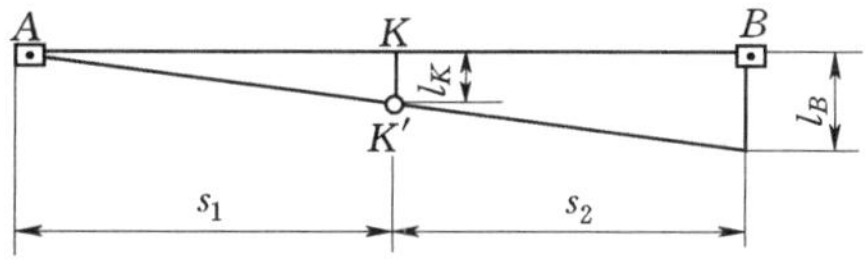

图3-8　直线坝非固定工作基点中点设站观测示意图

$$l_K=0.5l_B \tag{3-5}$$

式中 l_B——B 点活动觇标读数。

如果 K 点未设在 A、B 中点，即 $s_1 \neq s_2$ 时，l_k 的计算式为

$$l_K=\frac{s_1}{s_1+s_2}l_B \tag{3-6}$$

由上可知，将仪器置于中间的非固定工作基点进行观测，视线缩短一半，观测精度将有很大提高。

二、激光技术在变形观测中的应用

激光是一种新型光源，它具有方向性强、单色性好、亮度高、相干性好等特点，因此在大坝水平位移观测中的应用越来越普遍，而且观测精度也大为提高，也为观测的自动化开辟了新途径。目前在大坝水平位移观测中采用较多的是激光经纬仪准直法、激光波带板准直法等。下面简略介绍它们在大坝水平位移观测中的应用。

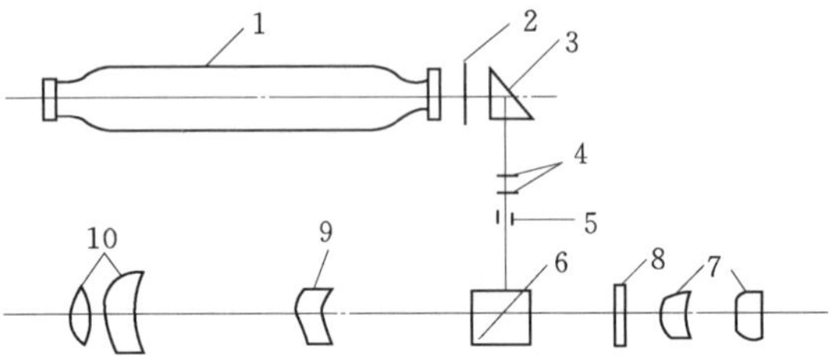

图 3-9 激光经纬仪光路图

1—激光管；2—遮光开关；3—反射棱镜；4—聚光透镜；5—针孔光栅；6—分光棱镜；7—目镜组；8—分化板；9—调焦镜；10—物镜组

（一）激光经纬仪准直法

1. 激光经纬仪

激光经纬仪是在普通经纬仪上安装一个激光管，如在 J_2 型经纬仪望远镜上安装一个氦（He）氖（Ne）激光管便成为 J_2-J_D 型激光经纬仪，其光路图如图 3-9 所示。由 He-Ne 激光管发出的红色激光，经反射棱镜转向聚光透镜，通过针孔光栅到达分光镜，然后沿望远镜射出一条红色光束，形成可见的准直用的射线。

2. 观测方法

观测时由激光经纬仪发射一条可见的红色激光束照准目标，其原理与活动觇标视准线法完全相同。先在大坝一端的固定工作基点上安置激光经纬仪，另一端的固定工作基点上安置固定觇标。激光管通电预热后，令激光束照射固定觇标，司标者指挥司仪者使激光光斑中心恰好与觇标重合，即令司仪者固定激光经纬仪的照准部，这样就标定了准直线的方向，此为简单的目视法。为了正确判定光斑中心，提高照准精度，可采用光电接收靶进行接收。光电接收靶如图 3-10 所示，它是在觇标上安置硒光电池，若激光光斑正好照准硒光电池中心，检流计指针指向零。反之，如指针偏离零位，表示光斑未照准硒光电池中心。硒光电池中心与觇标中心重合时，测微鼓上相应的读数值是预先测定的。因此，在标定准直线方向时，首先将其他接收靶安置于固定工作基点并整平，转动测微鼓，使读数恰为硒光电池中心与觇标中心重合时的读数值。然后指挥司仪者转动仪器的水平微动螺旋，移动激光束照准硒光电池中心，直至检流计的指针指向零，这样就标定了准直线的方向。

准直线方向标定后，激光经纬仪在水平方向不能再转动。如用目视法，则在位移标点上安置精密活动觇标，俯下望远镜，将激光投射到觇标上，转动活动觇标的微动螺旋，用目估使觇标的中心与光斑中心重合，然后按觇标上的游标读取偏离值。如采用光电接收

靶，则转动接收靶上的测微鼓，直至检流表的指针指向零，然后从测微鼓读取偏离值。对每个位移标点重复重合 2～4 次，读取 2～4 个读数，取平均值。为了消除系统误差，采用正倒镜观测，并按精度要求测若干测回取平均值作为最后观测结果。

激光照准的有效射程白天为 500m 左右，夜间为 2.6km 以上。当照准距离为 300m 时，精度可达 1×10^{-5}m。

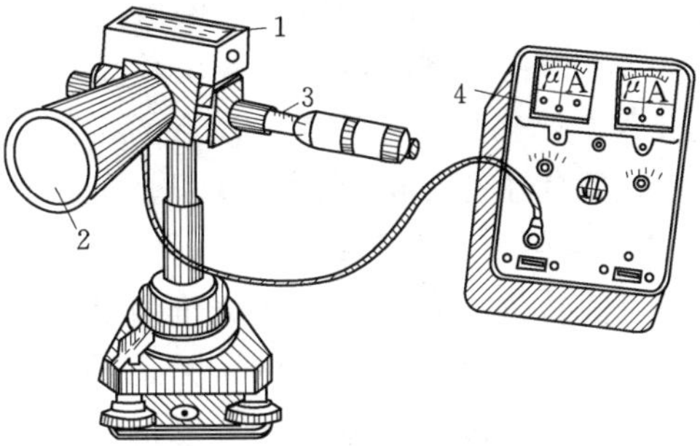

(a)　　(b)

图 3－10　激光经纬仪光路图

(a) 接收靶；(b) 显示器

1—水准器；2—硒光电池；3—测微鼓；4—检流表

(二) 激光波带板准直法

虽然激光的方向性强，但它仍具有发散性。即当发射处为一点光源，而传输到一定距离外时，仍是一大于光源面积的光斑，这是激光有一定发散角的缘故（发散角为 1～2mrad）。接收点光斑的大小，随着距离的增大而增大。对于 J_2-J_D 型激光经纬仪，当准直距离为 500m 时，接收点光斑直径将达 25mm。因此，为了提高观测精度，可采用激光波带板准直法测定水平位移。

1. 激光波带板准直法原理

激光波带板准直系统由激光器点光源、玻带板和光电接收靶三部分组成，如图 3－11 所示。从激光器发出的激光束照满波带板后，波带板起聚焦作用，对于圆形波带板，在接收靶上会形成一个亮的圆点，如果是方形波带板，则形成十字形亮线。在光电接收靶上测定亮点或亮线中心位置的偏离值，由此可计算位移标点的偏离值。

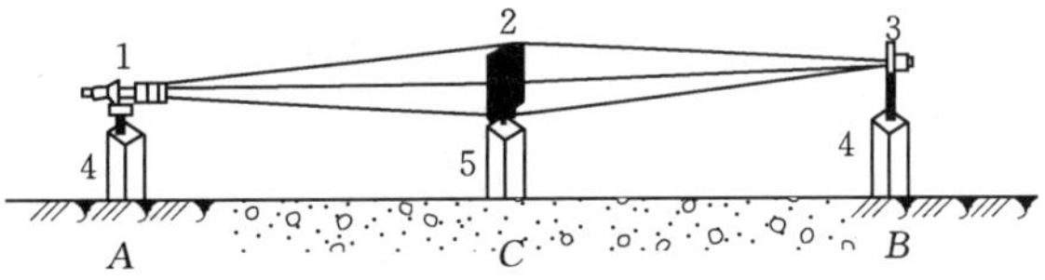

图 3－11　激光波带板准直系统示意图

1—激光器点光源；2—波带板；3—接收点；4—工作基点；5—位移标点

2. 观测方法

如图 3－11 所示，在两端工作基点 A 和 B 上分别安置激光器点光源和光电接收靶（或精密活动觇标），在位移标点 C 上安置波带板，做好点光源、波带板和光电接收靶的对中整平工作，并使波带板的平面与测线方向垂直。然后将激光器通电预热 0.5h，再令激光束照准波带板中心，这时在接收靶上呈现亮点或十字亮线。司标者随即转动接收靶上的测微鼓，令接收靶的中心恰好与亮点或亮线的中心重合，然后从测微鼓读数。之后再次转动接收靶的测微鼓，令接收把中心移开亮点或亮线中心，再反向转动测微鼓，重新对准亮点或亮线并读数，如此反复 2～4 次，取平均值作为观测成果。

在光电接收靶处测得的观测结果即为激光准直线在 B 点的偏离值，依照视准线中点设站观测法可得位移点 C 的偏离值为

$$l_C=\frac{s_{AC}}{s_{AB}}l_B=K_Cl_B \tag{3-7}$$

式中 l_B——B 点激光准直线偏离值；

K_C——比例系数，对各位移点来说可视为常数；

s_{AC}、s_{AB}——A 点到 C 点、B 点的距离。

其他各位移点的观测步骤以及偏离值的计算方法与 C 点相同。

3. 真空激光准直法

我国首创的真空管道激光准直装置，已在大坝观测中取得成功和推广。它将波带板和激光束放在一个管道系统中，管道抽真空后进行观测，能大大减小大气折光和湍流对观测的影响，其精度可达基准线长度的 1×10^{-7}。

真空激光准直系统是激光束在低真空管道中传输，且每个测点设有波带板的三点激光准直系统。其基本原理和观测方法与波带板激光准直法相同。

由于大气中存在折射率梯度，它不仅直接引起光束偏折，而且它和湍流的瞬间变化会引起光束漂移及光斑抖动。气体在管道中的流动状态与真空度有关。一般情况下当管道中为粗真空（$1.3\times10^3\sim1.0\times10^5$Pa）时，为湍流态；低真空（$1.3\times10^{-1}\sim1.3\times10^3$Pa）时，为层流态；高真空（$1.3\times10^{-6}\sim1.3\times10^{-1}$Pa）时为分子流态。激光束通过粗真空气体时，折射和光斑抖动都还存在；通过低真空气体时，光束的漂移和光斑抖动现象消失，折射也大大减弱；通过高真空气体时，光斑抖动及折射均消失。所以，合理确定真空管中的真空度是真空激光准直系统的关键问题。因为要获得高真空度代价太大，故大坝变形观测中以低真空度为宜。

对某一工程，可根据其准直线长度和管道的环境温度，由大气折光原理求出管道的气压值，然后求得管道真空度，从而确定管道抽真空的设备。

真空激光准直系统已成功地应用于我国的大坝水平位移观测中，并拟用于长江三峡大坝的观测，是一种很有发展前途的方法。

三、土石坝纵向位移观测

沿土石坝轴线方向的纵剖面，由于河谷岸坡的缘故，坝体在沉降过程中将产生指向河谷中心的纵向位移。在纵向位移的作用下，岸坡坝段坝体会出现拉应变，河谷段坝顶出现压应变。如果拉应变大于坝体土料的极限拉应变，坝体就可能产生横向裂缝。坝体横向裂缝对坝的安全运用威胁甚大，故应进行坝面纵向位移观测，以及时发现可能产生的横向裂缝。

坝的纵向位移观测是在坝顶布置一些位移测点，在岸坡段坝面沿纵向每隔 10m 左右布置一位移测点，在位移测点处打入小木桩，桩顶高出地面 3cm 左右。在桩顶打入小铁钉作为测量标心，用钢尺丈量纵向位移。

钢尺丈量是由两司尺员持检定过的钢尺于两测点木桩上，用检定时的拉力拉紧钢尺两端，由两辅助工作人员于两测点标心同时读数。而后将钢尺稍许移动并重新拉紧钢尺，于两测点标心再次读数。同样方法测读规定的次数，将每次钢尺两端读数相减，得出测点量距，n 次量距的算术平均值即为本次观测的测点距离。各次量距之差即为坝的纵向位移。观测时从坝端开始依次往测再返测。

为了提高丈量精度，应先用经纬仪定线再分段打木桩，每段距离稍短于一整尺长。一次观测（丈量距离）的精度，其相对误差应小于 1/2 万。经推算，按一般钢尺丈量基线的精度要求，用钢尺丈量二测回即可满足精度的要求。

第三节　土石坝垂直位移观测

土石坝在修建中会发生沉降，在运行过程中由于坝体固结、库水位变化引起坝基沉陷变化，也会使坝体沉降。土石坝的土料不同，施工质量不均，产生的沉降也不一样。因此，为了系统而全面地掌握土石坝的沉降情况，需要对土石坝进行沉降观测，即垂直位移观测。

土石坝垂直位移观测周期与水平位移观测周期一样，通常两项观测同期进行。一般规定，垂直位移向下者为正，向上者为负。

一、精密水准法

水准法观测土石坝垂直位移的原理，是在坝体上布设位移标点，在两岸坡布置起测基点，在受库水位变化影响较小的地基稳定处设置水准基点。由水准基点引测起测基点的高程，再由起测基点引测位移标点的高程，位移标点的高程变化量即为测点处的坝体垂直位移。高程引测方法常用水准测量法，其他还有标杆法、液体静力法等。本节介绍水准测量法，其余方法参见有关参考书籍。

（一）测点布设

土石坝垂直位移观测的测点布置要求与水平位移测点布置要求一样。因此，垂直位移测点与水平位移测点常结合在一起，只需在水平位移标点顶部的观测盘上加制一个圆顶的金属标点头，如图 3-3 所示。如水平位移标点的柱身露出坝面较高，可将金属标点头埋于柱身侧面。起测基点起临时水准点作用，一般在每个纵排位移标点两端岸坡上各设一点，可与水平位移的工作基点结合在一起（当满足稳定性要求时），金属标点头如图 3-4 所示。若工作基点不能满足起测基点稳定性要求，可在距坝端一定距离的地方布置起测基点。当布置在土基或岩基上时，可按图 3-12、图 3-13 的形式布设。

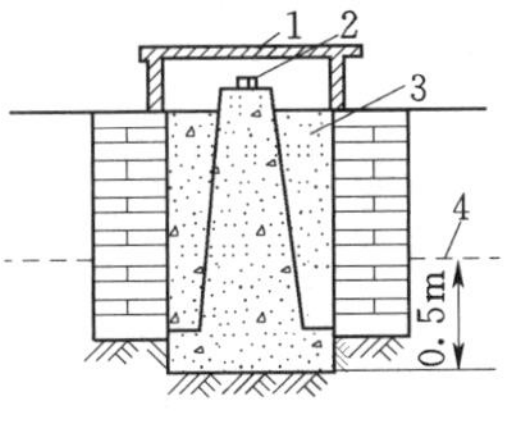

图 3-12　土基上的起测基点
1—保护盖；2—金属标点头；3—填沙；4—最深冻土线

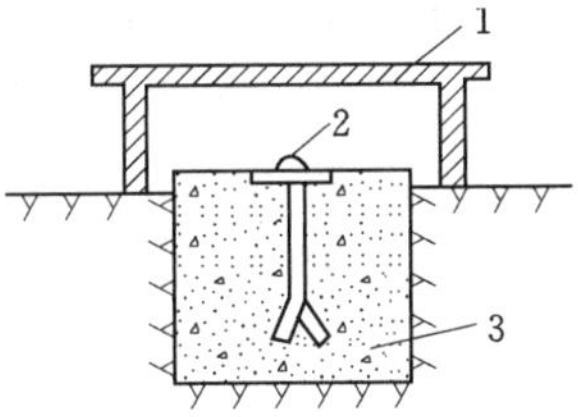

图 3-13　岩基上的起测基点
1—保护盖；2—金属标点头；3—混凝土

水准基点是大坝垂直位移观测系统的基准点，对整个系统观测成果的可靠性影响极大。因此，应保证水准基点长期稳定可靠，且基本不受库水位变化的影响。一般情况下，在离坝址 1～2km 处的地质状况较好的地方布设 1～2 个水准基点，大型水库需布设 2～3 个水准基点，以便相互验证，如图 3-2 所示。也可利用附近的国家水准点作为大坝观测的水准基点，这样既可减少引测的工作量，又可节省埋设费用，而且安全可靠。

土基中埋设的水准基点如图 3 - 14 所示，它由混凝土构件组成，主、副点由不锈钢或铜制成，副点设置在底座的正北方。埋设于新鲜基岩上的水准点如图 3 - 15 所示。

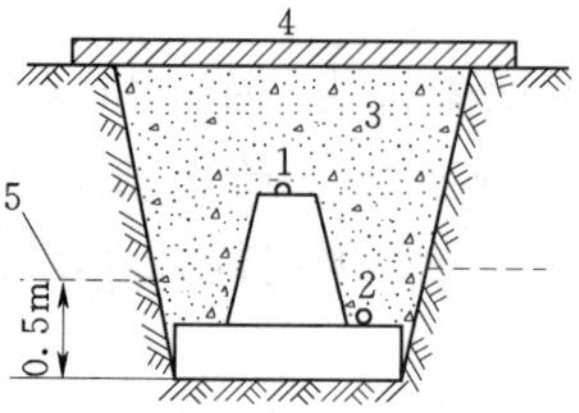

图 3 - 14 土基中的水准基点

1—主点；2—副点；3—回填沙；4—保护盖；5—最深冻土线

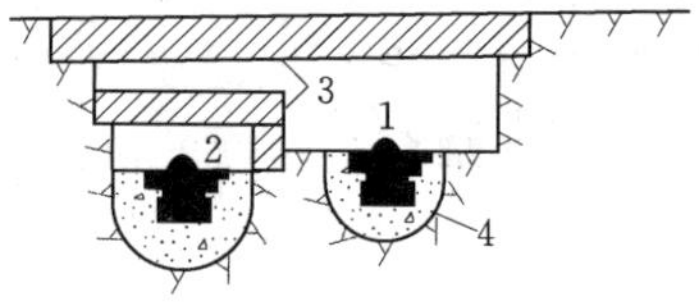

图 3 - 15 基岩中的水准基点

1—主点；2—副点；3—保护盖；4—新鲜基岩

（二）水准法测定垂直位移的步骤

垂直位移观测是通过测量坝体测点的高程，由高程的变化量得出坝体的垂直位移，即

$$\Delta Z_i = Z_0 - Z_i \tag{3-8}$$

式中 ΔZ_i——第 i 次测得测点的累计垂直位移；

Z_0、Z_i——测点的始测高程、第 i 次测得的高程。

测点的间隔垂直位移由下式计算

$$\Delta Z_{ji} = \Delta Z_i - \Delta Z_{i-1} = Z_{i-1} - Z_i \tag{3-9}$$

式中 ΔZ_{ji}——第 i 次测得的间隔垂直位移；

其余符号意义同式（3 - 13）。

垂直位移观测分两步进行：一是由水准基点校测各起测基点高程；二是由起测基点测定各垂直位移标点的高程，最后计算标点垂直位移。

1. 起测基点的校测

校测起测基点用二等水准测量。由水准基点的主点与所有起测基点构成水准环网联测，使用 $s_{0.5}$ 或 s_1。精密水准仪配用铟钢水准尺施测。

起测基点的校测为精密水准测量，按照需要每年或两年校测一次。

2. 垂直位移标点的观测

垂直位移标点测量一般按三等普通水准测量进行，所选仪器的望远镜放大倍数不宜小于 30 倍。施测中从坝一端的起测基点开始，逐一测量各位移标点，到坝另一端起测基点止，并进行返测。为了提高观测精度与效率，应坚持固定人员、仪器、测站、时间的“四固定”，并使每测站的前后视距相等。具体施测方法与技术要求同普通水准测量，可参考规范进行。

坝体各垂直位移标点的高程是由起测基点测算的。当起测基点校测有沉降时，应计算出起测基点的沉降量，并在计算出坝体各标点垂直位移后，对各标点垂直位移进行改正，从而得到以首次观测为参考的垂直位移。对垂直位移的改正工作，可放在年度资料整理分析时进行。

二、水管式沉降观测

（一）水管式沉降仪观测原理

水管式沉降仪是利用连通管原理来测定坝体内测点垂直位移的观测装置。为了解土石坝在施工和运行期间坝体内的固结和沉降情况，许多面板堆石坝都采用了水管式沉降仪进行观测。

1. 水管式沉降仪的构造

水管式沉降仪的结构如图 3-16 所示，主要有沉降侧头（由沉降箱、溢流杯、排气孔、排水孔、支撑底板等组成）、测量管路（进水管、通气管、排水管）、测量保护管、补水装置、阀门、测量装置等组成。图 3-16 表示的是只有一个测点的情况，一般同一高程同一断面上从上游到下游会有多个测点。

2. 水管式沉降仪观测原理

水管式沉降仪测量采用连通管原理，即用水管将坝内测点的溢水杯与坝外观测房中的玻璃测量管相连接，使坝内水杯与坝外测量两端都处于同一大气压中，当水杯充满水并溢流后，根据连通管原理，观测房内玻璃管中液面高程即为水杯杯口高程，这样，测得的水杯杯口高程的变化量就是坝内测点的相对于观测房的垂直位移量。通过水准测量等方法测量观测房的绝对沉降后，就可以计算出测点的绝对沉降。

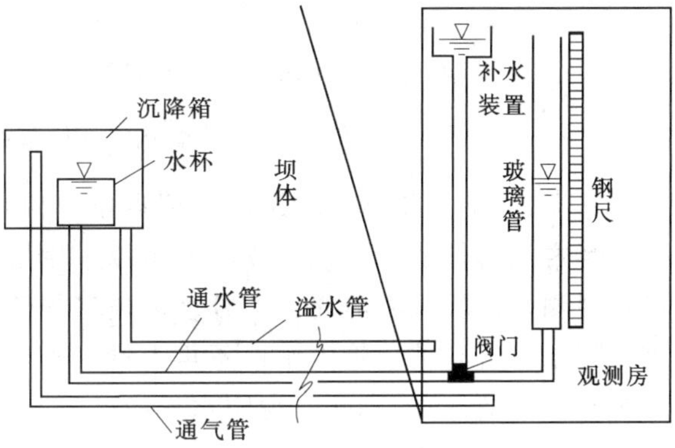

图 3-16 水管式沉降仪结构示意图

（二）测点布置

水管式沉降仪一般用来测量土石坝坝体内的垂直位移。水管式沉降仪的测点，一般沿坝高横向水平布置 3 排，分别在 1/3、1/2、2/3 坝高处或 1/6～5/6 坝高处（超高坝）。对软基及深厚覆盖层的坝基表面，还应布设一排测点。一般每排设测点 3～12 个（依据坝高增加或更多），测点横向排成一字形。为了同时观测坝体内部水平位移，水管式沉降仪一般和引张线联合布设。图 3-17 为某面板堆石坝在最大坝高断面的不同高程埋设的水管式沉降仪示意图。

（三）水管式沉降仪观测方法

水管式沉降仪观测的是测点相对于观测房的垂直位移。在观测房建好后应立即进行观测，首次观测一般观测两次，取平均值作为初始值。同时，应用几何水准等方法观测房的垂直位移，两者相加即为测点的绝对沉降。可以采用如下公式计算位移量

测点累计相对沉降＝观测时观测柜上某测点玻璃管水位

－观测系统形成时观测柜上该测点玻璃管初始水位

观测房的绝对沉降＝观测时观测房内(上)某固定点高程

－观测房与观测系统形成时观测房内(上)该固定点的初始高程

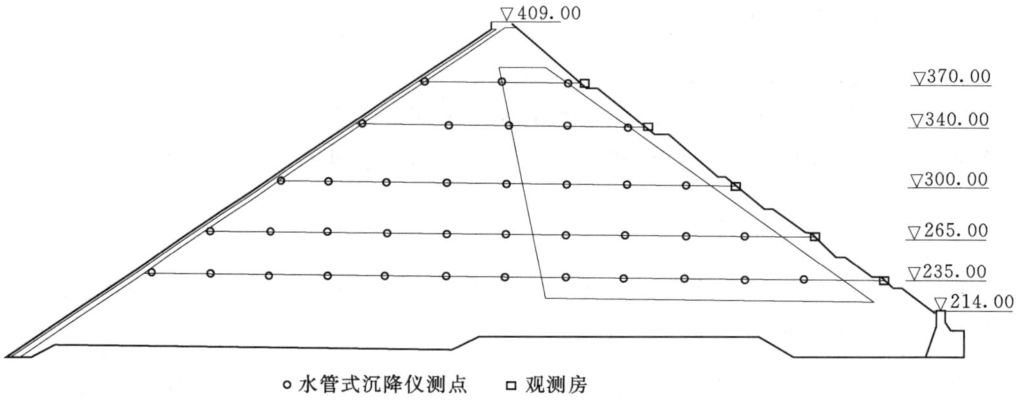

图 3-17 水管式沉降仪布置示意图（单位：m）

测点累计绝对沉降=测点累计相对沉降+观测房的绝对沉降

水管式沉降仪的观测在建立初期可以采用人工观测方法，当条件许可后，应尽量采用自动化观测方法。观测前先读取补水前玻璃管读数，再打开补水装置的阀门对水杯和玻璃管进行充水，直到玻璃管内水位不再上升或相对稳定或排水管有水排除为止（是指排水管引人观测房内的方式），此时说明水杯内已经充满了水，并且玻璃管中水位与水杯水位同高，关闭补水阀，稳定约 10min 后开始度数，读数一般进行两次，两次读数差不能超过 2mm。表 3-3 为水管式沉降仪观测记录表示例。

表 3-3 水管式沉降仪观测记录表示例

测点纵断面号：0+212 测点横断面号：0—040 测点高程：300m

日期（年-月-日）	观测房累计沉降（mm）	加水后水位读数（m）		平均值（m）	首次读数（m）	本次相对沉降量（mm）	累计相对沉降（mm）	累计绝对沉降（mm）
		第一次	第二次					
2004-11-05	2.4	2.283	2.284	2.284	2.290	6	6	8.4
2004-11-12	4.5	2.242	2.242	2.262	2.290	22	28	32.5
2004-11-19	6.9	2.228	2.229	2.228	2.290	34	62	68.9

第四节 土石坝渗流观测

水库建成蓄水后，在上下游水头差的作用下，坝体和坝基会出现渗流。渗流分正常渗流和异常渗流。对于能引起土体渗透破坏或渗流量影响到蓄水兴利的，称之为异常渗流；反之，渗水从原有防渗排水设施渗出，其逸出坡降不大于允许值，不会引起土体发生渗透破坏的，则称为正常渗流。异常渗流往往会逐渐发展并对建筑物造成破坏。对于正常渗流，水利工程中是允许的。但是在一定外界条件下，正常渗流有可能转化为异常渗流。所以，对水库中的渗流现象，必须要有足够的重视，并进行认真的检查观测，从渗流的现象、部位、程度来分析并判断工程建筑物的运行状态，保证水库安全运用。

在进行渗流观测时，应结合对上下游水位、气温、水温、降雨等进行观测。下面介绍土石坝通常进行的渗流观测内容。

一、测压管法测定土石坝浸润线

测压管法是在坝体选择有代表性的横断面，埋设适当数量的测压管，通过测量测压管中的水位来获得浸润线位置的一种方法。

（一）测压管布置

土石坝浸润线观测的测点应根据水库的重要性和规模大小、土坝类型、断面型式、坝基地质情况以及防渗、排水结构等进行布置。一般选择有代表性、能反映主要渗流情况以及预计有可能出现异常渗流的横断面，作为浸润线观测断面。例如，选择最大坝高、老河床、合龙段以及地质情况复杂的横断面。在设计时进行浸润线计算的断面，最好也作为观测断面，以便与设计进行比较。横断面间距一般为 100～200m，如果坝体较长、断面情况大体相同，可以适当增大间距。对于一般大型和重要的中型水库，浸润线观测断面不少于 3 个，一般中型水库应不少于 2 个。

每个横断面内测点的数量和位置，以能使观测成果如实地反映出断面内浸润线的几何形状及其变化，并能描绘出坝体各组成部位如防渗排水体、反滤层等处的渗流状况。要求每个横断面内的测压管数量不少于 3 根。

（1）具有反滤坝趾的均质土坝，在上游坝肩和反滤坝趾上游各布置一根测压管，其间根据具体情况布置一根或数根测压管，如图 3－18（a）所示。

（2）具有水平反滤层的均质土坝，在上游坝肩以及水平反滤层的起点处各布置一根测压管，其间视情况而定。也可在水平反滤层上增设一根测压管，如图 3－18（b）所示。

（3）对于塑性心墙，如心墙较宽，可在心墙布置 2～3 根测压管，在下游透水料紧靠心墙外和反滤层坝趾上游端各埋设一根测压管，如图 3－18（c）所示。

如心墙较窄，可在心墙上下游和反滤坝趾上游端各布景一根测压管，其间

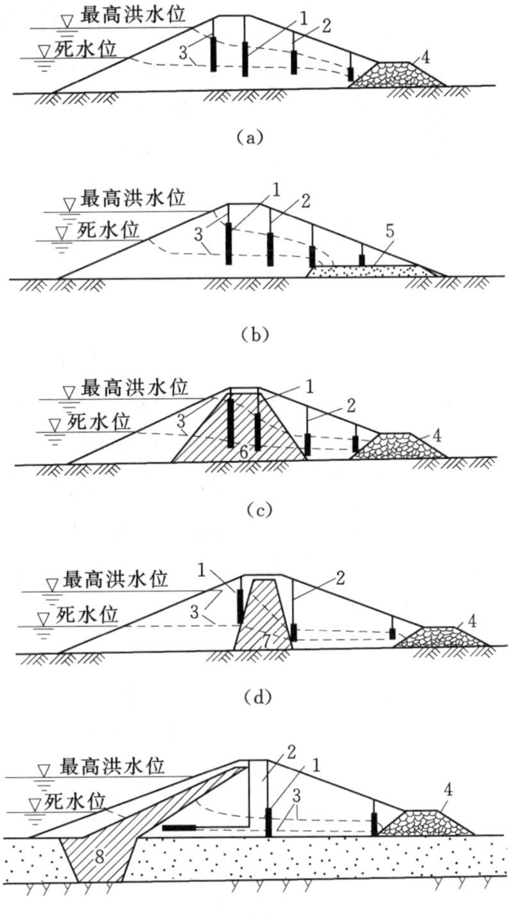

图 3－18　不同坝型浸润线测压管布置示意图
（a）均质土坝（有反滤坝趾）；（b）均质土坝（有水平排水）；（c）宽心墙坝；（d）窄心墙坝；（e）带截水墙的斜墙坝
1—进水管段；2—导管；3—浸润线；4—反滤坝趾；5—水平反滤层；6—宽心墙；7—窄心墙；8—斜墙

根据具体情况布置，如图 3－18（d）所示。

（4）对于塑性斜墙坝，在紧靠斜墙下游埋设一根测压管，反滤坝趾上游端埋设一根测压管，其间距视具体情况布置。紧靠斜墙的测压管，为了不破坏斜墙的防渗性能并便于观测，通常采用有水平管段的L形测压管。水平管段略倾斜，进水管端稍低，坡度在5%左右，以避免气塞现象。

水平管段的坡度还应考虑坝基的沉陷，防止形成倒坡，如图 3－18（e）所示。

（5）其他坝型的测压管布置，可考虑按上述原则进行。需要在坝的上游坝坡埋设测压管时，应尽可能布置在最高洪水位以上，如必须埋设在最高洪水位以下时，需注意当水库水位上升将淹没管口时，用水泥砂浆将管口封堵。

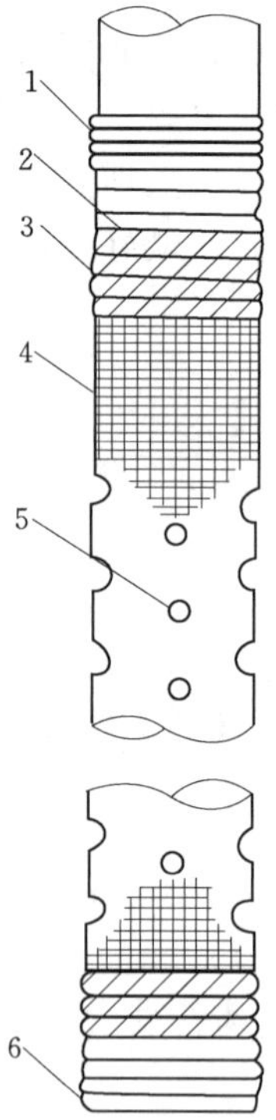

图 3－19 测压管进水管结构示意图

1—缠绕铅丝；2—两层麻布；3—第二过滤层；4—第一过滤层；5—进水孔；6—封闭管底

（二）测压管的结构

测压管长期埋设在坝体内，要求管材经久耐用。常用的有金属管、塑料管和无砂混凝土管。无论哪种测压管均由进水管、导管和管口保护设备三部分组成。

1. 进水管

常用的进水管直径为38～50mm，下端封口，进水管壁钻有足够数量的进水孔。对埋设于黏性土中的进水管，开孔率为15%左右；对砂性土，开孔率为20%左右。孔径一般为6mm左右，沿管周分4～6排，呈梅花形排列。管内壁缘毛刺要打光。

进水管要求能进水且滤土。为防止土粒进入管内，需在管外周包裹两层钢丝布、玻璃丝布或尼龙丝布等不易腐烂变质的过滤层，外面再包扎棕皮等作为第二过滤层，最外边包两层麻布，然后用尼龙绳或铅丝缠绕扎紧，如图 3－19 所示。

进水管的长度：对于一般土料与粉细砂，应自设计最高浸润线以上0.5m至最低浸润线以下1m，对于粗粒土，则不短于3m。

2. 导管

导管与进水管连接并伸出坝面，连接处应不漏水，其材料和直径与进水管相同，但管壁不钻孔。

3. 管口保护设备

伸出坝面的导管应装设专门的设备加以保护，以保护测压管不受人为破坏，防止雨水、地表水流入测压管内或沿测压管外壁渗入坝体，避免石块和杂物落入管中，堵塞测压管。

（三）测压管的安装埋设

测压管一般在土石坝竣工后钻孔埋设，只有水平管段的L形测压管，必须在施工期埋设。首先钻孔，再埋设测压管，最后进行注水试验，以检查是否合格。

1. 钻孔注意事项

（1）测压管长度小于10m的，可用人工取土器钻孔，长度超过10m的测压管则需用钻机钻孔。

(2) 用人工取土器钻孔前，应将钻头埋入土中一定的深度（0.5m）后，再钻进。若钻进中遇有石块确实不易钻动时，应取出钻头，并以钢钎将石块捣碎后再钻。若钻进深度不大时，可更换位置再钻。

(3) 钻机一般在短时间内即能完成钻孔，如短期内不易塌孔，可不下套管，随即埋设测压管。若在砂壤土或砂砾料坝体中钻孔，为防止孔壁坍塌；可先下套管，在埋好测压管后将套管拔出，或者采用管壁钻了小孔的套管，万一套管拔不出来也不会使测压管作废。

(4) 建议钻孔采用麻花钻头干钻，尽量不用循环水冲孔钻进，以免钻孔水压对坝体产生扰动破坏及可能产生裂缝。

(5) 钻孔的终孔直径应不小于 110mm，以保证进水段管壁与孔壁之间有一定空隙，能回填洗净的干砂。

2. 埋设测压管注意事项

(1) 在埋设前对测压管应作细致检查，进水管和导管的尺寸与质量应合乎设计要求，检查后应作记录。管子分段接头可采用接箍或对焊。在焊接时应将管内壁的焊疤打去，以避免由于焊接使管内径缩小，造成测头上下受阻。管子分段连接时，要求管子在全长内保持顺直。

(2) 测压管全部放入钻孔后，进水管段管壁与孔壁之间应回填粒径约为 0.2mm 的洗净的干砂。导管段管壁与孔壁之间应回填黏土并夯实，以防雨水沿管外壁渗入。由于管与孔壁之间间隙小，回填松散黏土往往难以达到防水效果，导管外壁与钻孔之间可回填事先制备好的膨胀黏土泥球，直径 1～2cm，每填 1m，注入适量稀泥浆水，以浸泡黏土球使之散开膨胀，封堵孔壁。

(3) 测压管埋设后，应及时做好管口保护设备，记录埋设过程，绘制结构图，最后将埋设处理情况以及有关影响因素记录在考证表内。

3. 测压管注水试验检查

测压管埋设完毕后，要及时作注水试验，以检验灵敏度是否合格。试验前先量出管中水位，然后向管中注入清水。在一般情况下，土料中的测压管，注入相当于测压管中 3～5m 长体积的水；砂砾料中的测压管，注入相当于测压管中 5～10m 长体积的水。注入后测量水面高程，以后再经过 5min、10min、15min、20min、30min、60min 后各测量水位一次，以后间隔时间适当延长，测至降到原水位为止。记录测量结果，并绘制水位下降过程线，作为原始资料。对于黏壤土，测压管水位如果 5 昼夜内降至原来水位，认为是合格的；对于砂壤土，水位一昼夜降到原来水位，认为合格。对于砂砾料，如果在 12h 内降到原来水位，或灌入相应体积的水而水位升高不到 3～5m，认为是合格的。

（四）测压管水位观测方法

测压管水位常采用测深钟或电测水位器进行观测，也有采用示数水位器、遥测水位器等进行观测的。

1. 测深钟测定测压管水位

测深钟的结构型式如图 3-20 所示，为上端封闭、下端开敞的一段金属圆管。圆管长 30～50mm，外径较测压管内径小，形状好像一个倒置的杯子。吊绳用皮尺或测绳，零点置于测深钟下口。

观测时，用吊绳将测深钟慢慢放入测压管中，当测深钟下口接触管中水面时，若发出空筒击水的“嘭嘭”声，即停止下送。再将吊绳稍微提起又放下，使测深钟反复击水并连续发出“嘭嘭”的声音为止，此时即可测出管口至管内水面的高度 L，再根据管口高程 Z_g，计算出管水位高程 Z，即

$$Z=Z_g-L \tag{3-10}$$

一般要求测读两次，读数差不大于 2cm。

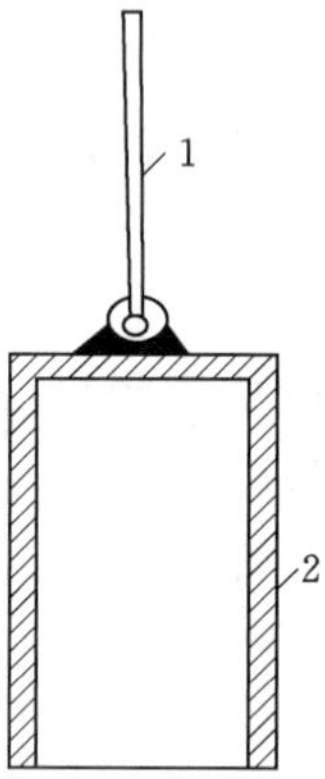

图 3-20 测深钟示意图
1—吊绳；2—测深钟

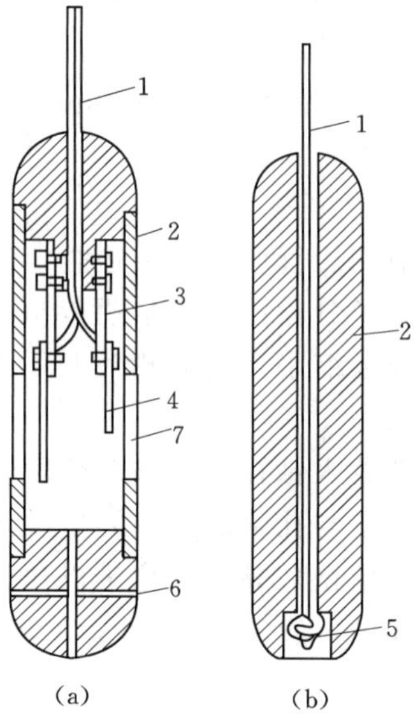

图 3-21 测头构造示意图
(a) 单导线测头；(b) 单导线测头
1—电线；2—金属管；3—隔电板；4—电极；
5—电线头；6—进水孔；7—排气孔

2. 电测水位器测定测压管水位

电测水位器是利用水导电来接通电路的原理构成的。一般由测头、指示器和吊尺组成。测头为铜管或铁管，中间安装电极。指示器采用微安表或灯泡或蜂鸣器等，其作用是指示电路的通断情况。指示器与测头电报用导线连接。对于只有一个电报的测头，如图 3-21 (b) 所示，需用一根导线将指示器与金属测压管连接。图 3-21 (a) 的双电极则用两根导线接成回路。

测头挂接在吊尺上，吊尺可用钢尺。也可不用吊尺，将导线改用带有刻度的水工专用电缆。测头、指示器和导线可安装在木制的测量箱内，如图 3-22 所示。观测时，将测头放入测压管中，至指示器得到反响后，将测尺靠在测压管管口边缘读数，该读数即管口至管内水面高度 L，然后计算管内水位高程 Z，计算式同式 (3-15)，但测头（特别是双电极测头）入水后将使管内水位升高，其升高值可由试验测出，在计算管内水位时减去测头入水引起的水位升高值。

电测法测压管管水位需测读两次，两次读数差对于大型水库不大于1cm，中型水库不大于2cm。

测压管水位的测次应根据水库蓄水等具体情况而定。水库初蓄水阶段每日观测1次，以后逐渐减少到每10d 1次。但当水库水位超过历年最高水位或接近设计最高水位，以及发现不正常渗流或发生地震后，应增加测次。测压管管口高程，在水库运用初期应每月用水准法测量一次，以后逐渐减少，但每年至少一次。

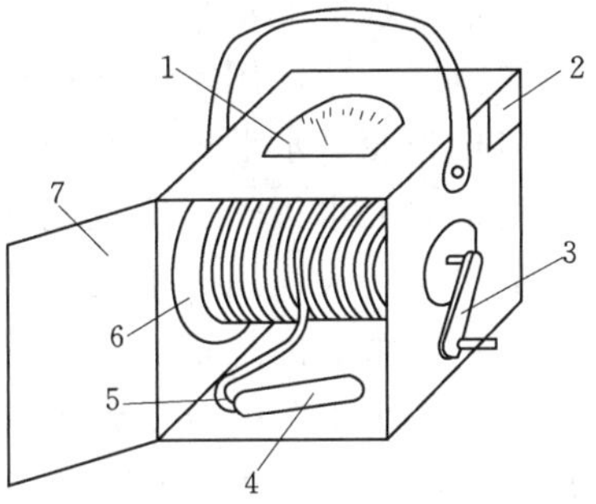

图3-22　电测水位箱

1—指示器；2—电池盒；3—手摇柄；4—测头；5—电线；6—滚筒；7—木门

二、渗流量观测

土坝浸润线和坝基渗水压力观测，能测出坝体和坝基的渗透状况及变化过程。但由于渗透观测点的布设有限，对一些局部渗流有可能不易发觉。再者，内部渗透变化总与渗出坝体的渗透水量大小有一定关系。所以，为了分析渗透现象之间的联系，及时发现异常渗流，应进行渗流量观测。渗流量观测与浸润线、坝基渗水压力观测比较，既直观，又全面，而且能综合反映出坝的渗透状况和工作情况，所以是土石坝管理中最重要的观测项目之一。

观测渗流量通常是将渗流水集中引至某处进行量测。对坝体和坝基渗流量很难分清时，可在坝下游设水沟，观测总的渗流量变化。当渗透水流可以分区拦截时，可在坝趾下游分区设集水沟观测。渗流观测的集水沟和量水设备应设置在不受泄水建筑物泄水影响和不受坝面及两岸排泄雨水影响的地方，并应尽量使其平直整齐，便于观测。

渗流量观测应与上下游水位、水温以及其他渗透观测项目配合进行。观测方法，根据渗流量的大小和汇流条件，可采用容积法、量水堰法和测流速法。

1. 容积法

容积法适用于渗流量小于1L/s的情况。观测时用秒表计时，测量某一时段引入容器的全部渗流水。测水时间应不少于10s。当渗流量很少时，还应延长时间并设法避免或减小蒸发对渗流观测的影响，观测中应测定两次。取两次平均值为测量结果。两次观测值之差不得大于测量结果的5%。

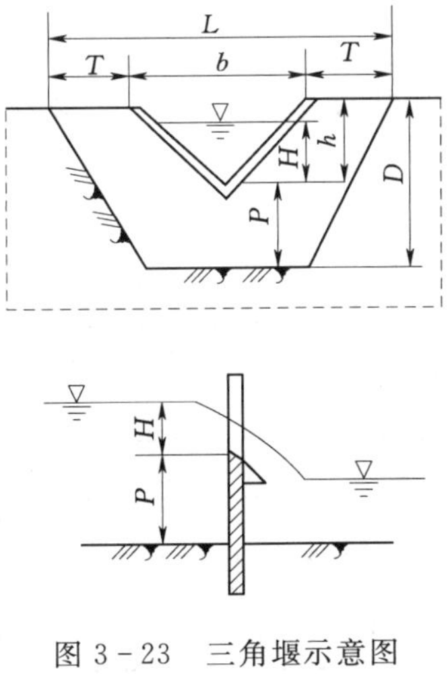

图3-23　三角堰示意图

2. 量水堰法

量水堰法适用于渗流量为1～300L/s的情况。量水堰一般设置在集水沟的直线段上。集水沟断面太小和堰高的设计，应使堰下为自由溢流。如为淹没出流，则需根据水力学书籍或手册上规定的淹没薄壁堰公式计算渗流量。为了能获得比较准确的成果，设置量水堰应符合下列要求。

(1) 堰壁与引水槽来水方向垂直并直立。

(2) 堰板采用钢板或钢筋混凝土薄板，堰口靠下游边缘制成45°角。堰板高大于或等于5倍堰上水头。

(3) 量水堰的水尺设在堰口上游距离为 3～5 倍堰顶水头处。水尺刻度至毫米。为提高观测精度，应使用水位测针代替水尺观测，读数至 0.1mm。

(4) 为使量水堰上游水流稳定，可在水尺上游安设稳流设备，如栅栏、网格等。

测量堰上水头时，应观测两次，两次观测值之差不得超过 1mm。

量水堰一般采用以下几种型式。

(1) 三角堰。是指底角为直角，过水断面为等腰三角形的量水堰，如图 3－23 所示。三角堰适用小于 70L/s 的情况，堰上水深一般不超过 0.3m，最小不宜低于 0.05m。直角三角堰标准尺寸见表 3－4。

表 3－4　　　直角三角堰标准尺寸表　　　单位：cm

最大水深 H	堰口深 h	堰槛高 P	堰板高 D	堰肩宽 T	堰口宽 b	堰板宽 L	测流范围 (L/s)
22	27	22	49	22	54	98	0.8～32
27	32	27	59	27	64	118	0.8～53
29	34	29	63	29	68	126	0.8～64
35	40	35	75	35	80	150	0.8～100

直角三角堰自由出流的流量计算式为

$$Q=1.4H^{5/2}(m^3/s) \tag{3-11}$$

(2) 梯形堰。其过水断面为一梯形，边坡常用 1∶0.25，如图 3－24 所示。堰口应严格水平。底宽不宜大于 3 倍堰上水头。堰上水深不宜超过 0.3m，适用于渗流量在 10～300L/s 的情况。其标准尺寸见表 3－5。

堰口边坡为 1∶0.25 的梯形堰流量计算式为

$$Q=1.86bH^{3/2}(m^3/s) \tag{3-12}$$

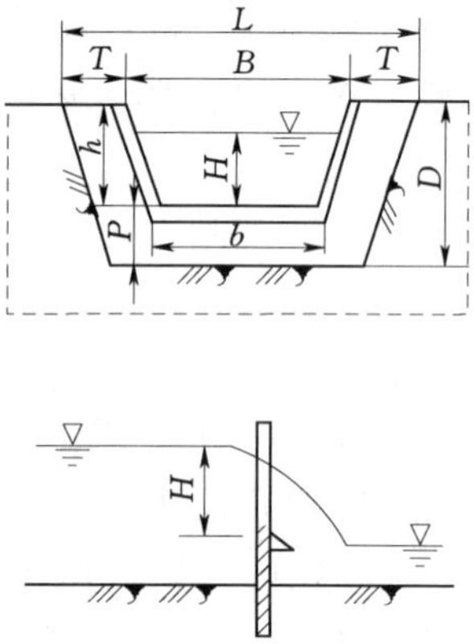

图 3－24　梯形堰示意图

3. *测流速法*

当渗流量较大，受落差限制不能设量水堰时，渗水若能汇集到较规则平直的排水沟时，可采用流速仪或浮标等观测渗水渗速，并测出排水沟水深和宽度，求得过水断面，即可计算渗流量。

表 3－5　　　梯形量水堰标准尺寸表（边坡 1∶0.25）　　　单位：cm

堰槛宽 b	堰口宽 B	最大水深 H	堰口深 h	堰槛高 P	堰板高 D	堰肩宽 T	堰板宽 L	测流范围 (L/s)
25	31.6	8.3	13.3	8.3	21.6	8.3	48.2	0.5～11.5
50	60.8	16.6	21.6	16.6	33.2	16.6	94.0	0.9～65.2
75	90.0	25.0	30.0	25.0	55.0	25.0	140.0	1.4～174.4
100	119.1	33.3	38.3	33.3	71.6	33.3	185.7	1.9～360.8

三、渗水透明度检测

由坝体、坝基渗出的水，如果清澈透明，一般应认为是正常渗流。如果渗流水中带有泥沙颗粒或渗水浑浊不清，或渗水中含有某种可溶盐成分，则反映坝体或坝基土料中的细粒料被渗流水带出，或者是土料受到溶滤，这些现象通常是管涌、内部冲刷或化学管涌等渗流破坏的先兆。因此，应对渗流水进行透明度检测，并结合其他渗流观测分析判断是否会发生渗透破坏。

检测渗水透明度用透明度管进行。透明度管为一高 35cm、直径 3cm 的平底玻璃管。管壁刻有厘米刻度，零点在管底处。管底有一放水阀门，如图 3-25 所示。其观测方法如下：

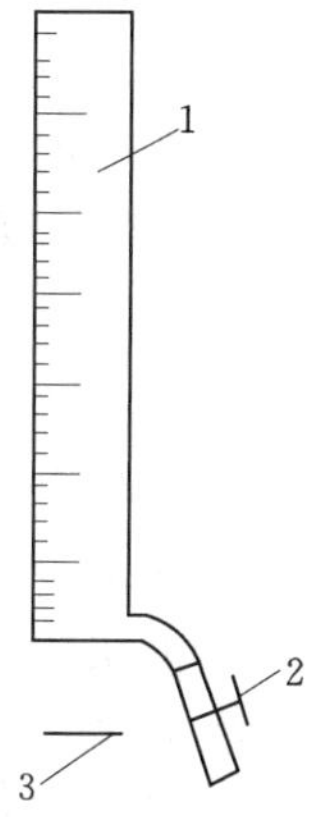

图 3-25　透明度管
1—透明度管；2—阀门；3—5 号字符

（1）在渗水出口处取水样摇匀后注入透明度管内。

（2）用一块 5 号汉语拼音铅印字体置于管底下 4cm 处。从管口通过水样看铅印字体。如看不清字样，则打开阀门放水，降低管中水柱，直至看清字样为止。

（3）从管壁刻度上读出水柱高度 t 即为渗水透明度。透明度大于 30cm 为清水。透明度越小，说明水样中含泥沙量越大。若事先率定出含沙量的关系，即可由透明度查出含沙量。

渗水透明度检测应固定专人进行，以免视力差异引起误差。检测工作在同样光亮条件下进行。检测应作两次，两次读数差不大于 1cm。渗水正常时，可每月或每季进行一次，渗水浑浊时，每天检测一次或几次。

第五节　土石坝观测资料的整理与分析

一、观测资料整理分析的基本内容与一般方法

对水工建筑物进行各种项目的观测，为了解建筑物的工作情况和状态变化提供了第一手资料。但是，原始的观测成果往往只展示了事物的直观表象。要深刻地揭示规律和作出判断，从繁多的观测资料中找出关键问题，还必须对观测数据进行分辨、解析、提炼和概括，这就是观测资料分析工作。

根据现场记录进行计算得到所观测的物理量的数值，并将其编列成系统的便于查阅使用的图表、说明的工作，通常称为“整理”。它是介于现场观测和资料分析之间的中间环节，做好上述工作后就可以进行资料分析工作。

（一）资料整理工作的基本内容

观测资料整理包括平时资料整理与定期资料编印。

1. 平时资料整理工作的主要内容

（1）适时检查各观测项目原始观测数据和巡视检查记录的正确性、准确性和完整性。如有漏测、误读（记）或异常，应及时补（复）测、确认或更正。

（2）及时进行各观测物理量的计（换）算，填写数据记录表格。

（3）随时点绘观测物理量过程线图，考察和判断测值的变化趋势。如有异常，应及时分析原因，原因不详或影响工程安全时，应及时上报主管部门。

（4）随时整理巡视检查记录，补充或修正有关观测设施的变动或检验、校（引）测情况，以及各种考证图、表等，确保资料的衔接与连续性。

2. 定期资料编印工作的主要内容

（1）在平时资料整理的基础上，对整编时段内的各项观测物理量按时序进行列表统计和校对。此时如发现可疑数据，一般不宜删改，应加注说明，提请注意。

（2）绘制能表示各观测物理量在时间和空间上的分布特征图，以及有关因素的相关关系图。

（3）分析各观测物理量的变化规律及其对工程安全的影响，并对影响工程安全的问题提出运行和处理意见。

（4）汇集工程的基本概况，包括勘测、设计、施工及运用维修的资料。汇集观测系统布置和各项考证资料，以及各次巡测资料和有关报告、文件等。

（5）对上述资料进行全面复核、汇编，并附以整编说明后，刊印成册，建档保存。采用计算机数据库系统进行资料存储和整编者，整编软件应具有数据录入、修改、查询，以及整编图、表的输出打印等功能。此外，资料还应做备份。

（二）资料分析的基本内容和一般方法

1. 观测资料分析的基本内容

（1）分析历次巡视检查资料，通过外观异常现象的部位、变化规律和发展趋势，以定性判断工程安全，为加强定量观测和观测数据的全面分析提供依据。

（2）分析观测的物理量随时间的变化规律，以判断工程有无异常或向不利安全方向转化趋势。

（3）分析观测的物理量在空间分布上的情况和特点，以判断工程有无不安全部位。

（4）分析观测值的主要影响因素及其定量关系和变化规律，以寻求观测值异常的主要原因，以及预报观测量的发展趋势并判断是否影响工程的安全。

（5）分析观测量的特征值和异常值，并与相同条件下的设计值、试验值、模型预报值以及历年变化范围相比较。当观测量超过它们的警戒值时，应及时对工程进行相应的安全复核或专题论证。

2. 观测资料分析的一般方法

对观测资料进行分析加工，从途径上分有三类方法。

（1）物理方法。水工建筑物观测的对象，如位移、渗透压力、渗流量等，都是物理量。这些物理量与外界荷载（如水压力）以及建筑物和地基的几何尺寸、物理力学性能（如容重、渗透系数）等有关。通过物理理论，如材料力学、结构力学、水力学等，可以建立起它们的关系式。应用这种关系式，求出在一定条件下建筑物的某种物理量的数值，并与观测数据联系和对比，就能得出对观测值的分析意见，方法称为观测资料分析的物理方法。例如，后面将叙述的化引流量分析法、土石坝变形的规律性分析都属于这种方法。物理方法从本质上探讨建筑物与荷载的关系，概念明确，有物理依据。同时，它能把建筑物的实际状况与设计要求联系起来，便于把一个坝的安全水平与通常采用的安全标准及其他同类建筑物的安全水平相比较。因此，它是一种重要而基本的分析方法，在观测分析中得到了广泛的应用。但是，那些物理公式都是在一定的假设或简化条件下推导出来的，加之很难掌握建筑物及地基全部且准确的性态。因此，物理方法作为观测分析的定性方法虽然很好，但用于定量分析就带有近似性。

（2）统计方法。水工建筑物的观测值由于影响因素复杂和测量的误差而具有某种不确定性，是一种随机变量。但当有足够数量的观测值时，又具有明显的统计规律性，可以用数理统计办法加工处理，找出它的变化规律。这种数理处理方法一般称为统计方法。例如，下述土石坝沉陷过程线的回归分析等。通过对观测数据进行平滑、拟合和预报，可以得到描述其变化规律的经验公式，从而知道哪些因素对观测值有影响及影响的程度如何，可以分析误差的大小等。但单纯的数据统计分析还不能揭示变化的内在原因，难免带有表面性和片面性。因此，一般将物理方法与统计方法相结合，用物理方法定性分析，用统计方法找出变量之间相关关系的定量表达式和变化规律。计算机的发展和普及，为资料分析的统计方法创造了条件，因此，近年来统计方法获得越来越多的应用。

（3）对比法。对比法是一种直观方法，通过时间前后的观测值的对比、观测值与设计值的对比等，分析其变化情况。对比分析的优点是简单明了，但只能反映出变化的一般趋势，且局限性较大。一般对比法用在资料的初步分析中，也是一种定性分析方法。

以上几种基本方法在实践中往往有机地结合使用，从定性分析到定量分析，以求得切合实际的结论。

二、土石坝渗流观测资料的整理与分析

（一）土石坝渗流变化规律

土石坝渗流在运用过程中是不断变化的。引起渗流变化的原因，一般有库水位发生变化、坝体的不断固结、坝基沉陷、泥沙产生淤积、土石坝出现病害。其中，前四种原因引起的渗流变化属于正常现象，其变化具有一定的规律性：一是测压管水位和渗流量随库水位的上升而增加，随库水位的下降而减少；二是随着时间的推移，由于坝体固结、坝基沉陷、泥沙淤积等原因，在相同的库水位条件下，渗流观测值趋于减小，最后达到稳定。

当土石坝产生坝体裂缝、坝基渗透破坏、防渗或排水设施失效、白蚁等生物破坏或含在土中的某些物质被水溶出等病害时，其渗流就不符合正常渗流规律，出现各种异常渗流现象。掌握渗流变化的正常规律，可以判断渗流是否正常，结合实际渗流情况，可以推算最高库水位时各项渗流预报值，并验证坝体和坝基是否会发生渗流破坏，坝坡是否稳定。

（二）坝身测压管资料的整理和分析

1. 绘制测压管水位过程线

以时间为横坐标，以测压管水位为纵坐标，绘制测压管水位过程线。为便于分析相关因素的影响，在过程线图上还应同时绘出上下游水位过程线、雨量分布线，如图 3－26 所示。

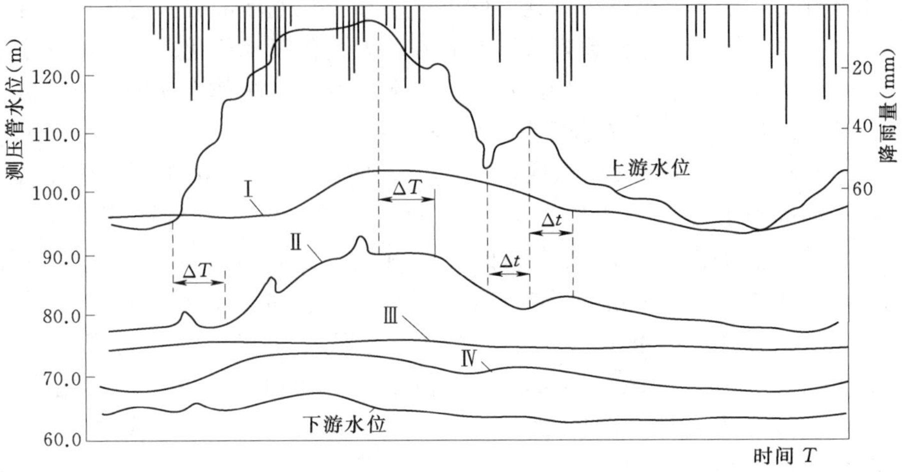

图 3-26 测压管水位过程线示意图

从图 3-26 可以看出：

(1) 测压管水位与库水位有着相应的关系，即测压管水位过程线的起伏（峰、谷）次数大体上与库水位过程线相同。

(2) 测压管水位变化（上升或下降）的时刻，往往比库水位开始变化（上升或下降）的时刻来得晚，两者的时间差一般称为测压管的滞后时间（如图中的 ΔT 或 Δt）。

饱和土体中测压管水位的滞后时间主要取决于测压管容积充水及放水时间。管径越大，管内充水或放水时间越长，滞后时间也越长。为了减小滞后时间，宜选用较小直径的测压管。实际上，坝基测压管水位的滞后时间主要取决于其自身充放水时间。非饱和土体内测压管水位的滞后时间主要是由非饱和土体孔隙充水时间所引起的，远较饱和土体中测压管容积充水时间长。实际上，坝身测压管水位的滞后时间的绝大部分是由非饱和土体充水时间或饱和土体放水时间所引起的。

由于坝身测压管有较明显的滞后时间，因此就不能用同一时刻的上下游水位和管水位进行比较，这就给资料分析带来麻烦，为此，需首先估计“滞后时间”，用以消除对测压管水位的影响。其次，滞后时间的长短也可作为分析坝的渗流状态的一项参考指标。一般来说，密实、透水性弱的坝体滞后时间长，而较松散、土料透水性强的坝体则滞后时间较短。滞后时间的估算方法常采用以下两种：

方法 1：当水库水位和测压管水位处于一个水文年中，各有一段较长的相对稳定时间的，可在它们的过程线上选取由稳定状态开始变化（上升或下降均可）时两转折点的时差，或者选取由变化状态达到稳定时两转折点的时差，作为滞后时间，如图 3-26 中Ⅰ线的 ΔT 。

方法 2：取测压管水位过程线和库水位过程线峰（谷）值的时差作为滞后时间，如图 3-26 中Ⅱ线的 Δt。

方法 1 优于方法 2，因为方法 2 仍处于不稳定过程，可能出现 $\Delta T \neq \Delta t$ 。

(3) 可能出现的特殊情况有如下几种。

1）在库水位降低时，出现测压管水位高于库水位，如图3－26中Ⅰ线。其原因有两种可能：一是土体的透水性小，管内水体不易排出，这属于正常现象；二是测压管进水管段被淤堵而失灵，可作注水试验予以验证。

2）测压管水位过程线与库水位过程线有时起伏不一致，如图3－26中Ⅱ线的凸起处。其原因是测压管水位受到其他因素的影响，如受到坝表面雨水渗入或者受到土坡地下水位上升的影响。因此，对局部时段的测定值应舍去。

3）测压管水位不随库水位变化，呈一水平直线，如图3－26中Ⅲ线，其原因为测压管失灵。该观测资料不能用。

2. 实测浸润线与设计浸润线对比分析

土坝设计的浸润线都是在固定水位（如正常高水位，设计洪水位）的前提下计算出来的，而在运用中，一般情况下正常高水位或设计洪水位维持时间极短，其他水位也变化频繁。因此，设计水位对应时刻的实测浸润线并非对应于该水位时的浸润线，如果库水位上升达到高水位，则在高水位下的比较往往出现"实测浸润线低于设计浸润线"；相反，用低水位的观测值比较，又会出现"实测浸润线高于设计浸润线"，如图3－27所示。事实上，只有库水位达到设计库水位并维持才可能直接比较，或者设法消除滞后时间的影响，否则很难说明问题。

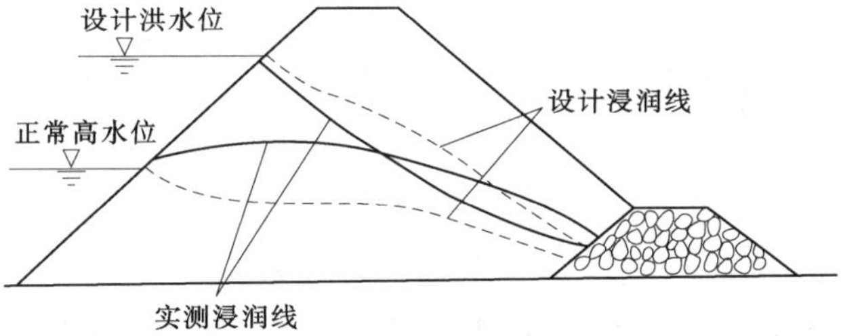

图3－27 实测浸润线与设计浸润线比较图

3. 特定水位下测压管水位的对比分析

当测压管水位与上游水位相关性良好时（下游无水，或下游水位变化的影响可以忽略不计），直接采用测压管水位对比分析更简单明了。

一般可选择大多数年份都可达到的高、中、低三个库水位，且在选定的库水位上运行时间比较长（如超过测压管滞后时间），作为特定的上游水位，绘制历年同一特定水位下的测压管水位过程线，如图3－28所示。

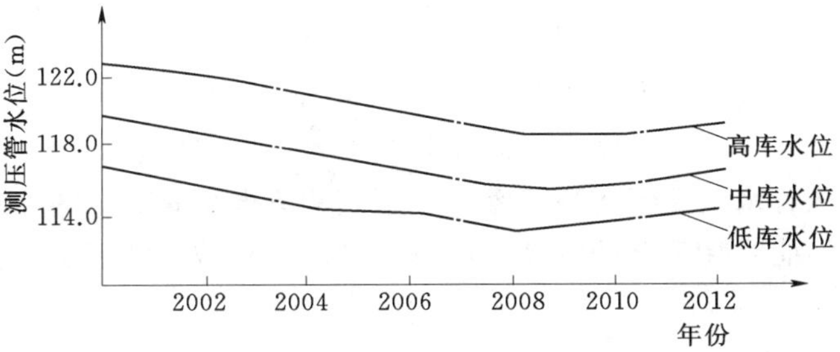

图3－28 测压管特定水位过程线

从图 3－28 中可以看出，2008 年以前测压管水位逐年下降，说明渗流情况不断改善；2008 年以后测压管水位逐年上升，则说明渗流条件可能变坏，应引起注意。

4. 测压管水位与库水位相关分析

对于一座已建成的坝，测压管水位只与上下游水位有关，当下游水位基本不变时，可以时间为参数，绘制测压管水位与库水位相关曲线，相关曲线形状有下列几种。

（1）测压管水位与库水位曲线相关。坝身土料渗透系数较大，滞后时间较短时一般是曲线相关，如图 3－29 所示。图中相关曲线逐年向左移动，说明测压管水位逐年下降，渗流条件改善；反之，相关曲线向右移动，则说明渗流条件恶化。

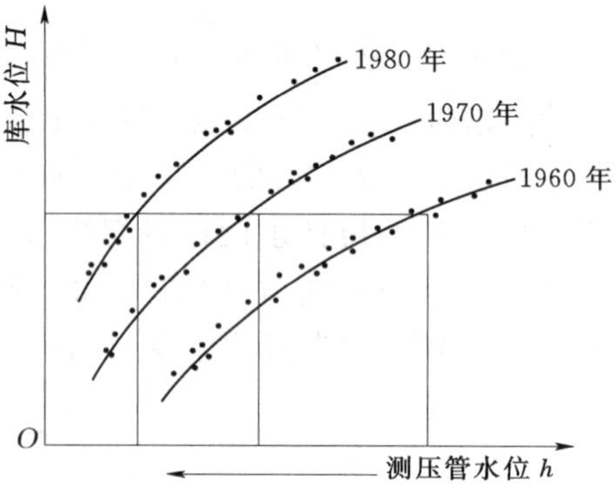

图 3－29 测压管水位与库水位曲线相关图

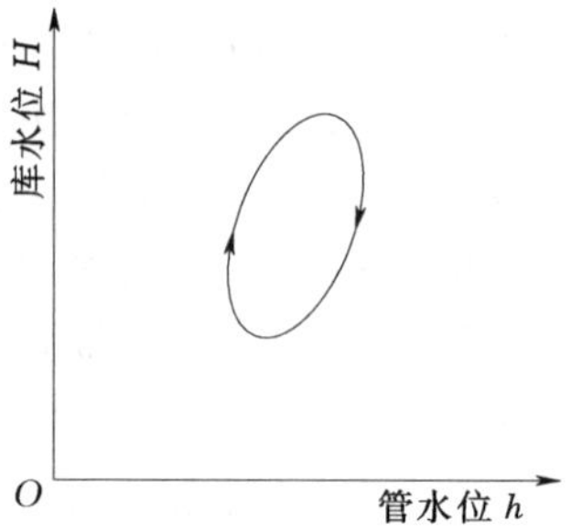

图 3－30 测压管水位与库水位相关过程线（单圈套）

（2）测压管水位与库水位呈圈套曲线。当坝身土料渗透系数较小时，相关曲线往往呈圈套状，这是由于滞后时间所造成的，如图 3－30 所示。

按时间顺序点绘某一次库水位升降过程（例如在一年内）的库水位与测压管水位关系曲线，经过整理就可得出一条顺时针旋转的单圈套曲线。这时对应于相同的库水位就有不同的测压管水位，库水位上升过程对应的测压管水位低，库水位下降过程对于测压管的水位高，这属于正常现象。若出现反时针方向旋转的情况，属于不正常，其资料不能用。

该曲线反映了滞后时间的影响：库水位上升时，测压管水位相应上升，库水位上升至最高值时开始下降，测压管水位由于时间滞后而继续上升，然后才下降。库水位下降至某一高程又开始上升，测压管水位继续下降一段时间后才上升。坝的渗透系数越小，滞后时间越长，圈套的横向幅度越大。

从多年观测系列资料或多年观测资料中选择几个典型年点绘曲线，则曲线往往呈不闭合的圈套曲线，若该曲线旋转方向向左，说明在相同的库水位下测压管水位逐年降低，渗流情况改善，如图 3－31 所示；反之，圈套曲线旋转方向向右，如图 3－32 所示，说明在相同库水位下，测压管水位逐年增高，渗流朝不利的方向变化，需再作进一步的分析。若连续观测资料点绘的曲线呈重复的圈套，说明相同的库水位下测压管水位变化相同，渗流情况稳定正常。

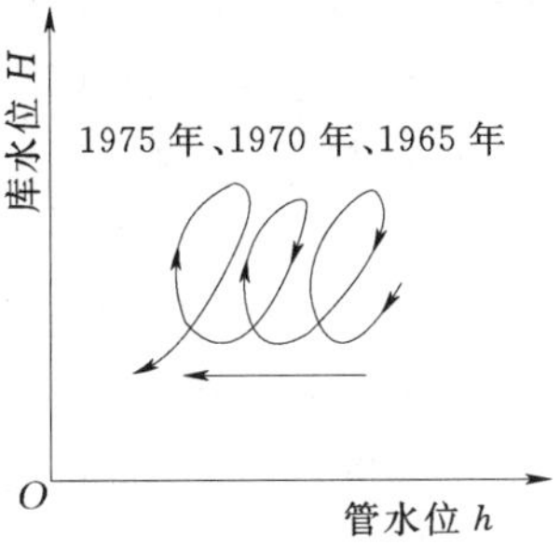

图 3-31　测压管水位与库水位相关过程线（圈套向左旋转）

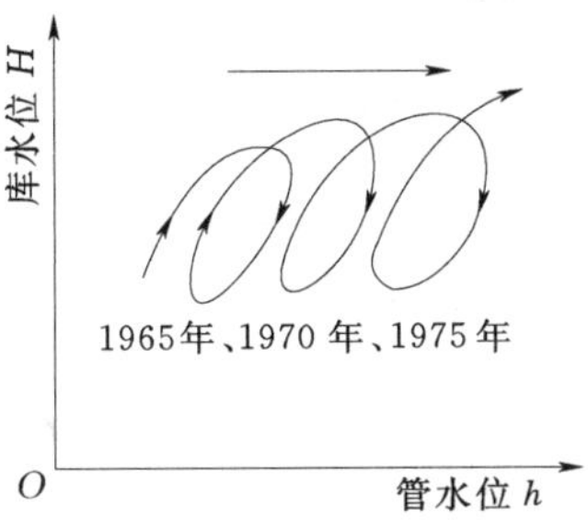

图 3-32　测压管水位与库水位相关过程线（圈套向右旋转）

（三）渗流量观测资料的整理与分析

任何坝型的坝身和坝基都有不同程度的渗水，渗流水量的异常变化往往是坝体裂缝和坝基渗流破坏的先兆。从空间位置看，测压管只能反映点、线局部的渗流状态，而渗流量的变化则基本上能反映整个渗流场的渗流状态和变化趋势。因此，渗流量观测及其资料分析乃是监测土石坝安全运行的一个重要手段。

一般来说，渗流量的大小与坝体和坝基渗透系数的绝对值有关，渗透系数大，渗流量也大；渗透系数小，渗流量也小。渗流量还与防渗、排水效果有关。防渗设施将减少渗流量，而排水设施则增大渗流量。水库建成运行后，在这些结构因素基本不变的正常渗流情况下，渗流量和浸润线、坝基渗透压力一样，主要取决于上下游水位。

当渗流场的边界条件（如上下游水位、流场内介质）固定，渗流量应为常数，它的增大或减小主要受坝前泥沙淤积、防渗或排水设施失效、坝基渗流破坏、坝体裂缝、化学溶蚀等因素的影响。

因此，除了渗流量资料分析外，还要进行渗水透明度观测和水质分析，以及结合测压管资料分析，才能对渗流异常作出准确的判断，找出渗流异常的原因，以便采取正确的维修措施。

1. 渗流量观测资料分析的准备工作

通过坝的总渗流量由以下四部分组成：坝基渗出地表的渗流量；通过坝身的渗流量；通过坝头的渗流量；通过坝基的潜流量。前三部分的渗流量大部分可用量水堰收集和观测，坝基的潜流量则在透水地基的深层漏失，表面无法测量。但在透水地基中，该部分渗流量所占比重较大，不容忽视，因此在分析资料前首先估算潜流量的大小。

此外，水的黏滞性随温度而变化，即使在相同的渗流条件下，仅因温度变化引起的渗流量变化也相当可观。例如，在相同的水位条件下，冬季的渗流量可能比盛夏季节的渗流量大大减小。为了消除这一影响，需在整理资料时进行温度校正。

（1）坝基潜流量的估算。当为较深的透水地基时，地表排水沟往往只能观测到坝身、绕坝及坝基渗出地表的那部分渗流量，地基较深层处的渗流量则无法观测。由于地下水坡度变化不大，坝基潜流量基本上是个常数，因此，可用下列方法近似求出。

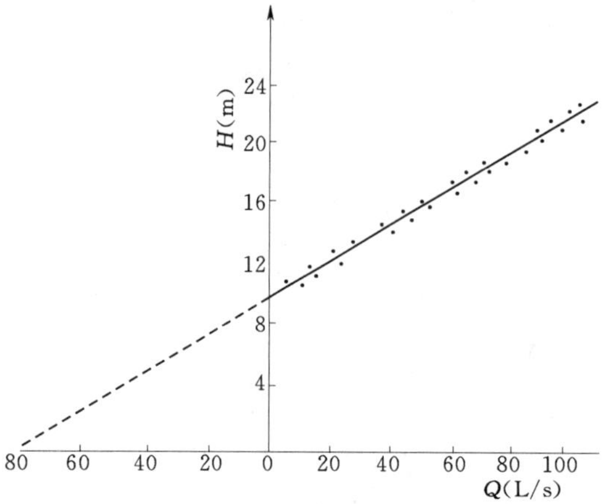

图 3-33 安徽龙河口土坝上下游水位差与渗流量关系

以上下游水位差 H 为纵坐标、观测流量为横坐标点绘曲线图，两者近似呈线性关系，因有潜流量，直线不通过坐标原点，将直线延伸交于 x 轴，其交点的绝对值即为潜流量，如图 3-33 所示。该图是安徽龙河口土坝用 1983 年实测渗流量求得的潜流量，由图可知，潜流量为 80L/s。

（2）温度校正。水的黏滞性随其温度而变，为使不同季节的观测渗流量能直接进行对比分析，应首先把不同温度的渗流量换算成某一标准温度下的渗流量，例如，换算成水温为 10℃ 时的渗流量，换算式如下

$$Q_{10}=Q_T\tau \tag{3-13}$$

式中 Q_{10}——水温为 10℃时的渗流量，L/s；

Q_T——天然水温为 T 时的渗流量，L/s；

τ——温度校正系数，$\tau=1.359/(1+0.0337T+0.00022T^2)$。

此外，也可用下式换算

$$Q_T=\frac{\mu_t}{\mu_T}Q_t\approx\frac{1+0.034T}{1+0.034t}Q_t \tag{3-14}$$

式中 t——实测水温，℃；

T——标准水温，可取当地地下水平均温度，℃；

μ_t、μ_T——相应实测水温为 t、标准水温 T 下的黏滞系数；

Q_t、Q_T——实测水温 t、标准水温 T 下的渗流量，L /s。

2. 渗流量观测资料的整理和分析

（1）绘制渗流量过程线。如图 3-34 所示，渗流量过程线图中同时绘制上下游水位过程线、雨量分布及透明度过程线。在没有降雨和地面径流影响的条件下，渗流量过程线与上游水位过程线相似。如果渗流量以坝基有压渗流为主，则渗流量无滞后时间；如果以坝

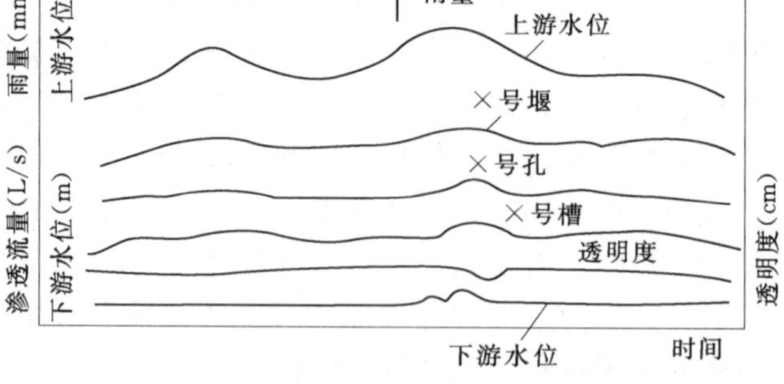

图 3-34 渗流量过程线

体无压渗流为主，则渗流量要考虑滞后时间的影响。其估算方法与坝体测压管相同。

（2）化引流量分析法。“化引流量”是指单位水头作用下的总渗流量，用下式表示

$$q_f=\frac{Q}{H} \tag{3-15}$$

式中　Q——总渗流量，L /s；

H——相应上下游水位差，m；

q_f——化引流量。

一般情况下，坝基的渗流量 Q 与水头 H 有近似的线性关系，而坝身的渗流量 Q 与水头 H 为非线性关系。因此，当坝基以承压渗流为主，而坝身渗流量又较小（土石坝防渗体工作正常时多是如此）可以忽略时，化引流量是个常数，即它不随时间和水位而变化。利用这一特性可以较方便地评价以承压渗流为主的坝基渗流的稳定性。

在坝体渗流量不能忽略的情况下，q_f 不是常数，而是随水头 H 变化，这时应选取特定水位作参数进行对比分析。

（3）对比分析。同一库水位（或同一水头）渗流量随时间变化的对比，以特定水位为参数绘制渗流量过程线，如图 3－35 所示。从曲线图分析渗流量的变化及发展趋势，若过程线逐步降低，说明渗流量逐年减少；若过程线逐步上升，则反映渗流量逐年增加，应引起注意。

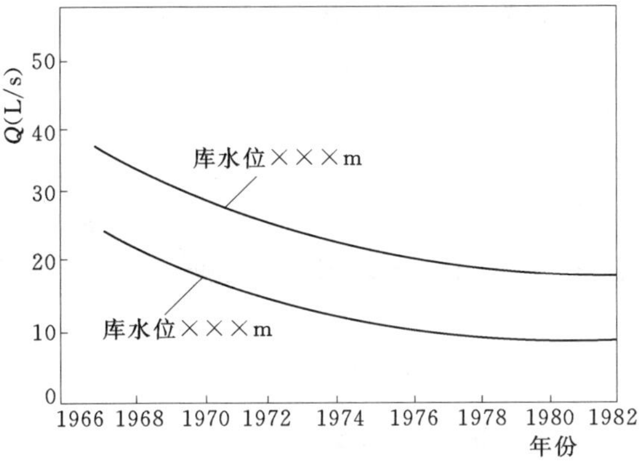

图 3－35　特定水位渗流量过程线

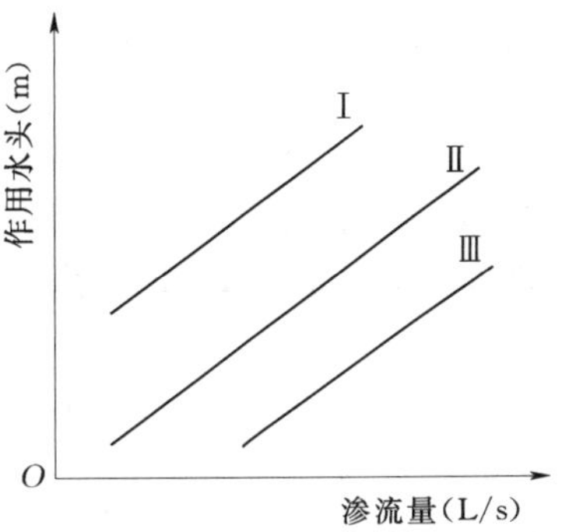

图 3－36　作用水头与渗流量相关线

（4）相关分析法。建立渗流量 Q 与上下游水头差 H 的相关线，可以鉴别渗流量资料的可靠性，判别其渗流特征。以上下游水位差为纵坐标，渗流量为横坐标，点上测点后，过其重心作连线即得其相关线，如图 3－36 所示。

当渗流量与作用水头的相关线为直线时，表明渗流量与作用水头呈线性关系，亦即以坝基有压渗流为主。坝体、坝肩与坝基相比渗透系数甚小者多为如此。对这种相关线又分下列三种情况。

1）相关线通过坐标原点，如图 3－36 中的Ⅱ线，说明全部渗流量都被量测到。

2）相关线在作用水头坐标轴上有正截距，如图 3－36 中的Ⅰ线，则表明还有潜流未被量测到。

3）相关线与渗流量坐标轴相交，如图 3－36 中的Ⅲ线，表明渗流量中包含有其他水源，如雨水。此时，相关线只能用作相对比较时参考。

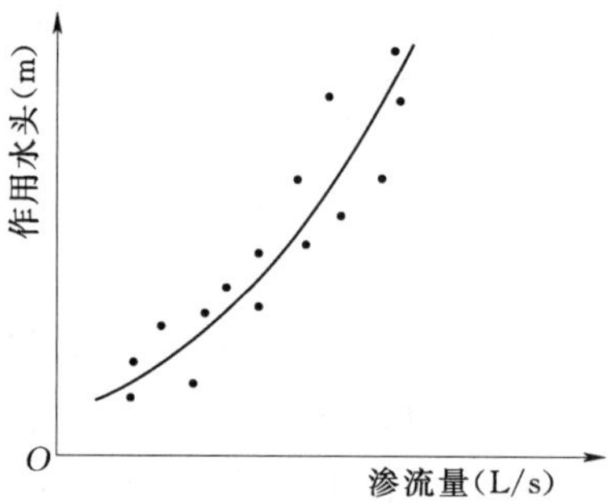

图 3－37 渗流量与作用水头相关线

当渗流量与作用水头的相关线为抛物线时，如图 3－37 所示，则表明坝体的无压渗流量不可忽略。一般不透水地基上的均质土坝，或坝体、坝肩与坝基相比渗透系数相近的其他类型的土坝多为如此。

若图 3－37 中的相关线随作用水头的增加而弯向纵坐标轴时，从理论上讲是错误的，资料不可信。可能是滞后时间的影响没有消除，也可能是测量有误或受干扰等因素所致，应进一步查明原因。

（四）渗流观测资料的综合分析

从渗流观测资料综合分析土石坝的安全，一般有以下几种情况：

（1）测压管水位、渗流量和化引流量逐年降低，且靠上游处测压管水位的下降幅度大于其上游部分，测压管滞后时间增长，说明渗流条件改善，有利于安全。

例如，山西省汾河土坝横断面示意图 3－38 所示，坝高 60m。表 3－6 表明，1973 年测压管水位与渗流量均比 1976 年降低，且上游降低较多，下游降低幅度小，说明上游渗水入口被淤堵，坝前淤积层厚达 4m，已起到良好的防渗作用，渗流量逐年减小。

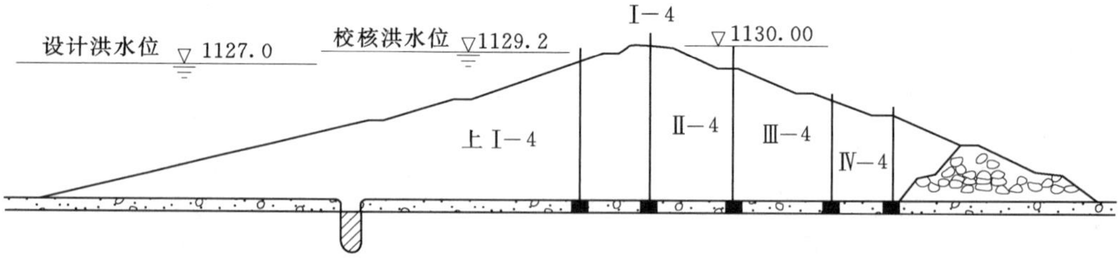

图 3－38 汾河土坝横断面示意图

表 3－6 **汾河主坝测压管与渗流量综合分析表**

年-月-日	水库水位 (m)	主河槽 0＋370					坝基渗流量 (L/s)	坝前淤积高程 (m)
		上Ⅰ－4	Ⅰ－4	Ⅱ－4 新	Ⅲ－4	Ⅳ－4		
1967－11－07	1124.09	1105.21	1098.58	1083.11	干	1077.37	21.36	1092.00
1973－11－19	1124.02	1100.55	1097.93	1081.41	干	1076.45	10.23	1096.00
较差（m）	－0.07	－4.66	－0.65	－1.7		－0.92	－11.13	＋4.00

（2）靠下游部位的测压管水位逐渐下降，同时，渗流量、化引流量增大。这种情况很可能是渗流出口处产生了渗透变形，需查明原因。

例如，汾河水库左副坝位于左岸黄土台地，其下为 3m 厚砂卵石层，渗透系数 $K=1.59\sim4\text{m/d}$，该处埋设了一组 3 根浸润线测压管及一组 3 根坝基渗水压力测压管。对观测资料分析发现，测压管水位逐渐降低，且下游降低较多，尾部的测压管在 1973 年已成干孔，而渗流量逐渐增大，初步分析判断下游坝脚有可能产生渗流冲刷。因此，对该部位进行了昼夜监视。果然于1973年10月发生了管涌，由于有所准备，立刻采取了措施，使工程转危为安。

（3）测压管水位逐渐抬高，且下游部位升幅大，渗流量减小。这种情况可能是由于排水反滤设施失效或被堵塞，使坝体浸润线抬高，对坝坡稳定不利。

（4）测压管水位逐渐抬高，上游部位管水位升幅大，且其滞后时间也比下游的先缩短，渗流量相应较大，甚至坝体上游部位的沉陷量也相应增大，表明坝体的上游部位或防渗体可能遭到破坏，如铺盖、防渗墙、心墙或斜墙产生裂缝等。

总之，资料分析应结合测压管、渗流量及所在部位的变形情况进行，必要时还应进行针对性的现场查探及进一步的观测，才有可能做出切合实际的判断。

三、土石坝变形观测资料的整理分析

（一）土石坝沉陷的原因及影响因素

土石坝承受的外力主要是自重压力和渗透水压力，它的压缩变形表现为竖向变形（沉陷）和侧向变形（水平位移），而以竖向变形为主。可见，土石坝沉陷的主要原因是填土在自重压力下的压缩，而压缩过程与时间有直接关系，时间越长，累计压缩量越大。因此，沉陷变化过程的主要影响因素是"时间"。除此之外，土石坝的沉陷变化还受运用过程中以下因素的影响。

1. 库水位因素

由于沉陷与孔隙体积的变化和含水量有关，当蓄水之后，水从上游通过坝身、坝基向下游渗透，这就改变了土体在自重作用下产生压缩的条件，因而影响土坝的沉陷，表现在以下几个方面：

（1）由于水库蓄水，渗透水不断通过浸润线以下的土体，土中孔隙水被挤出的数量相对减小，挤出的速度变慢，因而土石坝蓄水后的总沉陷量将比其在自重压力下的压缩量要小。

（2）库水位的变化将使坝的沉陷量发生相应的变化。库水位的升降相当于土体经受相同荷载重复的加荷、卸荷作用，随着每一次库水位升降循环，坝体必然出现弹性变形和残余变形（永久性变形）。

一般情况是：水位下降幅度大，低水位维持时间长，沉陷量显著增加；库水位上升越高，维持时间越长，沉陷量将减小，甚至出现坝顶"回弹"（即上升）现象。例如，湖南酒埠江水库运用18年后，由于抗旱需要，1978年第一次放空水库，坝顶轴线产生显著沉陷，坝最大断面处沉陷达140mm，为正常年沉陷量的11倍之多。因为库水位大幅度下降后，坝体浸润线以下土体颗粒骨架间有效应力大大增加，孔隙水加快排出，土料的固结过程加快，从而在短时间内产生较大的附加沉陷量。又如，浙江南山坝，1972年库水位最高，维持时间最长，当年坝体回弹13mm，这是因为坝内浸润线抬高后压缩荷载相对减小，同时土体受水的浸泡使体积膨胀回弹。

2. 施工荷载的影响

施工荷载引起的附加沉陷量，是由于维修等原因在坝上进行某些施工，如在坝身钻孔

（特别是循环水钻孔）、坝体灌浆、加高加固坝时的施工碾压或某些机械振动，都可能使坝体沉陷量突增。例如，湖北白莲河土坝 1978 年沿坝轴线心墙灌浆，当年坝顶沉陷 184 mm，是正常年沉陷量的 12 倍。又如，河南薄山土坝加高时，受施工碾压振动的影响，当年沉陷 64 mm，是正常年沉陷量的 5 倍。

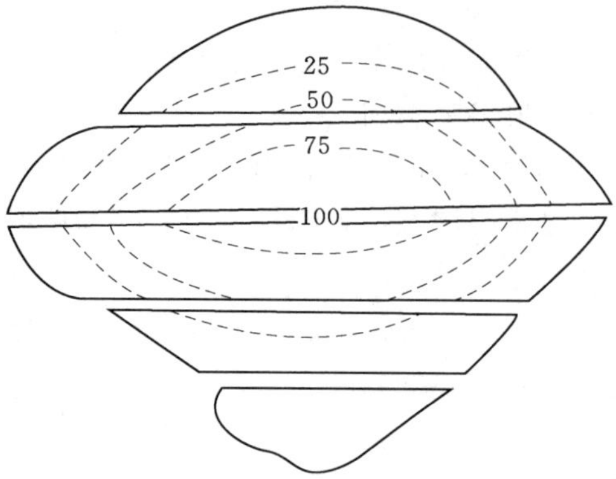

图 3-39 沉陷等值线示意图（单位：mm）

（二）沉陷的一般规律性

1. 沉陷的平面分布规律

一座已建土坝，在坝基各处地质条件相同时，其表面测点的累计沉陷量在平面上一般可以连成以河谷段为中心的闭合等值线图，如图 3-39 所示。从图上可以看出，位于河谷中心最大断面处的沉陷量最大，说明土石坝沉陷量主要取决于可压缩土层的厚度和上覆荷载的大小。此外，在岸坡陡峻的地段等值线较密，这反映坝体与岸坡毗邻处应力应变的剧烈变化。

2. 土石坝沉陷量沿高程的分布

土石坝竣工后沉陷量沿高程的分布自坝顶起基本上呈线性递减分布，沉陷量的大小与该点的高程成正比。

（三）水平位移的原因及一般规律性

1. 横向水平位移的原因

（1）坝身自重压缩引起的侧向膨胀。坝身自重压缩引起的侧向膨胀相当于图 3-40 所示的顶部自由、底部受约束的一个弹性体受到竖直荷载作用下产生侧向变形的情况。由于坝底受基础的约束，其侧向变形为零，而侧向变形量以离顶部 1/2 ～1/3 坝高处最大。

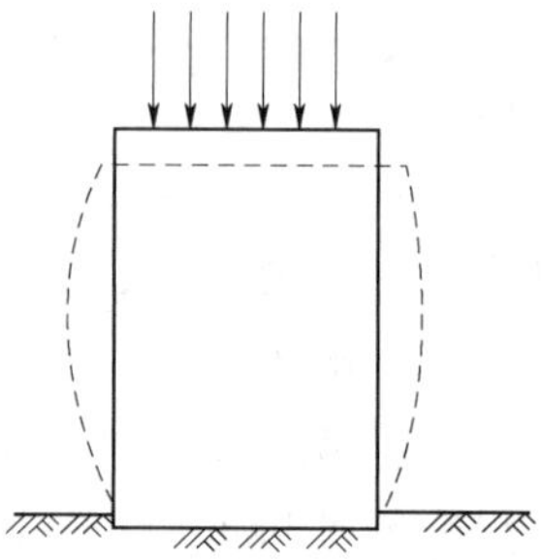
图 3-40 自重压缩引起侧向位移示意图

（2）承受水荷载引起的水平位移。有相当一部分坝，由于受上游面的水荷载作用，坝的上游面及坝基面受力后产生向上游转动的弹性挠曲，这种作用尤其在水库首次蓄水时较为明显，其作用有如悬臂梁受力，如图 3-41 所示。但这种变形往往在水库水位降落后又逐渐恢复原状。此后，在长期高库水位下坝体受水平水压力的作用，坝顶逐渐产生向下游侧的位移。

2. 纵向水平位移的原因

纵向水平位移主要是由于岸坡土柱高度不等而产生的不均匀沉陷所引起的。

如果把岸坡作为一个斜面，沿坝轴方向截取单宽坝体，则坝体可视为斜面上的物体，由自重产生一个平行斜面指向河谷的分力，该分力使坝体产生指向河谷的纵向位移，如图 3-42 所示。

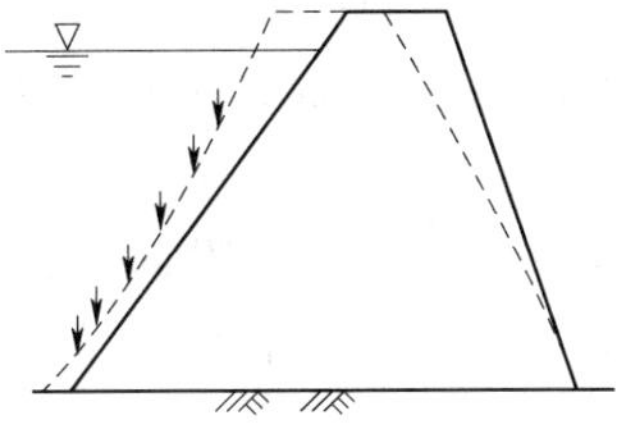

图 3-41　土坝弹性挠曲示意图

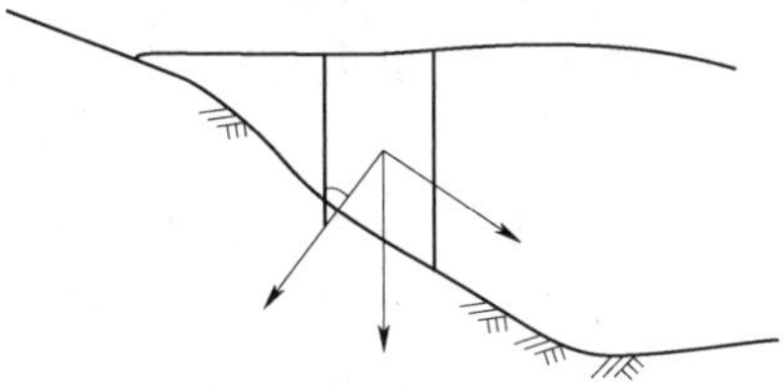

图 3-42　岸坡坝段纵向位移示意图

上述的水平位移中，由坝自重压缩引起的横向水平位移是主要的，由于自重压缩量与侧向膨胀量有一定的线性关系，所以坝的某观测点沉陷量与横向水平量有近似的线性关系。纵向水平位移量一般不大，但对坝的安全不利，过大的纵向水平位移可能引起坝头的横向裂缝。

3. 水平位移的一般规律

(1) 横向水平位移。在一般情况下，坝的上游坝坡向上游位移，下游坝坡向下游位移，如图 3-43 所示。

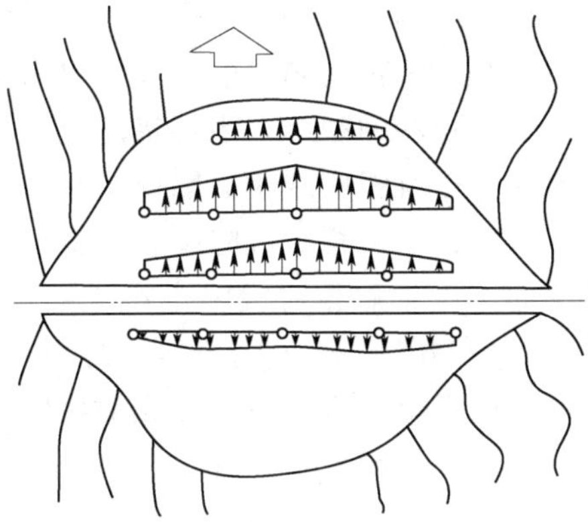

图 3-43　土石坝横向水平位移平面分布图

对于坝顶，受库水位的影响比较强烈，有相当一部分坝在蓄水初期坝顶向上游位移，随着蓄水时间的推移，坝顶逐渐向下游位移。

(2) 纵向水平位移。一般发生在坝两端岸坡坝段部位，岸坡越陡，纵向位移越大。纵向水平位移与沉陷组合的合向量指向河谷中心。图 3-44 反映了纵向位移沿高程分布的规律，施工期在填土厚度约 1/2 处位移量最大，竣工后的水平位移在坝顶处或坝顶下 1/3 坝高处最大，坝底为零。

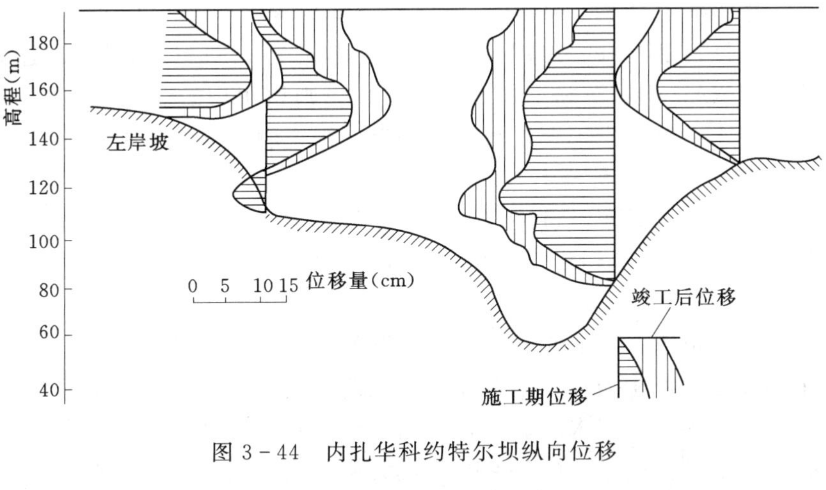

图 3-44　内扎华科约特尔坝纵向位移

(3) 规律表现形式。综上所述，水平位移的一般规律是各种作用的综合反映，其表现形式如下：

1）横向水平位移主要发生在河谷中部坝的最大断面处，而向两岸逐渐减少。

2）在坝的横断面上，低高程的坝坡分别向上、下游方向位移，坝顶位移方向则视具体条件而定。

3）横向最大位移量，竣工后发生在坝顶或坝顶以下1/3坝高处附近。

4）纵向水平位移主要发生在岸坡坝段，位移方向指向河心，位移量自岸坡坝段向河心逐渐减小，在河谷中心为零，岸坡越陡，纵向位移越大。

（四）土石坝沉陷量及沉陷过程线分析

1. 土石坝沉陷量的分析

土石坝坝顶沉陷量的大小，往往可以作为填土密实性和施工质量优劣的一个主要指标，要防止坝的裂缝，主要措施是设法减少不均匀沉陷而各部位沉陷量绝对值小，相对不均匀沉陷也就相应减小。因此，沉陷量也是衡量坝安全运行的基本指标。

（1）竣工后相对沉陷率。根据国内外土石坝的沉陷观测成果和运行情况统计，凡是变形小的，竣工后相对沉陷率小于1%的坝都没有产生裂缝；大于3%的坝多数发生裂缝；竣工后相对沉陷率为1%～3%的坝，有的坝有裂缝，有的坝没有裂缝，要看土料性质和其他条件而定。所谓竣工后相对沉陷率是指竣工后至沉陷稳定这段时间的累计沉陷量与坝高的比率。一般土石坝在竣工后5～7年，沉陷基本稳定。我们把竣工后相对沉陷率为3%作为累计“过大沉陷”指标。

（2）相对沉陷速率。初蓄期沉陷增长较快，以后沉陷速率很快减少，竣工后2～3年内如不产生裂缝，以后一般不会再产生裂缝，因此，竣工初期的沉陷速率对裂缝的产生影响很大。据实测资料统计，一般竣工后第一年内的坝顶沉陷量约占坝高的0.1%～0.4%，以后逐年减少，竣工后10年内累计沉陷量约为第一年内的2～4倍。

根据国内外土石坝的统计资料，可以把竣工后第一年的沉陷速率作为参考指标。如超过这数值，说明可能“过大沉陷”，即起码说明填土质量差，抗裂抗渗性能低，往往有裂缝和渗漏。

综上所述，根据实测资料，用竣工后相对沉陷率为3%和竣工后第一年沉陷速率为0.5%作为衡量“过大沉陷”的参考指标，虽然还不能全面反映变形情况（还有水平位移、土的抗裂强度等因素），但若沉陷率在该范围之内，则说明坝的碾压质量较好，其抗裂强度也不可能很低，水平位移也不会很大。若相反，则说明坝的质量差，安全程度低。

2. 土石坝沉陷过程的分析

填土在外力作用下，需要经过一定时间后才能完成压缩过程。所以，坝身和坝基的沉陷也要经过一段时间才能达到稳定，沉陷达到稳定所需的时间与土料性质、排水条件有关。

砂土的压缩过程很短，一般在施工结束后沉陷就达到稳定。而黏性土压缩性大，孔隙水排出较困难，沉陷过程相当长。土石坝在施工期和竣工初期排水固结过程很快，以后由于荷载不再增加，大部分孔隙水已排出，沉陷将变缓慢，但是达到沉陷终结，则还需要相当长的时间，故沉陷过程线是一条斜率变化很大的曲线，曲线初期很陡，后期趋于平缓。

如果有较长的观测资料，则可以通过数理统计分析，找出沉陷随时间变化的经验公式，绘制沉陷过程线，从而达到掌握变化规律、预测今后沉陷变化过程的目的。

(1) 沉陷过程线的建立和选择。根据沉陷过程的特点，通常可选择下列四种基本曲线建立经验公式。

1) 对数曲线。

$$S_t = a + b\ln t \tag{3-16}$$

2) 双曲线。

$$S_t = \frac{t}{at+b} \tag{3-17}$$

3) 幂函数曲线。

$$S_t = \frac{t}{at+b} \tag{3-18}$$

4) 指数函数曲线。

$$S_t = ae^{bt} \tag{3-19}$$

上各式中 S_t——时间 t 的总沉陷量；

a、b——待定系数。

由于累计沉陷量 S_t 与时间 t 的关系不是线性关系，因此，首先要对上列公式通过变量代换使之线性化。可分别令 $x'=\ln t$，$y'=S_t$，则式（3-16）变为

$$y'=a+bx'$$

令 $x'=\frac{1}{t}$，$y'=\frac{1}{S_t}$，则式（3-17）变为

$$y'=a+bx'$$

对式（3-18）两边取对数后，令 $x'=\ln t$，$y'=\ln S_t$，$a'=\ln a$，则有

$$y'=a+bx'$$

对式（3-19）两边取对数后，令 $x'=t$，$y'=\ln S_t$，$a'=\ln a$，则有

$$y'=a+bx'$$

进行了线性化后，即可应用最小二乘法进行计算，求出待定系数 a、b，从而确定经验公式。在观测资料分析时，两变量间呈曲线关系，这时可通过线性变换方法将非线性关系变为线性关系，然后根据一元线性回归的方法求出线性回归方程，最后再换算为曲线方程。下面通过实例说明解决化曲线为直线回归问题的方法。

例如，某土坝上游 14m 桩号 0+250 测点实测沉陷量见表 3-7，要求找出沉陷量与时间的定量关系式。为简化计算起见，时间以年为单位，该测点从 1996 年底始测，

表 3-7 某土坝沉陷量记录

观测时间		累计沉陷量（m）
年份	月份	
1996	12	始测
1997	12	0.08
1998	12	0.13
1999	12	0.18
2000	12	0.20
2001	12	0.23
2002	12	0.27
2003	12	0.28
2004	12	0.29

至 1998 年 12 月时，$t=2$，依次类推。沉陷量以米为单位计算。

首先根据表 3-7 的观测数据绘制散点图，如图 3-45 所示。然后根据散点呈现的图形及数学知识可以认为累计沉陷量 S 与时间 t 之间具有双曲线关系，即

$$\frac{1}{S}=a+\frac{b}{t} \tag{3-20}$$

令 $Y=\frac{1}{S}$，$X=\frac{1}{t}$，则式（3-20）可改写为

$$Y=a+bX$$

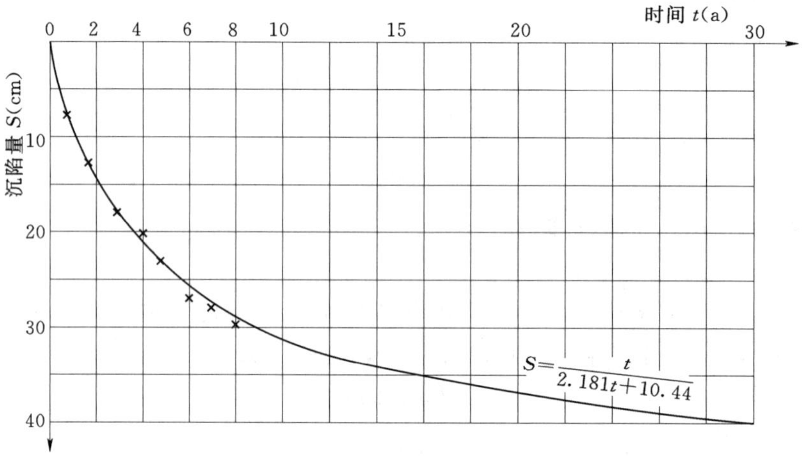

图 3-45 累计沉陷量与时间关系

上式为一般直线函数式，即可用求回归直线方法求得回归系数 b 及常数项 a。计算过程见表 3-8，得回归方程

$$\hat{Y}=2.181+10.44X \tag{3-21}$$

式中 $\hat{Y}$——回归直线的估计值。

表 3-8 **沉陷量对时间回归的计算**

序号	t	S	$X=\frac{1}{t}$	$Y=\frac{1}{S}$	X^2	Y^2	XY
1	1	0.08	1.0000	12.500	1.0000	156.25	12.500
2	2	0.13	0.5000	7.692	0.2500	59.17	3.846
3	3	0.18	0.3333	5.555	0.1111	30.86	1.851
4	4	0.20	0.2500	5.000	0.0625	25.00	1.250
5	5	0.23	0.2000	4.348	0.0400	18.91	0.869
6	6	0.27	0.1667	3.704	0.0278	13.72	0.617
7	7	0.28	0.1429	3.571	0.0204	12.75	0.510
8	8	0.29	0.1250	3.448	0.0156	11.89	0.431
Σ			2.7179	45.818	1.5274	328.55	21.874

$$\sum X=2.7179;\ \sum Y=45.818;\ n=8;\ \overline{X}=\frac{2.7179}{8}=0.3397;\ \overline{Y}=\frac{45.818}{8}=5.727$$

$$\sum X^2=1.5274;\ \sum Y^2=328.55;\ \sum XY=21.874$$

$$\frac{(\sum X)^2}{n}=\frac{7.387}{8}=0.9243;\quad \frac{(\sum Y)^2}{n}=\frac{2099.289}{8}=262.411;\quad \frac{\sum X\sum Y}{n}=\frac{124.5287}{8}=15.566$$

$$l_{xx}=\sum X^2-\frac{(\sum X)^2}{n}=0.604;\quad l_{yy}=\sum Y^2-\frac{(\sum Y)^2}{n}=66.139;\quad l_{xy}=\sum XY-\frac{\sum X\sum Y}{n}=6.308$$

$$b=\frac{l_{xy}}{l_{xx}}=\frac{6.308}{0.604}=10.44;\ a=\overline{Y}-b\overline{X}=5.727-10.44\times0.3397=2.181$$

$$\hat{Y}=2.181+10.44X;\ r=\frac{l_{xy}}{\sqrt{l_{xy}l_{yy}}}=\frac{6.308}{\sqrt{0.604\times66.139}}=0.998$$

查表 3-9 得

$$r_{n-2}^{0.01}=0.834;\ r=0.998>0.834$$

于是，S 与 t 之间满足

$$\frac{1}{S}=2.181+10.44\,\frac{1}{t}$$

即

$$S=\frac{t}{2.181t+10.44} \tag{3-22}$$

表 3-9　　相关系数检验表

$n-2$ \ α	0.05	0.01	$n-2$ \ α	0.05	0.01	$n-2$ \ α	0.05	0.01
1	0.997	1.000	9	0.602	0.735	17	0.456	0.575
2	0.950	0.990	10	0.576	0.708	18	0.444	0.561
3	0.878	0.959	11	0.553	0.684	19	0.433	0.549
4	0.811	0.917	12	0.532	0.661	20	0.423	0.537
5	0.754	0.874	13	0.514	0.641	21	0.381	0.487
6	0.707	0.834	14	0.497	0.623	22	0.349	0.449
7	0.666	0.798	15	0.482	0.606	23	0.325	0.418
8	0.632	0.765	16	0.468	0.590	24	0.304	0.393

按式（3-22）计算出的双曲线点据见表 3-10，回归曲线如图 3-45 所示。

这里要指出的是，表 3-8 计算的 r 是变换后的线性回归方程的相关系数，$r=0.998>0.834$，说明线性相关关系是显著的。但还应检验曲线方程的有效性，即所配曲线与散点的相关性。我们用相关指数 R^2 来衡量回归方程的有效性，其平方根 R 也可称为相关系数。

表 3-10　　双曲线 $S=\dfrac{t}{2.181t+10.44}$ 计算成果

时间 t (a)	2	4	6	8	10	15	20	30	40
累计沉陷量 S (m)	0.135	0.208	0.284	0.287	0.310	0.348	0.370	0.395	0.409

$$R^2=1-\frac{\sum(S_i-\hat{S}_i)^2}{\sum(S_i-\overline{S}_i)^2} \tag{3-23}$$

式中 S_i——沉陷量的观测值；

$\hat{S}_i$——双曲线上的计算值（回归值）。

R^2 可通过查表 3-11 并计算求得

$$R^2=1-\frac{\sum(S_i-\hat{S}_i)^2}{\sum(S_i-\overline{S}_i)^2}=1-\frac{0.000444}{0.039052}=0.989$$

表 3-11　　R^2 的计算表

序号	S_i	$\hat{S}_i$	$S_i-\hat{S}_i$	$(S_i-\hat{S}_i)^2$	$S_i-\overline{S}_i$	$(S_i-\overline{S}_i)^2$
1	0.08	0.079	0.001	0.000001	−0.128	0.016384
2	0.13	0.135	−0.005	0.000025	−0.078	0.006084
3	0.18	0.177	0.003	0.000009	−0.028	0.000784
4	0.20	0.208	−0.008	0.000064	−0.008	0.000064
5	0.23	0.234	−0.004	0.000016	0.022	0.000484
6	0.27	0.254	0.016	0.000361	0.062	0.003344
7	0.28	0.272	0.008	0.000064	0.072	0.005184
8	0.29	0.287	0.003	0.000009	0.082	0.006724
Σ				0.000444		0.039052

一元非线性回归方程的精度和线性回归类似，取剩余标准离差 S 作为回归方程的精度指标，在本例中

$$S=\sqrt{\frac{\sum(S_i-\hat{S}_i)^2}{n-2}} \tag{3-24}$$

式中 S——沉陷量的观测值；

$\hat{S}_i$——双曲线上的计算值（回归值）。

故 $$S=\sqrt{\frac{0.000444}{8-2}}=0.0086(\text{m})$$

若在图 3-45 上做出两条平行回归曲线

$$S'=\frac{t}{2.181t+10.44}-2\times0.0086$$

$$S''=\frac{t}{2.181t+10.44}+2\times0.0086$$

由数理分析可知，观测值 S 落在以均值为中心的 $\pm2S$ 范围内的概率是 95.4%。为了得到尽可能好的拟合曲线，通常是选配几种与其观测数据散点趋势相适应的曲线分别进行回归计算，求出几条不同的回归曲线，经比较，选择 S 较大或 S 较小的回归曲线作为最佳拟合曲线。

上面我们用人工计算的方法，找出了土石坝的沉陷量与时间关系的定量表达式。目前

微机在土石坝渗流观测资料分析和变形观测资料分析中的应用已有许多实用程序。限于篇幅，本书中不再具体介绍，请参阅有关文献。

（2）沉陷过程线的预报。如果观测资料时段较长且连续，能建立符合坝的变形规律的经验公式，而水库在运行中又没有沉陷突变等其他因素的影响，应用经验公式预报一定时段的沉陷是完全可行的。例如，酒埠江水库主坝用1962—1967年的初期沉陷资料，建立了初期沉陷回归方程：$S=17.3+19.11\ \ln t$。预报2年内的沉陷量，结果相对误差仅为1.3%；预报5年内的，相对误差为3.4%；预报10年内，相对误差为6.6%。这里的相对误差指实测值与预报值的差占实测值的百分数。

强 化 训 练

一、简答题

1. 土石坝巡视检查的制度有哪些？

2. 对哪些土石坝裂缝应定期进行观测？观测的内容有哪些？

3. 画出视准线法观测水平位移原理图，并说明观测的原理。

4. 激光经纬仪准直法与波带板准直法相比较各有什么特点？激光准直法与视准线法有哪些异同点。

5. 什么是三级点位，两级控制？

6. 试绘制出水管式沉降仪结构示意图，并说明诽管式沉降仪观测原理。

7. 试述电测法测量测压管水位的方法。

8. 观测渗流量有哪些方法？各适用于什么情况？

9. 资料分析的基本方法有哪几种？各有何特点？

10. 何谓测压管的滞后时间？影响滞后时间的因素有哪些？如何估算滞后时间？

11. 通过坝的渗流量由哪几部分组成？什么是潜流量？如何估算潜流量？

12. 土石坝沉陷的主要原因是什么？影响沉陷的因素有哪些？

13. 土质堤坝沉陷有哪些规律？

14. 土质堤坝水平位移的原因是什么？水平位移的规律如何？

15. 土质堤坝“过大沉陷”指标是什么？

二、选择题

1. 在暴雨期间加强对坝面排水系统和________的巡视。

A. 两岸接头处　　B. 两岸截流排水设施　　C. 背水坡　　D. 下游坝脚一带

2. 下列横断面中________不宜作为浸润线观测断面。

A. 最大坝高　　B. 老河床　　C. 合龙段　　D. 地质情况单一

3. 土石坝沉陷量主要取决可压缩土层的厚度和________。

A. 自重压力　　B. 渗透水压力

C. 上覆荷载的大小　　D. 时间

4. 竣工后相对沉陷率为1%～3%的坝________。

A. 都没有产生裂缝　　B. 多数发生裂缝

C. 少数发生裂缝　　D. 有的坝有裂缝，有的坝没有裂缝

三、判断题

1. 涌水口附近形成沙环并逐渐增大，说明坝基已发生渗透破坏。(　　)

2. 对于一般土料与粉细砂，测压管进水管的长度，应自设计最高浸润线以上1m至最低浸润线以下0.5m。(　　)

3. 砂砾料中的测压管，注入相当于测压管5～10m长体积的水，而水位升高不到3～5m，认为是合格的。(　　)

4. 由于坝体固结、坝基沉陷、泥沙淤积等原因，随着时间的推移，渗流观测值不断减小。(　　)

5. 坝的渗透系数越小，滞后时间越长，圈套曲线的横向幅度越大。(　　)

6. 当渗流量与作用水头的相关线为直线时，表明渗流量以坝基有压渗流为主。(　　)

7. 土石坝蓄水后的总沉陷量将比其自重压力下的压缩量要大。(　　)

8. 土石坝竣工后沉陷量沿高程的分布自坝顶起基本呈线性递减分布，沉陷量的大小与该点高程成正比。(　　)

9. 坝的某观测点沉陷量一定大于横向水平量，而横向水平量又大于该点的纵向位移量。(　　)

10. 土石坝的沉陷过程是一条斜率变化很大的曲线，曲线初期平缓，后期变陡。(　　)

四、实训题

1. 用视准线法观测横向水平位移。

2. 用电测法观测管（井）水位。

3. 用量水堰观测流量。

4. 对某坝的渗透观测资料进行分析。

5. 对某坝的变形观测资料进行分析。

第四章　混凝土及砌石坝的检查观测

【知识目标】

• 掌握混凝土及砌石坝巡视检查的内容。

• 理解混凝土及砌石坝变形观测、基础扬压力观测、应力应变观测和温度观测的基本原理与基本方法。

• 初步掌握混凝土及砌石坝观测资料整理分析的内容和方法。

【能力目标】

• 能够对混凝土及砌石坝变形观测、基础扬压力观测、应力应变观测和温度观测进行规范操作。

• 能够对混凝土及砌石坝观测资料进行初步整理分析。

第一节　混凝土及砌石坝的巡视检查

为了及时发现对混凝土及砌石坝运行不利的异常现象，结合仪器设备的观测成果综合分析坝的运行状态，应对混凝土及砌石坝、泄洪建筑物、水闸等进行巡视检查。巡视检查的制度与土石坝一样，分经常检查、定期检查、特别检查和安全鉴定。各种检查的组织形成和工作开展的要求也与土石坝基本相似，但还应结合混凝土及砌石建筑物的不同特点进行。

对混凝土及砌石坝，应对坝顶、上下游坝面、溢流面、廊道以及集水井、排水沟等处进行巡视检查。应检查这些部位有无裂缝、渗水、侵蚀、脱落、冲蚀、松软及钢筋裸露现象，排水系统是否正常，有无堵塞现象。还应检查伸缩缝、沉陷缝的填料、止水片是否完好，有无损坏流失和漏水，缝两侧坝体有无异常错动，以及坝与两岸及基础连接部分的岩质有无风化、渗漏情况等。

当坝体出现裂缝时，应测量裂缝所在位置、高程、走向、长度、宽度等，并详细记载，绘制裂缝平面位置图、形状图，必要时进行照相。对重要裂缝，应埋设标点进行观测，其观测方法和要求按本章第二节内容进行。

当坝体有渗透时，应测定渗水点部位、高程、桩号，详细观察渗水色泽，有无游离石灰和黄锈析出。做好记载并绘好渗水点位置图，或进行照相。同时，也应尽可能查明渗漏路径，分析渗漏原因及危害。必要时可用以下简易法测定渗水量。

（1）用脱脂棉或纱布，先称好质量，然后铺贴于渗漏点上，记录起止时间，取下再称质量，即可算得渗水量。

（2）用容积法测量渗漏水量，见本书第四章有关内容。

检查混凝土有无脱壳，可以用木锤敲击，听声响进行判断。对表面松软程度进行检查，可用刀子试剥进行判断。对混凝土的脱壳、松软以及剥落，应量测其位置、面积、深度等。

对砌石坝还应检查块石是否松动、勾缝是否脱落等。

第二节 混凝土及砌石坝的变形观测

混凝土及砌石坝建成蓄水后，在各种荷载、不同地质状况和气温影响下，坝体必然产生变形。坝体变形与影响因素之间的因果关系有一定的规律和相关变化。如果坝体的变形是符合客观规律的，数值在正常范围内，则属于正常现象；否则，变形会影响建筑物正常运用，甚至危及建筑物的安全。由于混凝土及砌石坝的特点，一旦发生异常现象，往往是大坝事故的先兆。因此，在大坝整个运行期间进行系统全面的观测，掌握大坝变形的特点，寻找变形与影响因素之间的规律，用以指导工程运行，对保证工程安全是十分重要的。

混凝土及砌石坝的变形观测主要有水平位移、垂直位移和挠度等项目。坝体变形的大小与坝的型式（如重力坝、拱坝）有关，大坝变形的量值一般很小，如重力坝的坝顶，其水平位移一般为几毫米至 20 多 mm，坝基部位的水平位移仅 1～3 mm。因此，在对混凝土及砌石坝进行变形观测时，观测的精度应大大高于土石坝的观测精度。

因温度和地基不均匀沉陷等影响，坝体还可能产生裂缝。裂缝对混凝土及砌石坝的整体性有很大影响，且直接引起坝的渗漏，故应对坝体裂缝进行观测。预留的伸缩缝、沉陷缝等连接缝，也应及时观测缝的变形情况，为分析建筑物的受力和变形等提供依据。

混凝土及砌石坝在施工期到初蓄水时变形速度快，变形值大，水平位移和垂直位移观测的周期应短，可每月进行 1～2 次；蓄水 3 年内每月 1 次，以后逐渐延长至每季 1 次到半年 1 次。对于挠度观测，在首次蓄水后到确认大坝已达稳定状态期间，可 7～10d 观测 1 次；当大坝稳定后，可 10～15d 观测 1 次。对于裂缝，在发展初期每天观测 1 次，稳定后每季测 1 次。对于伸缩缝，可在年内最高、最低气温时观测。以上指正常情况下的观测周期，当气温、水位变化较大时，以及有其他异常情况下，应加密测次。此外，对不同坝型的观测周期应不尽相同。

水闸、溢洪道变形观测的原理和方法，与混凝土坝体变形观测一样。

混凝土及砌石坝的水平位移和挠度值以向下游、向左岸为正，反之为负；垂直位移以向下为正，向上为负。

一、引张线法测定水平位移

本书第三章介绍了视准线法和激光准直法测定土石坝水平位移的方法，这些方法以及前方交会法、小角度法亦可用于测定混凝土坝的水平位移。下面介绍混凝土及砌石坝中用得较普遍的引张线测定水平位移的方法。引张线法具有操作和计算简单、精度高、便于实现自动化观测等优点，尤其在廊道中设置引张线，因不受气候影响，具有明显的有利条件，因此在重力坝水平位移观测中应优先采用。

（一）观测原理及设备

在设于坝体两端的基点间拉紧一根钢丝作为基准线，然后测量坝体上各测点相对基准线的偏离值，以计算水平位移量。这根钢丝称为引张线，它相当于视准线法中的视准线，是一条可见的基准线，如图 4-1 所示。由于水库大坝长度一般在数十米以上，如果仅靠坝两端的基点来支承钢丝，因其跨度较长，钢丝在自身重力作用下将下垂成悬链状，不便观测。为了解决垂径过大的问题，需在引张线两端加上重锤，使钢丝张紧，并在中间加设若干浮托装置，将钢丝托起近似成一条水平线。因此，引张线观测设备由钢丝、端点装置和测点装置三部分组成。

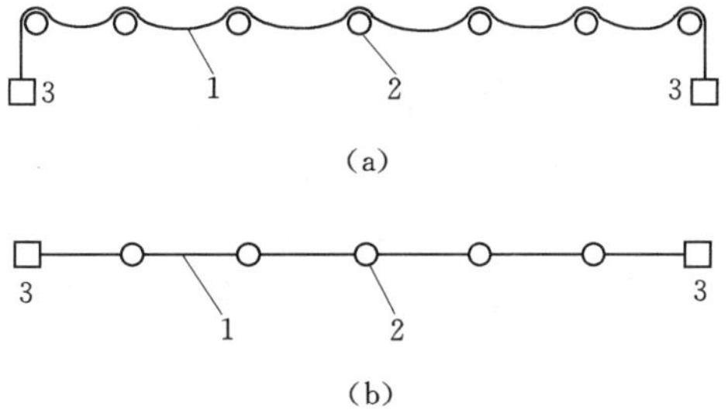

图 4-1　测压管水位与库水位曲线相关图

(a) 立面图；(b) 平面图

1—钢丝；2—浮托装置；3—端点装置

1. 钢丝

钢丝一般采用 $\phi0.8\sim1.2$ 的不锈钢丝，其强度要求不小于 1.5×10^6kPa。为了防止风的影响和外界干扰，全部测线需用 $\phi10$cm 的钢管或塑料管保护。正常使用时，钢丝全线不能接触保护管。

2. 端点装置

端点装置由混凝土基座、夹线装置、滑轮、线锤悬挂装置以及重锤等组成，如图 4-2 所示。

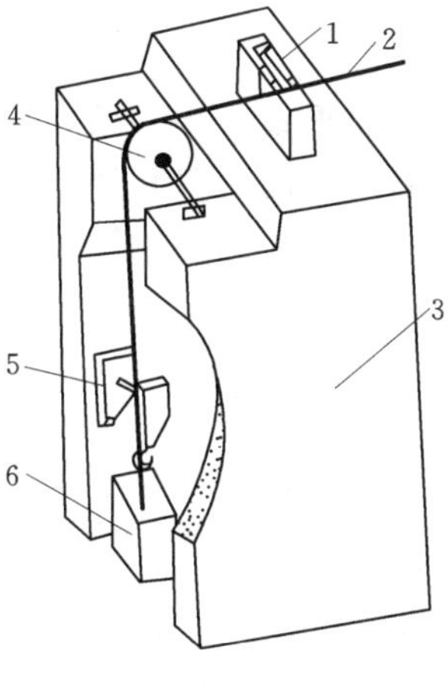

图 4-2　引张线端点装置

1—夹线装置；2—钢丝；3—混凝土基座；4—滑轮；5—线锤悬挂装置；6—重锤

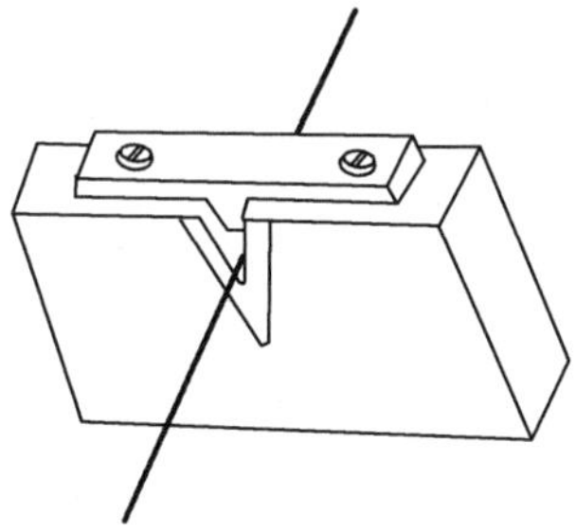

图 4-3　夹线装置

夹线装置的作用是使钢丝始终固定在一个位置上。其构造是在钢质基板上嵌入一个铜质 V 形夹槽，将钢丝放入 V 形槽中，盖上压板，旋紧压板螺丝，测线即被固定在这个位置上，如图 4-3 所示。

夹线装置安装时，需注意 V 形槽中心线与钢丝方向一致，并落在滑轮槽中心的平面上。但要注意，当测线通过滑轮拉紧后，测线与V形槽中心线应重合，并且钢丝高出槽底2mm左右。

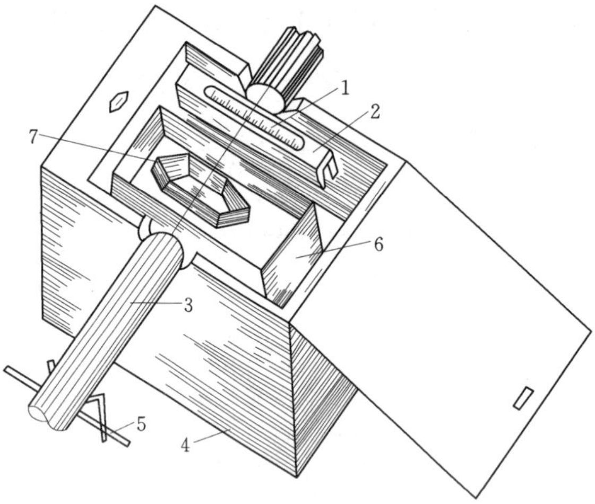

图4-4 引张线测点装置
1—量测标尺；2—槽钢；3—保护管；4—保护箱；5—保护管支架；6—水箱；7—浮船

线锤悬挂装置上有卷线轴和插销，以便卷紧钢丝，悬挂重锤并张紧钢丝。重锤的质量视钢丝的强度而定。重锤质量越大，钢丝所受拉力越大，引张线的灵敏度越高，观测精度也越高。重锤质量可按钢丝抗拉强度的1/3～1/2考虑。

3. 测点装置

测点装置设置在坝体测点上，由水箱、浮船、量测标尺和保护箱等构成，如图4-4所示。浮船支撑钢丝，在钢丝张紧时，浮船不能接触水箱，以保证钢丝在通过两端点V形夹线槽中心的直线上。量测标尺为150mm长的不锈钢尺，固定在槽钢上，槽钢埋入坝体测点位置。安装时应尽可能使各测点钢尺在同一水平面上，误差不超过±5mm。测点也可不设量测标尺而采用光学遥测仪器。测点装置一般20～30m设置一个。保护管固定在保护箱上。

（二）观测方法

引张线的钢丝张紧后固定在两端的端点装置上，水平投影为一条直线，这条直线是观测的基准线。测点埋设在坝体上，随坝体变形而位移。观测时只要测出钢丝在测点标尺上的读数，与上次测值比较，即可得出该测点在垂直引张线方向的水平位移，其位移计算原理与视准线法相似。

1. 观测步骤

引张线观测随所用仪器的不同方法亦不同，无论采用哪一种仪器和方法观测，都应按以下的步骤进行。

（1）在端点上用线锤悬挂装置挂上重锤，使钢丝张紧。

（2）调节端点上的滑轮支架，使钢丝通过夹线装置V形槽中心，此时钢丝应高出槽底2mm左右，然后夹紧固定。但应注意，只有挂锤后才能夹线，松夹后才能放锤。

（3）向水箱充水或油至正常位置，使浮船托起钢丝，并高出标尺面0.5mm左右。

（4）检查各测点装置，浮船应处于自由浮动状态，钢丝不应接触水箱边缘和全部保护管。

（5）端点和测点检查正常后，待钢丝稳定30min，即可安置仪器进行测读。测读从一端开始依次至另一端止，为一测回。测完一测回后，将钢丝拔离平衡位置，让其浮动恢复平衡，待稳定后从另一端返测，进行第二测回测读。如此观测2～4个测回，各测回值的互差，要求不超过±0.2mm。

（6）全部观测完后，将端点夹线松开，取下重锤。

（7）若引张线设在廊道内，观测时应将通风洞暂时封闭。对于坝面的引张线，应选择无风天观测，并在观测一点时，将其他测点的观测箱盖好。

2. 常用的观测方法

（1）直接目视法。用肉眼并使视线垂直于尺面观测，分别读出钢丝左边缘和右边缘在量测标尺上投影的读数 a 和 b，估读至 0.1mm，得出钢丝中心在量测标尺上读数为 $L=(a+b)/2$。显然 $|a-b|$ 应为钢丝的直径，该值可作为检查读数的正确性和精度的标准。

（2）挂线目视法。将量测标尺设在水箱的侧面，在靠近标尺的钢丝上系上很细的丝线，下挂小锤，如图 4-5 所示。用肉眼正视量测标尺直接读数。

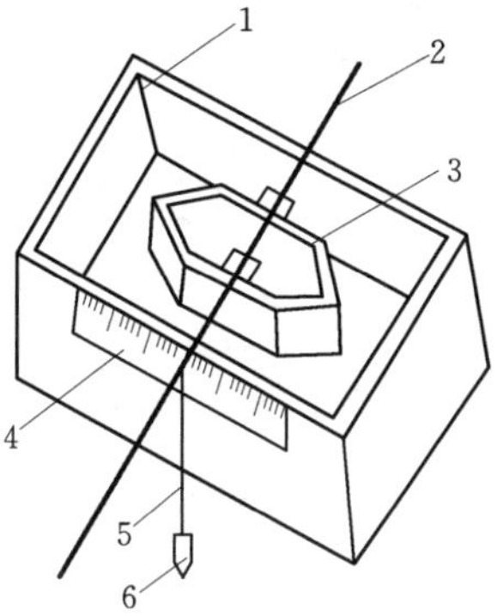

图 4-5　挂线目视法观测法示意图

1—水箱；2—钢丝；3—浮船；4—标尺；5—细丝绳；6—小锤

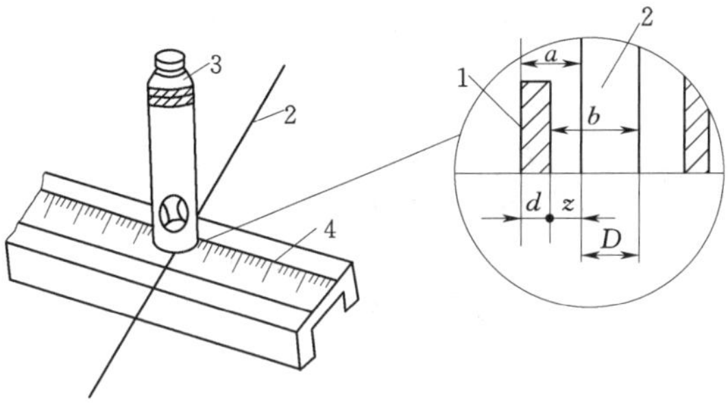

图 4-6　读数显微镜法观测法示意图

1—量测标尺毫米分划线；2—钢丝；3—读数显微镜；4—量测标尺

（3）读数显微镜法。是将一个具有测微分划线的读数显微镜置于量测标尺上方，测读毫米以下的数，而毫米整数直接用肉眼读出，如图 4-6 所示。

观测时，先读取毫米整数，再将读数显微镜垂直于量测标尺上，调焦至成像清晰，转动显微镜内测管，使测微分划线与钢丝平行。然后左右移动显微镜，使测微分划线与量测标尺毫米分划线的左边缘重合，读取该分划线至钢丝左边缘的间距 a。第二次移动显微镜，将测微分划线与标尺毫米分划线的右边缘重合，读取该分划线至钢丝右边缘的间距 b。由图 4-6 有 $a+b=2z+d+D$，即 $(a+b)/2=z+(d+D)/2$。而 $(a+b)/2$ 即为量测标尺毫米分划线中心至钢丝中心的距离。于是得钢丝中心在量测标尺上的读数为

$$L=r+\frac{a+b}{2} \tag{4-1}$$

式中　r——从标尺上读取的毫米整数。

由图 4-6 可知 $b-a=D-d$，即钢丝直径与量测标尺分划线粗度的差值为定值。同样，该值可作为检查读数正确性和精度的标准。

（4）光电跟踪遥测法。南京水利水文自动化研究所研制的 YZ-1 型光电跟踪差动电感式引张线遥测仪是机电与光学部件相结合的远距离自动遥测仪。该仪器测量范围为 0～20mm，最小读数 0.02mm（桥式仪表）或 0.01mm（数字仪表），遥测距离为 0～100m。

该仪器的工作原理如图 4-7 所示。光源被引张线遮挡的阴影通过光电头的光学镜头放大，投影到上部两块起光电转换作用的光电池上。硅光电池受光照的面积不同，产生的电压会不同。两块光电池按图 4-8 所示方式连接。如引张线遮挡的阴影在两块硅光电池上的面积不等，就有输出电压 $U_R=(I_1-I_2)R$，称为差分电压。U_R 经放大器放大后，使微电机运转，通过传动机构带动光电头做相应的直线运动。光电头在运动过程中，与钢丝作相对位移，使得钢丝遮挡两块光电池的阴影面积变化，U_R 跟着变化。当两块光电池被遮挡的阴影面积相等时，$U_R=0$，光电头停止移动，全部过程达到了光电自动跟踪的目的。

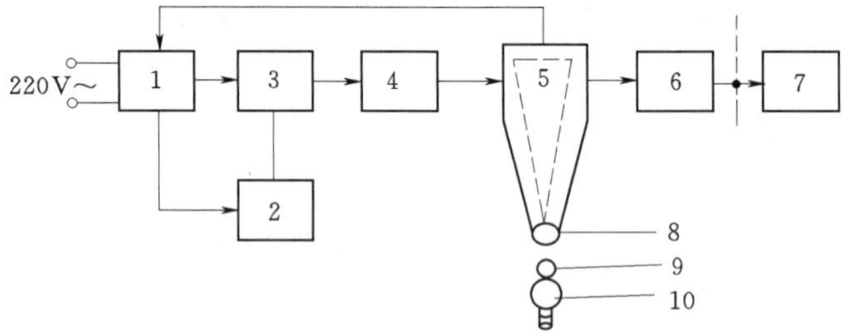

图 4-7 差动式电感引张线遥测仪工作原理方框图

1—放大器；2—控制电路；3—微电机；4—传动机构；5—光电池；6—位移传感器；7—指示仪表；8—光透镜；9—引张线；10—光源

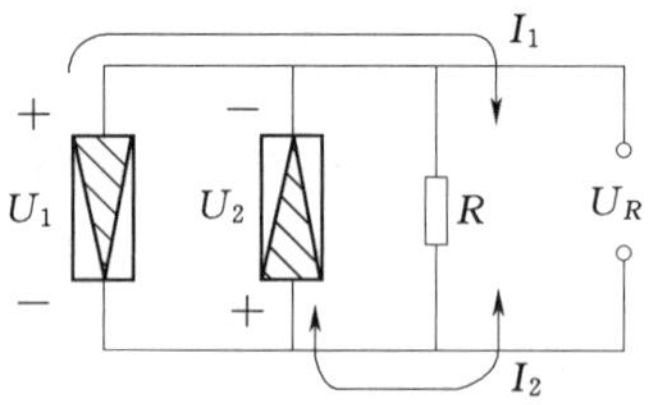

图 4-8 输出差分电压过程图

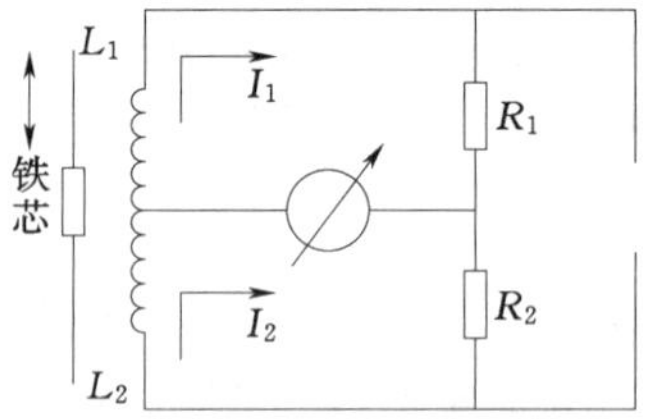

图 4-9 电感传感器原理图

该仪器的位移传感器采用差动电感式遥测仪，它由差动电感传感器，杠杆传动系统、油箱等部件组成。当大坝变位后，引张线推动遥测仪的传动杆并通过杠杆系统使传感器磁芯移动，从而把机械位移变成电信号并经接收仪（比例电桥或数字显示仪）指示出来。传感器工作原理如图 4-9 所示，L_1 与 L_2 为传感器的两组线圈，R_1 与 R_2 为接收仪电阻，它们构成四臂电桥。当引张线通过杠杆传动系统推动铁芯上下移动时，$I_1 \neq I_2$，电桥失去平衡，接收仪有相应的显示，该显示即对应了遥测仪相对钢丝的位移量。

该套仪器在观测过程中避免了照准误差，也没有仪器调焦、调平误差的影响，因此，观测精度高、速度快、操作方便。但在湿度大、气温低的情况下会影响正常观测。

（三）端点变位测定

引张线的端点一般设在坝体上，会随坝体变形而位移。对设于坝顶的引张线，其端点变位可用视准线法或精密丈量等方法量测。设在廊道内的引张线，其端点变位一般用倒垂线观测（原理见本节）。倒垂线设置在引张线端点附近，在引张线端点基座上增设位移标

心 A，在倒垂线观测墩上设置位移标心 E，如图 4－10 所示。

设 A、E 标心之间的距离为 s，倒垂线钢丝中心 R 至 E 的距离为 a。R 的空间位置是固定不变的。当坝体位移后，A 点和 E 点位移至 A'和 E'。观测时用因钢尺量出 A'、E' 之间的距离 s'，由垂线仪测出 R、E'的距离 a'，即可计算出引张线端点的位移值 Δ。由图知

$$\Delta=(s+a)-(s'+a')=(s-s')+(a-a')=\Delta s+\Delta a \quad (4-2)$$

式中，Δs 和 Δa 的正负与 A、E、R 三点之间的相对位置有关，应根据实际情况分析确定。此外，由式 (4－2) 可知，若引张线与倒垂线很近，两观测墩合为一体，观测中则无 s 而只有 a，此时

$$\Delta=a-a'=\Delta a$$

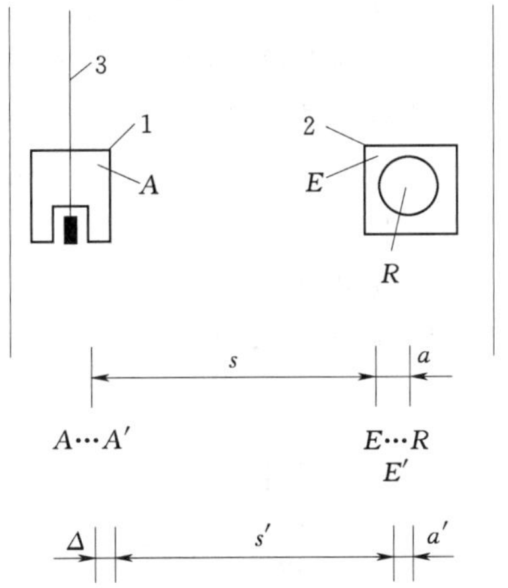

图 4－10　引张线端点变位测定示意图
1—引张线端点基座；2—倒垂线观测墩；3—引张线；A—引张线端点位移标心；E—倒垂线观测墩位移标心；R—倒垂线钢丝中心

二、垂线法测定坝体挠度

混凝土及砌石坝体水平位移沿坝体高程不同会不一样。一般是坝顶水平位移最大，近坝基处最小，测出坝体水平位移沿高程的分布并绘制分布图，即为坝体的挠度。因此，测定坝体挠度实为测量坝体相对坝基的水平位移。测定坝体挠度的垂线法分倒垂线与正垂线两种，分述如下。

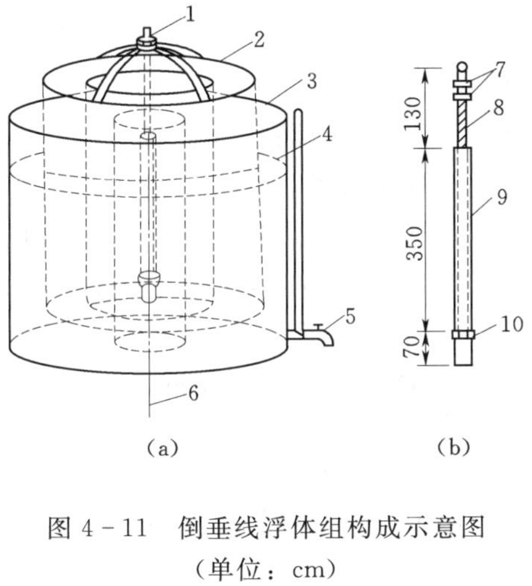

图 4－11　倒垂线浮体组构成示意图（单位：cm）
1—连杆；2—浮筒；3—油箱；4—油位指示；5—水嘴；6—钢丝；7—螺母；8—丝扣；9—钢套管；10—夹头螺母

(一) 倒垂线观测

1. 倒垂线原理与设备

倒垂线是将一根不锈钢丝的下端埋设在大坝地基深层基岩内，上端连接浮体，浮体漂浮于液体上。由于浮力始终铅直向上，故浮体静止的时候，必然与连接浮体的钢丝向下的拉力大小相等，方向相反，亦即钢丝与浮力同在一条铅垂线上。由于钢丝下端埋于不变形的基岩中，因此钢丝就成为空间位置不变的基准线。只要测出坝体测点到钢丝距离的变化量，即为坝体的水平位移。

(1) 倒垂线装置的组成。倒垂线装置由浮体组、垂线仪和观测台构成。

1) 浮体组。由油箱、浮筒和连杆组成，如图 4－11 所示。

a. 油箱。为一环形铁筒，外径为 60cm，内径 1 5cm，高 45cm。内环中心空洞部分是

浮筒连杆穿过的活动部位。

b. 浮筒。形状与油箱相同，尺寸为外径 50cm，内径 25cm，高 33cm。这种结构和尺寸能保证浮筒在油箱内有一定的活动范围。浮筒上口有连接支架，以安装连杆。

c. 连杆。为一空心金属管，长 50cm。上与浮筒支架连接，下端连接钢丝。

2）垂线。一般采用直径 1mm 的不锈钢丝，上端连接浮筒连杆，下端周定于基岩深处的锚块上。钢丝的极限抗拉强度应大于 2 倍浮力。

倒垂线锚块形状如图 4－12 所示，它埋设于基岩深处。埋设锚块需在基础钻孔，孔深一般为坝高的 1/3，孔径 150～300mm。锚块放于孔底，用混凝土浇筑在基础内。

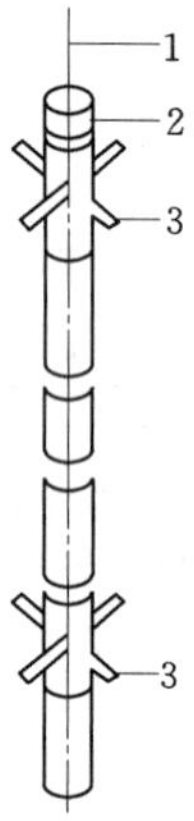

图 4－12 倒垂线锚块示意图

1—钢丝；2—连接螺丝；3—支撑

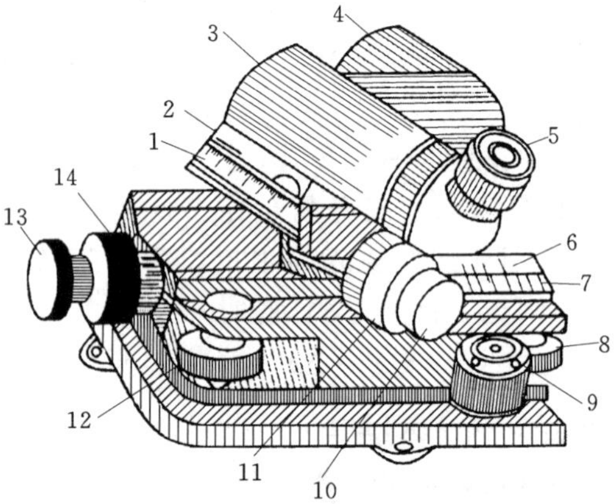

图 4－13 光学垂线仪示意图

1、7—读数尺；2—游标；3—物镜 1；4—物镜 2；5—目镜；6—游标；8、12—脚螺旋；9—圆水准器；10、13—手轮；11—上部固定螺旋；14—下部固定螺旋

3）观测台。由混凝土或金属支架构成，中部为直径 15cm 的圆孔或边长 15cm 的方孔，以穿过垂线。台面要求水平，设有观测仪底座或其他观测设备。

（2）垂线仪。常见的垂线坐标仪有光学垂线仪、遥测垂线仪两大类。近年来垂线坐标仪发展很快，主要体现在精度的提高（由原来的 1mm 级提高到 0.1mm 级）和遥测自动化的日臻完善及可靠性的不断提高。

1）光学垂线仪。图 4－13 为国产光学垂线仪，仪器下部有一可供望远镜前后（纵向）移动的凹形槽板，目镜的下部有一套固定和微动的螺旋及纵向游标读数尺。凹形槽板下部另设有供望远镜左右（横向）移动的装置和对应的固定与微动用的螺旋及横向游标读数尺。望远镜设计有使钢丝的影像旋转 90°的光学系统，观测时从两个方向移动仪器的望远镜，可用纵横向微动螺旋精确照准垂线。

2）遥测垂线仪。如图 4－14 所示的是由南京水利水文自动化研究所生产的 STC—5 型步进电机光电跟踪式遥测垂线坐标仪，由传动机构和测量机构组成。工作原理如下：

步进电机驱动丝杆带动探头作直线运动，探头中的光电照准器依次扫描基准杆和垂线，一旦光线被基准杆和垂线遮挡，光电管立即将信号反送给检测仪或测控装置，经自动处理测得垂线在 X、Y 两个方向的位移，与初始位置相比而求出垂线的位移量。

3）光学垂线仪的操作。虽然遥测垂线坐标仪的技术发展很快，但便携式光学坐标仪

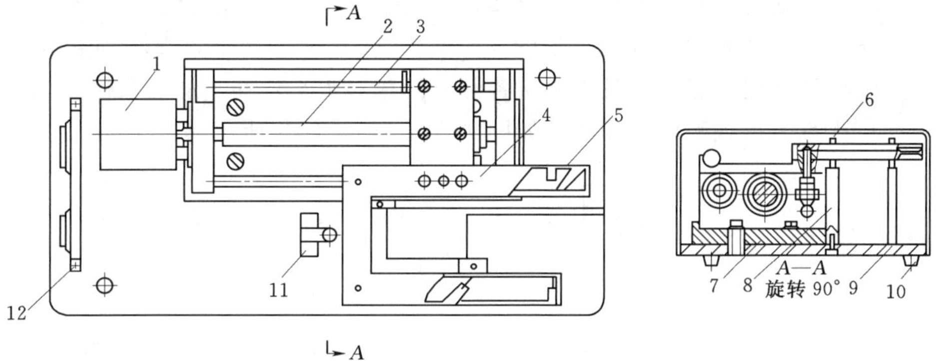

图 4-14　STC-5 型步进电机光电跟踪式遥测垂线坐标仪示意图

1—步进电机；2—丝棒；3—导棒；4—探头；5—光缆索；6—基准杆；7—基座；8—基准杆座；9—底板；10—外壳；11—加热体；12—插座

仍然是必不可少的垂线观测仪器。光学垂线观测仪的操作步骤如下：

将仪器安置在测点上，利用仪器的角螺旋将仪器调平，插上照明系统，接通电源。调节目镜螺旋，此时可在目镜中看到带有十字丝的分划板像；旋转横向导轨手轮，此时能在视场中看到竖线像，慢慢转动手轮，直至垂线的竖线像正好夹在十字丝纵线中央。旋转纵向导轨手轮，此时能在视场中看到横线像，慢慢转动手轮，直至垂线的横线像正好夹在十字丝横线中央。从读数尺和游标尺上可分别读出纵、横向垂线的偏离值。

2. 现场观测

观测前，首先，应检查钢丝的张紧程度，使钢丝的拉力每次基本一致。达到这一要求的做法，是在钢丝长度不变的情况下，观测油箱的油位指示，使油位每次保持一致，浮力即一致，钢丝的拉力也就一致了。其次，要检查浮筒是否能在油箱中自由移动，做到静止时浮筒不能接触油箱。浮筒重心不能偏移，人为拨动浮筒后应回复到原来位置。最后，还要检查防风措施，避免气流对浮筒和钢丝的影响。检查完毕后，应待钢丝稳定一段时间才进行观测。

观测时，将仪器安放在底座上，置中调平，照准测线，各条垂线上各个测点的观测，应自上而下或者自下而上，依次在尽量短的时间内完成。每一个点的观测，分别读取 x、y 轴（即左右岸与上下游）方向读数各两次，取平均值作为测回值。每测点测两个测回，两测回间需要重新安置仪器。读数限差小于 0.1mm，测回限差小于 0.15mm。观测中照明灯光的位置应固定，不得随意移动。

计算坝体测点的水平位移要根据规定的方向、垂线仪纵横尺上刻划的方向和观测员面向方向 3 个因素决定。一般规定位移向下游和左岸为正，反之为负；上下游方向为纵轴 y，左右岸方向为横轴 x。垂线仪安置的坐标方向应与大坝坐标方向一致。

（二）正垂线观测

1. 观测原理与正垂线布置形式

正垂线是在坝的上部悬挂带重锤的不锈钢丝，利用地球引力使钢丝铅垂这一特点，来测量坝体的水平位移。若在坝体不同高程处设置夹线装置作为测点，从上到下顺次夹紧钢丝上端，即可在坝基观测站测得测点相对坝基的水平位移，从而求得坝体的挠度，这种形式称为多点支承一点观测的正垂线，如图 4-15（a）、（b）。如果只在坝顶悬挂钢丝，在坝体不同高程处设置观测点，测量坝顶与各测点的相对水平位移，从而求得坝体挠度，这种形式为一点支承多点观测的正垂线，如图 4-15（c）、（d）所示。

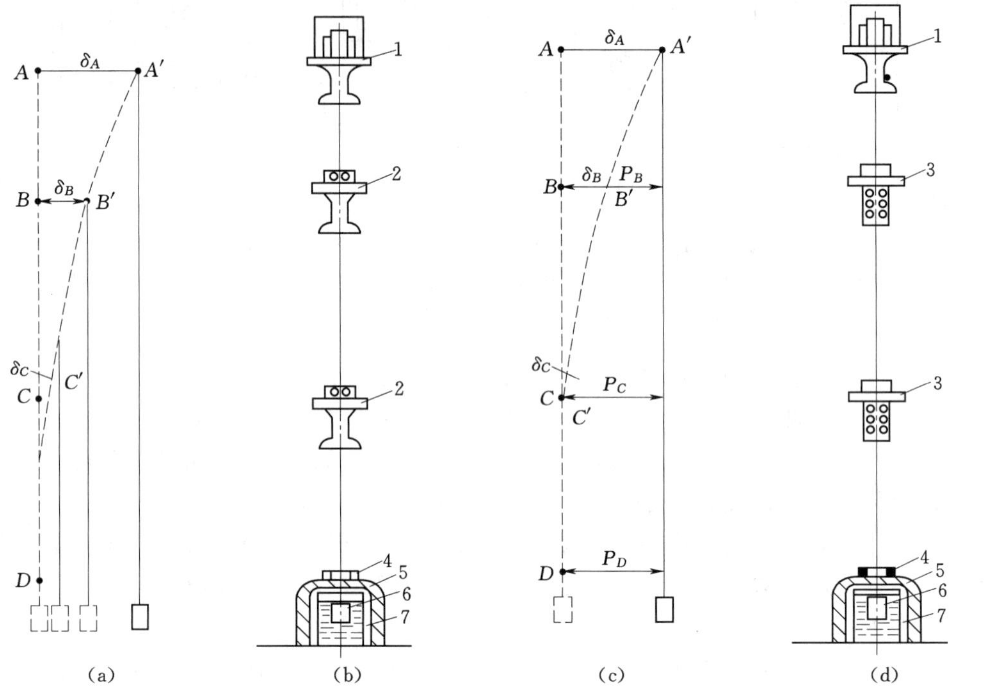

图 4-15 正垂线多点支承与一点支承示意图

（a）多点支承关系示意图；（b）多点支承结构示意图；（c）一点支承关系示意图；（d）一点支承结构示意图

1—悬挂装置；2—夹线装置；3—坝体观测点；4—坝底观测点；5—观测墩；6—重锤；7—油箱

2. 正垂线装置的构成

不论是多点支承还是一点支承正垂线，一般由以下几部分构成。

（1）悬挂装置。供吊挂垂线之用，常固定支撑在靠近坝顶处的廊道壁上或观测井壁上。

（2）夹线装置。固定夹线装置是悬挂垂线的支点，在垂线使用期间，应保持不变。即使在垂线受损折断后，支点亦能保证所换垂线位置不变。活动夹线装置是多点支承一点观测时的支点，观测时自上而下依次夹线。当采用一点支承多点观测形式时，取消活动夹线装置，而在不同高程取观测台。

（3）不锈钢丝。为直径 1mm 的高强度不锈钢丝。观测仪器为接触式仪器时，需配的重锤较重，钢丝直径一般为 2mm 左右。

（4）重锤。为金属或混凝土块，其上设有阻尼叶片，重量一般不超过垂线极限拉应力的 30%。但对接触式垂线仪，重锤需达 200～500kg。

（5）油箱。为高 50cm、直径大于重锤直径 20cm 的圆柱桶。内装变压器油，使之起阻尼作用，促使重锤很快静止。

（6）观测台。构造与倒垂线观测台相似。也可从墙壁上埋设型钢安装仪器底座，特别是一点支承多点观测，是在观测井壁的测点位置埋设型钢安装仪器底座。

3. 现场观测

正垂线观测使用的仪器和观测方法与倒垂线相同。观测步骤首先是挂上重锤，安好仪器，待钢丝稳定后才进行观测。观测顺序是自上而下逐点观测为第一测回，再自下而上观测为第二测回。每测回测点要照准两次，读数两次。两次读数限差小于 0.1mm，测回限差小于 0.15mm。

由于正垂线是悬挂于本身产生位移的坝体上，只能观测与最低测点之间的相对位移。为了观测坝体的绝对位移，可将正垂线与倒垂线联合使用，即将倒垂线观测台与正垂线最低测点设在一起，测出最低点正垂线至倒垂线的距离，即可推算出正垂线各测点的绝对位移。

三、混凝土及砌石建筑物的垂直位移观测

混凝土及砌石建筑物的垂直位移观测多采用水准法测量，使用仪器、测量原理、观测方法和位移值计算、误差分析等均与土石坝垂直位移观测相似，但因混凝土及砌石建筑物的垂直位移远小于土石坝，所以应提高其测量等级。

垂直位移的测点也分水准基点、起测基点和位移标点三级点位。水准基点为垂直位移系统的基准点，应设在坝下游 1～3km 的地基稳定处。起测基点设置在坝体垂直位移标点的纵排两端岸坡上以及廊道出口附近的基岩处。垂直位移标点设在坝面和廊道内，每一坝段布设 1～2 点。对于拱坝，坝顶一般每隔 30～50m 设置一点，另在拱冠、1/4 拱圈及拱座处应设置测点。垂直位移标点也可与水平位移标点合为一体设置。

水准基点和起测基点的结构与土石坝的同类基点大致相同，但埋设要求和对基础的稳定性应较土石坝的高。位移标点的结构因设置方式不同而不同，若与水平位移标点设在一起，则只在标点基座上设置铜质标点头即可；若单独设置，可直接在坝体上（包括廊道内）埋设标点头。廊道内的标点头也可埋设在墙壁上，观测时用微型铟钢尺进行。

四、混凝土及砌石闸坝的伸缩缝及裂缝观测

（一）伸缩缝观测

重力坝为适应温度变化和地基不均匀沉陷，一般都设有永久性伸缩缝。随着外界影响因素的改变，伸缩缝的开合和错动会相应变化，甚至会影响到缝的渗漏。因此，为了综合分析坝的运行状态，应进行伸缩缝观测。

伸缩缝观测点通常布置在最大坝高、地质复杂、基础变化较大、施工质量较差或进行应力应变观测的坝段上。测点可设在坝顶、下游坝面或廊道内，一条缝上的观测点不少于两个。

伸缩缝观测分测量缝的单向开合和三向位移，分述如下。

（1）单向测缝标。是在伸缩缝两侧各埋设一段角钢，角钢与缝平行，一翼用螺栓固定在坝体上，另一翼内侧焊一半圆球形或三棱柱形标点头，如图 4-16 所示。测量时，用外径游标卡尺测读两标点头间的距离，各测次距离的变化量即为伸缩缝开合的变化。

（2）型板式三向测缝标。是在伸缩缝两侧坝体上埋设宽约30mm、厚5～7mm的型板式三向测缝标，型板上焊三对不锈钢或铜质的三棱柱，如图4-17所示。测量时，用游标卡尺测读每对三棱柱间距离，从而推求坝体三个方向的相对位移。

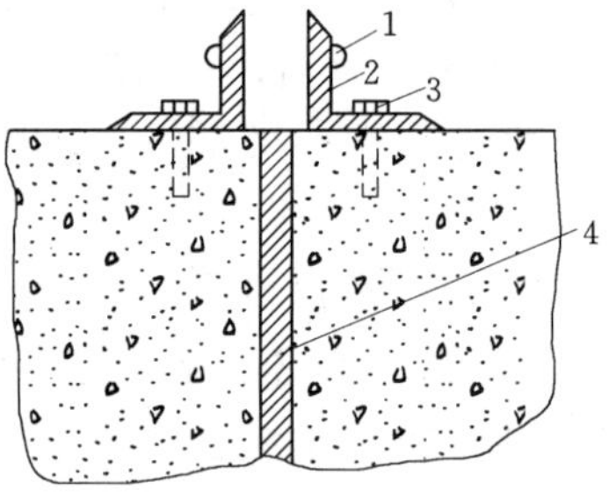

图4-16 单向测缝标

1—标点头；2—角钢；3—螺栓；4—伸缩缝

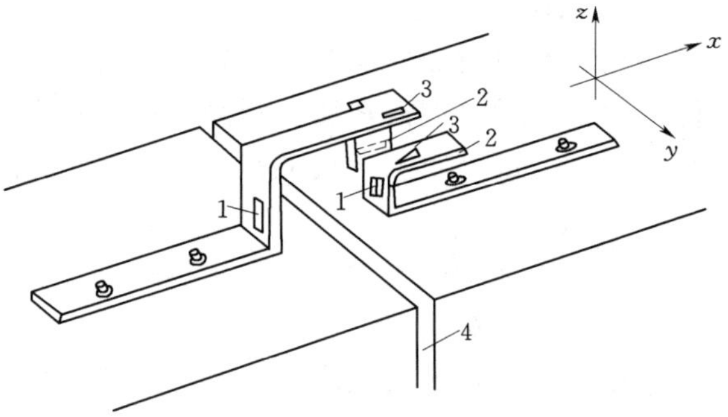

图4-17 型板式三向测缝标

1—x方向测量标点；2—y方向测量标点；3—z方向测量标点；4—伸缩缝

（3）测缝计。测缝计通常埋设在混凝土内部，用于遥测建筑物接缝的开合度；也可加工一些专门的夹具，安装在混凝土的表面，用来监测大体积混凝土表面裂缝的发展。测缝计按工作原理可分为差动电阻式测缝计、电位器式测缝计、钢弦式测缝计、旋转电位器式测缝计等。以下仅介绍差动电阻式测缝计。

差动电阻式测缝计由上接座、钢管、波纹管、接线座和接座套筒等组成仪器外壳。电阻感应组件由两根方铁杆、吊拉弹簧、高频瓷绝缘子和弹性电阻钢丝组成，如图4-18所示。两根方铁杆分别固定于上接座和接线座上，弹性电阻钢丝绕过高频瓷绝缘子张紧，并交错地固定在方铁杆上。差动电阻式测缝计的工作原理与其他差动电阻式仪器相同，当测缝计承受外部变形时，大部分变形由外壳波纹管和传感部件中的吊拉弹簧承担，小部分由弹性电阻钢丝承担。钢丝的变形引起电阻值的变化，而且两组钢丝电阻值的变化是差动的，电阻的变化与变形成正比，测出电阻比即可以算出测缝计承受的变形量，同时可兼测温度。

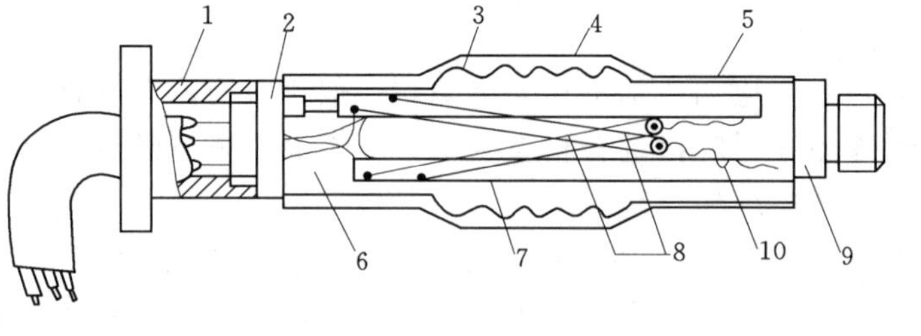

图4-18 差动电阻式测缝计结构示意图

1—接座套筒；2—接线座；3—波纹管；4—塑料套；5—钢管；6—中性油；7—方铁杆；8—弹性电阻钢丝；9—上接座；10—吊拉弹簧

（二）混凝土及砌石建筑物的裂缝观测

当拦河坝、溢洪道等混凝土及砌石建筑物发生裂缝，并需了解其发展情况，分析产生原因和对建筑物安全的影响时，应对裂缝进行定期观测。在发生裂缝的初期，至少每日观测一次；当裂缝发展减缓后，可适当减少测次。在出现最高和最低气温、上下游最高水位或裂缝有显著发展时，应增加测次。经相当时期的观测，裂缝确无发展时，可以停测，但仍应经常进行巡视检查。

裂缝的位置、分布、走向和长度等观测，与土坝裂缝观测一样，在建筑物表面用油漆绘出方格进行丈量。在裂缝两端划出标志，注明观测日期。

裂缝宽度需选择缝宽最大或有代表性的位置，设置测点进行测量，常用方法如下。

（1）金属标点法。用测量伸缩缝的单向测缝标量测，或在裂缝两侧埋设粗钢筋作为标点量测。

（2）固定千分表法。如图 4-19 所示。将千分表（或百分表）安装在焊于底板上的固定支架上，底板用预埋螺丝固定在裂缝一侧的混凝土表面，裂缝另一侧也埋设一块底板以安装测杆。安装时测杆正对千分表测针，并稍微压紧，使千分表有较小的初始读数。

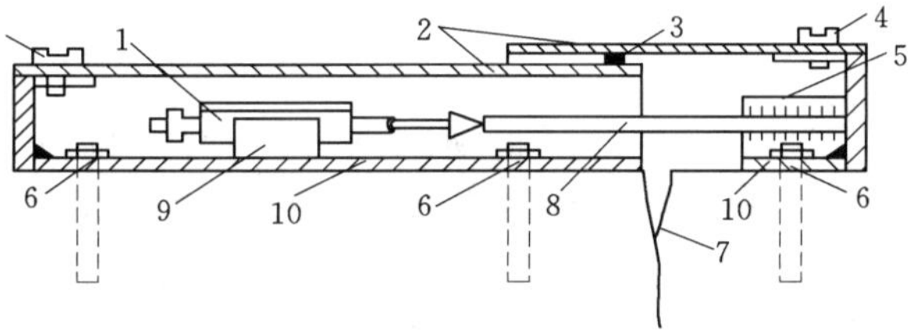

图 4-19 固定千分表安装示意图

1—千分表；2—保护盖；3—密封胶垫；4—连接螺栓；5—测杆座；6—固定螺栓；7—裂缝；8—测杆；9—固定支架；10—底板

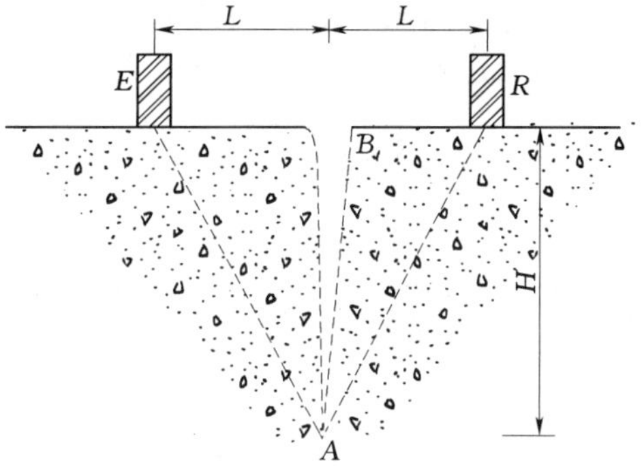

图 4-20 超声波观测裂缝深度

E—发射探头；R—接收探头；B—裂缝；A—裂缝终点；H—裂缝深度

此外，也可以用差动电阻式测缝计测量伸缩缝和裂缝宽度。

（3）超声波测缝深。裂缝深度的探测一般采用金属丝探测，有条件的可以采用超声波探伤仪或者钻孔取样等方法。

超声波观测裂缝深度的原理是：当声波通过混凝土的裂缝时，绕过裂缝的顶端而改变方向，使传播路程增加，即经历的时间加长，由此可通过比较声波绕过裂缝的最短时间和直接通过良好混凝土的时间来确定裂缝的深度，如图 4-20 所示。

第三节 混凝土及砌石建筑物基础扬压力观测

混凝土及砌石建筑物基础上的扬压力，是指建筑物处于尾水位以下部分所受的浮力和在上下游水位差作用下，水从基底向下游渗透产生的向上的渗透压力的合力。向上的扬压力减少了坝体的有效重量，降低了闸坝的抗滑能力。在混凝土及砌石建筑物的设计中，扬压力是作为建筑物的主要作用力之一进行稳定计算。以重力坝为例，根据计算，为平衡扬压力需增大的坝体体积为1/3～1/4。建筑物投入运用后，扬压力的大小是否与设计相符，对于建筑物的安全稳定关系十分重要。为此，必须进行扬压力观测，以掌握扬压力的分布和变化，判断建筑物的稳定安全程度，指导水库的运行和管理。

一、测点布设

扬压力观测的测点应根据建筑物的重要性和规模大小、建筑物类型、断面尺寸、地基地质情况以及防渗、排水结构等进行布置。一般可选择若干垂直于建筑物轴线的具有代表性的横断面作为测压断面。通常选择在最大坝高、老河床、基础较差以及设计时进行稳定计算的断面处。一般要求不少于3个测压断面。

每个测压断面内测点的布置，以能测出扬压力分布及其变化为原则。一般可参考下列情况布置。

（1）在灌浆帷幕、防渗墙、铺盖齿墙、板桩等上下游各安设1个测点。

（2）在坝基排水孔、溢洪道护坦排水孔的下游安设1个测点。

（3）建筑物底面中间及紧靠下游端各安设1个测点。

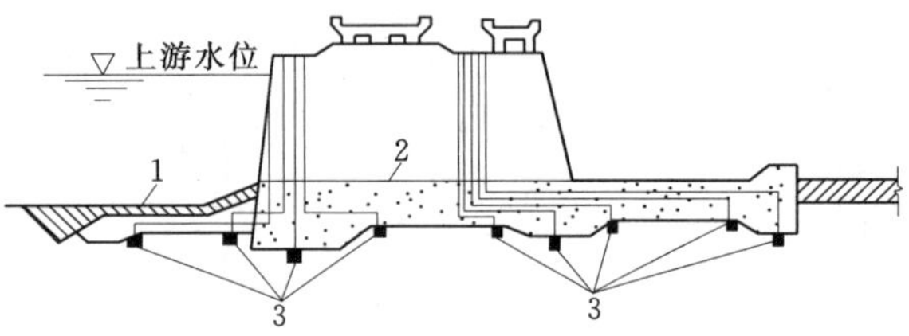

图4-21 水闸基础扬压力测点布置示意图
1—铺盖；2—底板；3—扬压力测点

（4）每个测压断面的测点不少于3个，并在有断层、夹层裂隙处增加测点。

当混凝土坝或砌石坝有横向廊道时，可在横向廊道位置布置测压断面，以便于观测。对支墩坝和连拱坝，可将测点布置在支墩和坝垛内。水闸基础扬压力测点根据地下轮廓线布置，一般按图4-21所示形式布置。

如果需要研究扬压力沿建筑物纵向的分布情况，可沿建筑物轴线布设一排测点，构成一个纵向观测断面，以便分析扬压力沿整个基础的分布情况。

测点上扬压力观测设备通常使用测压管和渗压计，分述如下。

二、测压管的构造及埋设

扬压力测压管由进水管、导管和装有保护装置的管口组成。通常使用ϕ50的金属管或塑料管。

1. 进水管

基础扬压力是指建筑物底面上某一点的水压力，该点水压力对应一个扬压水位。因此，测压管的进水管较短，只要不少于20cm即可。进水管的管壁上钻有ϕ5～6的小孔。由于进水管较短，进水孔需适当加密。进水管的外包反滤层要求较低，一般只包一层反滤层即可。进水管下部应留不短于5cm的沉沙管段，管壁不钻孔，底部封死，如图4-22所示。

在软基上埋设扬压力进水管，一般于清基时在测点处挖一方形小坑，坑的边长不小于80cm。用钢板或木板按坑的大小做成方盒，盒的周围和底部设有间距10～12cm、梅花形排列的进水小孔，孔径 5～10mm。盒内按反滤要求分层填以反滤料，并预埋好进水管，然后将方形盒埋入基础小坑内，如图 4-23 所示。方形盒内各层反滤料之间，以及最外层反滤料与基础土料之间，必须符合反滤要求。每层反滤料的厚度应不小于 15cm，反滤料最大粒径不超过 8～10mm，直径不小于 0.1mm 的颗粒含量不应超过 5%。埋好后于方坑口面铺一层黏土，其上再抹一层砂浆保护。

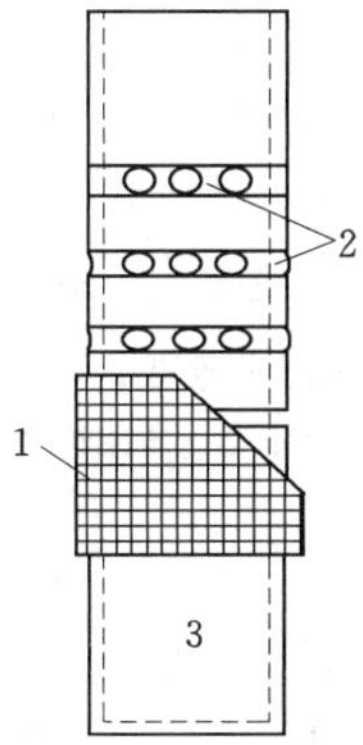

图 4-22　扬压力进水管结构示意图
1—反滤层；2—进水孔；3—沉沙管段

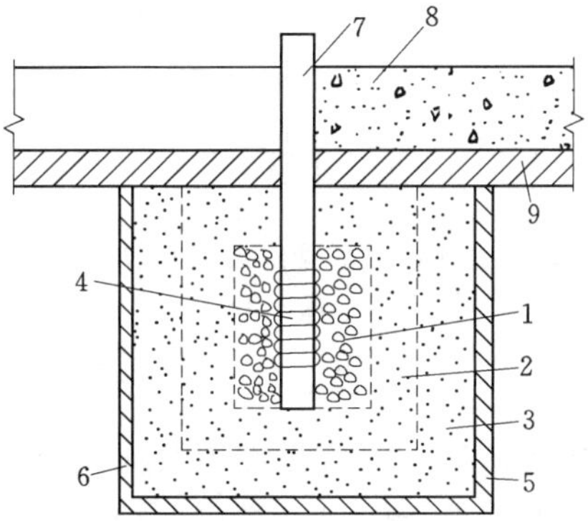

图 4-23　方形盒内埋设的进水管示意图
1—砾石；2—粗砂；3—细砂；4—进水管；5—方形盒；6—进水小孔；7—导管；8—水泥砂浆；9—黏土

对于岩石地基，因一般都是在浇筑了一层混凝土后才开始岩基固结灌浆或帷幕灌浆，所以，要在灌浆后再从混凝土分层面上钻孔至所需深度，然后将进水管插入孔内设计高程。钻孔直径 100～150mm。进水管周围及管底。填充洗净的粒径为 6～8mm 的卵石，高度至进水管上端以上 25cm 为宜，其上再填入 50cm 黏土，捣实压紧形成止水塞，上面再用水泥砂浆充填导管周围至混凝土分层面。

若需在岩基灌浆前埋设进水管，为防止基岩灌浆堵塞进水管，可将进水管做成 U 字形。在灌浆的同时用低压水冲洗进水管，可防止堵塞。

当地质条件比较复杂，需分层观测不同透水层渗水压力时，可在一个钻孔中安装两根测压管，使进水管分别埋于不同透水层内，其间用水泥砂浆封堵隔开。

2. 导管

导管用与进水管直径相同的管材连接而成。导管口一直连接到观测站，并保证不被水淹，渗水和雨水不能进入管内。

导管埋设应尽量保持垂直。不能保持垂直时，可用水平的导管引至设计管口位置的铅垂投影点上，然后从该点将导管垂直向上引至管口位置。水平管段应略微倾斜，靠铅直导管一端略高，坡度约为 5%，以免产生气塞现象。水平管段应设在可能产生的最低扬压水位以下。当水平管段伸出混凝土体以外时，紧靠混凝土体的伸出管段应做成环状，以免因建筑物沉陷不均匀而使水平管段断裂，如图 4-24 所示。当水平管段穿过混凝土伸缩缝时，应采用在水平面上弯曲的铅管接头，如图 4-25 所示。水平管如发生堵塞，则不易修复，应尽可能少用或改为用渗压计观测。

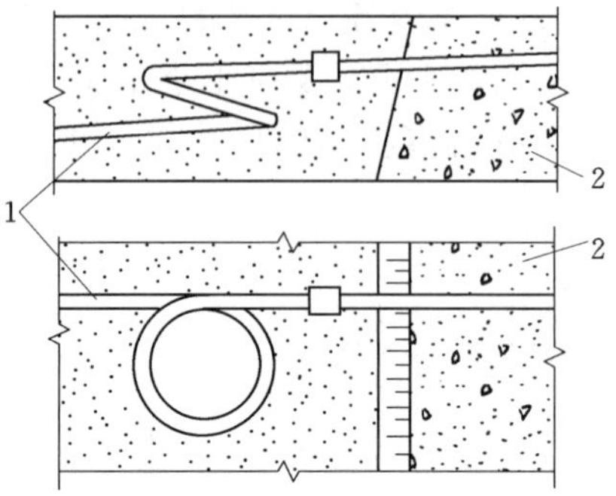

图 4-24 测压管水平管段的环状段
1—水平管段；2—混凝土体

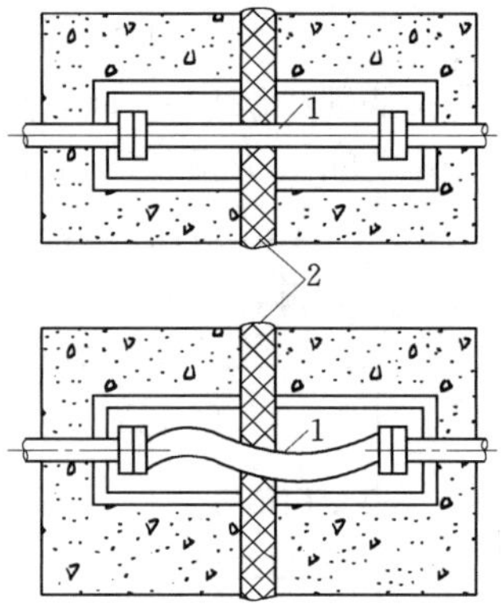

图 4-25 测压管水平管段的铅管接头
1—铅管；2—伸缩缝

3. 管口

扬压力测压管的管口，应设在不被淹没且便于观测的部位，还应加装管口保护设备。若测压管内最高水位低于管口，管口保护设备与土石坝测压管相同；若测压管最低水位高于管口，管口须加螺丝管帽，如图 4-26 所示。

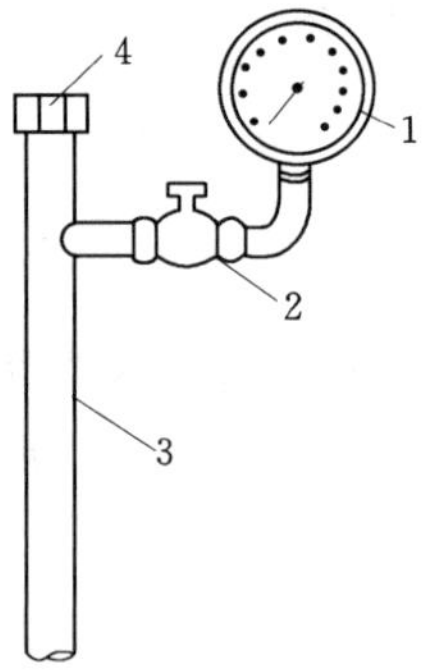

图 4-26 压力表与测压管连接示意图
1—压力表；2—阀门；3—测压管；4—管帽

测压管埋设好后，应编号并绘制竣工图，测量管口高程，进行注水或放水试验，检查测压管的灵敏度。对于管中水位低于管口的进行注水试验，方法同土坝浸润线测压管灵敏度检验。管中水位高于管口的进行放水试验，放水后关闭阀门，根据压力表计算压力上升的时间过程，绘制压力过程线。如恢复到原来压力的时间超过 2h，认为灵敏度不合格，应分析原因，并采取补救措施。

三、测压管观测

当测压管中的扬压水位低于管口时，其水位观测方法和设备与土坝浸润线观测一样，先测出管口高程，再测出管口至管内水面的高度，然后计算得出管内水位高程。对于管中水位高于管口的，一般用压力表或水银压差计进行观测。压力表适用于测压管水位高于管口 3m 以上，压差计适用于测压管水位高于管口 5m 以下。不论采用哪种方法观测，观测的测次和精度要求均同土石坝浸润线观测。

用压力表观测时，需在测压管顶部开一岔管安装压力表，图 4-26 为常用连接方法示意图。压力表可以固定安装在测压管上，也可观测时临时安装。若观测时临时安装，需待压力表指针稳定后才能进行读数。压力表宜采用水管或蒸汽管上应用的压力表，其规格根据管口可能产生的最大压力值进行选用，一般应使压力值在压力表最大读数的 1/3～2/3 量程范围内较为适宜。观测时应读到最小估读单位，测读两次。两次读数差不得大于压力表最小刻度单位。测压管水位 Z 的计算方法为

$$Z=Z_b+0.102p \tag{4-3}$$

式中 Z_b——压力表座中心高程，m；

p——压力表读数，kPa。

第四节　混凝土坝应力和温度观测

水工建筑物在内、外荷载和各种因素作用下，建筑物本身及地基内部都将产生应力，随着荷载的变化，应力也将产生相应的变化。所以，应通过监测仪器和设备，对建筑物及其地基内应力的大小、分布和变化进行观测。应力观测的主要目的，一个是通过观测水工建筑物及地基内部实际应力的大小、方向和分布，检验应力是否超过材料或地基的强度极限，分析判断建筑物和地基产生裂缝并扩展甚至破坏的可能性，以便及时采取措施，保证工程安全；另一个是将实测成果与设计假定数据进行对比，以检验设计、施工的合理性，为以后设计、施工正确取用数据和方法提供资料。

水工建筑物的温度观测一般只对混凝土建筑物进行，连续或定期测量混凝土建筑物的温度分布及其变化过程，在施工期其目的主要是为防止混凝土产生裂缝和采取温度控制措施提供科学依据，在运行期则是为分析变形、应力和渗流提供重要的基础资料。

混凝土应力观测是一个十分复杂的技术难题，目前只有能直接观测压应力的仪器，尚未研制出既能直接观测压应力又能直接观测拉应力的仪器。所以，除了压应力方向比较明确的部位，可以利用压应力计直接测量混凝土内部的压应力外，一般都需要利用应变计观测混凝土的应变，再通过力学计算，间接求得混凝土应力分布。

观测混凝土内部应力常用的应变计有埋入式应变计和无应力式应变计（又称为无应力计），两者配合使用。从传感器的工作原理分，又有差动电阻式、钢弦式等。下面主要介绍国内多采用的差动电阻式应变计。

一、差动电阻式传感器的原理

由物理学知道，当钢丝受到拉力作用而产生弹性变形（图 4-27），其变形与电阻变化之间有如下关系式：

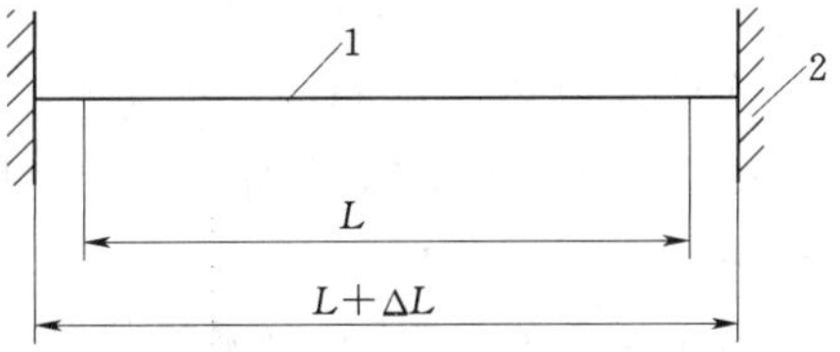

图 4-27　钢丝变形示意图
1—钢丝；2—钢丝固定点

$$\Delta R/R=\lambda\Delta L/L \tag{4-4}$$

式中　ΔR——钢丝电阻变化量；

R——钢丝电阻；

λ——钢丝电阻应变灵敏系数；

ΔL——钢丝变形增量；

L——钢丝长度。

由式（4-4）可知，仪器钢丝长度的变化与钢丝的电阻变化是线性关系，测得电阻变化即可利用式（4-4）求得仪器承受的变形。钢丝还有一个特性，当钢丝感受不太大的温度改变时，钢丝电阻随其温度变化之间有如下近似的线性关系：

$$R_T=R_0(1+\alpha T) \tag{4-5}$$

式中　R_T——温度为 T 时的钢丝电阻；

R_0——温度为 0℃时的钢丝电阻；

α ——电阻温度系数，在一定范围内为常数；

T ——钢丝温度。

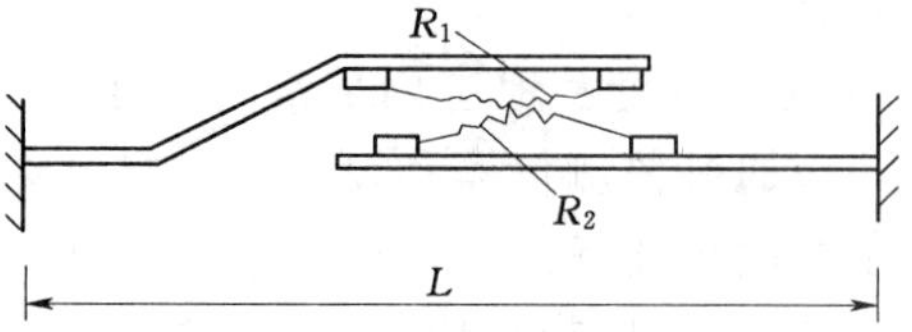

图 4－28 差动电阻式仪器原理

只要测得仪器内部钢丝的电阻值，用式（4－5）即可计算出仪器所在环境的温度。

差动电阻式传感器基于上述两个原理，利用弹性钢丝在力的作用和温度变化下的特性设计而成。把经过预拉、长度相等的两根钢丝用特定方式固定在两根方形断面的铁杆上，钢丝电阻分别为 R_1、R_2，因为钢丝设计长度相等，R_1 与 R_2 近似相等，如图 4－28 所示。

当仪器受到外界的拉压而变形时，两根钢丝的电阻产生差动的变化，一根钢丝受拉，其电阻增加，另一根钢丝受压，其电阻减小，两根钢丝的串联电阻不变而电阻比 R_1/R_2 发生变化，测量两根钢丝电阻的比值，即可求得仪器的变形。

当温度改变时，引起两根钢丝的电阻变化是同方向、同温度升高时，两根钢丝的电阻都减少，测定两根钢丝的串联电阻，即可求得仪器测点位置的温度。

差动电阻式传感器的读数装置是电阻比电桥（惠斯通型），电桥内有一可以调节的可变电阻 R，还有两个串联在一起的 50Ω 固定电阻 $M/2$，其测量原理如图 4－29 所示，将仪器接入电桥，仪器钢丝电阻 R_1、R_2 就与电桥中可变电阻 R 以及固定电阻 M 构成电桥电路。

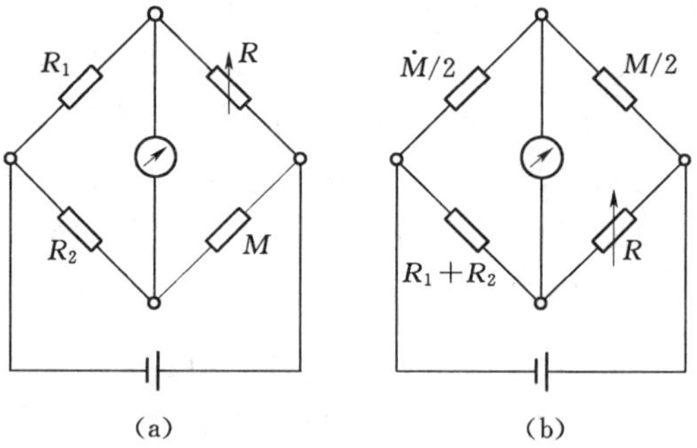

图 4－29 电桥测量原理

（a）电阻比测量电路；（b）电阻测量电路

图 4－29（a）所示为测量仪器电阻比的电路，调节 R 使电桥平衡，则

$$R/M=R_1/R_2 \tag{4-6}$$

因为 $M=100\Omega$，故由电桥测出的 R 值是 R_1 与 R_2 之比的 100 倍，$R/100$ 即为电阻比。电桥上电阻比最小读数为 0.01%。

图 4－29（b）所示为测量串联电阻时，利用上述电桥接成的另一电路，调节 R 达到平衡则

$$\left(\frac{M}{2}\right)/R=\left(\frac{M}{2}\right)/(R_1+R_2) \tag{4-7}$$

简化式（4－7），得

$$R=R_1+R_2 \tag{4-8}$$

这时，从可变电阻 R 读出的电阻值就是仪器的钢丝总电阻，从而可求得仪器所在测点的温度。

综上所述，差动电阻式仪器以一组差动的电阻 R_1、R_2，与电阻比电桥形成桥路，测得电阻比和电阻值两个参数，最终计算出仪器所承受的应变和测点的温度。

二、应力应变和温度的计算

差动电阻式应变计埋设于坝体混凝土中，可以通过测量电阻和电阻比来计算应变，所测得的混凝土应变均是混凝土在应力、温度、湿度、化学等作用下的总应变，不能据此直接计算混凝土的应力，还必须扣除由温度、湿度、化学等因素引起的非应力应变。为此，需要在应变计附近埋设配套的无应力应变计（简称为无应力计），用以测量并计算混凝土的非应力应变。

无应力计采用锥形双层套筒，内、外筒之间存在空隙，使坝体混凝土因荷载引起的变形无法传递到内筒里的混凝土，但内筒的筒口又与筒外坝体混凝土连成一体，使筒内和筒外保持相同的温度、湿度。这样，埋设在内筒混凝土中的应变计，所测出的应变就是由温度、湿度、化学因素引起的非应力应变。无应力计筒如图 4-30 所示。

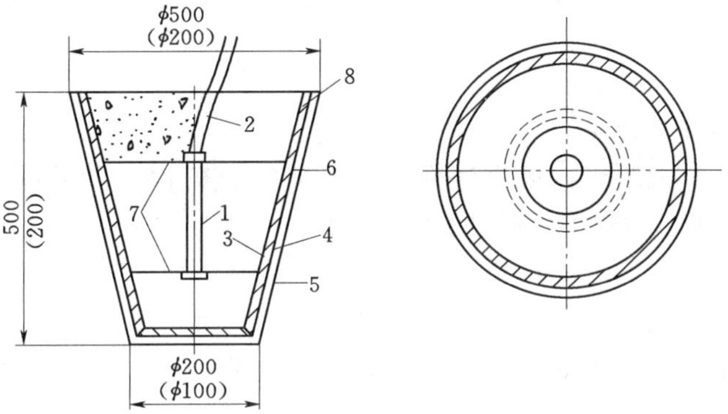

图 4-30　无应力计筒图（单位：mm）

1—应变计；2—电缆；3—5cm 厚沥青层；4—内筒；5—外筒；6—空隙（可填木屑或橡皮）；7—16 号铅丝拉线；8—周边焊接

总应变减去非应力应变，得到应力应变（即由应力引起的应变），再通过坝体混凝土的应力应变关系，并考虑混凝土并非完全弹性体的徐变影响，即可算出测点的应力。至于测点温度，可直接由差动电阻式应变计测得的电阻值计算。

1. 单只应变计所测温度的计算

单只应变计所测温度由下式计算

当 $T\geqslant 0$℃时　$$T=\alpha'(R_T-R'_0) \tag{4-9}$$

当 $T<0$℃时　$$T=\alpha''(R_T-R'_0) \tag{4-10}$$

式中　T——应变计所测温度，℃；

α'、α''——应变计 0℃以上、0℃以下时的温度常数，℃/Ω；

R_T——应变计测得的电阻值，$R_T=R_1+R_2$，因不包含电缆电阻，常称为温度电阻，Ω；

R_0——应变计 0℃时的电阻值，Ω。

2. 应变计实测应变计算

计算出应变计的温度后，再计算应变计实测应变。为了消除电缆电阻引起的电阻比测值误差对计算成果的影响，通常用应变计的修正灵敏度 f' 代替应变计灵敏度 f，由下式计

算实测应变

$$\varepsilon_m = f'\Delta Z + b\Delta T \tag{4-11}$$

式中 f'——应变计修正灵敏度，$f' = f(1+2r/R_r)$；

r——电缆电阻；

R_r——应变计温度电阻。

由式（4-11）算出实测应变后，还要扣除非应力因素引起的变形，得出由应力引起的应变，即应力应变 ε

$$\varepsilon = \varepsilon_m - \varepsilon_0 \tag{4-12}$$

式中 ε_0——同一环境无应力计测得的变形值。

3. 应力的计算

对于完全弹性体，可由下式计算轴向应力

$$\sigma = \varepsilon' E \tag{4-13}$$

式中 ε'——单轴应变；

E——材料的弹性模量。

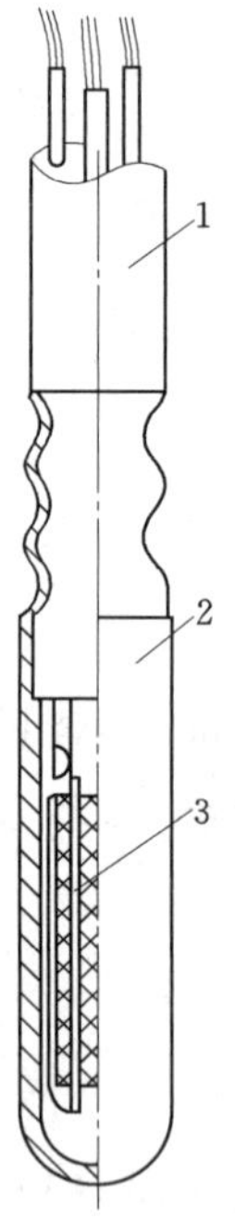

图 4-31 电阻温度计结构

1—电缆；2—外壳；3—铜电阻线圈

混凝土内应变计测出的单轴应变实际包含了弹性变形和徐变变形，数值上比单纯的弹性变形大得多，直接用式（4-13）计算应力，必然会得出偏大的结果。所以，分析计算长期的观测资料，必须具备混凝土的徐变试验资料，才能从单轴应变推出测点的实际应力。计算短期的蓄水放水应变观测资料，因荷载作用时间短，不需要考虑徐变变形，可直接应用式（4-13）计算应力，式中弹性模量应采用现场测定的瞬时弹性模量。

三、混凝土坝的温度观测

温度变化是引起混凝土坝应力和变形的主要因素之一，温度观测一般采用铜电阻温度计或兼测温度的差动电阻式应力观测仪。

铜电阻温度计由铜电阻线圈、引出电缆和密封外壳组成，如图 4-31 所示。电阻温度计的计算公式为

$$T = \alpha'(R_T - R'_0) \tag{4-14}$$

式中 T——温度计所测温度，℃；

α'——温度常数，℃/Ω；

R_T——温度计所测得的电阻值 Ω；

R_0——应变计 0℃时的电阻值，Ω。

温度观测测点的布置，如图 4-32 所示。测点在接近坝体表面处，应适当加密布设。差动电阻式应力观测仪器的测点，可兼做温度测点。在钢管、廊道、宽缝和伸缩缝附近，测点也应适当加密。下游坝面因受日照影响，混凝土温度往往较气温为高，对坝的应力和变形产生影响，故需在坝面布置温度计监测。一般坝面的温度计应平行于坝面布置，溢流坝面的温度计可埋入混凝土 5cm。

坝体温度观测的同时，还应进行坝体周围的水温、气温、基岩温度等外界因素的观

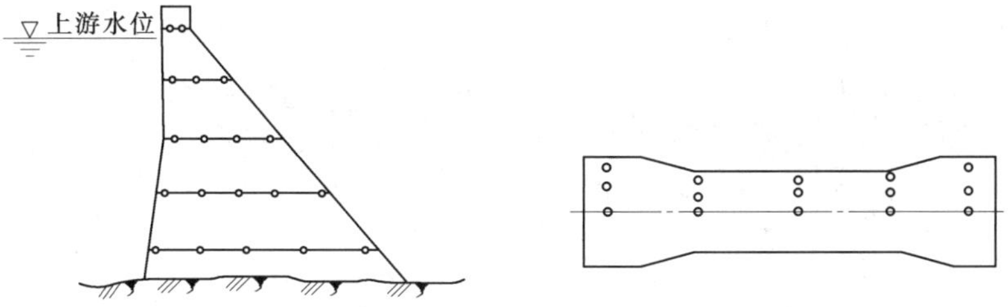

图 4-32　混凝土坝温度测点布置示意图

测。测水温的温度计，埋设在混凝土坝面内 5～10cm 处，并注意防水密封。深层地温的监测由地表钻孔，一般可在 0m、1.5m、3m 及 5m 等处埋设温度计进行测量。

四、混凝土坝的应力应变观测

测点布置，通常根据工程的重要性，建筑物的类型，受力情况和地基条件，选择一些具有代表性的坝段。对于重力坝应分别选择溢流坝段和非溢流坝段作为观测坝段，在观测坝段上根据坝高和结构型式等条件布置若干观测截面，靠近坝基的截面距地基面不小于 5m，每个截面上一般至少布置 5 个测点，如图 4-33 所示。对于拱坝可选择拱冠梁和拱座断面作为观测断面。

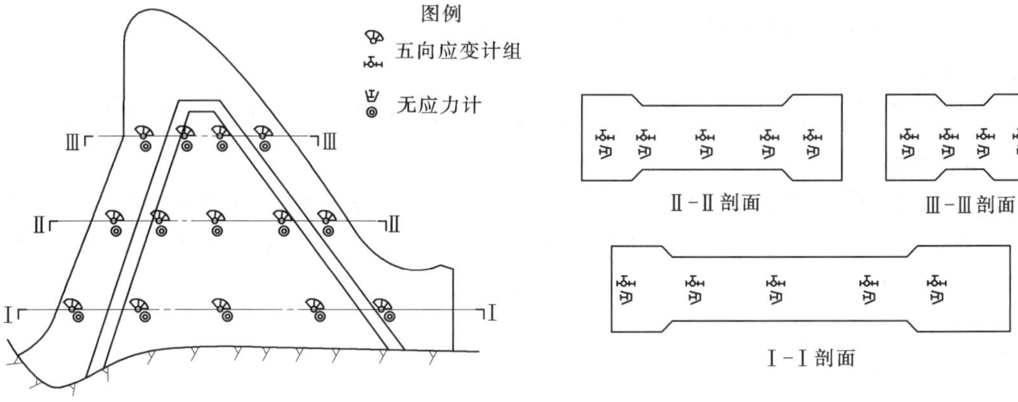

图 4-33　重力坝应力观测测点布置示意图

对于应变观测应根据实际应变状态，布置适当的应变计组。一般空间应力状态需 6 支应变计，平面应力状态只需 3 支应变计即可测定一点的应力成分。但是为了检验观测误差，并且为了弥补个别应变计可能损坏造成观测资料的缺损，往往布置较多的应变计，如图 4-34 所示。重力坝测点，可埋设 5 向应变计组，其中 4 个方向布置在观测断面上，另一个方向则与观测断面垂直。

坝面附近的应变计应布置在坝面 2～3m 处，以避免混凝土表面裂缝和短周期气温变化的影响。距坝基较近的应变计组应离开基岩表面 3～5m 以上，以避免基坑开挖不平引起局部应力集中的影响。

无应力计测值是应变资料计算应力必需的数据，直接影响实测应力值的可靠性，因而在每一应变计组附近均应埋设专用的无应力计。

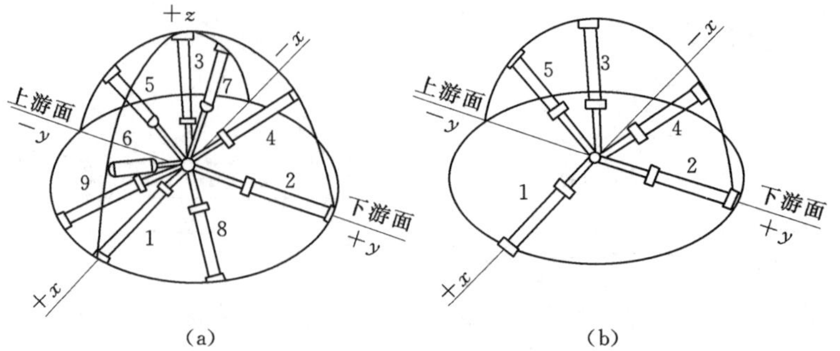

图 4-34 应变计组布置示意图

(a) 九向应变计组；(b) 五向应变计组

第五节 混凝土及砌石闸坝观测资料的整理和分析

一、混凝土及砌石闸坝变形观测资料的整理与分析

整理分析变形观测资料通常从绘制测值过程线、分布图和相关图入手，以分析掌握变形的一般规律，判断变形是否正常。

（一）水平位移观测资料的整理和分析

1. 资料整理

水平位移观测资料的整理，通常需绘制水平位移过程线、水平位移分布图和挠度曲线等图表，现分述如下。

（1）水平位移过程线。以时间为横坐标、水平位移为纵坐标，为便于分析，还常将上游水位、气温等相关因素的过程线画在同一张图上。图 4-35 是刘家峡重力坝位于河床中央的第 6 坝段 1660 廊道内测点（位于坝体半高附近）的水平位移与水库水位过程线。

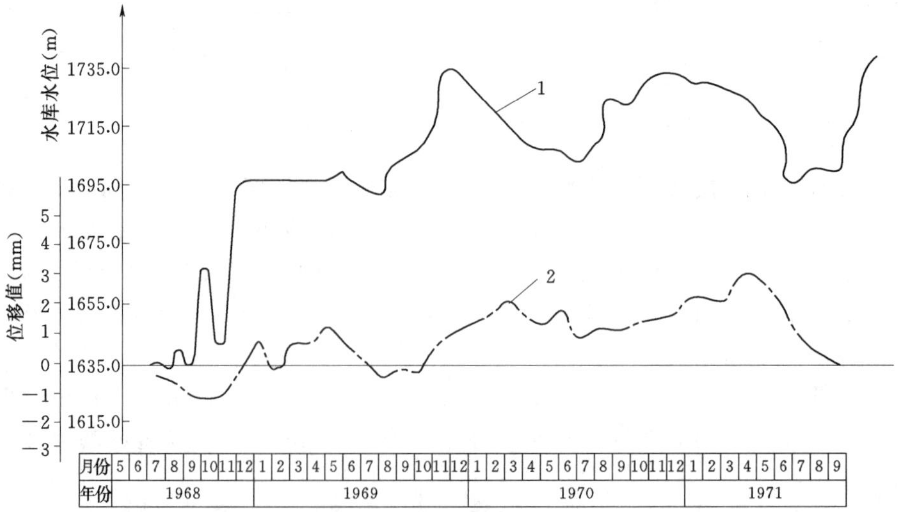

图 4-35 刘家峡重力坝实测水平位移与水位过程线

1—水库水位；2—第 6 坝段 1660 廊道测点水平位移

（2）水平位移分布图。它是将坝顶或廊道中同一高程各测点的水平位移按一定比例画在平面图上。

（3）挠度曲线。它以高程为纵坐标、水平位移为横坐标，点绘出垂线上各测点的水平位移，用直线或曲线连接而成。挠度曲线能清楚地显示出坝体挠曲的情况，为分析挠度和水库水位的干测次的挠度曲线画在同一张图上，并标注各测次的日期和水库水位高程。图 4-36 所示为方坦那重力坝挠度曲线。

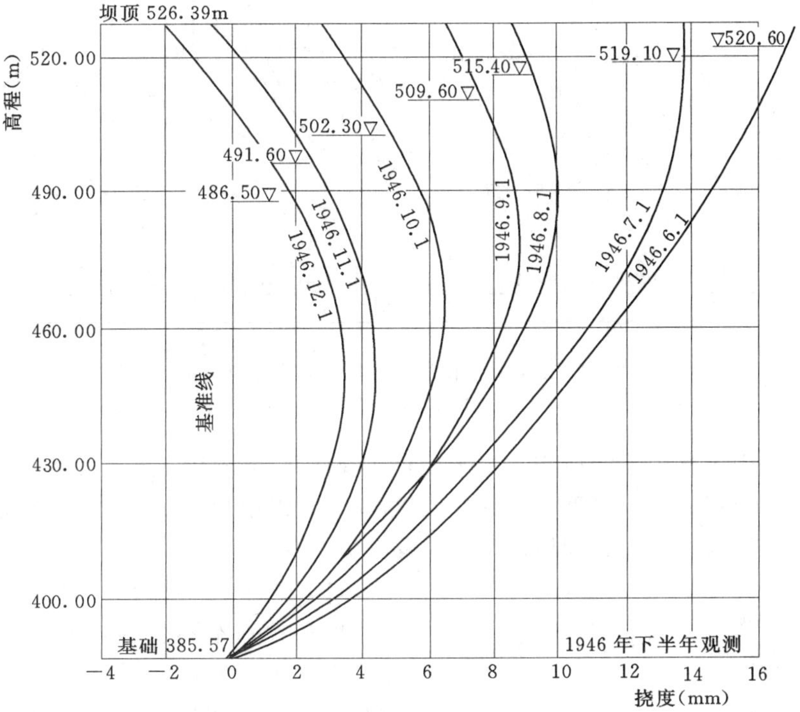

图 4-36　方坦那重力坝挠度曲线

2. 水平位移观测资料分析

根据实测水平位移过程线、分布图和相关图，可以分析影响水平位移的主要因素和一般变化规律。

（1）水平位移受水荷载的影响，从上游水位高，位移向下游增加，从图 4-35 中可以看出，水平位移增减大体与库水位升降相对应。

（2）水平位移与坝体温度变化状况有关，并具有明显的年周期性。对重力坝和支墩坝，在低温季节，大坝下游面因暴露在空气中而温度降幅大，大坝上游面因浸在水中而温度降幅小，由此产生了温度梯度，并因温度梯度的影响，下游面的收缩较上游面大，使坝体向下游挠曲；在高温季节则相反，下游面的温度升幅

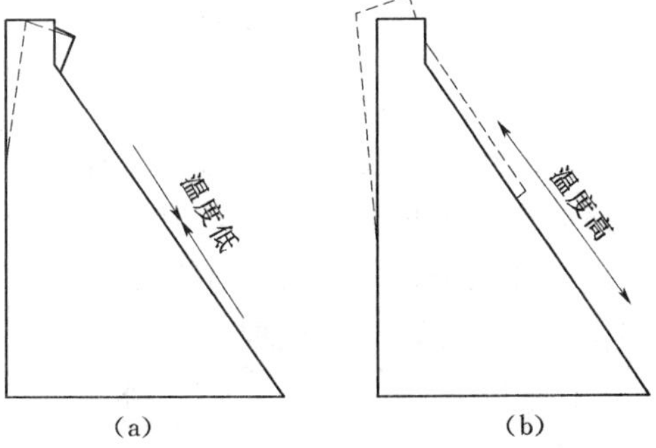

图 4-37　重力坝温度变形示意图
(a) 冬季 (b) 夏季

要比上游面大，膨胀也大，使坝体向上游挠曲，如图 4－37 所示。所以，位于坝顶的测点一般在高温季节向上游位移，低温季节向下游位移。这种温度的影响往往要大于水压力的影响，有不少大坝在夏、秋季节尽管水库水位很高，但坝顶总位移仍向上游方向变化。如图 4－38 所示的丹江口宽缝重力坝永久测点的水平位移就显示出了这种变化的规律。

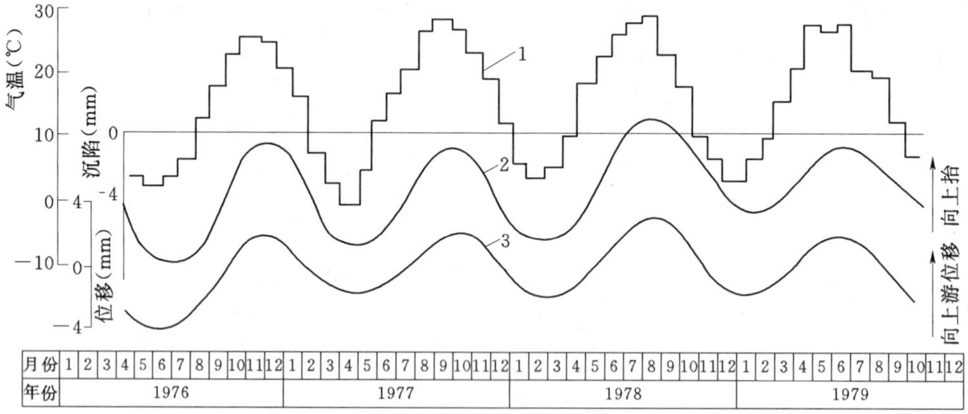

图 4－38 丹江口宽缝重力坝实测水平位移及沉陷过程线

1—气温；2—第 21 坝段坝顶沉陷；3—第 10 坝段坝顶水平位移

对于拱坝，因为是超静定结构，水平位移主要受坝体平均温度变化控制，其次才是温度梯度的影响。当坝体平均温度高于封拱温度时，拱轴线则伸长，坝体向上游位移；低于封拱温度时，拱轴线则缩短，坝体向下游位移，如图 4－39 所示。

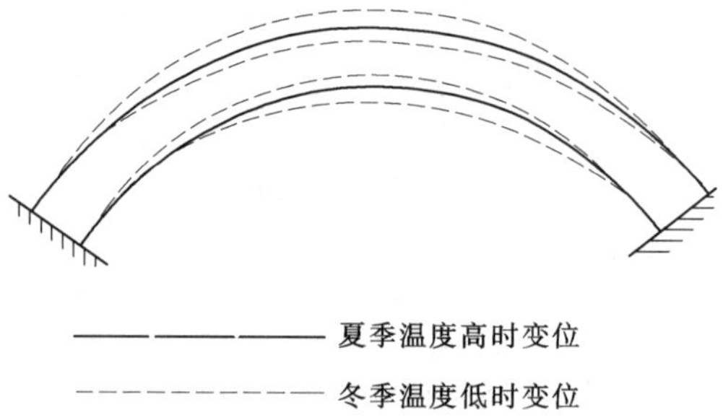

图 4－39 拱坝温度变形示意图

（3）水平位移存在时效变化，即在水位和温度条件基本不变的前提下，位移可能向某一方向不断发展。这种水平位移的时效变化是一种不可逆的变形，是因混凝土体积收缩、徐变和地基变化等原因引起的，一般在初蓄期比较明显，以后随着时间增加而渐趋稳定。

水平位移变化除了上述三个主要因素外，位移量还与坝体结构型式及地基条件有密切的关系。

（4）水平位移变化幅度与坝高有关，在相同结构下，坝高较大者，位移变幅也较大。通常河床段中央坝高度较大，坝段位移变幅大，而向两岸位移变幅逐渐减小。表 4－1 所列的新丰江坝坝顶水平位移情况，就是一个例证。表 4－1 中 8～12 坝段位于河床中部，位移变幅明显比两岸坝段要大。

表 4－1　　新丰江坝坝顶水平位移年变幅数

坝段号	2	5	6	8	10	12	14	16	18
位移年变幅（mm）	6	8	9	12.5	14	14.2	9.5	6.1	7.8

(5) 同一坝段上水平位移与测点高程有关。对重力坝、支墩坝而言，测点越靠上部，位移变幅越大。对拱坝而言，水平位移最大变幅的测点可能位于坝顶，也可能位于坝体中部。

(6) 地基较弱的坝段比地基坚实坝段的水平位移要大。

(7) 坝顶结构状况及混凝土质量对位移的影响。同样高度的坝，结构单薄的比厚实的位移量大；同类结构的坝，混凝土质量低的位移量大。

例如，坝高 147m 的刘家峡实体重力坝，坝顶水平位移年变幅仅 5mm，而坝高为 90～105m 的丹江口、新安江、安砂等宽缝重力坝，坝顶水平位移年变幅约 6～7mm，比刘家峡坝还要大。坝体混凝土质量差、纵缝连接不良的丰满实体重力坝，坝高与丹江口等坝相近，而坝顶水平位移年变幅竟达 20mm，这除了与年温差较大有关外，主要是坝体混凝土弹性模量低、整体性差所造成的。

根据定性分析的结果，必要时还需建立数学模型进行定量分析，以求出水平位移与各相关因素之间的定量关系。

(二) 垂直位移观测资料的整理和分析

1. 资料整理

垂直位移观测资料一般需绘制成垂直位移过程线、垂直位移分布图、垂直位移与温度或库水位的相关图等。

(1) 垂直位移过程线。垂直位移过程线以时间为横坐标，垂直位移为纵坐标，如图 4－38中曲线 2 所示。为便于分析，通常还同时画上温度过程线和水库水位过程线。

(2) 垂直位移分布图。垂直位移分布图一般是在大坝纵剖面图上标注各测点的垂直位移量，用于了解垂直位移沿坝轴线的分布情况。

(3) 相关图。垂直位移与温度或水库水位往往有比较显著的相关关系，能绘出关系良好的相关图，图 4－40 为桓仁大坝沉陷与水位的关系图。

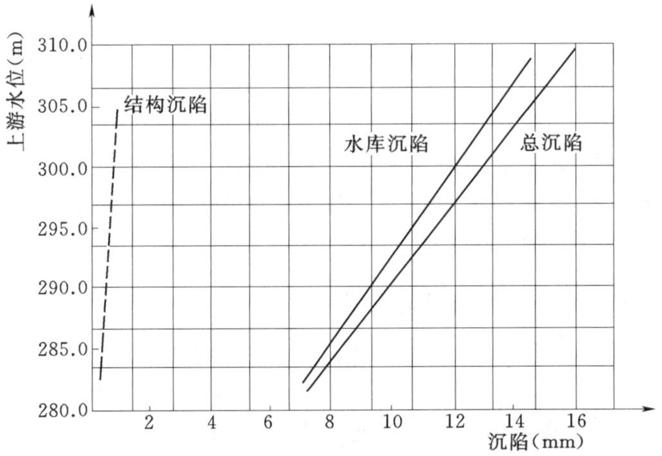

图 4－40　桓仁大坝沉陷与水位关系线

2. 资料分析

垂直位移通常有如下变化规律。

(1) 坝顶测点的垂直位移主要受温度和水库水位影响。一般表现为高温季节因坝体热胀而测点上抬，低温季节因坝体冷缩而测点下降。水库水位上升时因基础沉陷而引起坝体下沉，还因坝体浸水降温，减小了热胀上抬的幅度，故水位上升将使坝顶测点下降。我国南方高温季节往往是汛期，水库水位也较高，这时高温引起的热胀上抬有可能超过高水位引起的下降，坝顶测点仍表现为向上位移。图 4-28 中的第 21 坝段就属这种情况，该沉陷过程线与气温过程线呈良好的对应关系，气温升高，坝顶上抬。

(2) 坝基测点垂直位移主要受水位影响，水位上升时坝基下沉，图 4-40 即呈现了这个规律。在坝基垂直位移变化中，除受水位升降引起的周期性变化外，尚有随时间积累的不可逆过程，向下的沉陷总量逐年增加，但增加速度慢，到一定时候趋于停止。如刘家峡大坝坝基沉陷有时效变化，但较缓慢，1969—1977 年近 9 年内积累沉陷约 3mm。

(3) 坝基沉陷与地质情况有很大关系，地基软弱者沉陷就大。水库蓄水后，因库底承受了巨大的水荷载，坝区附近将发生大面积的不均匀沉陷，距坝址越近沉陷越大。图 4-41 为丰满大坝下游坝区沉陷分布情况，上游坝区沉陷分布也与此类似。

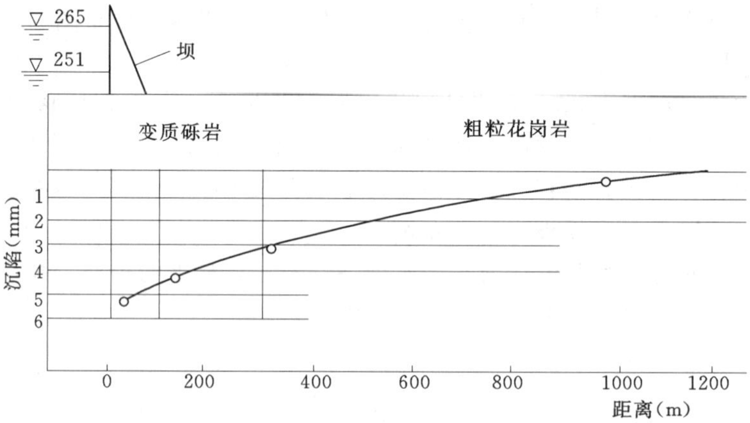

图 4-41 丰满大坝下游坝区沉陷分布图

(4) 坝体的倾斜主要取决于温度，一般是夏季向上游倾斜，冬季向下游倾斜。坝基的倾斜主要取决于水库水位。水库水位上升，坝基向下游倾斜，水库水位下降，坝基向上游倾斜。

(三) 接缝和裂缝观测资料的整理和分析

接缝和裂缝有开度和错动变化，沿垂直于坝轴线方向的水平错动实际上就是缝两侧坝体的相对水平位移，而沿上下方向的错动实际上就是相对垂直位移。它们的变化规律已在前面作了叙述，所以一般只需绘出缝的开度过程线和相关图。图 4-42 为泉水拱坝接缝开度变化过程线。

(1) 接缝和裂缝的开度主要决定于温度，一般温度升高缝变小，温度降低缝张大。实例如图 4-42 所示。

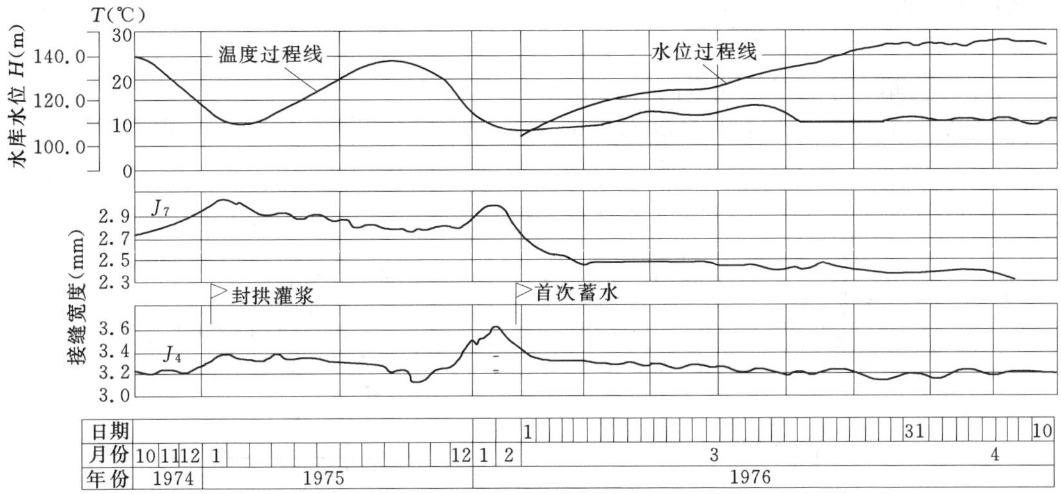

图 4-42　泉水拱坝接缝开度变化过程线

(2) 水库水位的升降对重力坝横缝的开度没有明显影响，但对拱坝的径向缝和支墩坝的横缝有影响，图 4-43 中所示的两条坝缝在封拱灌浆后开度仍有变化，在 1975 年冬季遇低温时缝明显张开，蓄水时缝在水压力作用下重新闭合。

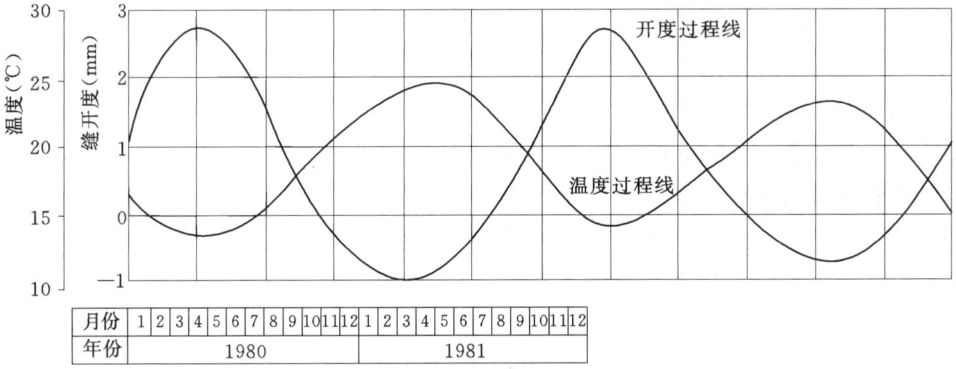

图 4-43　葛洲坝二江泄水闸 6 闸段护坦与闸室伸缩缝开度过程线

二、混凝土及砌石闸坝渗流观测资料的整理与分析

坝基扬压力是作用在重力坝或重力拱坝坝底面上的重要荷载，它对坝的稳定、应力和变形都有明显的影响。一座高百米左右的重力坝，每米宽的坝底上可能有 1 万 kN 以上的扬压力向上作用，其值相当于坝体重量的 20%左右。整理分析扬压力资料，对于验算大坝稳定，监视坝基渗透情况，了解坝基帷幕防渗和排水系统的工作效能，都有着重大的意义。

(一) 扬压力实测成果计算

1. 扬压水位 Z_i 的计算

(1) 当扬压水位低于观测孔口时，用水位计测量孔口至水面的距离，如图 4-44 所

示，扬压水位为

$$Z' = Z_{孔i} - a_i \tag{4-15}$$

式中 $Z_{孔i}$——第 i 号测压管孔口高程，m；

a_i——测压管孔口至水面距离，m。

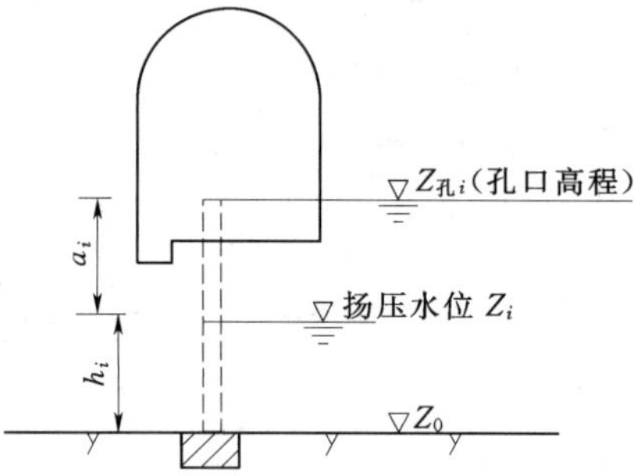

图 4-44 扬压水位低于孔口的观测示意图

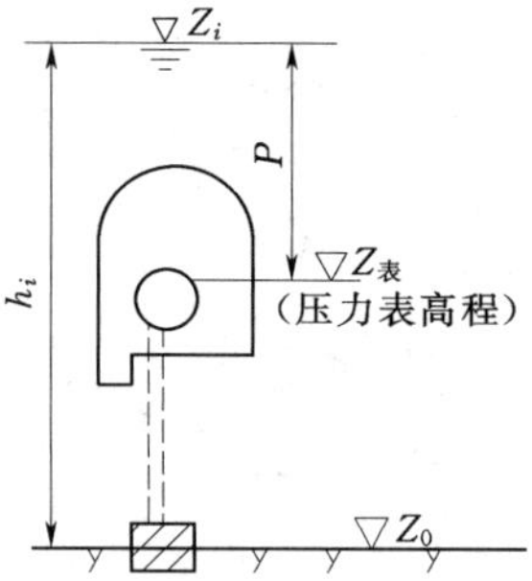

图 4-45 扬压水位高于孔口的观测示意图

(2) 当扬压水位高于观测孔口时，用压力表读数，如图 4-45 所示，扬压水位为

$$Z_i = Z_{表i} + 0.102p_i \tag{4-16}$$

式中 Z_i——扬压水位，m；

$Z_{表i}$——第 i 号测压管压力表表座高程，m；

p_i——压力表观测读数，kPa。

2. 扬压水头 h_i 和渗压水头 h_i'

设上游水位为 $Z_上$，下游水位为 $Z_下$，坝底高程为 Z_0。

扬压水头是坝底高程以上的测压水柱，即

$$h_i = Z_i - Z_0 \tag{4-17}$$

渗压水头 h_i'是下游水位以上的测压水柱，即

$$h_i' = Z_i - Z_下 \tag{4-18}$$

两者的关系为

$$h_i' = h_i - H_下$$

3. 扬压系数和渗压系数

设上、下游水柱 $H_上$、$H_下$为上、下游水位与坝底高程的差值。

扬压系数为扬压水头与上游水柱的比值，以 α_i 表示，即

$$\alpha_i = \frac{h_i}{H_上} \tag{4-19}$$

渗压系数为渗压水头与上、下游水柱差的比值，以 α_i'表示，即

$$\alpha_i' = \frac{h_i'}{H_上 - H_下} = \frac{h_i' - H_下}{H_上 - H_下} \tag{4-20}$$

受下游水位作用的河床坝段，通常只计算渗压系数而不计算扬压系数，不受下游水位作用时岸坡坝段，通常只计算扬压系数，有的坝也把下游地下水位作为下游水位计算渗压系数。

4. 坝基扬压力

通过坝基岩石裂隙形成垂直向上的扬压力，目前常用的方法是将它视为作用在坝底的外力。坝基扬压力大小可用坝基扬压水头分布图［图 4-46（b）］的总面积来表示，该面积等于坝底每相邻两测点间距离乘以该两测点扬压水头平均值之和，单宽坝基上扬压力的计算式为

$$W=\left[\sum_{i=0}^{n}\frac{b_i}{2}(h_i+h_{i+1})\right]\gamma\times 1 \tag{4-21}$$

式中　W——单宽 1m 的坝底扬压力，kN；

γ——水的容重，9.8kN/m^3；

b_i——两测点间距离，m；

h_i——第 i 测压管扬压水头。

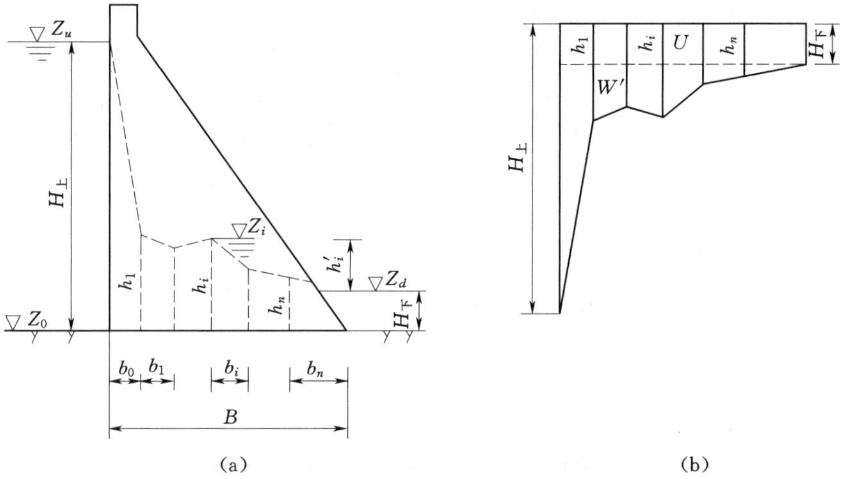

图 4-46　坝基扬压力计算示意图

（a）扬压水头 h_i 和渗压水头 h_i' 示意图；（b）扬压力分布图

图 4-46（b）中虚线以上部分为浮托力，用 U 表示，其分布图形为高度等于 $H_下$ 的矩形。虚线以下部分为渗透压力，用 W' 表示。扬压力 W 为 U、W' 两者之和，即

$$W=W'+U \tag{4-22}$$

上述扬压水位、扬压水头、渗压水头、扬压系数、渗压系数是衡量单孔（坝底一个点）渗透情况的参数，其值越低对坝的安全越有利；扬压力则是衡量一块面积上渗透情况的参数；单位面积上的扬压力等于扬压水头（m）与水容重（kN/m^3）的乘积。扬压力的数值也是越小对坝安全越有利。

（二）扬压力观测资料的整理和分析

1. 资料整理

资料整理一般应绘制扬压力过程线、扬压分布图和扬压力相关图，通过图表可直观地了解扬压力状况及其分布规律。

（1）扬压过程线。它是以时间为横坐标、扬压值（扬压水位、扬压水头、扬压系数或扬压力等）为纵坐标绘出的扬压值随时间变化的过程线。通常可把几个互有联系的扬压过程线画在同一张图上，并把水库水位和下游水位过程线一起画上，以便分析。图 4-47 为刘家峡大坝一个横断面上各孔的扬压水位过程线，图 4-48 为桓仁大头坝两个坝段内纵向各孔的扬压系数过程线。

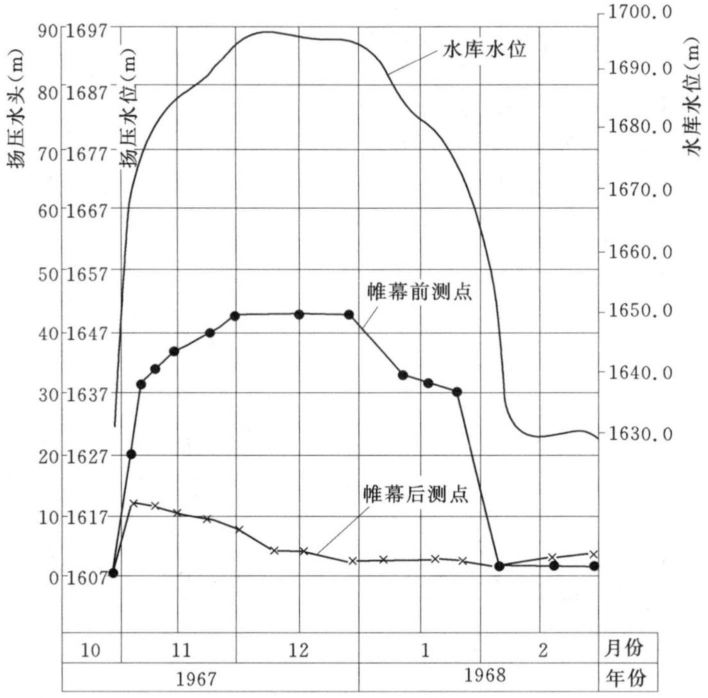

图 4-47 刘家峡大坝一个横断面上各孔的扬压水位过程线

（2）扬压分布图。有纵向分布图和横向分布图两种。纵向分布图以扬压力观测孔沿坝轴线方向的纵向距离为横坐标，上标观测孔号或坝段号，还常画出坝底开挖形状，纵坐标为扬压水头或扬压水位等扬压参数。图 4-49 为新丰江大头坝坝基纵向扬压力分布图。横向分布图的横坐标为观测孔顺河向的横向距离，上标观测孔号，还常画出防渗帷幕及排水孔的位置，纵坐标与扬压纵向分布图相同。为便于分析比较，还常将设计和实测的扬压值画在同一张图上。图 4-50 为乌江渡大坝坝基扬压力分布图。

（3）扬压相关图。用来表示扬压值与影响因素之间的关系，较常见的是扬压值与水库水位的相关图，改图多以水库水位为横坐标、扬压水位或其他扬压系数为纵坐标。如果下游水位变幅较大，最好将上、下游水位差作为横坐标。图 4-51 为浙江皎口重力坝第 19 坝段 $U-19'$ 号测压管不同时期的测压管水位与库水位的综合相关图。

2. 资料分析

（1）扬压力变化规律。通过对一些工程实测资料的分析，可知扬压值的分布及变化有以下一些主要特点和变化规律。

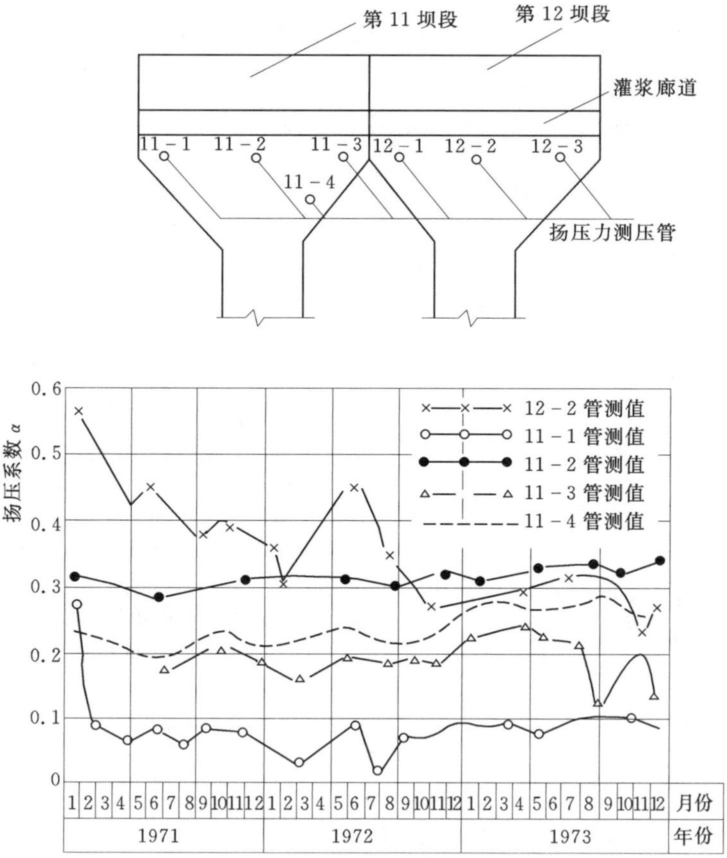

图 4－48　桓仁大头坝两个坝段内纵向各孔的扬压系数过程线

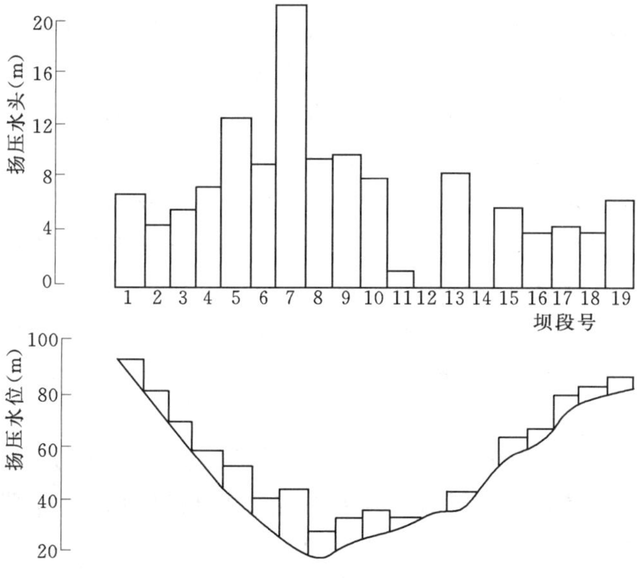

图 4－49　新丰江大头坝坝基纵向扬压力分布图
(1972－06－21 的实测值，水库水位 94.01m)

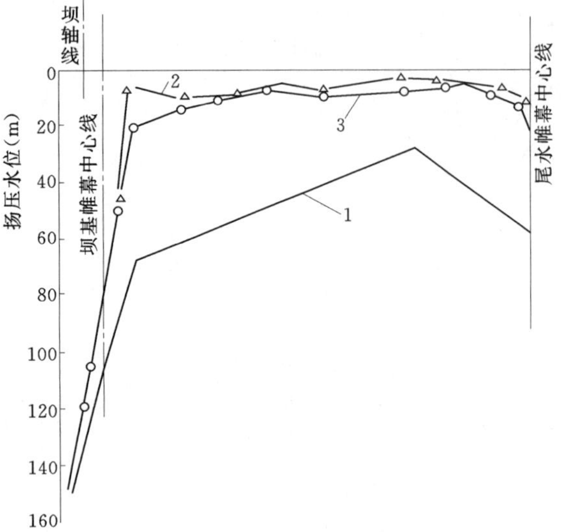

图 4-50 乌江渡大坝坝基扬压力分布图
1—设计线；2—1982-08-20 实测线；
3—1985-08-15 实测线

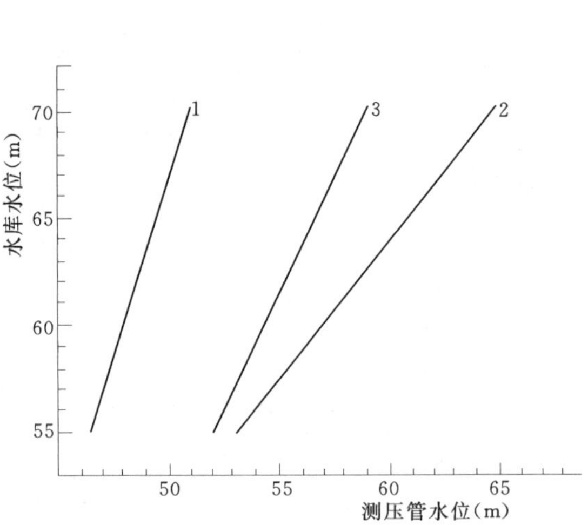

图 4-51 皎口重力坝第 19 坝段 $U-19'$ 测压管不同时期的水位与水库水位的综合相关图
1—1980-01-06—1982-06-25 丙凝灌浆补强后；
2—1979-04-05—1979-08-20 水泥灌浆补强后；
3—1976-01-15—1976-07-25

1）扬压值随上、下游水位的涨落而升降。对于水头较高且上游水位变幅远比下游水位变幅大的坝，扬压值主要受上游水位的影响。越靠近上游的测点所受的影响越明显。当水库水位有年周期变化时，扬压过程线也呈周期变化。

如图 4-47 所示，刘家峡重力坝 1967 年 10 月开始蓄水，水库水位从 1630m 很快上升到 1694m 点。位于帷幕前的测点扬压水位也相应上升，由 1607m 上升到 1650m。1968 年 1 月水库水位下降，扬压水位也下降。2 月水库水位持平，扬压水位也持平。位于帷幕及排水孔下游的测点，其扬压水位虽也有变化但变幅就小得多。

扬压水位的变幅，在坝底上游边缘处等于水库水位变幅（当坝前淤积严重时，可小于水库水位变幅），在坝的下游边缘处等于下游水位变幅。中间各点的扬压水位变幅一般均小于水库水位变幅，且越靠下游越小。

2）扬压力观测同样存在"时间滞后"问题，只有当坝基渗透系数 $K>10^{-1}\sim10^{-3}$ cm/s 时，才可认为比较透水而忽略滞后时间的影响；否则，就需考虑消除滞后时间的影响。

3）纵向扬压水头与坝的高度大体相应（亦即与坝底高程起伏大体相适应）。坝高越大，扬压水头越大，如图 4-49 所示，大致是河床部分扬压水头大，两端较小。而扬压水位是两端高，河床部分低。

纵向扬压系数 α（或渗压系数 α'）的分布取决于坝基防渗条件（地质、帷幕、排水情况）。条件好的 α 小，条件差的 α 大。即使是同一坝段，位于同一纵断面的几个测点的扬压系数也可能因测点处防渗条件的不同而有差异，如图 4－48 所示。

4）横向扬压力分布，通常是上游侧高，下游侧低，中间呈折线变化，在坝基帷幕和排水孔处，分别因渗流受阻和排水孔的排水作用而下降。如在坝基设置了强迫排水设施，不仅能有效地降低渗透压力，甚至还能削减一部分浮托力，坝基中部的扬压水头将小于下游水头。

（2）分析扬压力观测资料常用的方法。

1）对比法。

a. 用实测的横向扬压力图形与设计采用的扬压力图形进行比较，如图 4－50 所示。如果实测值小于设计值，说明坝稳定安全；反之，则说明坝达不到设计的稳定安全条件，需采取适当的工程措施。

b. 用实测资料计算帷幕及排水孔前后的渗压系数并与设计值进行对比，判断帷幕和排水孔的减压效果。

c. 分年绘出单孔扬压相关图分析扬压力发展趋势，如相关线左移，说明坝的防渗条件逐年改善，扬压力减小。如相关线右移，则说明扬压力逐年增大，防渗条件恶化，应进一步分析原因。如图 4－51 中的皎口大坝坝基测压管水位偏高，怀疑是防渗帷幕质量不良所致，经 1979 年水泥灌浆补强，未见效果，扬压力反而增大，在图中表现为相关线右移；1980 年又进行丙凝灌浆补强，才有效地降低了扬压力，在图中表现为相关线左移。

表 4－2　　丰满大坝第 27 坝段实测扬压力成果表

序号	观测日期			库水位（m）	扬压力（kN）
	年	月	日		
1	1973	3	1	247.87	15160
2		5	8	253.70	15260
3		7	5	255.97	15510
4		7	18	254.60	15800
5		9	10	262.33	16130
6		10	12	261.51	16250
7	1974	3	28	238.93	14430
8		4	13	239.32	14450
9		7	10	252.38	15500
10		10	7	255.57	15780
11	1975	4	3	239.04	14140
12		8	5	262.92	16440
13		8	16	262.43	15630
14		9	17	261.73	16160
15		10	7	261.12	16190

2）统计分析法。相关图的相关线可用回归分析方法求出的回归方程来绘制，并可根据所求的回归方程，预报最高水库水位下的扬压力，以验算大坝稳定，或随时根据水库水

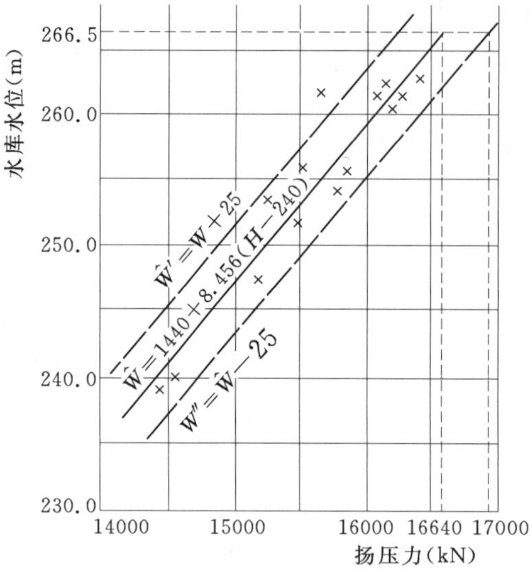

图 4-52 丰满大坝第 27 坝段扬压力回归线

位预报扬压力，与实测值比较。

以丰满大坝第 27 坝段为例，实测扬压力资料见表 4-2，求得回归方程为

$$W=1440+8.456(H-240)$$

散点图及回归直线见图 4-52。根据回归方程可预报当最高水库水位为 266.5m 时，扬压力可能值为 16640kN。为安全计可用回归分析方法求剩余标准离差 S，若预报宽度取 $\pm 2S$，推算最高水库水位下的可能最大值为预报值，则水库水位达 266.5m 时扬压力可能值为 16980kN。

3）渗压系数法。分析渗压系数在运行过程中的变化，判断坝基渗流发展变化趋势。

渗压系数为

$$\alpha_i'=\frac{h_i-H_{下}}{H_{上}-H_{下}} \tag{4-23}$$

渗压系数是一个不随水位而变化的常数。若 α_i' 在运行过程中逐年增大，则反映了坝基渗流条件变坏，可能是帷幕逐渐溶蚀削弱或排水孔被渗水溶出的物质堵塞或孔壁坍塌造成排水不畅，减压作用降低；若 α_i'逐年减小或在运行过程中不变，说明坝基渗流条件变好或稳定。可以用运行过程中的渗压系数 α_i'预测出今后高水位下的扬压力：

$$Z_{i\max}=\alpha_i'(Z_{上\max}-Z_{下})+Z_{下} \tag{4-24}$$

式中 $Z_{i\max}$——最高扬压水位，m；

α_i'——i 点的渗压系数；

$Z_{上\max}$——坝前最高运行水位，m；

$Z_{下}$——相应下游水位，m。

三、混凝土及砌石闸坝温度、应力观测资料的整理与分析

（一）坝体温度观测资料的整理和分析

气温和水温都是影响坝体温度场的重要因素，坝体温度场的变化则会引起温度变形和温度应力。所以，坝体温度观测资料是分析大坝变形、应力、接缝开合等问题必需的基本资料。

1. 坝体温度观测资料的整理

（1）在施工期即开始绘制每个温度测点的温度过程线，并将入仓温度、最高温度、灌浆时坝体温度等资料及时反馈给施工、设计、监理等单位，用以指导混凝土浇筑和接缝灌浆施工作业。坝体温度过程线经常把多个测点的过程线画在一张图上，有时还同时画上气温、水温或地温过程线，以反映边界条件变化对坝体温度的影响，如图 4-53 所示。

（2）坝体温度分布图一般以上、下游坝面间的水平距离为横坐标，温度值为纵坐标，绘制不同时间的多条温度分布线，如图 4-54 所示。

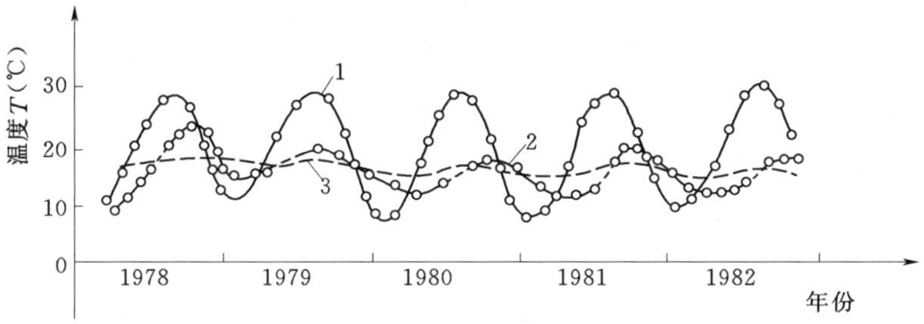

图 4-53　里石门拱冠断面平均温度过程线
1—173m 高程；2—145m 高程；3—116m 高程

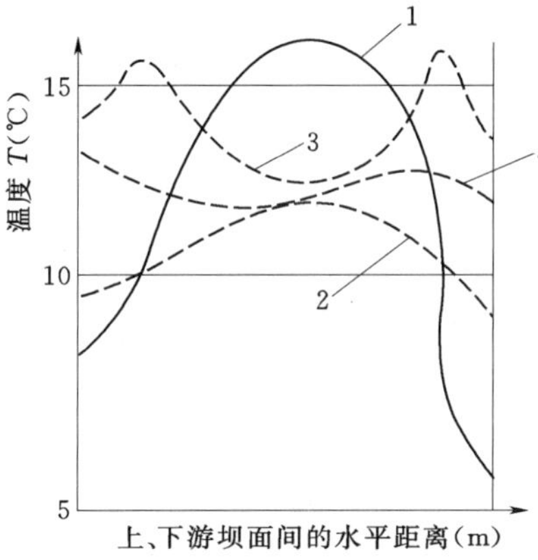

图 4-54　泉水拱坝高程 440m 断面温度分布图
1—封拱温度；2—蓄水前温度（1976-02-29）；
3—428.00m 水位时温度（1976-03-18）；
4—447.09m 水位时温度（1976-04-09）

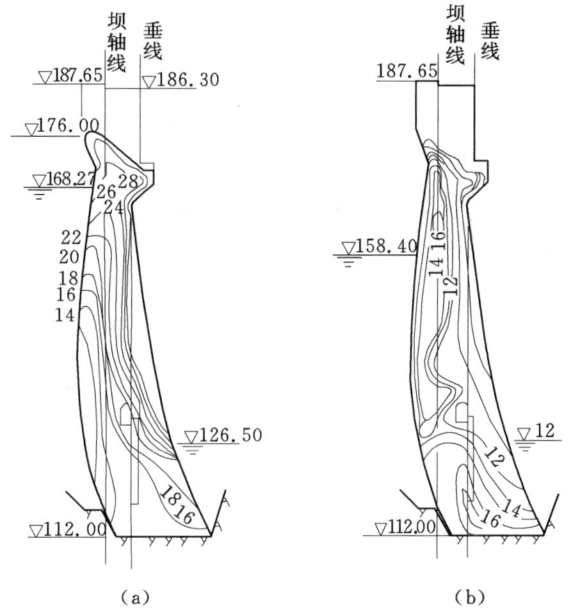

图 4-55　里石门拱坝拱冠梁断面等温线图
(a) 1979-08-14；(b) 1979-01-16

（3）当大坝形成后，应绘制坝体温度场分布图（即等温线），可选取气温较高日或较低日，在坝体横剖面、纵剖面或水平剖面上绘制等温线，如图 4-55 所示。

（4）将实测最高温度与设计最高温度比较，了解大坝温控情况。

2. 坝体温度变化和分布的一般规律

（1）随时间以年为周期变化。表层和浅层混凝土受大气环流影响，最表层混凝土受昼夜温差影响，还有日周期变化。

（2）坝体温度变化滞后于气温和水温变化，水下越深处及内部越深处滞后时间越长。温度变幅越往坝体深处越小。

（3）大坝暴露于空气中部分等温线与坝面大致平行，坝水下部分的等温线除个别月份外，均与坝面相交。

(4) 温度梯度在坝面较大而内部较小，表现为等温线靠外表较密而内部较疏。冬春季坝体表层温度低于内部温度，而夏秋季则高于内部温度。

(5) 坝体内混凝土水化热需数年才能散发完毕，到达稳定温度。

(二) 坝体应力资料的整理和分析

应力观测资料的分析可根据需要绘制应力和温度的过程线、分布图和相关图。

影响大坝应力的因素很多，例如，水位、温度、坝型与结构、测点位置、施工方法等，所以应力分布和变化都比较复杂。根据对一些大坝实测资料的分析，重力坝和拱坝应力有以下基本规律：

1. 水库水位变化的影响

水库水位变化是影响坝体应力的主要因素之一。通常表现为高水位时应力状态比较不利，但空库或低水位时坝体某些部位的应力也可能出现不利情况。例如，国内某拱坝，因低水位时恰遇高温，拱圈急剧向上游变位，致使坝面产生了很大的拉应力并引起了水平裂缝。对于重力坝，水平截面上的垂直正应力 σ_y 是主要的设计控制指标。随着水库水位升高，一般靠上游测点的 σ_y 向拉应力发展，如图 4-56 所示。

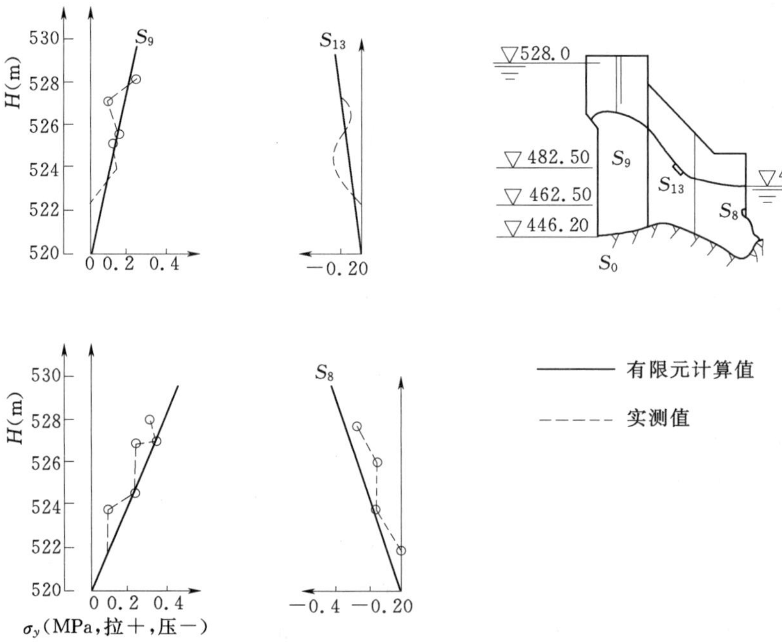

图 4-56 龚嘴重力坝高限蓄水期垂直正应力与水位关系线

对于拱坝，拱应力一般是随水位升高向加大压应力发展；梁应力的变化与拱坝体型、测点位置等因素有关。如图 4-57 所示的泉水双曲薄拱坝 420m 高程（位于坝体中上部）处的梁应力表现为在上游侧随水位升高向加大压应力发展，在下游侧则向加大拉应力发展。

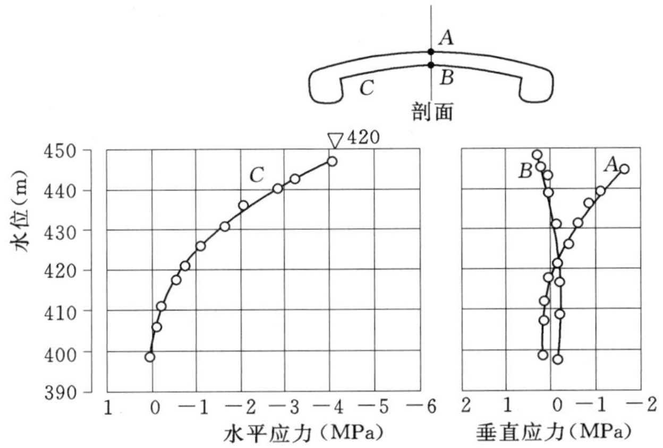

图 4-57　泉水拱坝实测应力与水位关系图
（拉为正、压为负）

2. 温度变化的影响

温度变化是影响坝体应力的另一主要因素。很多大坝的实测应力资料都表明，温度变化对应力的影响比水位的影响更为显著，例如，恒山、里石门拱坝运行期应力一般随气温呈年周期变化，通常表现为温升时压应力增大或拉应力减小，温降时相反，并且坝表面处应力的变幅较内部大。

3. 其他相关因素的影响

拱坝、坝体结构、测点位置、地基情况、坝体及基岩的弹性模量等，对坝体应力都有影响。

此外，混凝土的湿胀对应力也有一定影响，例如，新安江大坝上游坝踵附近的 3 支应变计因混凝土湿胀的影响，在竣工蓄水后一直维持－2.45～－2.94MPa 的高压应力状态，混凝土的湿胀与距表面的距离及渗压大小有关。

混凝土坝应力应变观测量的统计分析，主要是利用应变观测资料推导出的实际应力建立有关的数学模型，反映应力应变的规律。具体方法可参阅有关资料。

强 化 训 练

一、简答题

1. 混凝土及砌石坝巡视检查的内容有哪些？
2. 倒垂线和正垂线各测量什么位移，它们是怎样测出坝体挠度的？
3. 观测扬压力测压管水位的方法有哪些，怎样测出坝基扬压力？
4. 试述差动电动式仪器观测应变和温度的原理。
5. 无应力计的作用是什么？它的主要结构如何？
6. 试述单只应变计温度和应变、应力计算的方法。
7. 试述混凝土及砌石坝水平位移的一般规律。
8. 试述混凝土及砌石坝垂直位移的一般规律。
9. 什么是扬压系数和渗压系数？如何计算扬压力？

10. 扬压力变化有哪些一般规律，分析扬压力观测资料常用的方法有哪些？

11. 重力坝和拱坝应力变化的规律有哪些？

二、选择题

1. 引张线观测设备由钢丝、测点装置和________3部分组成。

A. 夹线装置　B. 端点装置　C. 重锤　D. 线锤连接装置

2. 引张线一般采用________的不锈钢丝。

A. ϕ0.6～0.8mm　B. ϕ0.8～1.2mm

C. ϕ1.0～1.2mm　D. ϕ1.2～1.6mm

3. 倒垂线浮体组由油箱、浮筒和________组成。

A. 金属支架　B. 混凝土支架　C. 连杆　D. 连接支架

4. 混凝土裂缝的测定一般采用________探测。

A. 金属丝　B. 超声波探伤仪　C. 钻孔取样　D. 开挖探井

5. 混凝土坝顶的垂直位移主要受________影响。

A. 温度　B. 温度和水库水位　C. 水库水位　D. 时间

6. 在坝体中间的扬压水位变幅________。

A. 等于水库水位变幅　B. 等于下游水位变幅

C. 小于水库水位变幅　D. 小于下游水位变幅

7. 拱坝运行期应力通常表现为温升时________。

A. 压应力增大　B. 拉应力增大

C. 压应力增大或拉应力减小　D. 拉应力增大或压应力减小

三、判断题

1. 对混凝土表面松软程度进行检查，可用木锤敲击，听声响进行判断。(　　)

2. 测出坝体水平位移沿高程的分布并绘制分布图，即为坝体的挠度。(　　)

3. 基础扬压力测压管进水管较短，只要不少于20cm即可。(　　)

4. 位于混凝土坝坝顶测点一般在高温季节向下游位移，低温季节向上游位移。(　　)

5. 接缝的开度主要取决于温度，一般温度降低接缝张大。(　　)

6. 水库水位越高，渗压系数越大，说明坝基渗流条件变坏。(　　)

四、实训题

1. 用引张线法测定坝体水平位移。

2. 用光学垂线仪观测坝体垂线。

3. 用超声波探伤仪测裂缝深度。

4. 对某坝测点变形观测资料进行整理分析。

5. 对某坝扬压力的观测资料进行整理分析。

6. 对某只应变计观测资料进行应力应变和温度的计算。

第五章　土石坝的养护修理

【知识目标】

- 掌握土石坝日常养护的内容和要求。
- 熟悉土石坝裂缝类型、成因及特征，掌握裂缝处理的方法。
- 熟悉土石坝渗漏的途径，产生的原因，掌握渗漏处理的原则和方法。
- 熟悉土石坝滑坡产生的原因和滑坡的征兆，掌握滑坡抢护和永久性处理方法。
- 熟悉土石坝护坡破坏的类型和原因，掌握护坡破坏的修理方法。

【能力目标】

- 能够对土石坝裂缝、渗漏、滑坡及护坡破坏提出处理的原则和一般方法。

第一节　土石坝的日常维护

土石坝日常维护工作的主要内容如下所述。

（1）不得在坝面上种植树木、农作物，严禁放牧、铲草皮以及搬动护坡的砂石材料，以防止水土流失、坝面干裂和出现其他损害。

（2）经常保持坝顶、坝坡、戗台、防浪墙的完整，对表面的坍塌、隆起、细微裂缝，雨水冲沟、蚁穴兽洞，应加强检查，及时养护修理。护坡砌石如有松动、风化、冻毁或被风浪冲击损坏，应及时更新修复，保证坝面完整清洁、坝体轮廓清楚。

（3）严禁在坝顶、坝坡及戗台上堆放重物，建筑房屋，敷设水管，行驶重量、震动较大的机械车辆，以免引起不均匀沉陷或滑坡破坏。

（4）在对土石坝安全有影响的范围内，不准任意挖坑、建塘、打井、爆破、炸鱼或进行其他对工程有害的活动，以免造成土坝裂缝、滑坡和渗漏。

（5）不得利用护坡作装卸码头，靠近护坡不得停泊船只、木筏，更不允许船只高速行驶，对坝前较大的飘浮物应及时打捞，以保护护坡的完整。

（6）经常保持坝面和坝端山坡排水设施的完整，经常清淤，保证排水畅通。

（7）在下游导渗设备上不能随意进行搬动砂、石材料以及打桩、钻孔等损坏工程结构的活动，并应避免河水倒灌和回流冲刷。

（8）正确地控制水库水位，务必使各时期水位及其降落速度符合设计要求，以免引起土坝上游坡滑坡。

（9）注意各种观测仪器和其他设备的维护，如灯柱、线管、栏杆、标点盖等，应定期涂刷油漆，防锈防腐。

（10）寒冷地区，冰冻前应消除坝面排水系统内的积水，每逢下雪，应将坝顶、台阶及其他不应积雪部位的积雪扫除干净，以防冻胀、冻裂破坏。

第二节 土石坝的裂缝与处理

土石坝坝体裂缝是一种较为常见的病害现象，大多发生在蓄水运用期间，对坝体构成潜在的危险。例如，细小的横向裂缝有可能发展成为坝体的集中渗漏通道；部分纵向裂缝则可能是坝体滑坡的征兆；有的内部裂缝，在蓄水期突然产生严重渗漏，威胁大坝安全；有的裂缝虽未造成大坝失事，但影响正常蓄水，长期不能发挥水库效益。因此，对土石坝的裂缝，应予以足够重视。实践证明，只要加强养护修理工作，分析裂缝产生的原因，及时采取有效的处理措施，是可以防止土坝裂缝的发展和扩大，并迅速恢复土石坝的工作能力的。

一、裂缝的类型

土石坝的裂缝，按其方向可分为龟状裂缝、横向裂缝和纵向裂缝；按其产生原因可分为干缩裂缝、冻融裂缝、不均匀沉陷裂缝、滑坡裂缝、震动裂缝；按其部位可分为表面裂缝和内部裂缝等。在实际工程中土石坝的裂缝常由多种因素造成，并以混合的形式出现，如图 5-1 所示。以下介绍几种主要类型裂缝的成因及特征。

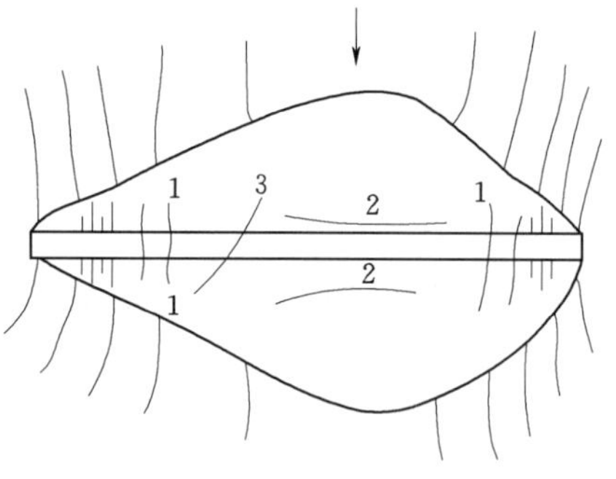

图 5-1 沉陷裂缝分布示意图

1—横向裂缝；2—纵向裂缝；3—斜向裂缝

二、裂缝的成因及特征

（一）干缩和冻融裂缝

干缩和冻融裂缝是由于坝体受气候的影响或植物的影响，土料中水分大量蒸发或冻胀，在土体干缩或膨胀过程中产生的。

1. 干缩裂缝

干缩裂缝的特征：发生在坝体表面，分布较广，呈龟裂状，密集交错，缝的间距比较均匀，无上下错动。一般与坝体表面垂直，上宽下窄，呈楔形尖灭，缝宽通常小于 1cm。

干缩裂缝一般不致影响坝体安全，但若不及时维修处理，雨水沿缝渗入，将增大土体含水量，降低土体抗剪强度，促使病害发展。尤其是斜墙和铺盖的干缩裂缝可能引起严重的渗透破坏。

2. 冻融裂缝

冻融裂缝主要由冰冻而产生。即当气温下降时土体因冰冻而冻胀，气温升高时冰融，但经过冻融的土体不会恢复到原来的密实度，反复冻融，土体表面就形成裂缝。其特征为：发生在冻土层以内，表层破碎，有脱空现象，缝深及缝宽随气温而异。因此，在坝体和坝顶用砂石做保护层，保护层厚度应大于冻层深度。

（二）纵向裂缝

平行于坝轴线的裂缝称纵向裂缝。

1. 成因与特征

纵向裂缝主要是因坝体在横向断面上不同土料的固结速度不同，或由坝体、坝基在横断面上产生较大的不均匀沉陷所造成的。一般规模较大，基本上是垂直地向坝体内部延伸，多发生在坝的顶部或内外坝肩附近。其长度一般可延伸数十米至数百米，缝深几米至十几米，缝宽几毫米至几十厘米，两侧错距不大于 30cm。

2. 产生原因及常见部位

(1) 坝壳与心墙或斜墙的结合面处。由于坝壳与心墙、斜墙的土料不同，压缩性有较大差异，填筑压实的质量亦不相同，因固结速度不同，致使在结合面处出现不均匀沉陷的纵向裂缝，如图 5-2 所示。

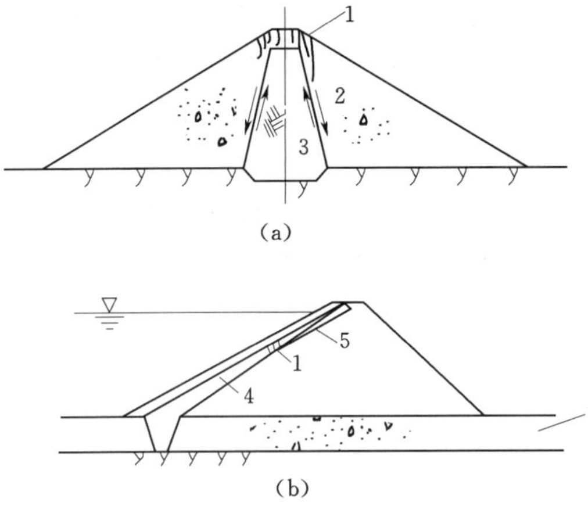

图 5-2　坝壳与心墙或斜墙产生纵向裂缝示意图

(a) 心墙坝纵缝；(b) 斜墙坝纵缝

1—纵缝；2—坝壳；3—心墙；4—斜墙；

5—斜墙沉降；6—砂卵石覆盖层

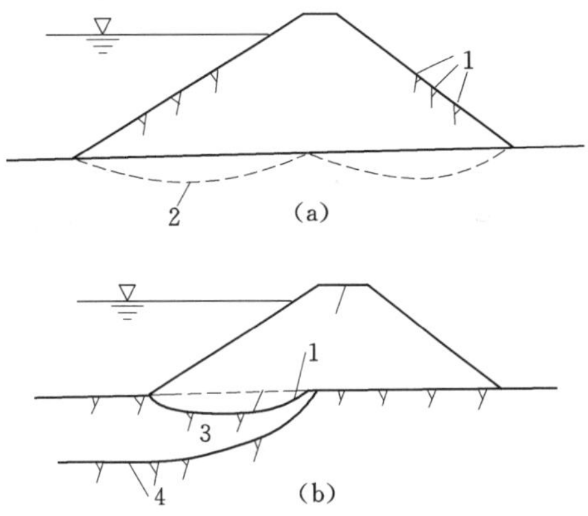

图 5-3　压缩性地基引起的纵缝

(a) 湿陷性黄土地基；(b) 不均质地基

1—纵缝；2—地基湿陷；

3—高压缩地基；4—岩基

(2) 坝基沿横断面开挖处理不当处。具体如下：

1) 在未经处理的湿陷性黄土地基上筑坝，由于坝的中部荷载大，施工中坝基沉陷也大，蓄水后的湿陷较小，而上、下游侧由于荷载小，坝基沉陷小，蓄水后的湿陷反而大，可能产生纵向裂缝，如图 5-3 (a) 所示。

2) 沿坝基横断面方向上，因软土地基厚度不同或部分为黏软土地基，部分为岩基，在坝体荷重作用下，地基发生不均匀沉陷，引起坝体纵向缝，如图 5-3 (b) 所示。

(3) 坝体横向分区填筑结合面处。施工时分别从上、下游取土填筑，土料性质不同，或上、下游坝身碾压质量不同，或上、下游进度不平衡，填筑层高差过大，结合面坡度太陡，不便碾压，甚至有漏压现象。因此，蓄水后，在横向分区结合处产生纵向裂缝。

(4) 与截水槽对应的坝顶处，因截水槽的压缩性比两侧自然土基压缩性小，与截水槽对应的坝顶处的沉陷比两侧坝坡的沉陷小，故而产生纵向裂缝。

(5) 跨骑在山脊的土坝两侧，在固结沉陷时，同时向两侧移动，坝顶容易出现纵向裂缝。

(三) 横向裂缝

走向与坝轴线大致垂直的裂缝称为横向裂缝。

1. 成因与特征

横向裂缝产生的根本原因是沿坝轴线纵剖面方向相邻坝段的坝高不同或坝基的覆盖厚度不同，产生不均匀沉陷，当不均匀沉陷超过一定限度时，即出现裂缝。常见于坝端。一般接近铅直或稍有倾斜地伸入坝体内。缝深几米到十几米，上宽下窄，缝口宽几毫米到十几厘米，偶尔可见更深、更宽的裂缝。缝两侧可能错开几厘米甚至几十厘米。

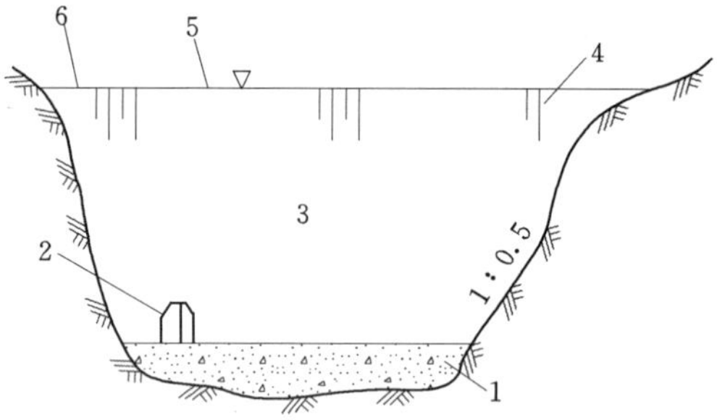

图 5-4 横线裂缝常见部位

1—砂卵石；2—涵洞；3—土坝；4～6—裂缝

横向裂缝对坝体危害极大，特别是贯穿心墙或斜墙、造成集中渗流通道的横向裂缝。

2. 产生原因及常见部位

(1) 坝体沿坝轴线方向的不均匀沉陷。坝身与岸坡接头坝段，河床与台地的交接处，涵洞的上部等，均由于不均匀沉陷，极易产生横向裂缝，如图 5-4 所示。

(2) 坝基地质构造不同，施工开挖处理不当而产生横向裂缝。有压缩性大（如湿陷性黄土）的坝段，或坝基岩盘起伏不平，局部隆起，而施工中又未加处理，则相邻两部位容易产生不均匀沉陷，而引起横向裂缝，如图 5-5 所示。

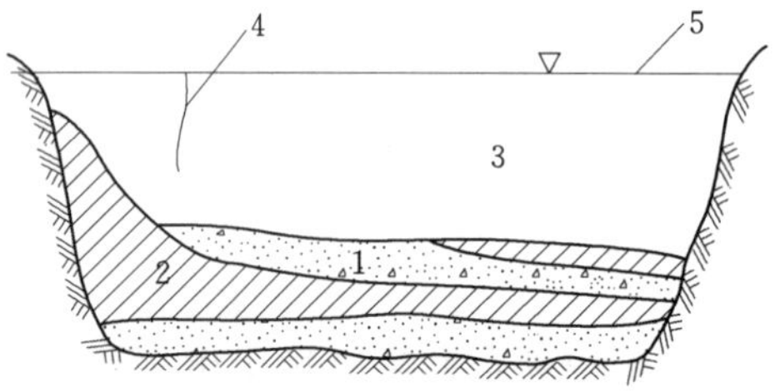

图 5-5 某水库横向裂缝示意图

1—砂卵石；2—黄土；3—土坝；4—裂缝；5—坝顶

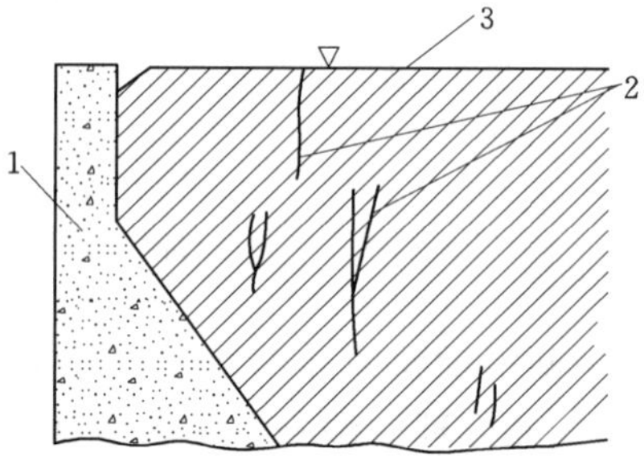

图 5-6 某水库土坝与溢洪道结合处裂缝示意图

1—溢洪道墙；2—裂缝；3—坝顶

(3) 坝体与刚性建筑物结合处。坝体与刚性建筑物结合处往往会因为不均匀沉陷引起横向裂缝。坝体与溢洪道导墙连接的坝段就属于这种情况，如图 5-6 所示。

(4) 坝体分段施工的结合部位处理不当。在土石坝合龙的龙口坝段、施工时土料上坝线路、集中卸料点及分段施工的接头等处往往由于结合面坡度较陡，各段坝体碾压密实度不同甚至漏压而引起不均匀沉陷，产生横向裂缝。

(四) 内部裂缝

内部裂缝很难从坝面上发现，往往发展成集中渗流通道，造成了险情才被发觉，使维修工作被动，甚至无法补救，所以坝体内部裂缝危害性很大。根据实践经验，内部裂缝常在以下部位发生：

(1) 薄心墙土坝。由于心墙土料运用后期可压缩性比两侧坝壳大，若心墙与坝壳之间过渡层又不理想，则心墙沉陷受坝壳的约束产生了拱效应，拱效应使心墙中的垂直应力减小，甚至使垂直应力由压变拉而在心墙中产生水平裂缝，如图 5-7 所示。

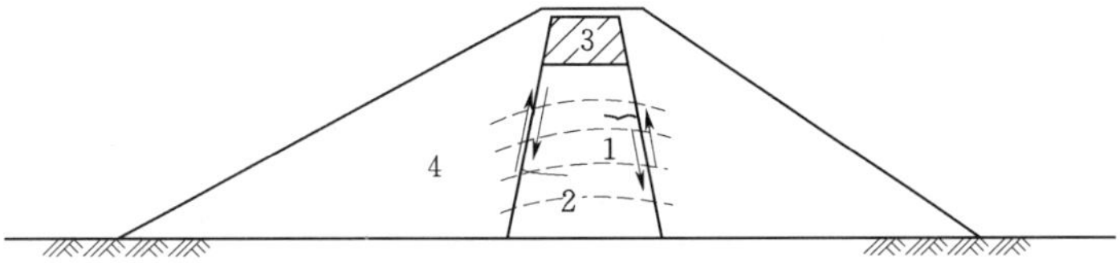

图 5-7　心墙坝内部水平裂缝示意图

1—水平裂缝；2—心墙；3—心墙未下沉部分；4—坝壳

(2) 修建在局部高压缩性地基上的土坝。因坝基局部沉陷量大，使坝底部发生拉应变过大而产生横向或纵向的内部裂缝，如图 5-8 所示。

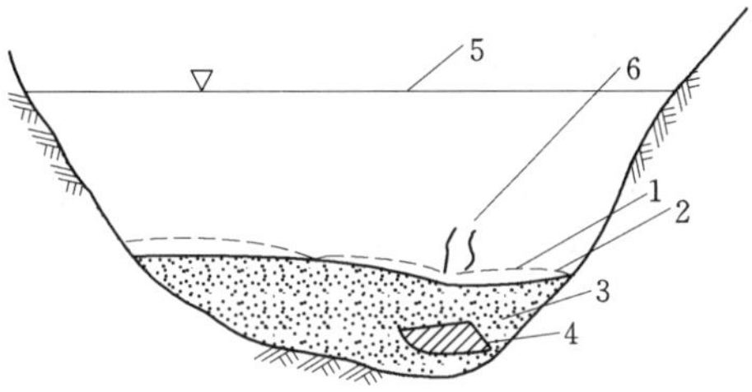

图 5-8　高压缩地基内部裂缝

1—原坝底；2—沉陷后坝底；3—细砂；4—高压缩性土；5—坝顶；6—裂缝

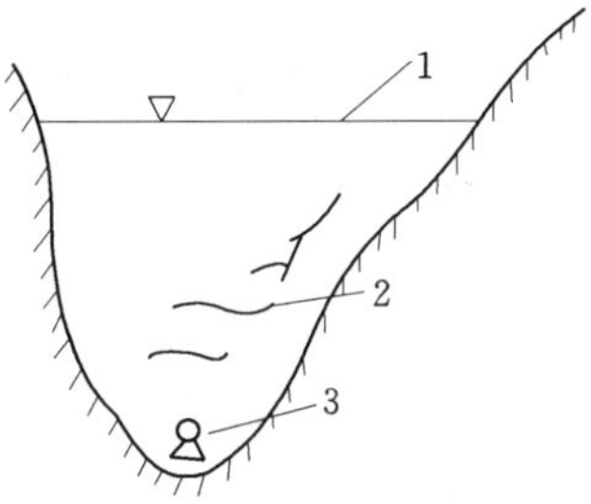

图 5-9　窄深峡谷土坝内部裂缝示意图

1—坝顶；2—裂缝；3—放水管

(3) 修建于狭窄山谷中的坝。在地基沉陷的过程中，上部坝体通过拱作用传递到两端，拱下部坝沉陷量较大，因而产生拉应力，坝体内产生裂缝，如图 5-9 所示。

(4) 坝体和刚性建筑物相邻部位。因刚性建筑物比周围的河床冲积层或坝体填土的压缩性小得多，从而使坝体和刚性建筑物相邻部位因不均匀沉陷而产生内部裂缝，如图 5-10 所示。

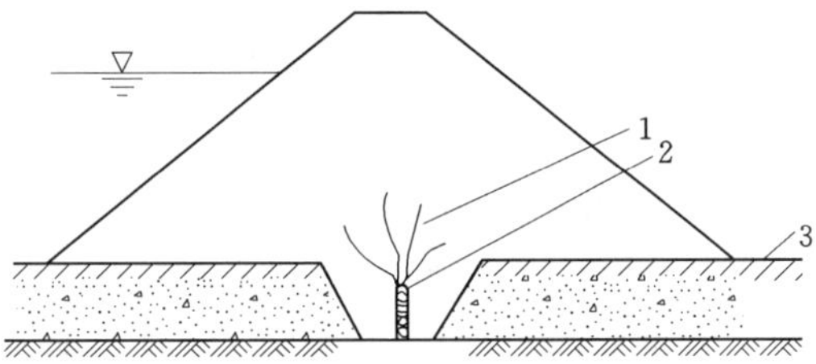

图 5-10　刚性截水墙引起内部裂缝

1—裂缝；2—混凝土截水墙；3—河床冲积砂砾层

三、裂缝的判断

前所述及的土石坝裂缝，主要是干缩、冻融裂缝，纵、横裂缝及内部裂缝，在实际工程中，对于前四者可根据各自的特点加以判断，但需注意纵向裂缝和滑坡裂缝的区别。此外，需注意判断分析内部裂缝，只有判断准确，才能正确拟订方案，采取有效的处理措施。

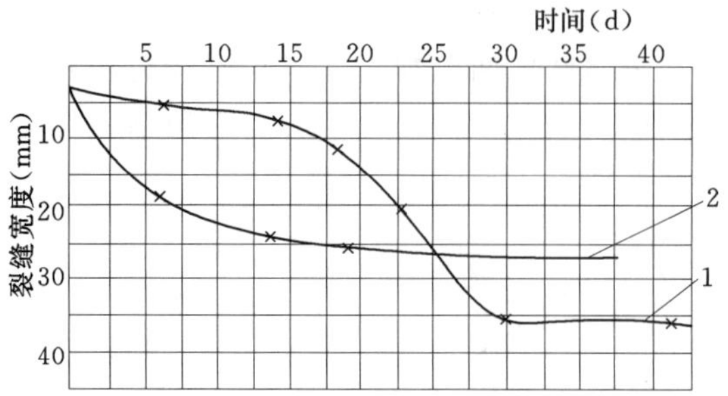

图 5-11 两种裂缝发展过程线

1—滑坡裂缝；2—沉陷裂缝

1. 滑坡裂缝与纵向裂缝的区别

(1) 纵向沉陷缝一般接近于直线，垂直向下延伸；而滑坡裂缝一般呈弧形，向坝脚延伸。

(2) 纵向沉陷缝发展过程缓慢，随土体固结到一定程度而停止，而滑坡裂缝发展初期较慢，当滑坡体失稳后突然加快，如图 5-11 所示。

(3) 纵向沉陷缝，缝宽为几毫米至几十毫米，错距不超过 30cm，而滑坡裂缝的宽度可达 1m 以上，错距可达数米。

(4) 滑坡裂缝发展到后期，在相应部位的坝面或坝基上有带状或椭圆形隆起，而沉陷缝不明显。

2. 内部裂缝判断

内部裂缝判断，具体可结合坝体坝基情况从以下各方面进行分析判断，如有其中之一者，就有可能产生内部裂缝。

(1) 当库水位升高到某一高程时，在无外界影响的情况下，渗漏量突然加大。

(2) 当实测沉陷远小于设计沉陷，而又没有其他影响因素时，应结合地形、地质、坝型和施工质量等进行分析判断。

(3) 某坝段沉陷量、位移量比较大。

(4) 单位坝高的沉陷量和相邻坝段悬殊很大。

(5) 个别测压管水位比同断面的其他测压管水位低很多，浸润线呈现反常状况；或做注水试验，其渗透系数远超过坝体其他部位；或当水库水位升到某一数值时，测压管水位突然升高。

(6) 钻探时孔口无回水，或者有掉钻现象。

(7) 用电法探测裂缝，详细介绍见第十章。

四、裂缝的处理

裂缝处理前，首先应根据观测资料、裂缝特征和部位，结合现场探测结果，分析裂缝类型、产生原因，然后按照不同情况，采取针对性措施，适时进行加固和处理。

各种裂缝对土石坝都有不同的影响，危害最大的是贯穿坝体的横向裂缝、内部裂缝及滑坡裂缝，一旦发现，应认真监视，及时处理。对缝深小于 0.5m、缝宽小于 0.5mm 的表面干缩裂缝，或缝深不大于 1m 的纵向裂缝，也可不予处理，但要封闭缝口；有些正在发展中的、暂时不致发生险情的裂缝，可观测一段时间，待裂缝趋于稳定后再进行处理，但要作临时防护措施，防止雨水及冰冻影响。

非滑坡性裂缝处理方法主要有开挖回填、充填灌浆和两者相结合 3 种方法。

(一) 开挖回填

开挖回填是处理裂缝比较彻底的方法，适用于处理深度不超过 3m 的裂缝，或允许放空水库进行处理的裂缝。

1. 裂缝开挖

（1）开挖中应注意的事项。

1）开挖前应向裂缝内灌入较稀的石灰水，使开挖沿石灰痕迹进行，以利掌握开挖边界。

2）对于较深坑槽应挖成阶梯形，以便出土和安全施工。挖出的土料不要大量堆积坑边，以利安全，不同土料应分开存放，以便使用。

3）开挖长度应超过裂缝两端1m以外，开挖深度应超过裂缝0.5m，开挖边坡以不致坍塌并满足土壤稳定性及新旧填土接合的要求为原则，槽底宽至少0.5m。

4）坑槽挖好后，应保护坑口，避免雨淋、干裂、冰冻、进水，造成塌垮。

（2）开挖方法应根据裂缝所在部位及特点的不同而不同。具体有以下几种：

1）梯形楔入法。适用于不太深的非防渗部位裂缝。开挖时采用梯形断面，或开挖成台阶形的坑槽。回填时削去台阶，保持梯形断面，便于新老土料紧密结合。如图5-12所示。

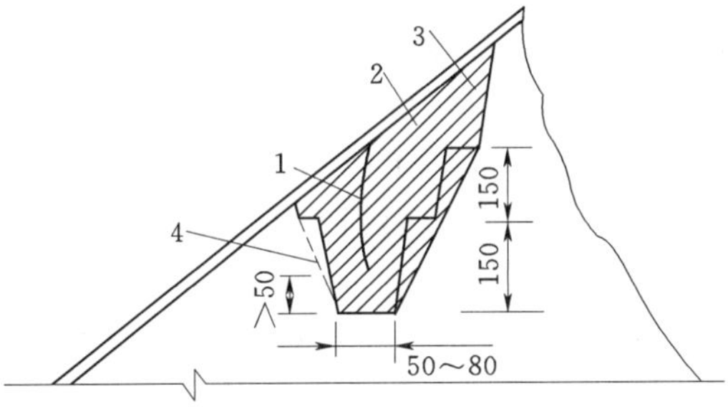

图5-12　梯形楔入法（单位：cm）

1—裂缝；2—回填土；3—开挖线；4—回填线

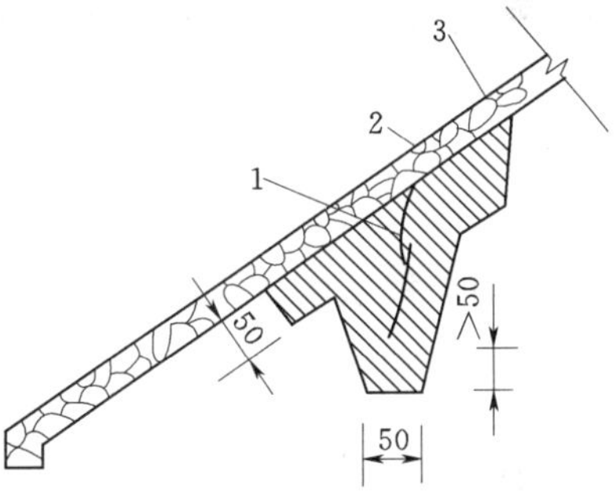

图5-13　梯形加盖法（单位：cm）

1—裂缝；2—回填土；3—块石护坡

2）梯形加盖法。适用于裂缝不太深的防渗部位及均质坝迎水坡的裂缝。其开挖情形基本与梯形楔入法相同，只是上部因防渗的需要，适当扩大开挖范围，如图5-13所示。

3）梯形十字法。适用于处理坝体和坝端的横向裂缝，开挖时除沿缝开挖直槽外，在垂直裂缝方向每隔一定距离（2～4m），加挖结合槽组成十字，为了施工安全，可在上游做挡水围堰，如图5-14所示。

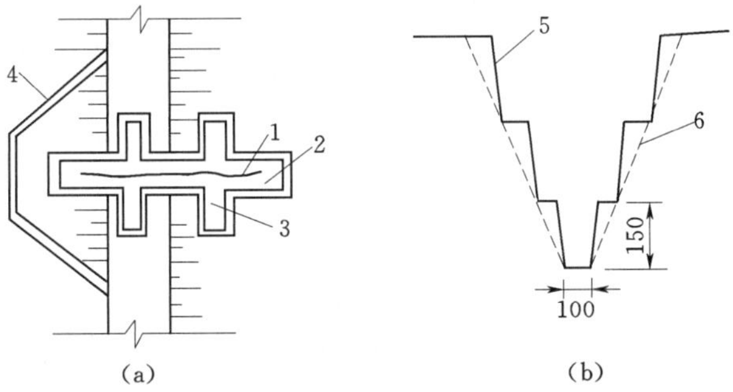

图5-14　梯形十字法（单位：cm）

(a) 裂缝开挖平面图；(b) 裂缝开挖剖面

1—裂缝；2—坑槽；3—结合槽；4—挡水围堰；5—开挖线；6—回填线

2. 土料回填

（1）回填前应检查坑槽周围的含水量，如偏干则应将表面洒水湿润；如土体过湿或冰冻，应清除后，再回填。

（2）回填时，应将坑槽的阶梯逐层削成斜坡，并将结合面刨毛、洒水，要特别注意边脚处的夯实质量。

（3）回填土料应根据坝体土料和裂缝性质选用，并作物理力学性质试验。对沉陷裂缝应选用塑性较大的土料，控制含水量大于最优含水量1%～2%；对于滑坡、干缩和冰冻裂缝的回填土料的含水量，应等于最优含水量或低于最优含水量1%～2%。回填土料的干容重，应稍大于原坝体的干容重。对于较小裂缝，可用和原坝体相同的土料回填。

（4）回填的土料应分层夯实，层厚以10～15cm为宜，压实厚度为填土厚度的2/3，夯实工具按工作面大小选用，可采用人工夯实或机械碾压。

（二）充填灌浆

当裂缝很深或裂缝很多，开挖困难或开挖危及坝坡稳定或工程量过大时，可采用充填式黏土灌浆法处理，特别是内部裂缝，则只宜用灌浆法处理。

充填灌浆主要有以下两个方面的作用。

（1）充填作用。合适的浆液对坝体中的裂缝、孔隙或洞穴均有良好的充填能力。浆液不仅能严密充填较宽的和形状简单的裂缝，也能充填缝宽1mm左右、形状复杂的细小裂缝。试验和坝体灌浆后的开挖检查结果证明，不论裂缝大小，浆液与缝壁土粒均能紧密结合。凝固以后的浆液，无论浆液本身还是浆液与缝壁的结合面，均没有新裂缝产生。

（2）压密作用。浆液在灌浆压力作用下，一方面可以挤开坝内土体，形成浆路，灌入浆液，同时在较高的灌浆压力作用下，可使裂缝两侧的坝内土体和不相连通的缝隙也因土壤的挤压作用而被压密或闭合。这种影响的范围，视灌浆压力的大小和土体性质而定，一般可达30～100cm。

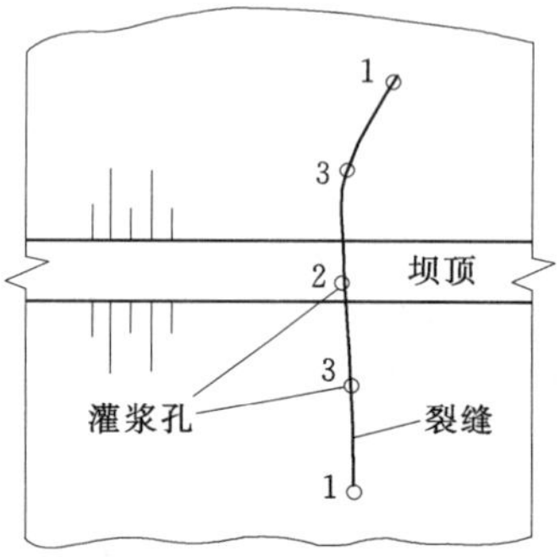

图5-15 裂缝灌浆处理布孔示意图

施工工艺：用充填灌浆处理裂缝的布孔以及施工工艺应参照《土坝灌浆技术规范》（DL/T 5238—2010）规定的内容，其一般要求如下。

1. 布孔

灌浆钻孔的布置可根据裂缝分布情况考虑，对深度较大的裂缝都是沿缝或在缝附近布孔，在裂缝的两端及转弯处，以及裂缝密集处，都应布孔，如图5-15所示。

（1）孔距应稀密合理，横向裂缝终孔距离一般3m左右；纵向裂缝因延伸较长，灌浆的浆液可沿裂缝扩散较远，布孔可稀一些，终孔距离一般的5m左右。

（2）黏土斜墙或心墙堆石坝，防渗体上的裂缝灌浆布孔应与反滤层等保持一定的安全距离，以防止串浆而破坏反滤结构。因此，窄心墙堆石坝内部裂缝不宜采用灌浆法处理。可以采用套井回填黏土防渗心墙办法处理。宽心墙堆石坝存在内部裂缝时，灌浆孔多采用单排布孔。

2. 造孔

造孔施工应据布孔的孔位由稀到密按序进行。孔深应超过隐患处2～3m。造孔力求保持铅直，要求用干法造孔，严禁用清水循环钻进。

对于深度不大于15m的灌浆孔可用人工造孔，如洛阳铲、无井架冲击钻造孔，利用钢质锥杆人力锥孔等等；对造孔较深的灌浆孔可用冲击造孔机械、XJ100－A型钻机等轻便耐用的机械造孔。

3. 制浆

灌浆浆液制作，一般采用人工制浆。如灌浆量大的工程，也可采用机械制浆。常用的浆液有纯黏土浆和黏土、水泥混合浆两种。对浆液要求流动性好，使其能灌入裂缝；要析水性好，使浆液进入裂缝后，能较快的排水固结；同时要收缩性小，使浆液析水后与土坝体结合密实。

(1) 纯泥浆。用黏性土作材料，一般含黏粒为20%～45%，如含黏粒过多，土料黏性过大，浆液析水慢，凝固时间长影响灌浆效果。用土料制作泥浆应先去掉土中的石子、杂草，加入清水浸泡2～3h后，再捣拌成浆液，过滤后储存备用。制浆用水一般为不含过量杂质的淡水。

浆液的浓度必须保持浆液对裂缝具有足够的充填能力，在此条件下，稠度越大越好。根据试验一般采用水：土(质量比)＝1：1～1：2.5。但是实际施工中，采用水土质量比来控制浓度比较麻烦，所以一般用简便比重计法控制，即把比重计放入浆液中直接测定泥浆的相对密度。灌浆浓度相对密度约控制在1.3～1.6。也可用称重法测定相对密度，如用容积为1L的容器，装满浆液，称其质量，其浆液净重的kg数即为该泥浆的相对密度值。

(2) 土、水泥混合浆。用土料和水泥为材料混合搅制而成。在土料中掺入占干土总量10%左右的水泥比较适宜。这种浆液析水性好，可促使浆液及早凝固发挥效果。适用于黏土心墙或浸润线以下的坝体裂缝处理，若水泥掺量过大，则混合浆液析水凝固后的浆体将因不能适应土石坝的变形而产生裂缝。

4. 灌浆工艺

黏土灌浆一般多采用孔内纯压式，在孔口循环，如图5－16所示。

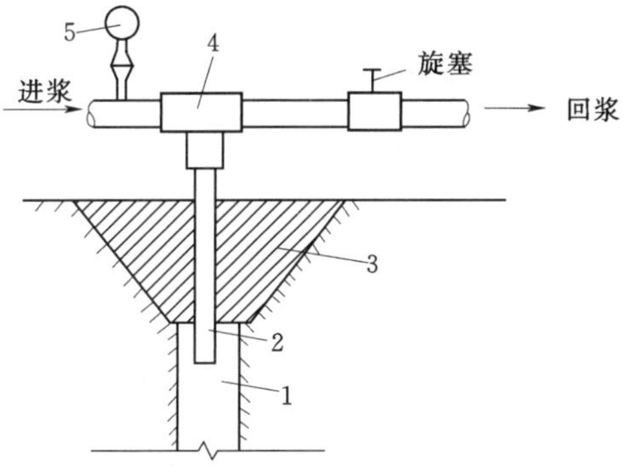

图5－16　黏土灌浆示意图

1—钻孔；2—灌浆管；3—黏土阻浆塞；4—三通；5—压力表

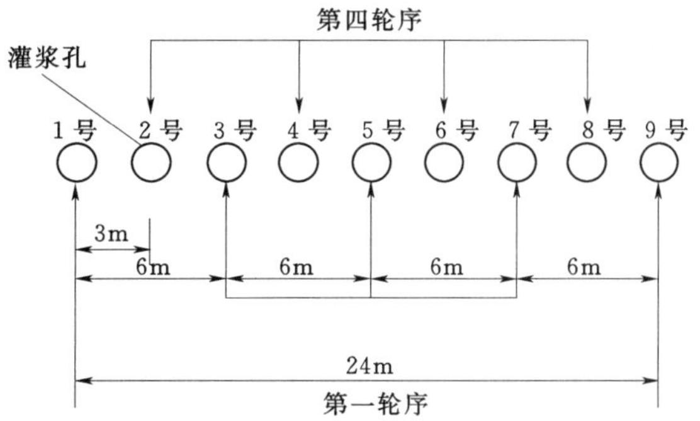

图5－17　灌浆顺序示意图

(1) 灌浆顺序应由外向里，由稀到密，即灌浆时应先灌最外边的两个孔，将裂缝封闭后，再灌中间的孔，先灌孔距较大，然后逐渐缩小孔距。从图5－17可以看出，沿裂缝布置9个孔。第一轮先灌1号、9号孔，孔距为24m；第二轮灌5号孔，孔距12m；第三轮灌3号，7号孔，孔距为6m；第四轮灌2号、4号、6号、8号孔，孔距（最终孔距）为3m。这种灌浆顺序的作用是使前轮孔有较长的时间析水固结，后轮孔做补充灌注，使裂缝得到密实充填，并可减少或避免冒浆、串浆现象。对横向裂缝的处理可先灌上游孔，再灌下游孔，后灌中间孔。

（2）灌浆浓度应先稀后浓。首先灌入比重较小的稀浆，应视吃浆量增大而逐渐由稀到浓。

（3）灌浆压力。应由小到大，即指压力要先小后大，逐渐升高，这样可保证灌浆质量。一般充填灌浆处理土石坝裂缝的灌浆孔口压力控制在0.05～0.10MPa左右，即能保证灌浆质量，采用充填灌浆方式要尽量避免大的劈裂。因此要严格控制灌浆压力。河南省元坡水库处理土坝裂缝时，曾因压力掌握不严而造成水力劈裂，使坝坡土壤被浆液带走并冲出坝体数十米远，坝坡出现了大空洞及新的裂缝。

（4）灌浆方法应少灌多复，分段灌注，少灌多复，每孔灌浆次数不得少于5次，每米孔深每次灌浆量应控制在0.3～0.5m^3。若已知裂缝、洞穴很大可以适当增加灌浆量和提高浆液浓度。

（5）出现问题应及时处理。灌浆过程中经常可能发生冒浆、串浆现象，必须根据具体情况进行分析，及时处理。

1）发现冒浆现象应立即降低灌浆压力或停灌，采取开挖回填封闭冒浆口的措施，再慢慢提高灌浆压力，或者采取停→灌→停→灌间歇灌浆等措施。

2）在进行灌浆处理的裂缝上部，采取开挖回填黏土并夯实，形成阻浆盖。再钻孔灌浆，方能提高灌浆质量。阻浆盖厚一般为0.5～1.0m左右，黑龙江省利用冻土层做阻浆盖以提高灌浆压力，如东方红水库每年5月和6月仍有0.5～1.0m厚的冻土层埋在坝面以下1m深处，形成了冻壳，利用冻壳做阻浆盖，灌浆压力提高到0.15～0.20kPa使灌浆效果良好。

（6）灌浆结束标准及封孔。当浆液升至孔口，经连续复灌三次不再吃浆时，即可终止灌浆，每孔灌完后待孔周围泥浆不再流动时，将孔内浆液扫孔到底，用直径2～3cm含水量适中的黏土球分层回填捣实，均质坝体的灌浆封孔则可向孔内灌注稠浆或用含水量适中的制浆土料倒入孔中捣实。

（7）土坝灌浆技术经验。土坝灌浆技术虽问世不长，但发展极为迅速，近年来已普遍用于土质堤坝除险加固、处理土质堤坝的裂缝和渗漏。并在实践中总结出“粉黏结合”的浆料选择，“先稀后浓”的浆液浓度变换，“先疏后密”的孔序布置，“有限控制”的灌浆压力，“少灌多复”的灌浆次数等先进技术和经验。

（三）开挖回填与灌浆结合法

该方法适用于自表层延伸到坝体深处的裂缝，或当水库水位较高、不易全部开挖回填的部位，或全部开挖回填有困难的裂缝。

施工时对上部采用开挖回填，下部采用灌浆处理。即先沿裂缝开挖至一定深度（一般2～4m左右）即进行回填，在回填时预埋灌浆管，回填完毕，采用黏土灌浆，进行坝体下部裂缝灌浆处理。例如，某水库土石坝裂缝采用该方法处理，沿裂缝开挖深4m、底宽

1m 的大槽。再沿缝口挖一小槽，深、宽各约 15～20cm。在小槽内预埋周围开孔的铁管，端接钢（铁）管伸至原土面以上。然后在槽内回填薪性土，并分层压密夯实。然后用往复式泥浆泵由一端铁管灌浆。另一端的铁管作为排气、回浆之用，如图 5－18 所示。浆液为黄土水泥浆，黄土中 0.05～0.005mm 粉粒含量为 67%，小于 0.005mm 黏粒含量为 15%，灌浆压力控制在 300kPa 以下，效果很好。

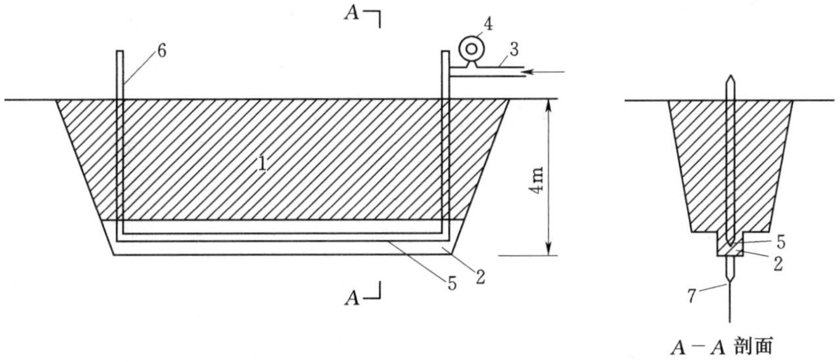

图 5－18　灌浆管埋设方法示意图

1—开挖后回填土；2—小槽；3—进浆管；4—压力表；5—花管；6—排气孔；7—裂缝

五、土石坝裂缝处理案例

湖北白莲河水库土石坝裂缝加固

1. 工程概况

白莲河水库位于长江中游支流稀水河上，总库容 12.5 亿 m^3。大坝为黏土心墙风化砂壳坝，最大坝高 55m，坝顶高程 111.05m。大坝横断面如图 5－19 所示。

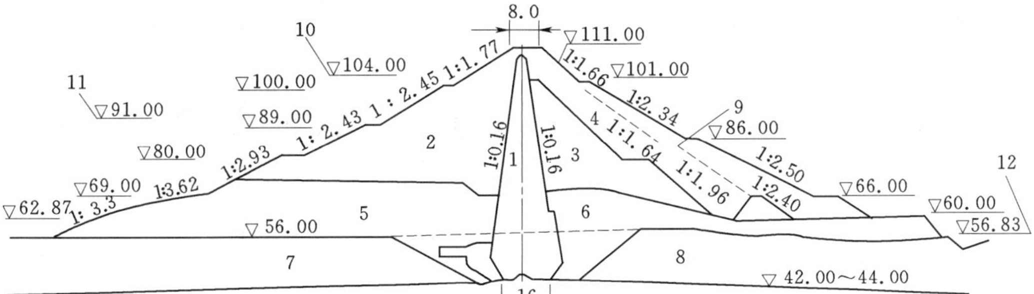

图 5－19　白莲河水库大坝剖面图（单位：m）

1—黏土心墙；2—碎石；3—砂土含少量块石；4—块石砂土混合；5—砾质粗砂；6—砾质粗砂；7—砂砾粗砂；9—原坝坡面；10—正常高水位；11—死水位；12—最低尾水位

1977 年 1 月至 1978 年 2 月开挖了 5 个探井，井口直径 1.6m。从探井中情况看，发现主要裂缝 20 条，裂缝起止高程一般在 90～105m 之间，缝宽为 1～30mm 不等，裂缝大部分为纵向裂缝，也有向上、下游倾斜的，倾角在 70°左右。

2. 黏土心墙裂缝处理措施

鉴于黏土灌浆投资少、工期短、见效快，最后决定采用黏土灌浆处理。心墙裂缝黏土灌浆设计布孔 46 个，Ⅰ序孔和Ⅱ序孔各 23 个。Ⅰ序孔间距 10m，Ⅱ序孔间距 5m。河床段孔深 25m，坝两端一般为 7～13m。黏土心墙造孔采用人工和机械相结合，人工造孔采用麻花钻、冲击钻；机械造孔主要采用 100 型钻机，两种造孔都采用干钻，严格控制加水量，保持裂缝的自然状态，而不影响灌浆效果。灌浆用黏土从库内土料场取得，其物理性能见表 5－1。

表 5－1　　黏土成分及物理力学性质

使用部位料场地点	砾粒大于 2 (mm)	砂粒 2～0.05 (mm)	粉粒 0.05～0.005 (mm)	黏粒小于 0.005 (mm)	土的分类	流限	塑限	塑性指数	比重
大坝心墙黏土（长岭料场）	4	37.5	28.4	30.1	含少量砾的砂质黏土	33.5	20.5	13.0	2.68
灌浆用黏土（库内料场）	1	33.0	27.0	39.0	黏土	42.7	23.8	18.9	2.69

根据试验选用 4 级水土比，即 1.5∶1、1.3∶1、1∶1 和 0.8∶1 的级配，先稀后浓进行，浆液的灌注分为Ⅰ序孔Ⅱ序孔，以机械灌浆为主。采用自下而上分段纯压式灌浆，分三段进行，高程 86.00～93.00m 为第三段（下段），孔口压力控制在 0.5×10^5Pa；高程 93.00～101.00m 为第二段（中段），孔口压力控制在 0.2×10^5Pa；高程 101.00～111.00m 为第一段（上段），孔口压力控制为零，即自重灌浆。灌浆结束标准是在设计压力下，停止吸浆或吸浆率不超过 0.5～1.0L/min，延灌 30～60min。

3. 灌浆效果

为检查灌浆效果，在桩号 0＋123（最大断面 0＋130 附近）、桩号 0＋178（灌浆前已挖井断面 0＋130 附近）、桩号 0＋192.5（吸浆最大部位）3 处挖探井。从检查情况来看，3 个井的浆脉基本上沿着心墙轴线或略倾向心墙下游进入井壁或消失，浆路中的泥浆不但充填得饱满，而且和原心墙结合得很好，没有因浆体收缩而重新发生裂缝。原心墙渗透系数为 7.9×10^{-6}～1.4×10^{-4}cm/s，比原设计值大，灌浆后渗透系数为 9.2×10^{-8}～1.9×10^{-7}cm/s。

第三节　土石坝的渗漏处理

由于土石坝属于散粒体结构，在坝身土料颗粒之间，仍然存在着较大的孔隙，再加之土石坝对地基地质条件的要求相对较低，在土基或较差的岩基上均可筑坝。因此水库蓄水后，在水压力的作用下，渗漏现象是不可避免的。渗漏通常分正常渗漏和异常渗漏。如渗漏从原有导渗排水设施排出，其出逸坡降在允许值内，不引起土体发生渗透破坏的则称为正常渗漏；相反，引起土体渗透破坏的称为异常渗漏。异常渗漏往往渗流量较大，水质浑浊，而正常渗漏的渗流量较小，水质清澈，不含土壤颗粒。

一、土石坝渗漏的途径和危害性及其处理原则

土石坝渗漏除沿地基中的断层破碎带或岩溶地层向下渗漏外，一般均沿坝身土料、坝基土体或绕过坝端渗向下游，即所谓的坝身渗漏、坝基渗漏及绕坝渗漏。这些渗漏过大时将造成以下危害。

（1）损失蓄水量。一般正常的渗漏所损失水量与水库蓄水量相比，其值很小。若对坝基的工程地质和水文地质条件重视不够，未作必要的调查研究，更未作防渗处理，则蓄水后会造成大量渗漏，甚至无法蓄水。

（2）抬高浸润线。严重的坝身、坝基或绕坝渗漏，常会导致土石坝坝身浸润线抬高，使下游坝坡出现散浸现象，降低坝体的抗剪强度，甚至造成坝体滑坡。

（3）渗透破坏。渗流通过坝身或坝基时，若渗流的渗透坡降大于临界坡降，将使土体发生管涌或流土等渗透变形，甚至产生集中渗漏，导致土坝失事。

显然，对于土石坝的异常渗漏，一经发现，必须立即查清原因，及时采取妥善的处理措施，有效防止事故扩大。

土石坝渗漏处理的具体原则为“上堵下排”。“上堵”即在上游坝身或地基采取措施，堵截渗漏途径，防止入渗，或延长渗径，降低渗透坡降，减少渗透流量；“下排”即在下游做好反滤和导渗设施，将坝内渗水尽可能安全地排出坝外，以达到渗透稳定，保证工程安全运用的目的。

二、坝身渗漏的原因及处理方法

（一）坝身渗漏的形式及原因

坝身渗漏的常见形式有：散浸、集中渗漏、管涌及管涌塌坑、斜墙或心墙被击穿等。

坝体浸润线抬高，渗漏的逸出点超过排水体的顶部，下游坝坡呈大片湿润状态的现象，称为散浸。而当下游坝坡、地基或两岸山包出现成股水流涌出的现象，则称集中渗漏。坝体中的集中渗漏，逐渐带走坝体中的土粒，自然形成管涌。若没有反滤保护（或反滤设计不当），渗流将把土粒带走，淘成孔穴，逐渐形成塌坑。当集中渗流发生在防渗体（斜墙和心墙）内，亦会使土料随渗流带出，即所谓的心墙（斜墙）击穿。

造成坝身渗漏的主要原因有以下几个方面：

（1）坝身尺寸单薄，特别是塑性斜墙或心墙厚度不够，使渗流水力坡降过大，造成斜墙或心墙被渗流击穿而引起坝体渗漏。

（2）排水体在施工时未按设计要求选用反滤料或铺设的反滤料层间混乱，甚至被削坡的弃土或者因下游洪水倒灌带来的泥沙堵塞等原因，造成坝后排水体失效，而引起浸润线抬高。也有因排水体设计断面太小，排水体顶部不够高，导致渗水从排水体上部逸出坝坡。

（3）坝体施工质量差，如土料含砂砾太多，透水性过大，或者在分层填筑时已压实的土层表面未经刨毛处理，致使上下土层结合不良；或铺土层过厚，碾压不实；或分区填筑的结合部少压或漏压等；施工过程中在坝体内形成薄弱夹层和漏水通道，从而造成渗水从下游坡逸出，形成散浸或集中渗漏。

（4）坝体不均匀沉陷引起横向裂缝；或坝体与两岸接头不好而形成渗漏途径；或坝下压力涵管断裂，在渗流的作用下，发展成管涌或集中渗漏的通道。

（5）管理工作中，对白蚁、獾、鼠等动物在坝体内的孔穴未能及时发现并进行处理，以致发展成为集中渗漏通道。

（6）冬季施工中，填土碾压前冻土层没有彻底处理，或把大量冻土填入坝内，形成软弱夹层，发展成坝体渗漏的通道。

（二）坝身渗漏的处理方法

坝身渗漏的处理，应按照“上堵下排”的原则，针对渗漏的原因，结合具体情况，采取以下不同的处理措施。

1. 斜墙法

斜墙法即在上游坝坡补做或加固原有防渗斜墙，堵截渗流，防止坝身渗漏。此法适用于大坝施工质量差，造成了严重管涌、管涌塌坑、斜墙被击穿、浸润线及其逸出点抬高、坝身普遍漏水等情况。具体按照所用材料的不同，分为黏土斜墙、沥青混凝土斜墙及土工膜防渗斜墙。

（1）黏土防渗斜墙。修筑黏土斜墙时，一般应放空水库，揭开护坡，铲去表土，再挖松10～15cm，并清除坝身含水量过大的土体，然后填筑与原斜墙相同的黏土，分层夯实，使新旧土层结合良好。斜墙底部应修筑截水槽，深入坝基至相对不透水层。对黏土防渗斜墙的具体要求为：①所用土料的渗透系数应为坝身土料渗透系数的1%以下；②斜墙顶部厚度（垂直于斜墙坡面）应不小于0.5～1.0m，底部厚度应根据土料容许水力坡降而定，一般不得小于作用水头的1/10，最小不得少于2m；③斜墙上游面应铺设保护层，用砂砾或非黏性土料自坝底铺到坝顶。厚度应大于当地冰冻层深度，一般为1.5～2.0m。下游面通常按反滤要求铺设反滤层。

如果坝身渗漏不太严重，且主要是施工质量较差引起的，则不必另做新斜墙，只需降低水位，使渗漏部分全部露出水面，将原坝上游土料翻筑夯实即可。

当水库不能放空，无法补做新斜墙时，可采用水中抛土法处理，即用船载运黏土至漏水处，从水面均匀抛下，使黏土自由沉积在上游坝坡，从而堵塞渗漏孔道，不过效果没有填筑斜墙好。

（2）沥青混凝土斜墙。在缺乏合适的黏土土料，而有一定数量的合适沥青材料时，可在上游坝坡加筑沥青混凝土斜墙。沥青混凝土几乎不透水，同时能适应坝体变形，不致开裂，抗震性能好，工程量小（因其厚度约为黏土斜墙厚度的1/40～1/20），投资省，工期短。我国在修筑沥青混凝土斜墙方面已积累了相当丰富的经验，近年来，用沥青混凝土做斜墙处理坝身渗漏已受到广泛的重视。

（3）土工膜防渗斜墙。土工膜是一种新的防渗结构型式，近十几年来，在土石坝防渗处理上得到广泛应用，收到了很好的效果。土工膜防渗具有工期短、用工少、不需机械设备，施工技术简易，造价低，能适应坝体变形。但抗老化性能不如混凝土等材料。规范规定用于抵抗水头一般不超过50m。

适用于能放空水库的坝体防渗处理，特别是适用于不宜用灌浆处理的黏土斜墙堆石坝、黏土斜墙石渣坝和施工质量差引起渗漏破坏的坝体，但坝体上游坡必须是稳定的。若大坝除坝体渗漏外还存在坝基或绕坝渗漏，因周边边界难定，可与灌浆防渗比较，择优选用。对土工膜斜墙防渗结构要求如下。

1）塑膜的选择。常用土工膜一般有聚乙烯、聚氯乙烯、复合土工膜等几种，其中选用最多的是质地柔软、耐低温、不易老化、比重较小、抗裂性能好的聚乙烯塑膜，其厚度0.1～0.2mm，幅宽2～10m。

2）铺膜范围。要求从上游坝脚至坝顶全面铺设，坝两端铺到两岸基岩开沟固埋。若铺膜高程不到最高校核洪水位或坝顶，当蓄水位超过铺膜高程时，渗透水流则绕过塑膜而在下游坡面逸出；而铺膜起始高程不从坝基脚起铺，同样也不能获得很好的防渗效果。

3）塑膜厚度。塑膜厚度与垫层的平整度有关，已建成的土石坝的坝体防渗处理多是将原坝坡平整后作垫层，若垫层为黏壤土，砂壤土、平整无尖角，根据理论计算和工程实践，水头在30m以下用0.12mm厚的聚乙烯薄膜2～3层即可，承受30m以上水头的，宜选用复合土工膜，膜厚度不小于0.5mm。

4）基土垫层的断面形式。已施工的工程基土开挖有的为锯齿式、阶梯式，单坡式等。锯齿式齿高20～30cm，齿距120～180cm，如图5-20所示。锯齿形垫层，由于锯齿完整密实具有一定的抗力，对阻止塑膜以上的土料保护层的顺层滑动有利，对保护层的稳定条件，远远优于其他形式，广为采用。

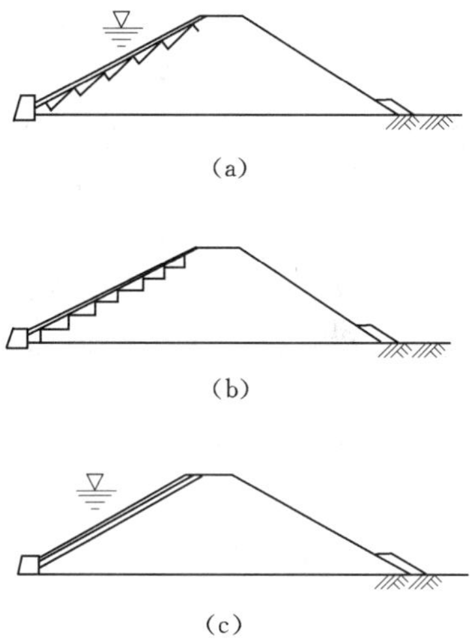
图5-20　断面形式示意图
（a）锯齿式；（b）阶梯式；（c）单坡式

5）土料保护层。为使薄膜免受光热照射，防止人畜踩踏和冰冻，延缓老化过程，薄膜以上必须铺设保护层。据调查，薄膜防渗工程的损坏，主要是保护层塌滑，薄膜外露。因此，保护层的稳定是薄膜防渗成功的关键，直接影响薄膜的使用年限和安全运用。薄膜是不透水的，铺膜后的坝体浸润线大幅度降低，甚至基本消失，渗透压力消除，对坝坡稳定有利，保护土层处于饱和状态，加上薄膜表面光滑，膜与土料间摩擦系数较小，当库水位下降时，易引起塌滑，因此设计施工时要充分考虑到影响保护层稳定的因素：如保护层厚度、施工质量（特别是干容重），铺土垫层断面形式，土料性质等。

根据成功的经验，土料保护层垂直坝坡的厚度，均不小于50cm，坝坡下部稍厚一些，土料保护层上铺透水垫层，后再铺砌一层厚30cm的干砌块石或厚5～10cm的混凝土预制板以防风浪淘刷。

6）施工工艺。从投入运行的工程看，能否安全运用，除正确设计外，必须抓好施工质量。

a. 清理坝面，保证基础垫层平整。先按设计要求削坡，清除一切树根杂草、石子和杂物，再开挖坝踵截流槽、锯齿台和两坝肩固埋沟，并严格平整坡面。

b. 塑膜拼接。薄膜接缝是防渗效果的中心环节，有搭接、粘接、焊接等几种方法，一般以焊接和黏接防渗效果较好。焊接可用衡温电熨斗、电烙铁、手提式热合机热合。黏接可使用沥青加一定量的柴油做黏合剂，或其他胶合剂。黏接方法是将塑膜按规格剪裁后，放在事先准备好的桌子或木板上，并将搭接处（两片）约30cm宽内的杂质、泥土、水分擦洗干净，涂胶合剂时将塑膜拉平，涂上胶合剂后马上黏合、用手压平贴紧。黏接宽度一般 15cm 左右，热合宽度可 5cm 左右。黏合剂涂膜时要注意黏结均匀、牢固。

c. 塑膜铺设。一般是自下而上横铺，以配合蓄水。剪裁时预留 3%～5%的褶皱长度。铺膜时不能拉得太紧，以免填压夯实时受压破坏。铺膜速度要与保护层回填速度同步，以免铺膜太快，使薄膜长时间裸露加速老化。

d. 保护层填筑土料。保护层填筑是薄膜防渗成败的关键。回填土料不得含杂草树根、干土块、石块等，含水量要适宜。先回填锯齿台三角体用砂质黏土回填拍实，再按设计土料分层填筑。每层铺松土不大于 20cm，并夯实。干容重必须大于 1.5g/cm^3。

2. 充填式灌浆法

灌浆法的主要优点是水库不需要放空，可在正常运用条件下施工，工程量小，设备简单，技术要求不复杂，造价低，易于就地取材。适用于均质土坝，或者是心墙坝中较深的裂缝处理。具体方法与裂缝灌浆法相同。

如某均质坝，坝高 37m，因坝体压实质量差而造成渗漏，经研究分析，采用坝体灌浆处理。灌纯黏土浆，灌浆孔一排，孔距 2m，采用分段灌注，每段 5m。第一段灌浆压力为 70～100kPa，以后深度每增加 1m，压力提高 10kPa，但控制最高压力不超过 300kPa，灌浆期间水库最大水头为 27.5m。经过处理后渗流量减少 73%～86%，坝体浸润线也明显下降。

3. 劈裂灌浆法

所谓劈裂灌浆就是应用河槽段坝轴线附近的小主应力面一般平行于坝轴线的铅垂面的规律，沿坝轴线单排布置相距较远的灌浆孔，利用泥浆压力，沿坝轴线劈开坝体并充填泥浆，从而形成连续的浆体防渗帷幕。

劈裂灌浆具有效果好、投资省、设备简单等优点。对于均质坝及宽心墙坝，当坝体比较松散，渗漏、裂缝众多或很深，开挖回填困难时，可选用劈裂灌浆法处理。下面仅介绍劈裂灌浆与充填灌浆不同的一些特点。

（1）劈裂灌浆的机理。

1）泥浆劈裂过程。当灌浆压力大于土体抗劈力（即灌浆孔段坝体的主动土压力）时，坝体将沿小主应力方向产生平行于坝轴线的裂缝。泥浆在压力作用下进入坝体裂隙之中，并充填原有的裂缝和孔隙。

2）浆压坝过程。即泥浆进入裂隙后，仍有较大压力，压迫土体，使土体之间产生相对位移而被压密。

3）坝压浆过程。随着泥浆排水固结，压力减小，坝体回弹，反过来压迫浆体，加速浆液排水固结。经泥浆充填，浆坝互压和坝体湿陷等作用，不仅充填了裂缝，而且使坝体密实，改善了坝体的应力状态，有利于坝体的变形稳定。

（2）灌浆孔的布置。劈裂灌浆沿坝轴线单排布孔，第一序孔间距约为坝高的 2/3，分 2～3 道孔序，一般 30～40m 高的坝最终孔距以 10m 为宜。此外，还应具体将坝体分段，区别对待。因大坝岸坡段和曲线段的小主应力面偏离坝轴线，故在岸坡段应缩小孔距，减小灌浆压力和每次灌注量，使防渗帷幕通过岸坡段。在曲线段应沿坝轴线不分序钻孔，间距 3～5m，反复轮灌，形成连续的防渗帷幕。

（3）灌浆施工。劈裂式灌浆多采用全孔灌注法。全孔灌注法分孔口注浆和孔底注浆两种。实践证明，孔底注浆法在施加较大压力和灌入较多浆料的情况下，外部变形缓慢，容易控制，能基本实现“内劈外不劈”。影响灌浆压力的应因素很复杂，不仅与坝体质量有关，还与灌浆部位、浆液浓度等有关，一般通过现场实验确定。

对一次灌浆而言，泥浆压力不宜超过劈裂压力。如果泥浆压力过大，泥浆将沿着中间主应力面或大主应力面劈裂。前者是贯通上下游面的铅垂面，而后者是贯通上下游的水平面。这些劈裂面的出现将威胁坝身安全。必须指出，经过灌浆，小主应力有所增加。随着复灌次数的增加，小主应力进一步增加，起裂压力也增大，故不能把某孔底部灌浆时的起裂压力作为该孔的控制依据，应随时根据不同的深度、不同复灌次数而有所改变。

4. 混凝土防渗墙法

混凝土防渗墙是用专门的造孔机具在坝身打孔，将若干圆孔连成槽型，用泥浆固壁，然后在槽孔内浇筑混凝土，形成一道整体混凝土防渗墙。与其他防渗措施相比，具有施工进度快、节省材料、防渗效果好等优点，但所需机械设备多、技术较复杂、成本较高。适用于坝高60m以内，坝身质量差，渗漏范围普通的均质坝和心墙坝。

混凝土防渗墙按施工方法不同可分为槽孔式和连续圆柱式两种。目前多采用槽形防渗墙，即将防渗墙分段，每段槽孔长约5～12m，具体为先打第一期槽孔浇筑混凝土，一周后，再打第二期槽孔。第二期槽孔造孔时需对第一期槽孔两端进行套削，以保证搭接处有足够的墙厚。槽孔施工常用劈打法，即先每隔一定距离打主孔，然后劈打两主孔之间的部位（常称副孔），如图5-21所示。

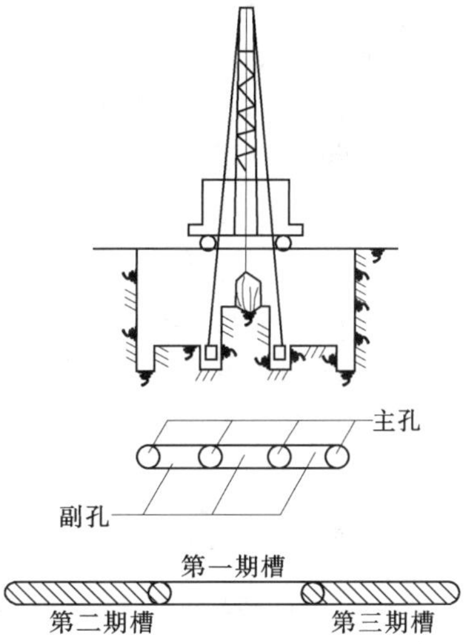

图5-21　槽形防渗墙的造孔方法

造孔过程中，为防孔壁坍塌、冷却钻头、避免悬浮岩屑等的目的，应不断向孔中注入黏土浆液，并保持距槽孔面0.8～1m。当槽孔达到设计深度后，再更换为混凝土。防渗墙的厚度一般采用0.6～0.8m。同时为了增加防渗墙和坝体的接触渗径，减小坝顶的应力集中，在墙顶一定范围内用高塑性土料填筑，墙底应嵌入基岩不小于0.5m以加强连接，两端与岸坡防渗设施或岸边基岩相连接。

在我国已修建的防渗墙中约76%用的是黏土混凝土。黏土的掺和率一般为水泥和黏土总质量的12%～20%。在混凝土中掺加一定量的黏土（这里的黏土包括黏土和膨润土），不仅可以节约水泥，还可降低混凝土的弹性模量，使混凝土具有更好的变形性能，同时也改善了混凝土拌和物的和易性，使浇注时不易堵管。黏土混凝土早期强度较低，特别有利于接头孔的钻凿，给施工带来了很大的方便。

5. 黏土防渗墙

利用冲抓式打井机具，在土坝或堤防渗漏范围的防渗体中造孔，用黏性土料分层回填夯实，形成一个连续的黏土防渗墙。同时，在回填夯击时，对井壁土层挤压，使井孔周围土体密实，提高坝体质量，从而达到防渗加固的目的。具体施工是在坝顶布置的防渗墙轴线上，用冲抓钻造孔，开孔直径一般要求110～120cm，第一钻孔达到设计深度后，对钻

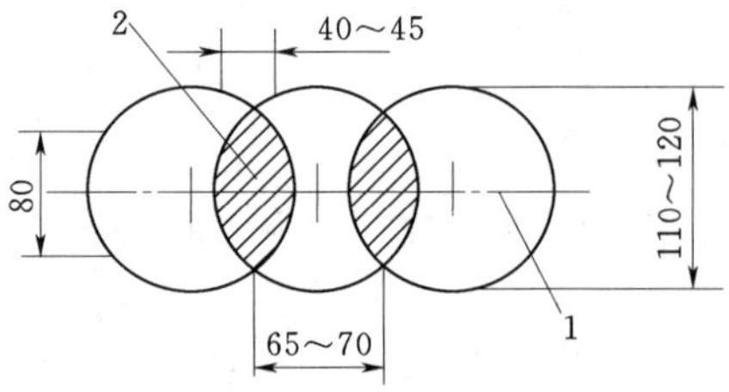

图 5-22 黏土防渗墙的有效厚度（单位：cm）
1—防渗曲线；2—搭接厚度

孔进行检查并清除孔底浮土碎石，然后回填符合设计要求的黏土。回填层厚 25～35cm，用铁夯或石夯夯实。而后，再打第二个孔，相邻两孔之间应有一定的搭接宽度，以保证黏土防渗墙的有效厚度，如图 5-22 所示。具体厚度可由黏土允许水力坡降确定。

实践证明，黏土防渗墙法具有机械设备简单、施工方便、工艺易掌握、工程量小、工效高、造价低、防渗效果好等特点，特别适合于均质坝和宽心墙坝的渗漏处理。此法的缺点是造孔孔径大，回填方量大。

6. 导渗法

上面几种均为坝身渗漏的“上堵”措施，目的是截流减渗，而导渗则为“下排”措施。主要针对已经进入坝体的渗水，通过改善和加强坝体排渗能力，使渗水在不致引起渗透破坏的条件下，安全通畅地排出坝外。按具体不同情况，可采用以下几种形式。

（1）导渗沟法。当坝体散浸不严重，不致引起坝坡失稳时，可在下游坝坡上采用导渗沟法处理。导渗沟在平面上可布置成垂直坝轴线的沟或人字形沟（一般 45°角），也可布置成两者结合的 Y 形沟，如图 5-23 所示。三种形式相比，渗漏不十分严重的坝体，常用 I 形导渗沟；当坝坡、岸坡散浸面积分布较广，且逸出点较高时，可采有 Y 形导渗沟；而当散浸相对较严重，且面积较大的坝坡及岸坡，则需用 W 形导渗沟。

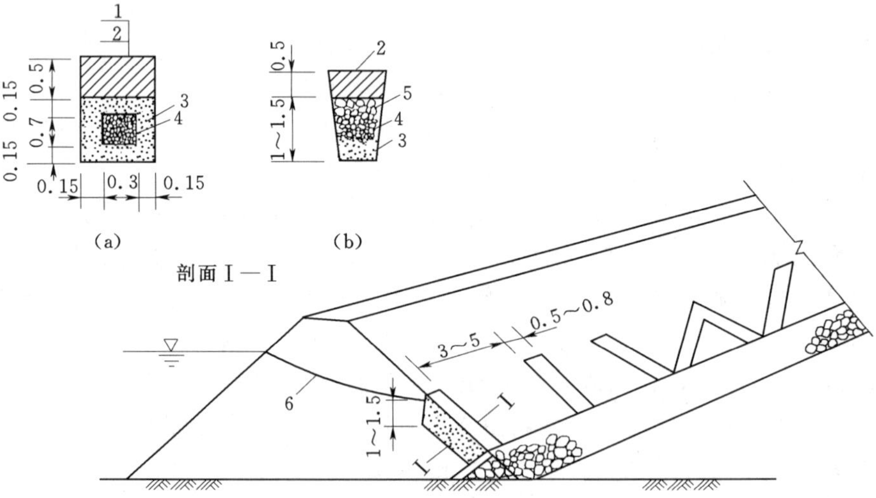

图 5-23 导渗沟修筑示意图（单位：m）
1—草皮；2—回填土；3—粗砂；4—碎石；5—块石；6—浸润线

几种导渗沟的具体做法和要求如下：

1）导渗沟一般深 0.8～1.2m、宽 0.5～1.0m，沟内按反滤层要求填砂、卵石、碎石或片石。

2）导渗沟的间距可视渗漏的严重程度，以能保持坝坡干燥为准，一般为3～5m，导渗沟的顶部高程应高于渗水出逸点。

3）严格控制滤料质量，不得含有泥土或杂质，不同粒径的滤料要严格分层填筑。

4）为避免造成坝坡崩塌，不应采用平行坝轴线的纵向或类似纵向（如门形、T形等）导渗沟。

5）为使坝坡保持整齐美观，免受冲刷，导渗沟可做成暗沟。

（2）导渗砂槽法。对局部浸润线逸出点较高和坝坡渗漏较严重，而坝坡又较缓，且具有褥垫式滤水设施的坝段，可用导渗砂槽处理。它具有较好的导渗性能，对降低坝体浸润线效果亦比较明显。其形状如图5-24所示。

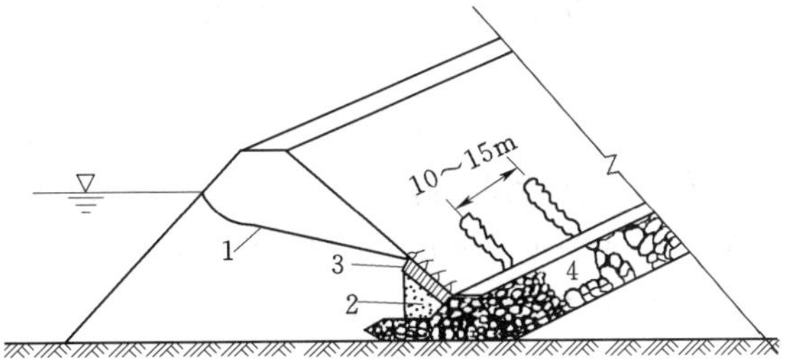

图5-24　导渗砂槽示意图

1—浸润线；2—砂；3—回填土；4—滤水体

（3）导渗培厚法。当坝体散浸严重，出现大面积渗漏，渗水又在排水设施以上出逸，坝身单薄，坝坡较陡，且要求在处理坝面渗水的同时增加下游坝坡稳定性时，可采用导渗培厚法。

导渗培厚即在下游坝坡贴一层砂壳，再培厚坝身断面，如图5-25所示。这样，一是可导渗排水，二是可增加坝坡稳定。不过，需要注意新老排水设施的连接，确保排水设备有效和畅通，达到导渗培厚的目的。也可以用土工织物代替砂石做反滤层导渗。

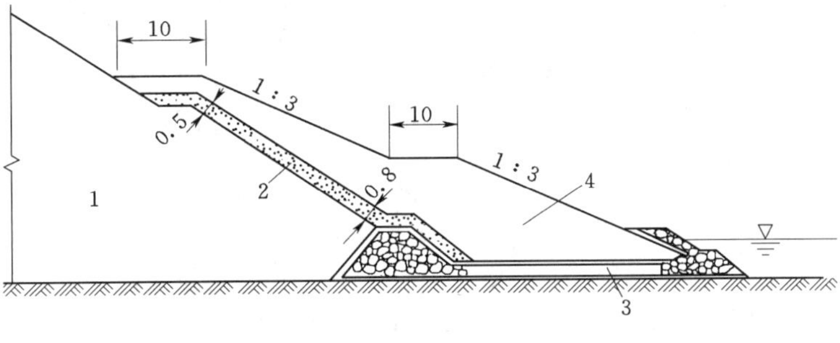

图5-25　导渗培厚法示意图（单位：m）

1—原坝体；2—砂壳；3—排水设施；4—培厚坝体

三、坝基渗漏的原因及处理方法

（一）坝基渗漏的原因

坝基渗漏的根本原因是坝址处的工程地质条件不良，而直接的原因还是存在于设计、施工和管理三个方面。

（1）设计方面。对坝址的地质勘探工作做得不够，没有详细弄清坝基情况，未能针对性地采取有效的防渗措施，或防渗设施尺寸不够。薄弱部位未作补强处理，给坝基渗漏留下隐患。

（2）施工方面。

1）对地基处理质量差，如岩基上部的冲积层或强风化层及破碎带未按设计要求彻底清理，垂直防渗设施未按要求做到新鲜基岩上。

2）施工管理不善，在库内任意挖坑取土，天然铺盖被破坏。

3）各种防渗设施未按设计要求严格施工，质量差。

（3）管理方面。

1）运用不当，水库水位消落，坝前滩地部分黏土铺盖裸露暴晒开裂，或在铺盖上挖坑取土打桩等引起渗漏。

2）对导渗沟、减压井养护维修不善，出现问题未及时处理，而发生渗透破坏。

3）在坝后任意取土、修建鱼池等也可能引起坝基渗漏。

（二）坝基渗漏的处理措施

坝基渗漏处理的原则，仍可归纳为“上堵下排”。即在上游采取水平防渗（如黏土铺盖）和垂直防渗（如截水槽、防渗墙等）两种措施，阻止或减少渗流通过坝基。在下游用导渗措施（如排水沟、减压井等）把已经进入坝基的渗流安全排走，不致引起渗透破坏。

下面分别介绍坝基渗漏常用的防渗，导渗措施。

1. 黏土截水槽

黏土截水槽，是在透水地基中沿坝轴线方向开挖一条槽形断面的沟槽，槽内填以黏土夯实而成，是坝基防渗的可靠措施之一。如图 5－26 所示。尤其对于均质坝或斜墙坝，当不透水层埋置较浅（10～15m 以内）、坝身质量较好时，应优先考虑这一方案。不过当不透水层埋置较深，而施工时又不便放空水库时，切忌采用，因施工排水困难，投资增大，不经济。

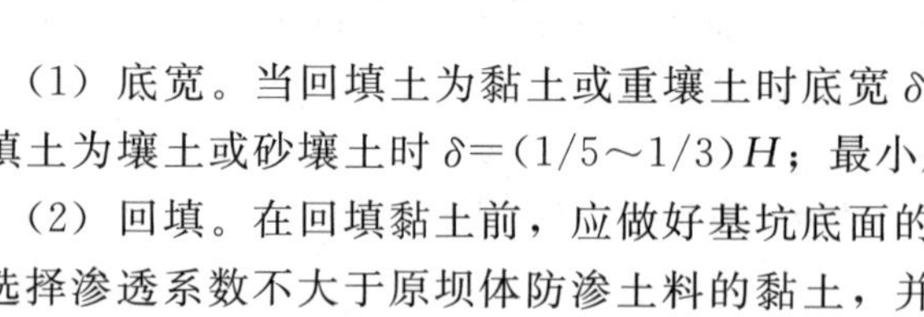

图 5－26 黏土截水槽

1—黏土截水槽；2—坝体；3—透水层

截水槽的设计、施工要求如下：

（1）底宽。当回填土为黏土或重壤土时底宽 $\delta=(1/10\sim1/5)H$（H 为作用水头）；当回填土为壤土或砂壤土时 $\delta=(1/5\sim1/3)H$；最小底宽为 3m。

（2）回填。在回填黏土前，应做好基坑底面的渗水处理与泉眼堵塞工作。回填的土料应选择渗透系数不大于原坝体防渗土料的黏土，并按照施工规范要求分层填筑分层夯实，其压实密度应不小于原坝体同类填土。截水槽的底部必须做到不透水层或基岩上，并深入岩基 0.5～1.00m 以防结合面集中渗流。

2. 混凝土防渗墙

如果覆盖层较厚，地基透水层较深，修建黏土截水槽困难大，则可考虑采用混凝土防渗墙。其优点是不必放空水库，施工速度快，节省材料，防渗效果好。

混凝土防渗墙即在透水地基中用冲击钻造孔，钻孔连续套接，孔内浇筑混凝土，形成的封闭防渗的墙体。其上部应插入坝内防渗体，下部和两侧应嵌入基岩。如图 5-27 所示。

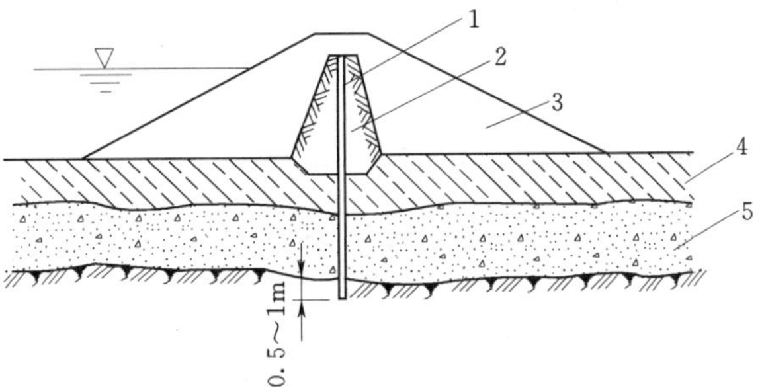

图 5-27　混凝土防渗墙的一般布置

1—防渗墙；2—黏土心墙；3—坝壳；4—覆盖层；5—透水层

3. 灌浆帷幕

所谓灌浆帷幕是在透水地基中每隔一定距离用钻机钻孔（达基岩下 2～5m），然后在钻孔中用一定压力把浆液压入坝基透水层中，使浆液填充地基土中孔隙，使之胶结成不透水的防渗帷幕。当坝基透水层厚度较大，修筑截水槽不经济；或透水层中有较大的漂石、孤石，修建防渗墙较困难时，可优先采用灌浆帷幕。另外当坝基中局部地方进行防渗处理时，利用灌浆帷幕亦较灵活方便。

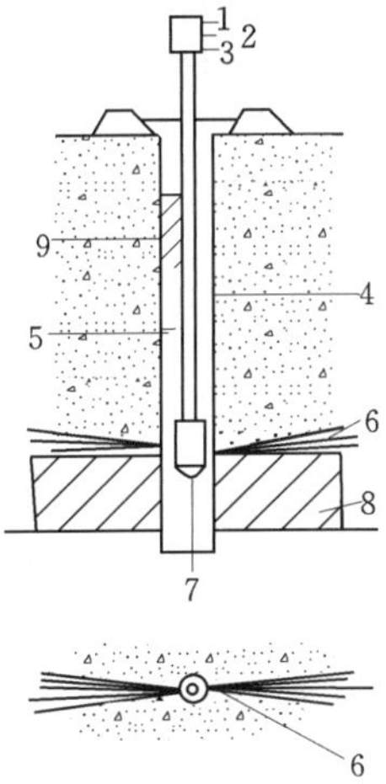

图 5-28　高压定向喷射灌浆原理示意图

1、2、3—水、气、浆管；4—钻孔；5—喷射灌浆管；6—水气射流切割缝槽；7—喷浆口；8—形成的防渗墙；9—回浆

灌注的浆液一般有黏土浆、水泥浆、水泥黏土浆、化学灌浆材料等。在砂砾石地基中，多采用水泥黏土浆，其水泥含量为水泥黏土总质量的 10%～30%，浆液浓度范围多为干料：水=1：1～1：3。最优配比可具体进行试验确定。对于砂土地基，切忌盲目采用黏土浆及水泥浆（因砂的过滤作用，会析出浆料颗粒阻塞浆路），只有当地基土壤的颗粒级配满足可灌性要求时，才能采用。对于中砂、细砂和粉砂层，可酌情采用化学灌浆，但其造价较高。

4. 高压定向喷射灌浆

高压定向喷射灌浆的原理是采用高压射流冲击破坏被灌地层结构，使浆液与被灌地层的土颗粒掺混，形成设计要求的凝结体。即把高压水和压缩空气［压力（70～80）$\times 10^4$Pa］输送到直径 2～3mm 的喷嘴，造成流速为 100～200m/s 的射流，切割破坏地层形成缝槽；同时用 100N/cm^2 左右的压力，把水泥浆由另一钢管输送到切割缝的附近充填此缝，并使部分浆液穿透到缝壁砂砾石地层中，一起凝结成薄防渗墙，如图 5-28 所示。除沟槽掺搅形成凝结体外，浆液向沟槽两侧土水气射流切割缝槽体孔隙渗透形成凝结过渡层，也有着较强的防渗性。

进行高压定向喷射施工时，先用普通岩心钻机并以泥浆循环护壁造孔，钻入基岩 1m 左右。喷射灌浆管以 6～60cm/min 的速度逐渐向上提升，要求水泥浆与岩面或土层严密结合，最后完成全孔段防渗墙，如图 5-29 所示。

高压定向喷射灌浆技术适用于在各种松散地层（如砂层、淤泥、黏性土、壤土层和砂砾层）中，构筑防渗体。最大工作深度不超过 40m。在卵石、漂石层过厚或含量过多的底层不宜采用。能在狭窄场地、不影响建筑物上部结构条件下施工，与其他基础处理技术相

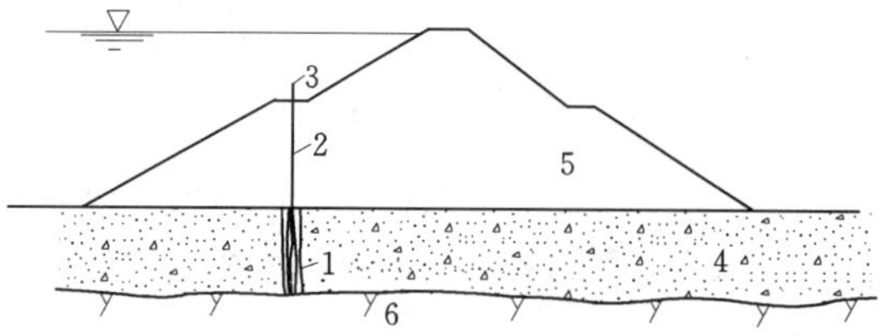

图 5-29 高压喷射帷幕示意图
1—喷射帷幕；2—施工轴线；3—施工平台；
4—透水层；5—坝体；6—不透水层

比，具有适用范围广、设备简单、工效高、比较经济等优点。

5. 黏土铺盖

黏土铺盖是常用的一种水平防渗措施，是利用黏土在坝上游地基面分层碾压而成的防渗层。其作用是覆盖渗漏部位，延长渗径，减小坝基渗透坡降，保证坝基稳定。特点是施工简单，造价低廉，易于群众性施工，但需在放空水库的情况下进行，同时，要求坝区附近有足够合乎要求的土料。透水地基较深，且坝体质量尚好、采用其他防渗措施不经济的情况下采用。

具体设计、施工中常遇到以下问题。

(1) 铺盖长度。铺盖长度应满足地基中的实际平均水力坡降和坝基下游出口无保护处的水力坡降均小于或等于地基土体允许平均水力坡降 $[J_a]$ 的要求。一般为 5～10 倍水头。

(2) 铺盖厚度。铺盖厚度应保证各处通过的渗透坡降不大于允许值，即铺盖任一点的厚度 t_x（距上游端 x 处的厚度）决定于该点所承受的水头差 ΔH_x（铺盖上下的水头差）和土料的允许坡降 $[J]$，即

$$t_x=\frac{\Delta H_x}{[J]}$$

一般黏土，$[J]$ 取 5～10；壤土取 3～5。

铺盖还需满足一定的构造要求，即上游端厚 0.5～1.0m，末端厚 (1/10～1/6)H，与心墙或斜墙连接处适当加厚，一般约为 3～5m。

(3) 填筑要求。

1) 铺盖土料的渗透系数一般要求不大于 1×10^{-5}cm/s，而且应为地基土渗透系数的 1/1000～1/100。

2) 铺盖土应分层填筑，每层压实厚度为 0.1～0.2m，其干容重一般不小于 15.7kN/m^3。

3) 在砂砾石地基上铺设时，应按反滤要求进行。

4) 为防干裂，表面可铺 1.0～1.5m 厚的保护层。

6. 排渗沟

排渗沟是坝基下游排渗的措施之一，常设在坝下游靠近坝趾处，且平行于坝轴线，如图 5-30 所示。其目的是：一方面，有计划地收集坝身和坝基的渗水，排向下游，以免下游坡脚积水；另一方面，当下游有不厚的

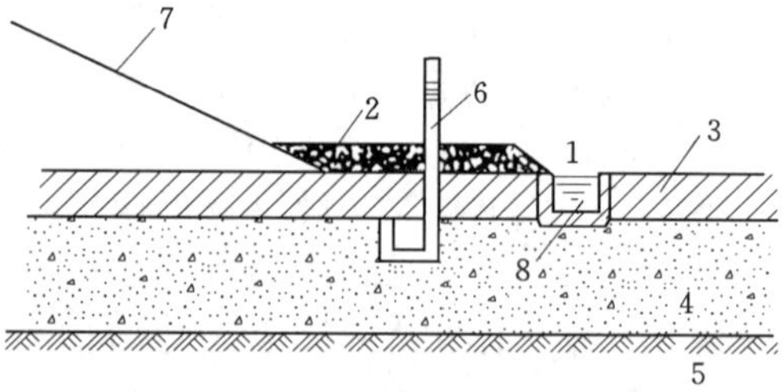

图 5-30 排渗沟示意图
1—排渗沟；2—透水盖重；3—弱透水层；
4—透水层；5—不透水层；6—测压管；
7—下游坝坡；8—反滤层

弱透水层时，尚可利用排水沟排水减压。

对一般均质透水层沟只需深入坝基1～1.5m；对双层结构地基，且表层弱透水层不太厚时，应挖穿弱透水层，沟内按反滤材料设保护层；当弱透水层较厚时，不宜考虑其导渗减压作用。

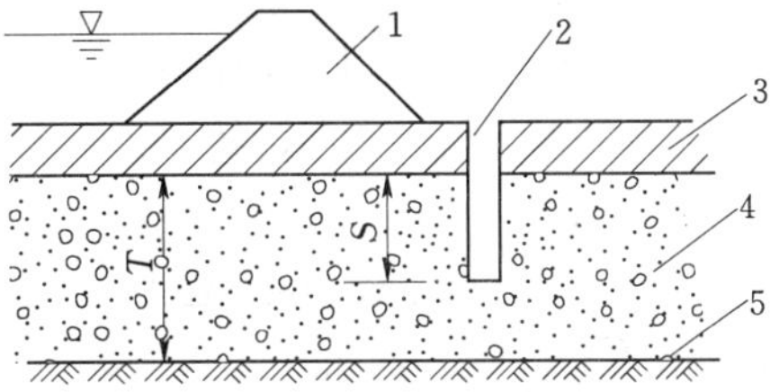

图5-31　减压井位置示意图
1—坝体；2—减压井；3—弱透水层；4—强透水层；5—不透水层

在只起排渗作用时，排渗沟的断面，据渗流量确定；若兼起排水减压作用时，应做专门计算。

为了方便检查，排渗沟一般布置成明沟；但有时为防止地表水流入沟内造成淤塞，亦可做成暗沟，但工程量较大。

7. 减压井

减压井是利用造孔机具，在坝址下游坝基内，沿纵向每隔一定距离造孔，并使钻孔穿过弱透水层，深入强透水层一定深度而形成，如图5-31所示。

减压井的结构是在钻孔内下入井管（包括导管、花管、沉淀管），管下端周围填以反滤料，上端接横向排水管与排水沟相连，如图5-32所示。这样可把地基深层的承压水导出地面，以降低浸润线，防止坝基渗透变形，避免下游地区沼泽化。当坝基弱透水层覆盖较厚，开挖排水沟不经济，而且施工也较困难时，可采用减压井。减压井是保证覆盖层较厚的砂砾石地基渗流稳定的重要措施。

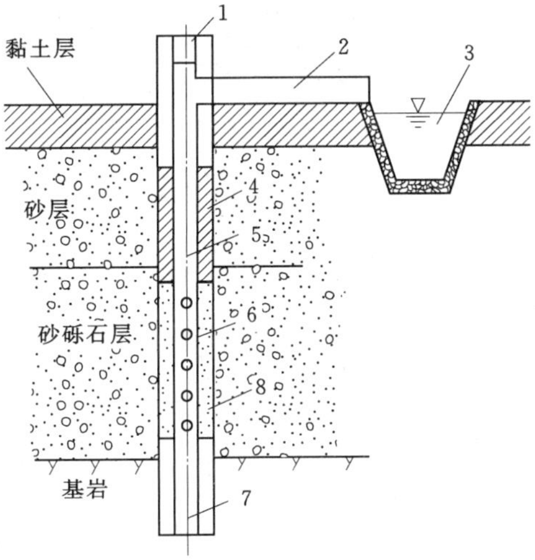

图5-32　减压井结构示意图
1—井帽；2—出水管；3—排水沟；4—黏土或混凝土封闭；5—导管；6—有孔花管；7—沉淀管；8—弱透水层

减压井虽然有良好的排渗降压效果，但施工复杂，管理、养护要求高，并随时间的推移，容易出现淤堵失效的现象，所以，一般仅适用于下列情况：

（1）上游铺盖长度不够或天然铺盖遭破坏，渗透逸出坡降升高，同时坝基为复式透水地基，用一般导渗措施不易施工，或其他措施处理无效。

（2）不能放空水库，采用“上堵”措施有困难，且在运用上允许在安全控制地基渗流条件下，损失部分水量。

（3）原有减压井群中部分失效，或减压井间距过大，致使渗透压力亦过大，需要插补。

（4）在施工、管理运用和技术经济方面，都比其他措施优越。

8. 透水盖重

透水盖重是在坝体下游渗流出逸地段的适当范围内，先铺设反滤料垫层，然后填以石料或土料盖重，它既能使覆盖层土体中的渗水导出，又能给覆盖层土体一定的压重，抵抗渗压水头，故又称之压渗，如图 5－33 所示。

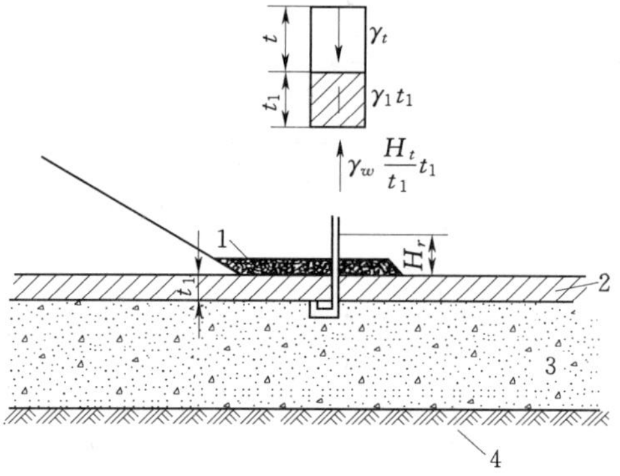

图 5－33 透水盖重示意图

1—透水盖重；2—弱透水层；3—透水层；4—不透水层

常见的压渗型式有两种：

（1）石料压渗台。主要适用于石料较多地区的压渗面积不大和局部的临时紧急救护，如图 5－34（a）所示。如果坝后有夹带泥沙的水流倒灌，则压渗台上面需用水泥砂浆勾缝。

（2）土料压渗台。适用于缺乏石料、压渗面积较大、要求单位面积压渗重量较大的情况。需注意在滤料垫层中每隔 3～5m 加设一道垂直于坝轴线的排水管，以保证原坝脚滤水体排出通畅，如图 5－34（b）所示。

透水盖重简单易行，是处理坝基渗漏中较常采用的一种下排措施，主要适用于坝基不透水层较薄、渗漏严重、有冒水翻沙现象，或坝后长期渗漏积水、大面积沼泽化，甚至发生管涌和流土破坏的情况。

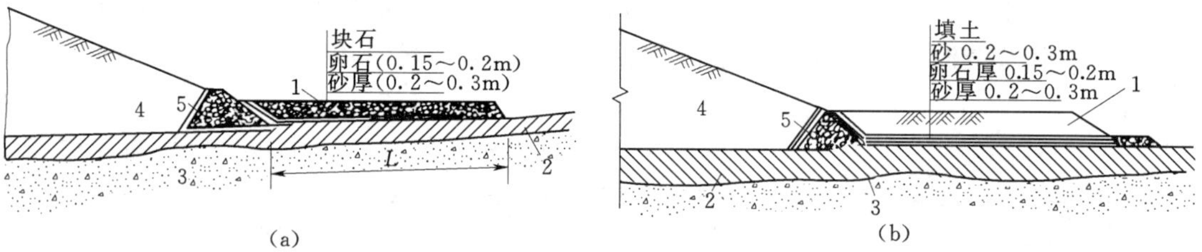

图 5－34 压渗台示意图

（a）石料压渗台；（b）土料压渗台

1—压渗台；2—覆盖层；3—透水层；4—坝体；5—滤水体

四、绕坝渗漏的原因及处理方法

（一）绕坝渗漏的原因

水库的蓄水绕过土坝两岸坡或沿坝岸结合面渗向下游的现象，称为绕坝渗漏。

绕坝渗漏将使坝端部分坝体内浸润线抬高，岸坡背后出现阴湿、软化和集中渗漏，甚至引起岸坡塌陷和滑坡，直接危及土坝安全。

产生绕坝渗漏的主要原因如下：

（1）两岸地质条件过差。如两岸岸坡覆盖层单薄，且有砂砾和卵石透水层，坡积层太厚，且为含石块泥土；风化岩层过深，透水性大；岩体破碎，节理裂隙发育以及有断层、岩溶、井泉等不利地质条件，而施工中未能妥善处理，极易造成绕坝渗漏。

（2）坝岸接头防渗措施不当。由于对两岸地质条件缺乏深入的了解，未能提出合理的防渗措施，从而不进行防渗处理，或盲目进行防渗处理。如采用截水槽方案，不但没有切入不透水层，反而挖穿了透水性较小的天然铺盖，暴露出内部强透水层，加剧了绕坝渗漏。

（3）施工质量不符合要求。施工中由于开挖困难或工期紧迫等原因，未按设计要求施工，例如，岸坡段坝基清基不彻底，坝端岸坡开挖过陡，截水槽回填质量较差等，均将影响坝岸结合质量，形成绕坝渗漏。

（4）因施工期任意在坝端上游岸坡取土或蓄水后风浪的不断淘刷，破坏了上游岸坡的天然铺盖，增大了岸坡土层的渗透系数，缩短了渗透途径，增加了渗透坡降，造成绕坝渗漏。

（5）喀斯特地貌、生物洞穴以及植物根茎腐烂后形成的孔洞，亦会造成绕坝渗漏。

（二）绕坝渗漏的处理措施

绕坝渗漏的处理原则仍为“上堵下排”。具体处理时应首先观测渗漏现象，查清渗漏部位，分析渗漏原因，研究渗漏与库水位及降雨量的关系；了解水文地质条件，调查施工接头处理措施和质量控制等方面的情况，然后对症下药，以堵为主，结合下排，一般采取的具体措施如下：

1. 截水墙

截水墙是指对于心墙坝，当岸坡存在强透水层引起绕坝渗漏时，可在坝端开挖深槽切断强透水层，回填黏土形成黏土截水墙，或做混凝土防渗齿墙，防止绕坝渗漏。这种方法比较可靠，但要注意，截水墙必须和坝身心墙连接。

2. 防渗斜墙

对于均质坝和斜墙坝，当坝端岸坡岩石异常破碎造成大面积渗漏时，而岸坡地形平缓，且有大量黏土可供使用，则可沿岸坡做黏土防渗斜墙防止绕坝渗漏。具体要求斜墙下端做截水槽嵌入不透水层，若开挖工程量大无法达到不透水层，亦可做铺盖与斜墙连接。如水库放空困难，水下部分也可采用水中抛土或浑水放淤的办法处理。另外，在斜墙顶上应沿山腰开挖排水沟，把雨水截住，以免冲刷斜墙。

3. 黏土铺盖

黏土铺盖即在坝肩上游的岸坡上用黏土进行铺盖以延长渗径，防止绕渗的措施。具体适用于坝肩岩石节理裂隙细小、风化较微，且山坡单薄、透水性大的情况。而对于较陡的山坡，在水位变化较少的部位，可采用砂浆抹面；在水位变化较频繁的部位，或者裂缝较大的地段，可用混凝土、钢筋混凝土或浆砌石材料，结合护坡，在渗漏岩层段的上游面作衬砌防渗。

4. 灌浆帷幕

当坝端岩石裂隙发育、绕渗严重时，可采用灌浆帷幕进行绕渗处理。具体方法与坝基的灌浆帷幕处理相同。注意坝肩两岸的灌浆帷幕应与坝基的灌浆帷幕形成一道完整的防渗帷幕。

5. 堵塞回填

对于动物洞穴和根茎腐烂的孔洞所引起的绕渗，开挖后可以将洞穴回填黏土并夯实，或向洞穴灌注水泥砂浆或用混凝土堵塞洞穴。

6. 下游导渗排水

下游导渗排水即在下游岸坡绕渗出逸处，铺设排水反滤层，保护土料不致流失，防止渗透破坏。当下游岸坡岩石渗流较小，可沿渗水坡面以及下游坝坡与山坡接触处铺设反滤层，导出渗水，当下游岸坡岩石地下水位较高、渗水严重时，可沿岸边山坡或坡脚处打基岩排水孔，引出渗水；当下游岸坡岩石裂隙发育密集，可在坝脚山坡岩石中打排水平硐，切穿裂缝，集中排出渗水。

五、案例

【案例 1】 劈裂灌浆

山东岳庄水库大坝为重粉质壤土均质坝，最大坝高 33m，坝长 857m，顶宽 6m。由于坝体填筑碾压不实，干密度仅为 1.32～1.48g/cm^3。最大坝高处的沉降量为 860mm，为坝高的 2.6%（即沉降率）。坝顶先后 3 次出现纵向裂缝。第一次出现在上游坝肩（1969 年）；第二次在坝轴线附近（1971—1972 年），坝面缝宽 50～150mm，长 500～600m；第三次出现在下游坝肩（1973 年），缝宽 200～400mm，且上下错动 150mm，缝长 250m。同时发现，上游护坡块石隆起架空，下游坝坡多处有水渗出。

经研究，决定采取劈裂灌浆加固方案。大坝劈裂灌浆加固共布置了 3 排钻孔。第一排孔位于坝轴线上为主灌浆孔，其他两排孔位于上、下游肩为副孔。最终孔距为 5m。孔径为 127mm，孔深为 17～23m。用三脚架人力旋转麻花钻造孔。制浆土料选用与筑坝土料相同的重粉质壤土。

灌浆方法：在灌浆前，先用 ϕ128 套管打入 3～5m，以防孔口坍塌。采用自下而上的灌注方法，开始用密度为 1.2～1.3g/cm^3 的稀浆，后用最大密度达 1.7g/cm^3 的浓浆。开始灌浆时，采用的孔口压力大于 0.1～0.15MPa 时，孔口、坝顶和坝坡经常发生冒浆现象，故在以后的施工中，控制孔口压力不超过 0.1～0.2MPa。

采用三种处理冒浆的办法：①间歇灌注法，即停、灌交替进行；②开挖、回填和夯实；③降低孔口压力。

灌浆期坝的变形和裂缝：灌浆历时 8 个月的沉降观测表明，沉降量一般为 300～500mm，最大为 940mm，都大于坝竣工后 6 年的沉降量。这说明在灌浆的过程中，坝体发生了显著的湿陷。这种湿陷对坝体内的应力重分布和稳定是有利的。另外，沉降速率是递减的，不会对坝的稳定造成威胁。

由于在灌浆过程中河槽段的坝体发生较大的沉降，导致在左右岸坡段产生新的横向裂缝，左岸 1 条，右岸 2 条。对此裂缝作了开挖回填夯实和灌浆处理。另外，还在下游坝肩附近产生了一组 5 条纵向裂缝，最短的长 20m，最长的 220m，后都进行了灌浆处理。

灌浆效果检查：灌浆结束后，整个下游坝坡都处于干燥状态。

【案例 2】 斜墙坝土工膜防渗

浙江长堰水库黏土斜墙坝土工膜防渗加固。长堰水库主坝高 37m，为黏土斜墙坝坝型，总库容 1172 万 m^3。由于大坝防渗体土质和施工质量差，坝顶出现纵向裂缝，致使坝体浸润线高，大坝渗流不安全，必须进行防渗加固处理。

经论证，决定采用复合土工膜斜墙黏土联合防渗加固方案。基础处理采用柱列式混凝土防渗墙，周边防渗用混凝土齿槽，整个坝面形成联合防渗结构体。复合土工膜选择 300g/0.5mm/300g 型，即两层 300g/m^2 无纺布和 0.5mmPE 膜的复合体。长堰水库主坝土工膜防渗加固的典型剖面如图 5-35 所示。坝坡土工膜铺设结构，与基础混凝土防渗墙连接以及与周边混凝土齿墙的连接如图 5-36、图 5-37、图 5-38 所示。

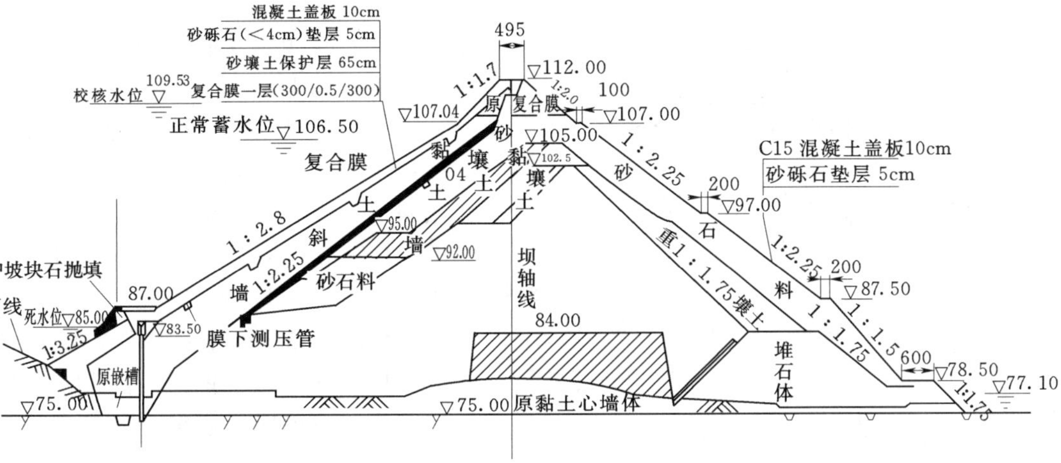

图 5-35 长堰水库主坝土工膜防渗加固典型剖面图

（单位：尺寸为 cm，高程为 m）

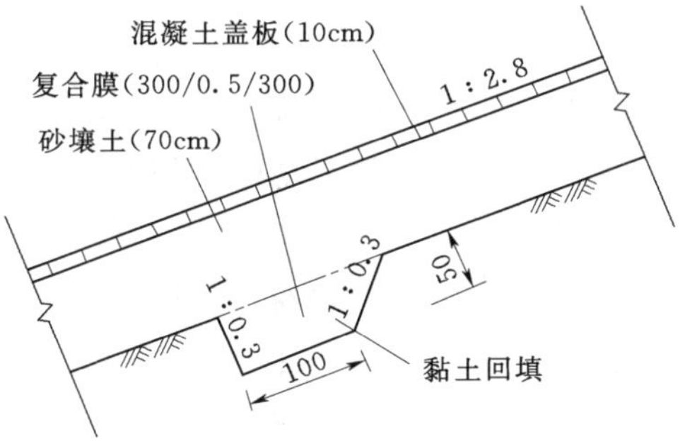

图 5-36 坝坡铺土工膜结构图

（单位：cm）

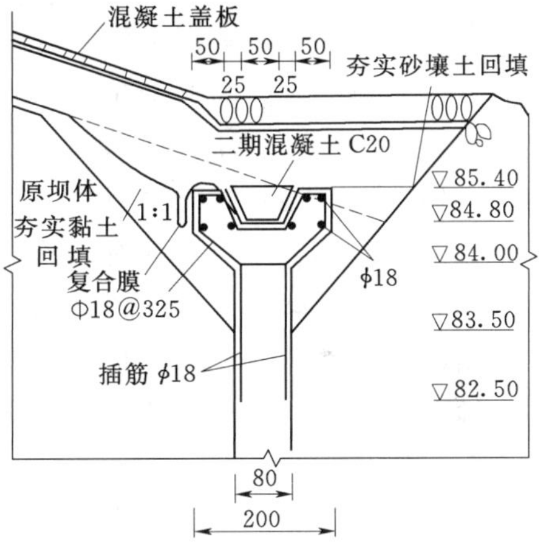

图 5-37 混凝土防渗墙顶与土工膜连接图

（单位：尺寸为 cm，高程为 m）

复合土工膜直接铺设在原黏土斜墙表面，即在原黏土斜墙防渗基础上增加一道土工膜防渗。土工膜铺设自下而上，先中间后两边，以垂直于坝轴线方向通幅焊接翻铺方式进行施工。为适应大坝变形，铺设过程中应保证一定的松弛度，并采取以下施工控制措施。

(1) 支持层黏土斜墙表面干燥，含水率控制在 15%以下，并剔除表面坚硬物。

(2) 部分大变形凹陷（孔隙）区域用黏土找平夯实，减少因主膜受压而造成孔隙内发生大的拉伸变形。

(3) 全断面铺设平整并一次定型，尽可能减少重复调整引起主膜变形甚至撕裂。

(4) 复合土工膜与周边混凝土墙的连接，内侧混凝土墙面平整圆滑，预留土工膜伸缩量或伸缩节，并自然松弛与斜墙黏土面贴实，禁止折褶、悬空。

(5) 复合土工膜铺设、焊接、砂壤土保护层覆盖连续进行，避免阳光直接照射而老化

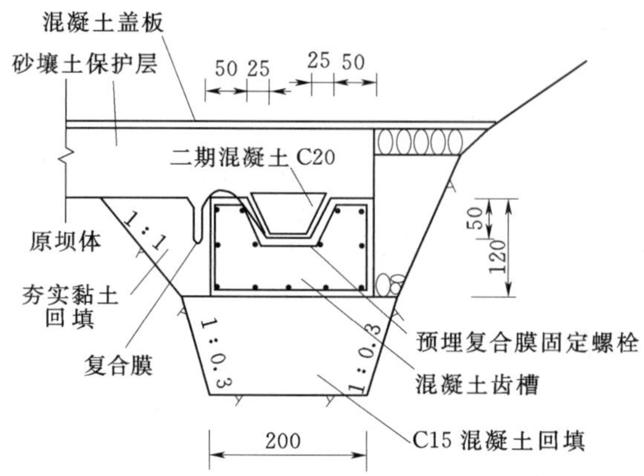

图 5-38 土工膜与周边的连接图
（单位：cm）

发硬。

（6）减少人为因素的破损，进行严格的管理与考核。

长堰水库采取土工膜防渗加固后，通过观测，坝体浸润线有明显降低；漏水量由除险加固前的 0.29L/s 减小到 0.13L/s，减少 55%，且水质由浑浊转为清澈，加固效果明显。

【案例 3】 高压喷射灌浆加固

广西布见水库大坝高压射喷加固。广西壮族自治区百色市平果县布见水库，总库容 4095 万 m^3，是一座以灌溉为主，兼顾防洪、发电、供水等综合利用的中型水库。水库大坝为黏土心墙坝，坝顶高程 236.27m，最大坝高 28.97m，坝顶长 160m，坝顶宽 5m。由于大坝坝体填筑质量较差，坝体、坝基及坝下输水涵管存在渗漏问题，大坝渗流达不到安全要求，致使水库一直降低水位运行，工程效益也达不到设计要求。

经研究，决定采用“高压喷射灌浆防渗墙＋基岩帷幕灌浆”的防渗加固方案，如图 5-39、图 5-40 所示。高压喷射灌浆沿坝轴线布孔，位于坝轴线上游 1m，喷射孔穿过坝基覆盖层，覆盖层下接基岩帷幕灌浆。高压喷射灌浆轴线长 160m，最大孔深 30.60m，采用单排布孔，孔距 0.75m，墙体有效厚度 0.4m，要求允许比降 $[J] \geqslant 60$。坝下输水涵管周围加设一排高压旋喷灌浆。坝基强风化岩层及两岸坝肩岩体采用帷幕灌浆加固，帷幕灌浆采用单排孔，孔距 1.5m，深入基岩以下 5m，帷幕线总长 280m，最大孔深 27.5m。坝体部分施工时高压喷射灌浆和帷幕灌浆一次钻孔，先施工下部基岩帷幕灌浆，然后施工上部高压旋喷灌浆。

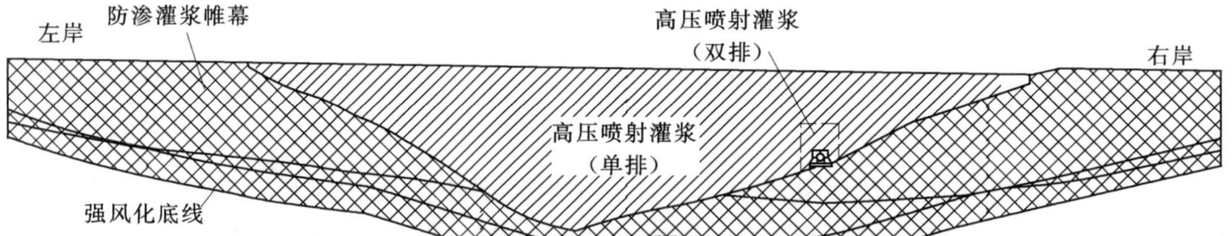

图 5-39 布见水库大坝防渗加固纵剖面图

大坝增加高压喷射灌浆和帷幕灌浆加固后，下游坝体浸润线降低，大坝下游坝坡抗滑稳定性提高；同时大坝单宽渗漏量由加固前的 $2.151 \sim 2.652 m^3/(d \cdot m)$ 降到 $0.796 \sim 0.887 m^3/(d \cdot m)$。

布见水库大坝防渗加固于 2009 年上半年完工，经过近 1 年的运行和观测，大坝坝脚渗漏消失。

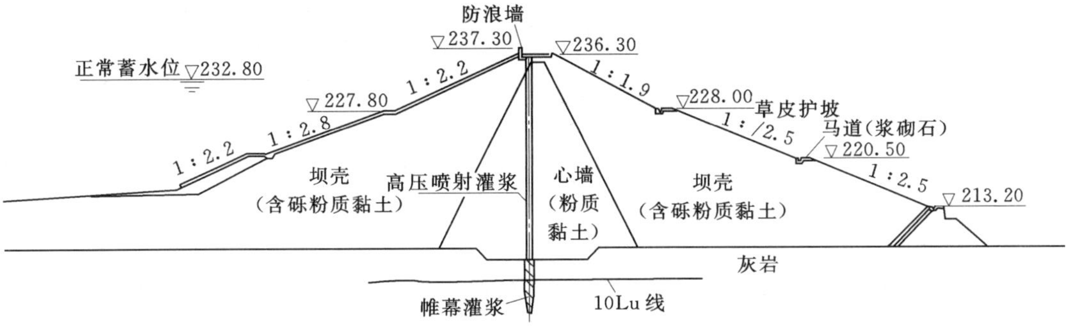

图 5-40　布见水库大坝防渗加固剖面图（单位：m）

第四节　土石坝的滑坡处理

土石坝在施工或竣工以后的运行中，由于各种内、外因素综合影响，坝体的一部分（有的还包括部分坝基）失去平衡，脱离原来的位置，发生滑坡。这是目前土石坝常见的一种病害现象，若不及时处理，将会影响水库效益的发挥，严重的滑坡，还可能造成垮坝事故发生。

一、常见滑坡现象

土石坝的滑坡破坏，多是由于滑动体的滑动力超过了滑裂面上的抗滑力所致。滑坡初期在坝顶或上、下游坡面出现一条平行或接近平行于坝轴的纵向裂缝，然后随着裂缝的不断延长和增宽，两端逐渐向下弯曲延伸形成曲线形。滑坡体开始滑动时，主裂缝两侧便上下错开，错距逐渐加大，与此同时滑坡体下部逐渐出现隆起，末端向坝趾方向滑动，一般滑坡初期发展较慢，到后期突然加快，滑坡体移动的距离可由十几米到数十米不等。裂缝错距可达几米，最后脱离原来的位置而塌落滑出。图 5-41 为土坝滑坡示意图。

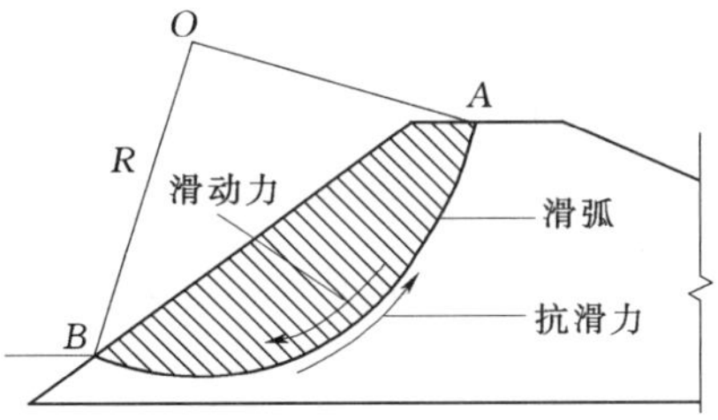

图 5-41　土坝滑坡示意图

滑裂面的形状因坝体土质、边坡、基础条件而异。由于一般土石坝边坡变化，地基地形变化都比较均匀。因此，滑动面的位置和形状主要决定于坝体及坝基土质，均质土坝的滑动面在横剖面上有三种可能。

（1）坝坡局部弧形滑动。这种情况发生在土质和施工质量特别差的部位，如图 5-42（a）所示。

（2）从坝顶开始不伸入坝基的整体弧形滑动。这种滑坡发生在岩基，或坝基抗剪强度较坝体高的情况下［图 5-42（b）］。

（3）深入基础的整体滑动。这种滑动发生在软基或清基不彻底，坝体或坝基的抗剪强度不高的情况下［图 5-42（c）］。这种滑坡的形式称深层滑动，危害性较大，而且加固处理工程量也大。

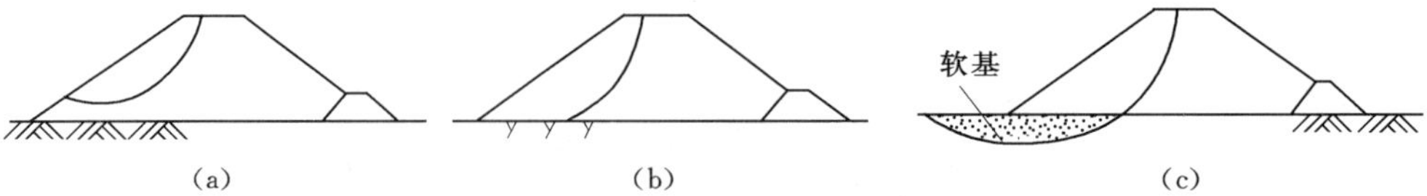

图 5-42 滑坡位置形状示意图

二、滑坡产生的原因

滑坡的根本原因在于滑动面上土体滑动力超过了抗滑力。滑动力主要与坝坡的陡缓有关，坝坡越陡，滑动力越大；抗滑力主要与填土的性质、压实的程度以及渗透水压力的大小有关。土粒越细、压实程度越差、渗透水压力越大，抗滑力就越小。另外，较大的不均匀沉陷及某些外加荷载也可能导致抗滑力的减小或滑动力的增大。总之，造成滑动力大于抗滑力而引起土坝滑坡的因素是多方面的，只是在不同情况下占主导地位的决定因素有所不同。一般可归纳为以下几个方面。

1. 勘测设计方面

（1）坝基中有含水量较高的成层淤泥或其他高压缩性软土层，在勘测时没有查明，设计时未能采取适当措施，至使筑坝后软土层承载力不够，产生剪切破坏而引起滑坡。这种情况较为普遍。

（2）土石坝坝坡过陡。即设计中坝坡稳定分析时，选择的土料抗剪强度指标偏高，导致设计坝坡陡于土体的稳定边坡，造成滑坡。

（3）选择坝址时，没有避开坝脚附近的渊潭或水塘，筑坝后因坝脚局部沉陷而引起滑坡。

2. 施工方面

（1）筑坝土料不符合要求，筑坝土料黏粒含量较多，含水量大。雨后、雪后坝面处理不好，在含水量过高的情况下继续施工。或将草皮、耕作土、干土块、冻土块等不符合质量要求的土上坝，使坝内存在薄弱部位，抗剪强度过低而引起滑坡。

（2）坝体填土碾压不密实。对碾压式土坝，由于施工时铺土过厚，碾压遍数不够或漏压，致使碾压不密实，未达到设计干容重，抗剪强度过低，从而引起滑坡。

（3）冬季施工时没有采取适当的保温措施，没有及时清理冰雪，以致填方中产生冻土层，在解冻后或蓄水后，形成软弱夹层引起滑坡。

（4）土坝施工期的接缝质量差；土坝加高培厚，新旧坝体之间没有妥善处理，均会通过结合面渗漏，从而导致滑坡。

3. 运用管理方面

（1）未能正确确定土坝的工作条件，放水时水位降落速度过快，或因闸门开关失灵等原因引起水库水位骤降而无法控制。或最大日降水速度虽慢，但库水位降落幅度大，而坝壳含黏粒多，透水性小，水位下降速度与浸润线下降不同步，即是水位已下降数日，上游坝体中孔隙水，向迎水坡面排出，造成较大的反向渗透压力（滑动力）引起上游滑坡。表 5-2 列出了福建省 10 座小型水库土石坝滑坡前水位降落情况，说明土石坝滑坡与管理运行中水位降落速度和下降幅度有直接的关系。特别是坝壳透水性差的水库，虽已运行多年，但当水位降落速度快或降幅大，往往是导致上游滑坡的主要原因。同时，因为在浸润线以下至下降后水位之间的土体由浮容重突然变成饱和容重，其滑动力也相应加大。因此，当水位降落幅度较大时，滑动力也相应增大，这样就很容易引起上游坡的滑动。

表 5-2　　福建省 10 座小型水库土石坝滑坡前水位降落情况

水库名称	坝高 (m)	库容 (万 m^3)	放水经历天数 (d)	水库水位下降幅度 (m)	日平均降落水深 (m/d)	日最大降落水深 (m/d)	连续放水原因
将溪水库	31.2	384	7	11	1.56	1.8	放水整治
汾头水库	35.6	400	43	18.8	0.43	1.8	灌溉放水
延祥水库	29	180	28	9.0	0.32	0.4	更换闸门
三溪水库	23	166	15	9.0	0.6	0.4	灌溉放水
院祥水库	23.5	118	25	12.0	0.44	1.0	放水捕鱼
英雄水库	17	313	60	8.6	0.14	0.3	修理涵管
隔坑水库	32.1	55	3	12.8	4.2	4.6	放水闸门冲走
溪兜水库	37.5	222	16	9.7	0.6	1.8	转动门故障
九龙岩水库	38.5	159	14	9.97	0.71	1.0	灌溉放水
牛拓一级	33	222	11	18	1.6	4.0	转动门故障

（2）雨水沿裂缝入渗，由于坝面排水不畅，维修养护差，对产生的各种裂缝未能及时封闭处理，在长时间连续降雨情况下，雨水沿裂缝渗入坝体，增大坝体含水量，降低抗剪强度导致滑坡。广东省的罗田水库等土坝滑坡均因雨水渗入裂缝而引起滑坡，下游滑坡的75 座水库中有 9 座是因为雨水入渗引起，占 12%。

4. 其他方面

（1）盲目加高坝体。未搞清原基础设计的状况，盲目增高坝体。加高时不从坡脚直到坝顶培厚加高而是戴帽式加高，因而降低了坝坡的稳定性，凡此增高坝体者较多产生滑坡。

（2）坝体渗漏。有的坝体下游坝坡长期散漏。浸润线逸出点较高，下游坝体长期处于饱和状态，加之雨水入渗抗剪强度（土体对剪切破坏的极限抵抗力）降低，往往在汛期高水位时产生外滑坡。例如，江西省象山水库，库容 31 万 m^3，均质土坝高 10.5m，坝体严重漏水，又经雨水入渗，使坝坡填土饱和软化，产生下游滑坡并溃坝。

（3）地震及人为因素。强烈的地震或由于在坝岸附近爆破采石或者在坝体上部堆放料物等人为因素影响，也可能造成局部滑坡。

（4）冰冻影响。北方严寒地区春季解冻后坝体中的冻土体积膨胀，干容重减低，融化后土体软化，抗剪强度降低也可能产生滑坡。

综上原因分析，滑坡是多种原因共同作用的结果。然而水位下降，汛期雨水入渗或高水位是土石坝内外滑坡的主要诱发原因。

三、滑坡的征兆

土石坝滑坡前都有一定的征兆出现，经分析归纳为以下几个方面。

(1) 产生裂缝。当坝顶或坝坡出现平行于坝轴线的裂缝，且裂缝两端有向下弯曲延伸的趋势，裂缝两侧有相对错动，进一步挖坑检查发现裂缝两侧有明显擦痕，且在较深处向坝趾方向弯曲，则为剪切性滑坡的预兆。应注意对滑坡性裂缝挖坑检查会加速滑坡的发展，故需慎重。

(2) 变形异常。在正常情况下，坝体的变形速度是随时间而递减的。而在滑坡前，坝体的变形速度却会出现不断加快的异常现象。具体出现上部垂直位移向下、下部垂直位移向上的情况，则可能发生剪切破坏型滑坡。例如，山西漳泽大坝，滑坡前即有坝顶明显下陷和坡脚隆起现象。若坝顶没有裂缝，但垂直和水平位移却不断增加，可能会发生塑流破坏型滑坡。

(3) 孔隙水压力异常。土坝滑坡前，孔隙水压力往往会出现明显升高的现象。例如，山西文峪河水库土坝，滑坡前孔隙水压力高，其值超过设计值的 23.5%～36.3%。故实测孔隙水压力高于设计值时，可能会发生滑坡。

(4) 浸润线、渗流量与库水位的关系异常。一般情况下，随库水位的升高，浸润线升高，渗流量加大。可是，当库水位升高、浸润线亦升高，但渗漏量显著减少时，可能是反滤排水设备堵塞，而当库水位不变、浸润线急剧升高，渗漏量亦加大时，则可能是防渗设备遭受破坏。上述两种情况若不采取相应措施，亦会造成下游坝坡滑坡。

四、滑坡的抢护与处理

（一）滑坡的抢护

当发现滑坡征兆后，应根据情况进行判断，若还有一定的抢护时间，则应竭尽全力进行抢护。

抢护就是采取临时性的局部紧急措施，排除滑坡的形成条件，从而使滑坡不继续发展，并使得坝坡逐步稳定。其主要措施如下：

(1) 改善运用条件。例如，在水库水位下降时发现上游坡有弧形裂缝或纵向裂缝时；应立即停止放水或减小放水量以减小降落速度，防止上游坡滑坡。当坝身浸润线太高，可能危及下游坝坡稳定时，应降低水库运行水位和下游水位，以保安全。当施工期孔隙水压力过高可能危及坝坡稳定时，应暂时停止填筑或降低填筑速度。

(2) 防止雨水入渗。导走坝外地面径流，将坝面径流排至可能滑坡范围之外。做好裂缝防护，避免雨水灌入，并防止冰冻、干缩等。

(3) 坡脚压透水盖重，以增加抗滑力并排出渗水。

(4) 在保证土石坝有足够挡水断面的前提下，亦可采取上部削土减载的措施。

（二）滑坡的处理

当滑坡已经形成且坍塌终止，或经抢护已经进入稳定阶段后，应根据具体情况研究分析，进行永久性处理。其基本原则是“上部减载，下部压重”，并结合“上截下排”。具体措施如下：

(1) 堆石（抛石）固脚。在滑坡坡脚增设堆石体，是防止滑动的有效方法。如图 5-43 所示，堆石的部位应在滑弧中的垂线 OM 左边，靠滑弧下端部分（增加抗滑力），而不应将堆石放在滑弧的腰部，即垂线 OM 与 ND 之间（因虽然增加了抗滑力，但也加大了滑动力)，更不能放在垂线 ND 以右的坝顶部分(因主要增加滑动力)。

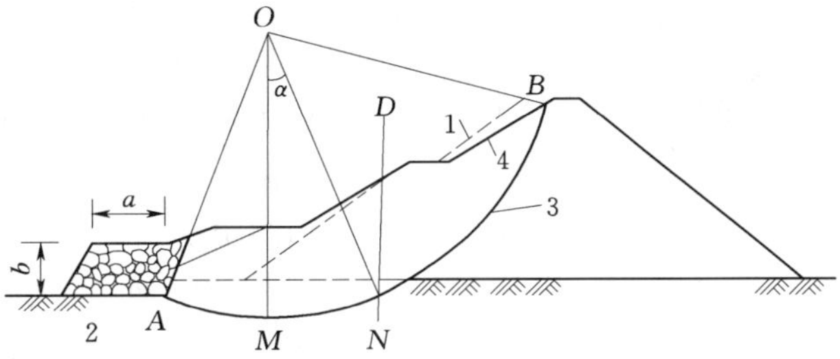

图 5-43　堆石固脚示意图

a、b—按稳定设计确定

1—原坝坡；2—堆石固脚；3—滑动圆弧；4—放缓后坝坡

如果用于处理上游坝坡的滑坡，在水库有条件放空时，可用块石浆砌而成，具体尺寸应根据稳定计算确定。当水库不能放空时，可在库岸上用经纬仪定位，用船向水中抛石固脚。同时应注意，上游坝坡滑坡时，原护坡的块石常大量散堆于滑坡体上，可结合清理工作，把这部分石料作为堆石固脚的一部分。如果用于处理下游的滑坡，则可用块石堆筑或干砌，以利排水。

堆石固脚的石料应具有足够的强度，一般不低于 40MPa，并具有耐水、耐风化的特性。

(2) 放缓坝坡。当滑坡是由边坡过陡所造成时，放缓坝坡才是彻底的处理措施。即先将滑动土体挖除，并将坡面切成阶梯状，然后按放缓的加大断面，用原坝体土料分层填筑，夯压密实。必须注意，在放缓坝坡时，应做好坝脚排水设施，如图 5-44 所示。

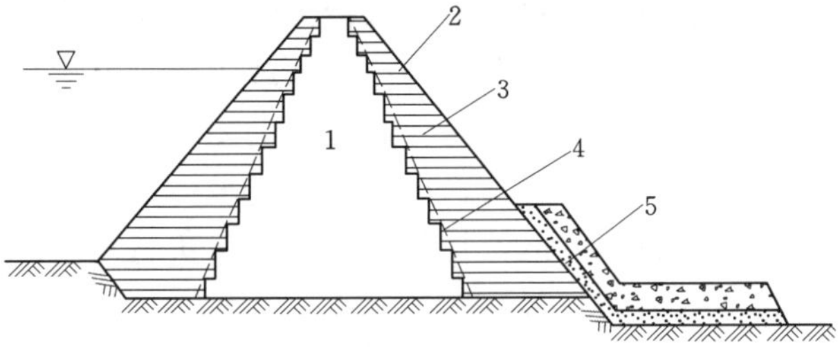

图 5-44　放缓坝坡示意图

1—原坝体；2—新坝坡；3—培厚坝体；

4—原坝坡；5—坝脚排水

(3) 开沟导渗滤水还坡。由于坝体原有的排水设施质量差或排水失效后浸润线抬高，使坝体饱和，从而增加了坝坡的滑动力，降低了阻滑能力，引起滑坡者，可采用开沟导渗滤水还坡法进行处理。具体做法为：从开始脱坡的顶点到坝脚为止，开挖导渗沟，沟中填导渗材料，然后将陡坎以上的土体削成斜坡，换填砂性土料，使其与未脱坡前的坡度相同，夯填密实。如图 5-45 所示。

(4) 清淤排水。对于地基存在淤泥层、湿陷性黄土层或液化的均匀细砂层，施工时没

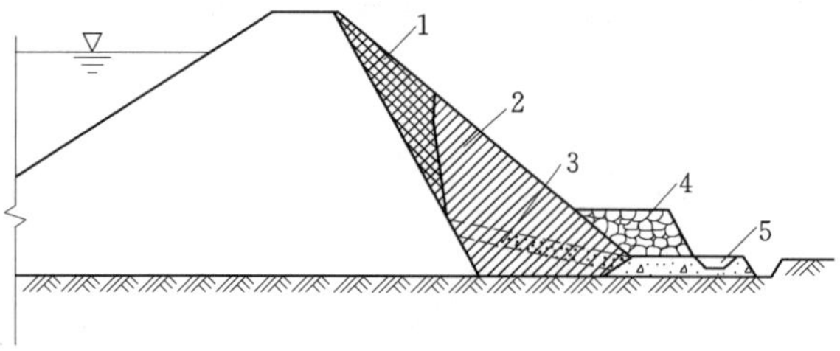

图 5-45 滤水还坡示意图

1—削坡换填砂性土；2—还坡部分；3—导渗沟；4—堆石固脚；5—排水暗沟

有清除或清除不彻底而引起的滑坡，处理时应彻底清除这些淤泥、黄土和砂层。同时，也可采用开导渗沟等排水措施，也可在坝脚外一定距离修筑固脚齿槽，并用砂石料压重固脚，增加阻滑力。

（5）裂缝处理。对土坝伴随滑坡而产生的裂缝必须进行认真处理。因为土体产生滑动以后，对土体的结构和抗剪强度都发生了变化，加上裂缝后雨水或渗透水流的侵入，使土体进一步软化，将使与滑动体接触面处的抗剪强度迅速减小，稳定性降低。

处理滑坡裂缝时应将裂缝挖开，把其中稀软土体挖除，再用与原坝体相同土料回填夯实，达到原设计干容重要求。

（三）滑坡处理注意事项

（1）滑坡体的开挖与填筑，应符合上部减载、下部压重的原则，切忌在上部压重。开挖填筑应分段进行，保持允许的边坡，以利施工安全。开挖中对松土稀泥、稻田土、湿陷性黄土等，应彻底清除，不得重新上坝。对新填土应严格掌握施工质量，填土的含水量和干容重必须符合要求。新旧土体的结合面应刨毛，以利接合。

（2）对于滑坡主裂缝，原则上不应采用灌浆方法。因为浆液中的水将渗入土体，降低滑坡体之间的抗剪强度，对滑坡体的稳定不利，灌浆压力更会增加滑坡体的下滑力。

（3）滑坡处理前，应严格防止雨水、地面水渗入缝内，可采用塑料薄膜、油毡、油布等加以覆盖。同时，还应在裂缝上方修截水沟，拦截或引走坝面雨水。

（4）不宜采用打桩固脚的方法处理滑坡。因为桩的阻滑作用很小，土体松散，不能抵挡滑坡体的推力，而且因打桩连续的震动，反而促使滑坡体滑动。

（5）对于水中填土坝，水力冲填坝，在处理滑坡阶段进行填土时，最好不要采用碾压法施工，以免因原坝体固结沉陷而开裂。

五、案例：安徽省广德县卢村水库上游坝坡加固

卢村水库位于长江流域水阳江水系郎川河支流无量溪上游，坝址位于安徽省广德县卢村乡境内，是一座以防洪、灌溉为主，兼有供水、发电、养鱼及旅游等综合效益的重要中型水库。大坝为黏土心墙砂壳坝，最大坝高 32m，坝顶长 952m。大坝存在的主要问题是坝体填筑质量差，坝壳砂砾石料填筑取样有 29%的密实度未达到设计要求，坝坡及坝顶多次发生凹陷、开裂、防浪墙倾斜。大坝上游坝坡抗滑稳定安全系数不满足规范要求，黏土心墙出现纵、横裂缝。

经研究，决定对大坝上游坝坡采取培厚放缓加固措施。即在高程 68.00m 以下进行抛石护脚，高程 68.00m 以上采用砂砾料培坡，高程 82.00m 马道以下采用干砌块石护坡，高程 82.00m 马道以上采用 15cm 厚的混凝土预制块护坡。大坝上游坡加固布置如图 5－

46 所示。

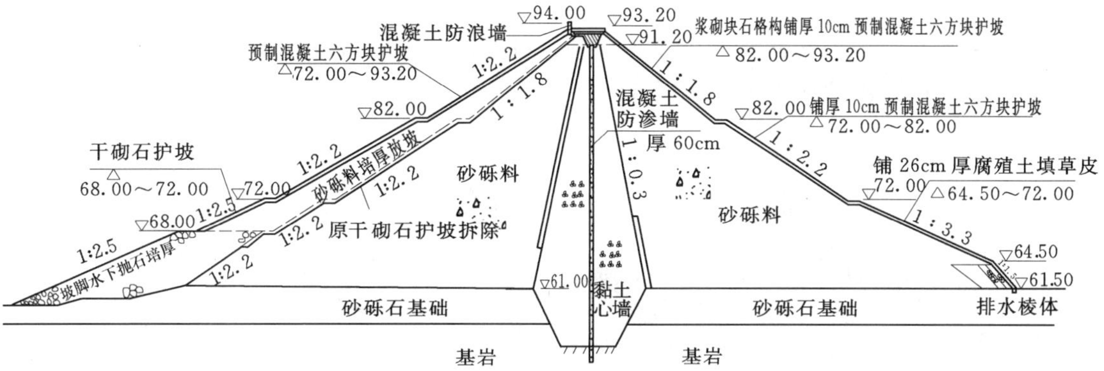

图 5－46　卢村水库大坝加固剖面图（高程单位：m）

加固后，坝坡坡比为 1∶2.2、1∶2.2、1∶2.5、1∶2.5，并于高程 72.00m、82.00m 设置 2.0m 宽马道，高程 68.00m 设置 3.5m 宽马道。经计算复核，加固后大坝稳定性大为提高。

卢村水库大坝上游培厚及下游坝坡格构加固于 2007 年上半年完工，经过近 3 年运行和观测，大坝变形较小，大坝工作正常。

第五节　土石坝护坡的检查与加固

中国已建土坝护坡的形式，多数的迎水坡为干砌块石护坡，背水坡为草皮或干砌石护坡。也有少数土坝迎水坡有用浆砌块石、混凝土预制板、沥青渣油混凝土和抛石等形式护坡。

一、土石坝护坡破坏的类型及原因

（一）护坡破坏的常见类型及特征

（1）脱落。由于砌体不紧密或砂浆脱落，在风浪作用下使石块松动、脱落，如图 5－47（a）所示。

（2）塌陷。由于砌体施工质量差，风浪将护坡垫层淘出，或因坝体沉陷，使护坡架空或沉陷成凹坑，甚至发生错动或开裂，如图 5－47（b）所示。

（3）崩塌。护坡局部破坏后，由于底部垫层失去保护，继续淘刷坝体，将造成护坡大面积的崩塌，如果护坡崩塌比较迅速，将威胁坝体安全，如图 5－47（c）所示。

（4）滑动。坝坡局部破坏后，未能及时抢护，破坏面逐渐扩大，使上部护坡失去支撑，处于悬空状态，加上波浪的冲击、震动和垫层的移动，造成上部护坡倾滑，如图 5－47（d）所示。

（5）挤压。在冰冻地区，由于水体中冰盖压力的作用，使护坡隆起而挤压破坏；或者因坝体沉降量大，护坡不能相应缩短，本身挤压隆起，如图 5－47（e）所示。

（6）鼓胀。混凝土或浆砌石护坡排水不良，当遇水库水位骤降时，在渗透压力作用下，局部护坡鼓胀以致破裂。严寒地区由于坝体表层冻胀，也会使护坡发生这种现象，如图 5-47（f）所示。

（7）溶蚀。由于护坡材料差，或在缺乏石料的地区，以砖代石砌筑护坡，护坡受冰凌和水的长期冲刷而剥蚀或溶蚀，如图 5-47（g）所示。

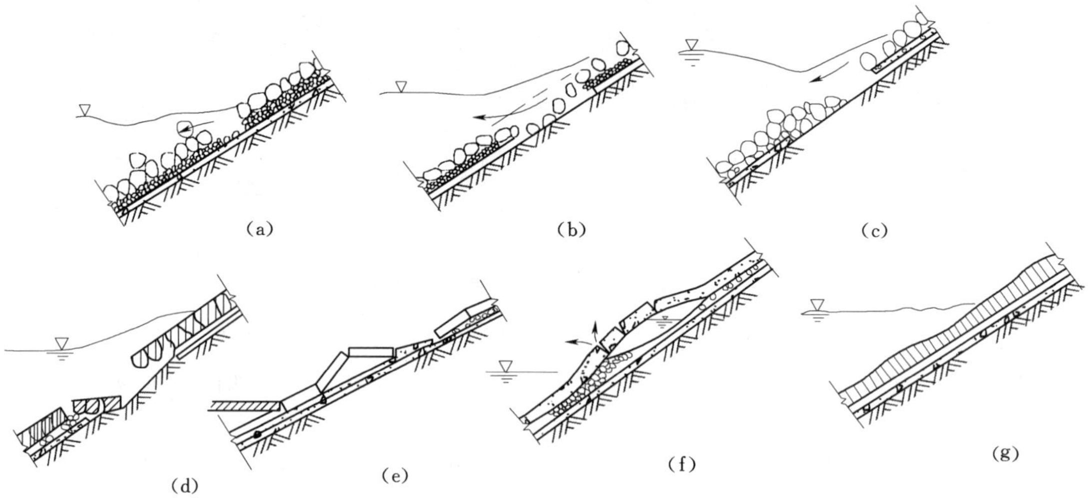

图 5-47 护坡破坏类型示意图

（a）脱落；（b）塌陷；（c）崩塌；（d）滑动；（e）挤压；（f）鼓胀；（g）溶蚀

（二）护坡破坏的原因

护坡的破坏原因是多方面的，观察和归纳后主要有以下几个方面的原因：

（1）由于护坡块石设计标准偏低或施工用料选择不严，块石质量不够，粒径小，厚度薄。有的选用石料风化严重。在风浪的冲击下，护坡产生脱落，垫层被淘刷，上部护坡因失去支撑而产生崩塌和滑移。

（2）护坡的底端和护坡的转折处未设基脚，结构不合理或深度不够，在风浪作用下基脚被淘刷，护坡会失去支撑而产生滑移破坏。

（3）砌筑质量差。砌筑块石时，块石上、下竖向缝口没有错开，出现通缝，这样砌筑就失去了块石互相连锁的作用。块石砌筑的缝隙较大，底部架空，搭接不牢。受到风浪淘刷，块石极易松动脱出，遭到破坏。

（4）没有垫层或垫层级配不好。护坡垫层材料选择不严格，未按反滤原则设计施工，级配不好，层间系数大（$D_{50}/d_{50}>10$），起不到反滤作用。在风浪作用下，细粒在层间流失，护坡被淘空，引起护坡破坏。

（5）在严寒地区，冻胀使护坡拱起，冻土融化，坝土松软，使护坡架空；水库表面冰盖与护坡冻结在一起，冰温升降对护坡产生推拉力，使护坡破坏。

（6）在土坝运用中，水位骤降和遭遇地震，均易造成护坡滑坡的险情。

二、护坡的检查

土石坝护坡的检查项目主要包括以下几个方面：

（1）靠近护坡处的水质是否变浑，护坡下面的垫层是否流失，垫层下面的土体是否松软、滑动和淘刷。

（2）坝面排水沟是否畅通，坝坡表面雨水有无集中流动冲刷，排水沟有无冲刷破坏，雨水能否从排水沟排出。

（3）护坡表面是否风化剥落、松动、裂缝、隆起、塌陷、架空和冲走，有无杂草、灌木丛、雨淋沟、空隙、兽洞或蚁穴。

三、护坡的抢护和修理

土石坝护坡的抢护和修理分为临时紧急抢护和永久加固修理两类。

1. 临时紧急抢护

当护坡受到风浪或冰凌破坏时，为了防止险情继续恶化，破坏区不断扩大，应该采取临时紧急抢护措施。临时抢护措施通常有沙袋压盖、抛石和铅丝石笼抢护等几种。

（1）沙袋压盖。适用于风浪不大，护坡局部松动脱落，垫层尚未被淘刷的情况，此时可在破坏部位用沙袋压盖两层，压盖范围应超出破坏区 0.5～1.0m 范围。

（2）抛石抢护。适用于风浪较大，护坡已冲掉和坍塌的情况，这时应先抛填 0.3～0.5m 厚的卵石或碎石垫层，然后抛石，石块大小应足以抵抗风浪的冲击和淘刷。

（3）铅丝石笼抢护。适用于风浪很大，护坡破坏严重的情况。装好的石笼用设备或人力移至破坏部位，石笼间用铅丝扎牢，并填以石块，以增强其整体性和抵抗风浪的能力。

2. 永久加固修理

永久加固修理的方法通常有局部翻砌，框格加固，砾石混凝土，砂浆灌注，全面浆砌块石或混凝土护坡。

（1）局部翻砌。这种方法适用于原有设计比较合理，只是由于土坝施工质量差，护坡产生不均匀沉陷，或由于风浪冲击，局部遭到破坏，可按原设计恢复。在翻砌前，先按坝原断面填筑土料和滤水料的垫层，再进行块石砌筑。要求做到：①在砌筑块石时，须预先试行安放，以测试块石应锤击修凿的部位。修凿的程度，要求达到接缝紧密，块石间不能有较大的缝隙，一般称“三角缝”；②块石应立砌，其间互相锁定牢固，不应平砌或块石大面向上，底部架空；③砌筑的竖向缝必须错开，不应有直缝；④砌石缝的底部如有较大空隙，应用碎石填满塞紧，要做到底实上紧，避免垫层砂砾料由石缝被风浪吸出，造成护坡塌陷破坏；⑤防止护坡因块石松动，淘刷垫层，而使整体护坡向下滑动。为此，有的在迎水坡上顺轴线方向设置浆砌石齿墙的阻滑设施，如图 5－48 所示。通过实践证明，采取了这一措施，效果显著。

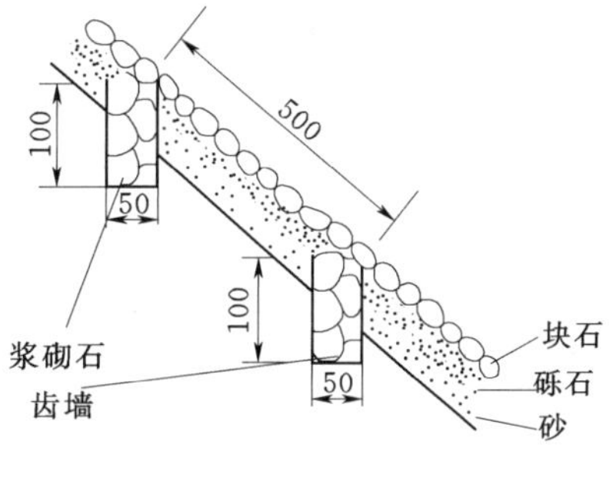

图 5－48　浆砌石齿墙护坡示意图（单位：cm）

（2）浆砌石（或混凝土）框格。由于河、库面较宽，风程较大，或因严寒地区结冰的推力，护坡大面积破坏，需全部进行翻砌，仍解决不了浪击冰推破坏时，可利用原护坡较小的块石浆砌框格，起到固架作用，中间再砌较大块石。框格型式可筑成正方形或菱形。

框格大小，视风浪和冰情而定。如风浪淘刷或冰凌撞击破坏较严重，可将框格网缩小，或将框格带适当加宽。反之，可以将框格放大，以减少工程量和水泥的消耗。在采用框格网加固护坡时，为避免框格带受坝体不均匀沉陷裂缝，应留伸缩缝。在严寒地区，框格带的深度应大于当地最大冻层的厚度，以免土体冻胀，框格带产生裂缝，破坏框架作用。河南省某水库，曾采用正方形浆砌块石框格加固护坡。浆砌石带框格宽 1m，框格内干砌块石长、宽各 2m。经过两次 6～7 级风浪淘刷，均未破坏，如图 5-49 所示。

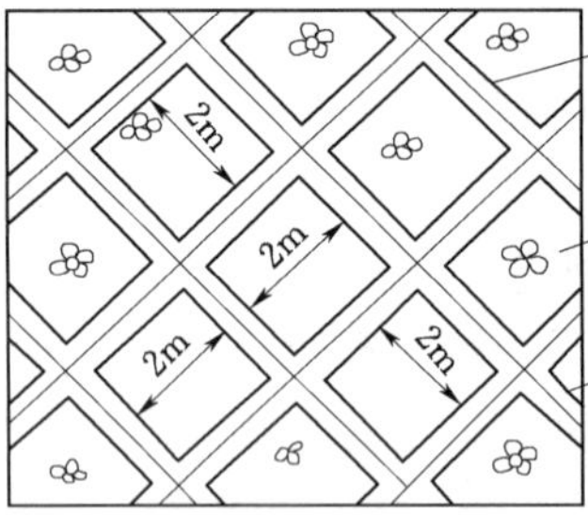

图 5-49 浆砌石框架护坡示意图

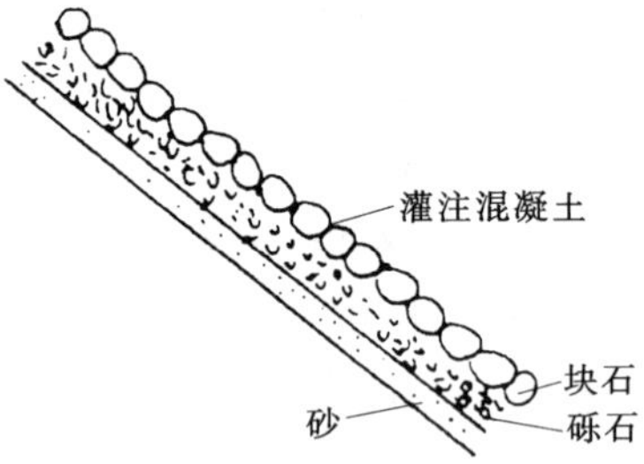

图 5-50 干砌石灌注混凝土护坡示意图

(3) 砾石混凝土或砂浆灌注。在原有护坡的块石缝隙内灌注砾石混凝土或砂浆，将块石胶结起来，连成整体，可以增强抗风浪和冰推的能力，减免对护坡的破坏。当前，有的护坡垫层厚度和级配符合要求，但块石普遍偏小；有的护坡块石大小符合要求，但垫层厚度和级配不合规定，经常遭遇风浪或冰冻，破坏了护坡。如更换块石或垫层，工程量都很大，采用上述浆砌框格加固，不能避免破坏，可考虑采用这种措施加固护坡。一般处理范围，可在水位变化的区域内进行，通过实践，效果较好。具体的方法，先将坡面的脏物、杂草等清除干净，用水冲洗石缝，保证块石与混凝土或水泥浆结合牢固。在初凝前，将灌注的缝隙表面用水泥砂浆勾成平缝。为了排除护坡内渗水，一般在一定的面积内应留细缝或小孔作为渗水排除通道。灌缝混凝土应选用适合石缝大小的砾石作骨料，混凝土标号不宜过高，以节约水泥。如遇石缝较小，可改用砂浆灌入，一般使用 M8 的砂浆，水灰比为 0.6，水泥与砂料比为 1∶4，如图 5-50 所示。

(4) 全面浆砌块石。当采用混凝土或砂浆灌注石缝加固，不能抗御风浪淘刷和结冰挤压时，可利用原有护坡的块石进行全面浆砌。例如，广东省某水库干砌石护坡，最后采取了这一加固措施，解决了风浪的淘刷。在砌筑前，将原有的块石洗干净，以利于块石与砂浆紧密结合。砌筑块石时，必须保护好下边垫层，防止水泥砂浆灌入。一般采用 M5 的砂浆，勾缝为 M8 的砂浆，并一律采用块石立砌。为适应土坝边坡不均匀沉陷和有利于维修工作，应分块砌筑，并设置伸缩缝。一般分块的面积以 5～6m^2 为宜，并应留一个排水孔或排水缝以利于排除土体内渗水。

(5) 块石混凝土护坡。使用块石混凝土护坡加固，可以利用原护坡块石，就地分块浇筑混凝土护坡，也有用预制混凝土板护坡的，并做好接缝处理和排水孔（缝）。采用这种护坡，比全面浆砌方法的优点是能抗御较大风浪的淘刷，耐冻性强，可就地使用块石。但也有缺点，需要较多的水泥、砂、碎石，工程造价高，工期较长。在我国沿海附近地区的土坝护坡，遭受飓风袭击，如采用浆砌块石护坡，仍遭受破坏时，常采用这一加固措施。

四、草皮护坡的修理

当护坡的草皮遭雨水冲刷流失和干枯坏死时，可利用添补、更换的方法进行修理。修理时按照准备草皮、整理坝坡、铺植草皮和洒水养植的工艺流程进行施工。

添补的草皮就近选用，草皮的种类应选择低茎蔓延的爬根草，不得选用茎高叶疏的草。补植草皮时，应带土成块移植，移植的时间以春、秋两季为宜，移植时应扒松坡面土层，洒水铺植，贴紧拍实，定期洒水，确保成活。若坝坡是砂土，则先在坡面铺一层土壤再铺植草皮。

当护坡中的草皮中有大量的茅草、艾蒿、霸王蔸等高茎杂草或灌木时，可采用人工挖除或化学药剂除杂净草的方法，使用化学药剂时，要防止污染库水。

强 化 训 练

一、名词解释

1. 横向裂缝
2. 龟状裂缝
3. 心墙击穿
4. 滑坡
5. 压渗

二、判断题

1. 对于缝深小于 0.5m，缝宽小于 0.5mm 的表面干缩裂缝，或缝深不大于 1m 的纵向裂缝，可不予处理，但是封闭缝口。(　　)

2. 对于沉陷裂缝的回填土料的含水量应等于最优含水量。(　　)

3. 回填土料的压实厚度为填土厚度的 2/3。(　　)

4. 水泥掺量约为土料重的 10%～30%，水泥掺量过大，则浆液凝固后不能适应水坝变形而产生裂痕。(　　)

5. 掺入适量水玻璃，可提高浆液流动性，加快凝固，减少体缩，一般掺入量为干土重的 5%～10%。(　　)

6. 塑膜黏接可使用沥青加一定量的柴油作黏合剂，黏接宽度一般 15cm 左右。(　　)

7. 对于砂土地基可使用水泥浆或水泥黏土浆，灌注防渗帷幕。(　　)

8. 减压井排渗降压效果好，但容易淤堵失效。(　　)

9. 滑坡裂缝可以采取灌浆的方式处理。(　　)

10. 不宜采用打桩固脚的方法处理滑坡。(　　)

11. 护坡全面浆砌块石，应分块砌筑，一般分块面积以 5～6 ㎡为宜，并应留排水孔(缝)。

三、填空

1. 纵向裂缝是由坝体、坝基在横断面上产生较大的________所造成的。

2. 跨骑在山脊的土坝，在固结沉陷时，同时向两侧移动，坝顶容易出现________

裂缝。

3. 薄心坝沉陷受坝壳约束产生了拱效应，而在心墙中产生了________裂缝。

4. 填充灌浆有________和________两方面的作用。

5. 泥浆的流动性可用________表示，泥浆的析水性用________表示。

6. 下游坝坡呈大片湿润状态的现象称为________。而出现成股水流涌出的现象，则称________。

若没有反滤保护，渗流把土粒带走，淘成孔穴，逐渐形成________。

7. 劈裂灌浆沿坝轴线单排布孔，一般30～40m高的坝最终孔距以 m为宜。

8. 导渗沟一般深________ m，宽________ m，沟内按反滤层要求填砂、砾石、碎石或卵石。

9. 铺盖土料的渗透系数一般要求不大于1×10^{-5}cm/s，而且应为地基土渗透系数的________。

10. 坝坡________，滑动力越大。土粒________、压实程度越差、渗透水压力越大，抗滑力就越小。

11. 滑坡体的开挖与填筑，应符合____________原则。

四、选择题

1. （　　）适用于裂缝不太深的防渗部位及均质坝迎水坡的裂缝。

A. 梯形楔入法　B. 梯形加盖法　C. 梯形十字法　D. 复试梯形法

2. 土坝充填灌浆的制浆材料以粉质黏土与（　　）比较合适。

A. 壤土　B. 砂壤土　C. 重粉质壤土　D. 轻粉质壤土

3. 充填灌浆时，如坝体比较密实，不塌孔，可采用（　　）灌浆。

A. 自下而上分段　B. 自上而下分段　C. 全孔一次　D. 全孔循环

4. 劈裂灌浆的机理是指（　　）。

A. 泥浆劈裂过程　B. 浆压坝过程　C. 坝压浆过程　D. 以上三者

5. 对一次灌浆而言，泥浆压力不宜超过劈裂压力。如果泥浆压力过大，泥浆将沿中间主应力面或大主应力面劈裂。前者是贯通上、下游面的铅垂面，而后者是（　　）。

A. 平行坝轴线的铅垂面　B. 贯通上、下游的水平面

C. 贯通左右岸的水平面　D. 平行于大主应力的铅垂面

6. 当不透水层埋置较深，而施工时又不方便放空水库时，切忌采用（　　）。

A. 黏土截水槽 B. 混凝土防渗墙 C. 灌浆帷幕 D. 高压定向喷射灌浆

7. 在砂砾石地基中做帷幕灌浆，多采用（　　）。

A. 黏土浆　B. 水泥浆　C. 水泥黏土浆　D. 化学灌浆

8. （　　）适用于风浪较大，护坡已冲掉和坍塌的情况。

A. 沙袋压盖　B. 抛石养护　C. 铅丝笼抢护　D. 竹笼装石抢护

9. 当下游岸坡岩石地下水位较高，渗水严重时，可沿岸坡或坡脚处（　　），引出渗水。

A. 打排水平硐　B. 打基岩排水孔　C. 开导渗沟　D. 铺反滤层

10. 滑动面上土体的滑动力主要与（　　）有关。

A. 填土的性质　　B. 填土压实的程度　C. 坝坡的陡缓　　D. 渗透水压力大小

11. 强烈地震时，由于坝坡受地震惯性力和（　　）的作用，部分坝体失去平衡造成滑坡。

A. 地震动水压力　B. 渗透压力　　　　C. 剪切破坏　　　D. 沙土液化

五、简答题

1. 分别简述充填式灌浆、劈裂灌浆及高压定向喷射灌浆的概念、机理和特点。
2. 土石坝渗漏的途径有哪些，其处理原则是什么？
3. 土坝填充灌浆的先进经验是什么？
4. 试述土工膜防渗墙的施工工艺过程。
5. 坝基渗漏的处理措施有哪些？其适用条件如何？
6. 土坝滑坡的征兆有哪些，其处理原则有什么？
7. 土坝滑坡应如何抢护。
8. 土石坝护坡永久加固修理的方法有哪些，如何进行选择？

第六章　混凝土与浆砌石坝的运用管理

【知识目标】

- 了解混凝土坝及砌石坝日常维护的内容和要求。
- 熟悉裂缝的分类、成因，掌握裂缝处理的一般方法。
- 熟悉渗漏产生的原因，掌握渗漏处理的原则和渗漏处理的一般方法。
- 掌握增加重力坝稳定性的措施。

【能力目标】

- 能够对混凝土及砌石坝的裂缝、渗漏提出处理原则和一般方法。
- 能够拌制环氧砂浆、丙乳砂浆、沥青砂浆修补混凝土表层损坏。

第一节　混凝土与浆砌石坝的日常维护

一、混凝土坝及浆砌石坝的日常养护

混凝土坝和浆砌石坝的日常养护，主要包括以下内容：

(1) 经常保持坝体清洁完整，无杂草、无积水。在坝顶、防浪墙、坝坡等处，都不应随意堆放杂物，以免影响管理工作。

(2) 坝本身的排水孔及其周围的排水沟、排水管等排水设施，均应保持通畅，如有堵塞、淤积，应加以修复或增开新的排水孔。修复时，可以人工掏挖，也可用压缩空气或高压水冲洗，但须注意压力不能过大，以免建筑物局部受到破坏。有的排水沟、集水井要加保护盖板。

(3) 预留伸缩缝要定期检查观测，注意防止杂物进入缝内；填料有流失的，要进行补充；止水破坏应及时修复。

(4) 严禁坝体及上部结构承受超设计允许的荷载。交通桥、工作桥不准超过设计标准的车辆通行；坝顶、人行桥、工作桥等处禁止堆放重物，以保证建筑物的正常运用。

(5) 坝体表面有冲刷、磨损、风化、剥蚀或裂缝等缺陷时，应加强检查观测，分析原因，尽量设法防止。如继续发展，应立即修理。

(6) 严禁在大坝附近爆破。

(7) 坝在运用中发现基础渗漏或绕坝渗漏时，应仔细摸清渗水来源，加强检查观测，必要时进行处理。

(8) 坝上游的漂浮物应经常清理，防止漂浮物、船只和流冰对坝体的撞击。

(9) 对于溢流坝，应经常保持表面光滑完整，对溢流表面被泥沙磨损或水流冲毁的部分，应及时用混凝土修补。

（10）浆砌石坝常见的病害是坝体裂缝，当发现裂缝时，应查明原因并及时进行维修。一般表面裂缝可用水泥砂浆填塞，如发现严重裂缝时，应作专门研究处理。

（11）在南方地区，有些坝体混凝土上附生着蚧贝类生物，对建筑物的表面有强烈的腐蚀破坏作用，应及时清除。

（12）在北方地区，针对建筑物可能遭受冰凌破坏的情况制定防冻措施，并准备冬季管理所需的设备、材料及破冰工具。要及时清除建筑物上的积水和重要部位的积雪。对易受冻害的部位，应做好保温防冻措施，在解冻后，应检查建筑物有无冻融剥蚀及冰胀开裂等缺陷，必要时应进行处理。

（13）应保护好各种观测设备，如有损坏或失效的，应及时处理。

二、混凝土与浆砌石坝的常见病害

1. 坝体本身和地基抗滑稳定性不够

混凝土坝和浆砌石坝，主要靠重力维持稳定，其抗滑稳定往往是坝体安全的关键。当地基存在软弱夹层或缺陷，在设计和施工中又未及时发现和妥善处理时，往往使坝体及地基抗滑稳定性不够，而成为危险的病害。

2. 裂缝及渗漏

由于温度变化、应力过大或不均匀沉陷，都可能使坝体产生裂缝，并沿裂缝产生渗漏。坝基的缺陷和防渗排水措施的不完善，也可能形成基础渗漏并导致渗流破坏。

3. 剥蚀破坏

剥蚀破坏是混凝土结构表面发生麻面、露石、起皮、松软和剥落等老化病害的统称。根据不同的破坏机理，可将剥蚀分为冻融剥蚀，冲磨和空蚀、钢筋锈蚀，水质侵蚀和风化剥蚀等。

第二节　增加重力坝稳定性的措施

重力坝是用混凝土或浆砌石修筑的大体积挡水建筑物，它的主要特点是依靠自重来维持坝身的稳定。

重力坝必须保证在各种外力组合的作用下，有足够的抗滑稳定性，抗滑稳定性不足是重力坝最危险的病害情况。当发现坝体存在抗滑稳定性不足，或已产生初步滑动迹象时，必须详细查找和分析坝体抗滑稳定性不足的原因，提出妥善措施，及时处理。

一、重力坝抗滑稳定性不足的主要原因

根据对重力坝病害和失事情况的调查分析，坝体抗滑稳定性不足，主要是由于重力坝在勘测、设计、施工和运用管理中存在的如下问题造成的。

（1）在勘测工作中，由于对坝基地质条件缺乏全面了解，特别是忽略了地基中存在的软弱夹层，往往因为采用了过高的摩擦系数而造成抗滑稳定性不足。

（2）设计的坝体断面过于单薄，自重不够，或坝体上游面产生了拉应力，扬压力加大，使坝体稳定性不够。

（3）施工质量较差，基础处理不彻底，使实际的摩擦系数值达不到设计要求，而坝底

渗透压力又超过设计计算数值，造成不稳定。

(4) 由于管理运用不善，造成库水位较多地超过设计最高水位，增大了坝体所受的水平推力或排水设施失效，增加了渗透压力，均会减小坝体的抗滑稳定性。

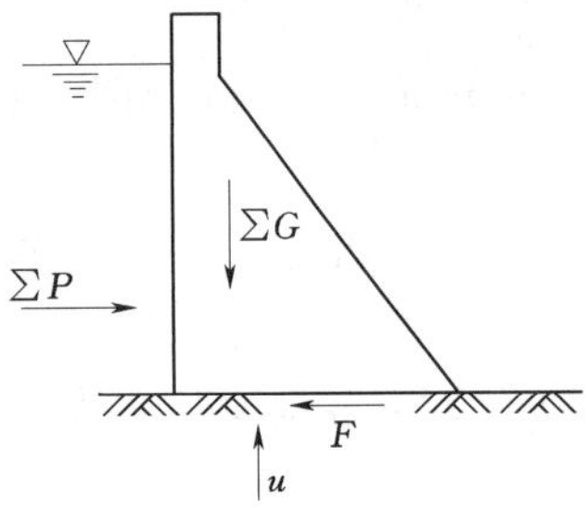

图 6-1 重力坝所受外力示意图
$\sum P$—水平推力；u—坝基扬压力；
$\sum G$—坝体自重；F—摩擦力

二、增加重力坝抗滑稳定性的主要措施

重力坝的抗滑稳定分析，主要是核算坝底面的抗滑稳定性。坝底面的抗滑稳定性与坝体的受力有关，重力坝所受的主要外力有垂直向下的坝体自重、垂直向上的坝基扬压力、水平推力和坝体沿地基接触面的摩擦力等，如图 6-1 所示。

坝体的抗滑稳定性，可用下式表示：

$$K=\frac{F}{\sum P}=\frac{f(\sum G-u)}{\sum P} \tag{6-1}$$

式中 $\sum P$——水平推力，包括水压力、风浪压力、泥沙压力等；

$\sum G$——垂直向下的坝体、水、泥沙的重力；

F——摩擦力；

u——垂直向上的坝基扬压力；

f——抗剪摩擦系数；

K——安全系数。

由式（6-1）可知，增加坝体的抗滑稳定，也就是增大安全系数，其途径有：减少扬压力、增加坝体重力、增加摩擦系数和减少水平推力等。现将具体措施分述如下。

（一）减少扬压力

减少扬压力是增加坝体抗滑稳定性的主要方法之一。通常减少扬压力的方法有两种，一是加强防渗，二是加强排水。

加强坝基防渗，可采用补强帷幕灌浆或补做帷幕措施，对减少扬压力的效果非常显著。灌浆可在坝体灌浆廊道中进行。

为减少扬压力，除在坝基上游部分进行补强帷幕灌浆以外，还应在帷幕下游部分设置排水系统，增加排水能力。二者配合使用，更能保证坝体的抗滑稳定性。

排水系统的主要形式是排水孔，排水孔的排水效果与孔距、孔径和孔深有关，常用的孔距为 2～3m，孔径为 15～20cm，孔深为 0.4～0.6 倍的帷幕深度。原排水孔过浅或孔距过大的，应进行加深或加密补孔，以增加导渗能力。

如原有的排水孔受泥沙等物堵塞时，可采用高压气水冲孔或用钻机清扫以恢复其排水能力。

（二）增加坝体重力

重力坝的坝体稳定，主要靠坝体的重力平衡水压力，所以，增加坝体的重力是增加抗滑稳定的有效措施之一。增加坝体质量可采用加大坝体断面或预应力锚固等方法。

1. 加大坝体断面

加大坝体断面可从坝的上游面或从坝的下游面进行。从上游面增加坝体断面时，既可

增加坝体重力，又可增加垂直水重，同时还可改善防渗条件，但需放空水库或降低水库水位修筑围堰挡水才能施工，如图 6-2（a）所示。从下游面增加坝体断面如图 6-2（b）所示，施工比较方便，但也应适当降低水库水位进行施工，这样，有利于减少上游坝面拉应力。坝体断面增加部分的尺寸，应通过稳定计算确定，施工时还应注意新旧坝体之间结合紧密。

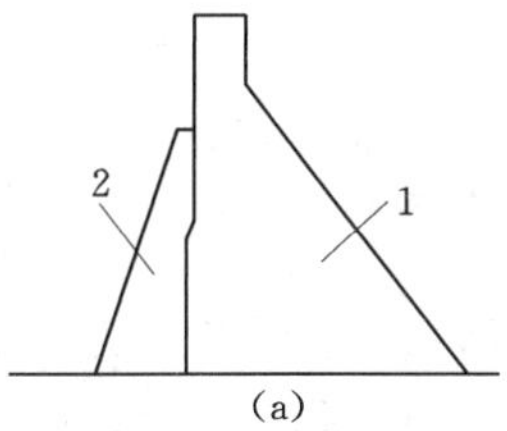

图 6-2　增加坝体断面的方式

（a）从上游面增加坝体断面；（b）从下游面增加坝体断面

1—原坝体；2—加固坝体

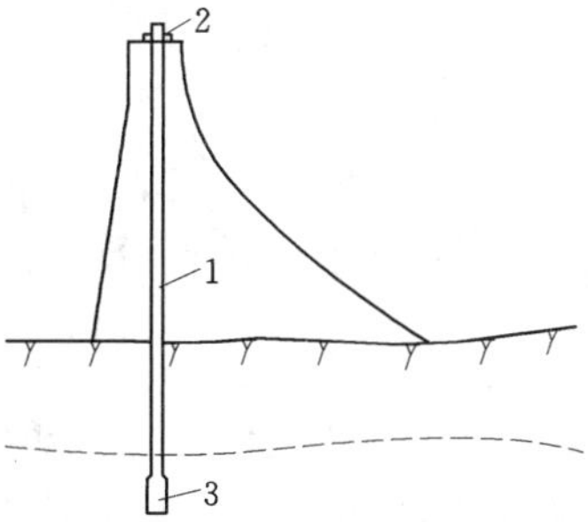

图 6-3　预应力锚固示意图

1—锚索孔；2—锚头；3—扩孔段

2. 预应力锚固

预应力锚固是从坝顶钻孔到坝基，孔内放置钢索，锚索一端锚入基岩中，在坝顶另一端施加很大的拉力，使钢索受拉、坝体受压，从而增加坝体抗滑稳定，如图 6-3 所示。

用预应力锚固来提高坝体抗滑稳定性，效果良好，但具有施工工艺复杂等缺点，且预应力可因锚索松弛而受到损失。

（三）增加摩擦系数

摩擦系数大小与坝体和地基的连接形式及清基深度有关。对于原坝体与地基的结合，只能通过固结灌浆的措施加以改善，从而提高坝体的抗滑稳定性。

固结灌浆孔的深度，在上游部分坝基中，由于坝基可能产生拉应力，要求基岩有较高的整体性，故对钻孔要求较深，约 8～12m。在坝基的下游部分，应力较集中，也要求较深的固结灌浆孔，孔深也在 8～12m，其余部分，可采用 5～8m 的浅孔。固结灌浆孔距一般为 3～4m，呈梅花形或方格形布置。

（四）减小水平推力

减小水平推力可采用控制水库运用和在坝体下游面加支撑等方法。

1. 控制水库运用

控制水库运用主要用于病险水库度汛或水库设计标准偏低等情况。对病险库来讲，通过降低汛前调洪起始水位，可减小水库水对坝的水平推力。对设计标准偏低的水库，通过改建溢洪道，加大泄洪能力，控制水库水位，也可达到保持坝体稳定的作用。

2. 坝体下游面加支撑

坝体下游面加支撑，可使坝体上游的水平推力通过支撑传到地基上，从而减少坝体所受的水平推力，又可增加坝体重力。支撑的形式如图 6-4 所示，可根据建筑物的形式和地质地形条件加以选用。

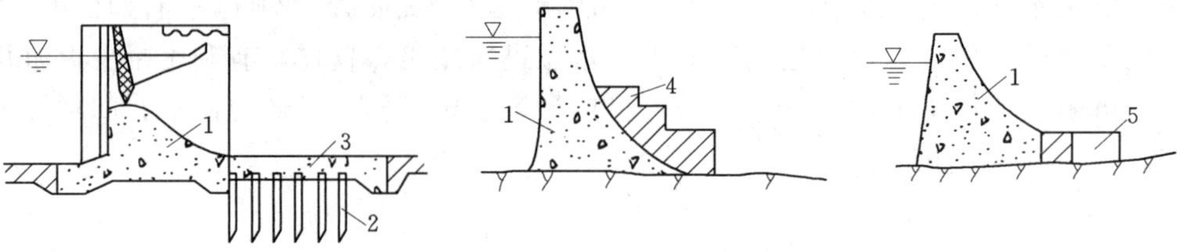

图 6-4 下游面加支撑的形式

(a) 溢流坝下游护坦上钻孔设桩；(b) 非溢流坝设重力墙支撑；(c) 钢筋混凝土水平拱支撑

1—坝体；2—支撑桩；3—护坦；4—重力墙；5—水平拱

图 6-4 (a) 所示为在溢流坝下游护坦钻孔设桩，通过桩将部分水平推力传到河床基岩上；图 6-4 (b) 所示为非溢流坝设重力墙支撑；图 6-4 (c) 所示为钢筋混凝土水平拱支撑。

采用何种抗滑稳定的措施要因地制宜，补强灌浆和加大坝体断面是经常采用的两种有效措施，有些情况下也可采用综合性措施。

第三节 混凝土及浆砌石坝裂缝处理

一、裂缝的分类及特征

混凝土坝及浆砌石坝裂缝是常见的现象，其类型及特征见表 6-1。

表 6-1 **裂缝的类型及特征**

类型	特征
沉陷缝	(1) 裂缝往往属于贯通性的，走向一般与沉陷走向一致。 (2) 较小的沉陷引起的裂缝，一般看不出错距；较大的不均匀沉陷引起的裂缝，则常有错距。 (3) 温度变化对裂缝影响较小
干缩缝	(1) 裂缝属于表面性的，没有一定规律性，走向纵横交错。 (2) 宽及长度一般都很小，如同发丝
温度缝	(1) 裂缝可以是表层的，也可以是深层或贯穿性的。 (2) 表层裂缝的走向没有一定规律性。 (3) 钢筋混凝土深层或贯穿性裂缝，方向一般与主钢筋方向平行或近似于平行。 (4) 裂缝宽度沿裂缝方向无多大变化。 (5) 缝宽受温度变化的影响，有明显的热胀冷缩现象
应力缝	(1) 裂缝属深层或贯穿性的，走向一般与主应力方向垂直。 (2) 宽度一般较大，沿长度和深度方向有明显变化。 (3) 缝宽一般不受温度变化的影响

二、裂缝形成的主要原因

混凝土坝与浆砌石坝裂缝的产生，主要与设计、施工、运用管理等有关。

1. 设计方面

大坝在设计过程中，由于各种因素考虑不全，坝体断面过于单薄，致使结构强度不足，造成建筑物抗裂性能降低，容易产生裂缝。

设计时，分缝分块不当，块长或分缝间距过大也容易产生裂缝。由于设计不合理，水流不稳定，引起坝体震动，同样能引起坝体开裂。

2. 施工方面

在施工过程中，由于基础处理、分缝分块、温度控制等未按设计要求施工，致使基础产生不均匀沉陷；施工缝处理不善，或者温差过大，造成坝体裂缝。

在浇筑混凝土时，由于施工质量控制不好，使混凝土的均匀性、密实性差，或者混凝土养护不当，在外界温度骤降时又没有做好保温措施，导致混凝土坝容易产生裂缝。

3. 运用管理方面

大坝在运用过程中，超设计荷载使用，使建筑物承受的应力大于设计应力产生裂缝。大坝维护不善，或者在北方地区受冰冻影响而又未做好防护措施，也容易引起裂缝。

4. 其他方面

由于地震、爆破、台风和特大洪水等引起的坝体震动或超设计荷载作用，常导致裂缝发生。含有大量碳酸氢离子的水，对混凝土产生侵蚀，造成混凝土收缩，也容易引起裂缝。

三、裂缝处理的方法

混凝土及浆砌石坝裂缝的处理，目的是恢复其整体性，保持其强度、耐久性和抗渗性，以延长建筑物的使用寿命。

裂缝处理的措施与裂缝产生的原因、裂缝的类型、裂缝的部位及开裂程度有关。沉陷裂缝、应力裂缝，一般应在裂缝已经稳定的情况下再进行处理；温度裂缝应在低温季节进行处理；影响结构强度的裂缝，应与结构加固补强措施结合考虑；处理沉陷裂缝，应先加固地基。

（一）裂缝表面处理

当裂缝不稳定，随着气温或结构变形而变化，而又不影响建筑物整体受力时，可对裂缝进行表面处理。常用的裂缝表面处理的方法有表面涂抹、表面贴补、凿槽嵌补和喷浆修补等。裂缝表面处理的方法也可用来处理混凝土表层的剥蚀破坏，如蜂窝、麻面、骨料架空外露以及表层混凝土松软、脱壳和剥落等。

1. 表面涂抹

表面涂抹是用水泥砂浆、防水速凝砂浆、环氧砂浆、聚合物水泥砂浆等涂抹在裂缝部位的表面。这是建筑物水上部分或背水面裂缝的一种处理方法。一般用于不渗水的龟裂缝，缝宽不小于 0.2mm。

（1）水泥砂浆涂抹。涂抹前先将裂缝附近的表面凿毛，并清洗干净，保持湿润，然后用 1∶1～1∶2 的水泥砂浆在其上涂抹。涂抹的总厚度一般以控制在 1～2cm 为宜，最后压实抹光。温度高时，涂抹 3～4h 后即需洒水养护，冬季要注意保温，切不可受冻，否则强度容易降低。

(2) 环氧砂浆涂抹。环氧砂浆是由环氧树脂与固化剂、增韧剂、稀释剂配制而成的液体材料再加入适量的细填料拌和而成的，如图 6-5 所示。具有强度高、抗冲耐磨的性能。环氧砂浆配方见表 6-2。

表 6-2 环氧砂浆配方（质量比）

材料名称	比例（质量比）	备　注
634 号环氧树酯	100	主剂
间苯二胺	16	固化剂
304 号不饱和树酯	30	增塑剂
690 号活性溶剂	20	稀释剂
石英粉	375～600	填料
砂（d<0.6mm）	125～200	细骨料

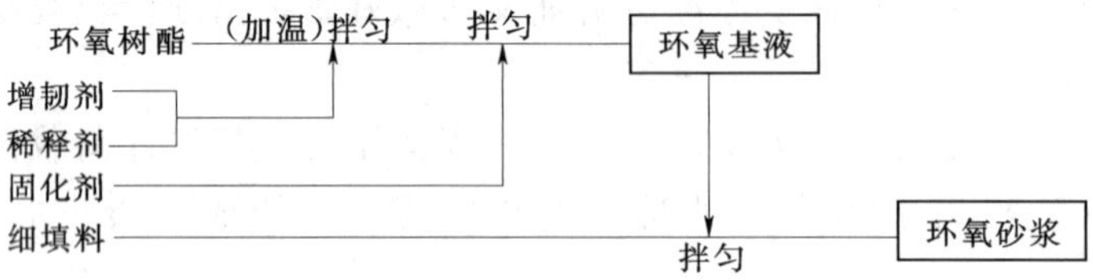

图 6-5 环氧砂浆的制拌工艺

以间苯二胺做固化剂配制环氧树酯为例，介绍其工艺过程（图 6-6）。

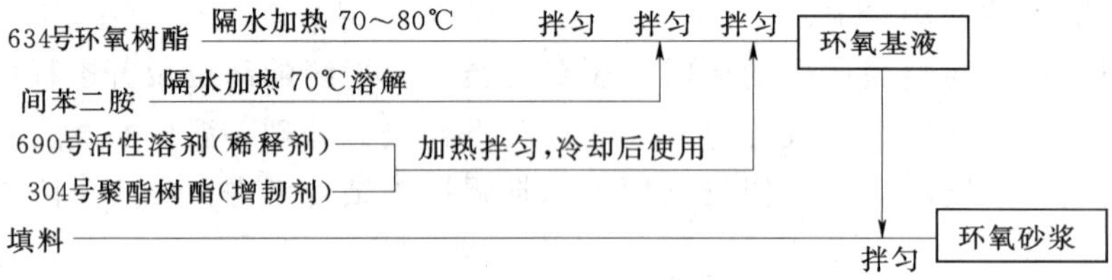

图 6-6 间苯二胺做固化剂配制环氧树脂工艺

拌和时，先加热环氧树酯，再加入经加热溶解的间苯二胺，充分混合拌匀，然后，再加入预先混合好的 304 号聚酯树酯及 690 号活性溶剂的混合液，不断搅拌均匀，最后将浆液倒入预热的填料中，进行充分拌和，即制成环氧砂浆。

在配制环氧砂浆的过程中，环氧各组合成分大都易挥发，因此施工现场必须通风，操作人员须戴口罩和手套，避免有害气体对人体的不良影响。人体与环氧材料接触后，可用工业酒精、肥皂水与清水多次清洗，严禁用有机溶剂清洗，以免有机溶剂将环氧材料稀释，更易于渗入皮肤。

在施工过程中，不允许将用过的器具以及残液等随便抛弃或投入河中，以防水质污染和发生中毒事故。

涂抹前沿裂缝凿槽，槽深 0.5～1.0cm，用钢丝刷洗刷干净，保证槽内无油污、灰尘。经预热后再涂抹一层环氧基液；厚约 0.5～1.0mm，再在环氧基液上涂抹环氧砂浆，使其与原建筑物表面齐平，然后覆盖塑料布并压实。

(3) 防水快凝砂浆（或灰浆）涂抹。防水快凝砂浆（或灰浆）是在水泥砂浆内加入防水剂（同时又是速凝剂），以达到速凝却又能提高防水性能，这对涂抹有渗漏的裂缝是非常有效的。

防水快凝砂浆和灰浆配合比见表 6－3。配制时，先将水泥或水泥与砂按比例加水拌匀，然后将防水剂加入，迅速搅拌均匀，即可使用，为防止凝固后不能使用，一次配量不易太多，应随拌随用。

表 6－3　防水快凝砂浆和灰浆配合比

名称	配合比（质量比）				初凝时间（min）
	水泥	砂	防水剂	水	
速凝灰浆	100		69	44～52	2
中凝灰浆	100		20～28	40～52	6
速凝砂浆	100	220	45～58	15～28	1
中凝砂浆	100	220	20～28	40～52	3

涂抹时，先将裂缝凿成深约 2cm、宽约 20cm 的 V 形或矩形槽并清洗干净，然后按每层 0.5～1cm 分层涂抹砂浆（或灰浆），抹平为止。

(4) 聚合物水泥砂浆涂抹。聚合物水泥砂浆是通过向水泥砂浆中掺加聚合物乳胶改性而制成，如丙烯酸酯共聚乳胶（PAE）改性水泥砂浆，简称丙乳砂浆。聚合物乳胶的掺加量约为水泥质量的 10%～15%，砂浆水灰比一般为 0.3 左右。为防止乳胶接触水泥破乳快凝和砂浆起泡，尚需加入适量的稳定剂和消泡剂。和普通水泥砂浆相比，极限拉伸提高约 1～2 倍，抗拉弹性模量降低 10%～50%，干缩变形减少 15%～40%，与老混凝土黏结抗拉强度提高 1～3 倍，是一种理想的薄层修补材料，也可用作裂缝修补材料。

涂抹前，将混凝土用喷砂凿毛，表面处于饱水状态但不能有明水。先涂刷乳胶水泥素浆一遍，约 15min 后涂抹聚合物水泥砂浆。聚合物水泥砂浆凝聚较快，应在初凝时间内用完。施工后 7d 内保持湿养护，后期则在自然条件下养护，以使乳胶在干燥状态下成膜。

2. 表面贴补

表面贴补是用黏结剂把橡皮或其他材料粘贴在裂缝的表面，以防止沿裂缝渗漏，达到封闭裂缝并适应裂缝的伸缩变化的目的。一般用来处理建筑物水上部分或背水面裂缝，裂缝开度大于 0.5mm 但不渗水。

(1) 橡皮贴补。将裂缝两侧表面凿成宽 14～16cm、深 1.5～2cm 的槽，要求槽面平整无油污灰尘。橡皮按需要尺寸裁剪（若长度不够，可将橡皮搭接部位切成斜面，锉毛后用胶水接长），厚度以 3～5 mm 为宜，并将表面锉毛或放在工业用浓硫酸中浸 1～2 min；取出后立即用清水冲洗干净，晾干待用。

在处理好的混凝土表面刷上一层环氧基液，再铺一层厚 5mm 的环氧砂浆，顺裂缝划开宽 5mm 的环氧砂浆，填以石棉绳，然后将粘贴面刷有一层环氧基液的橡皮从裂缝的一端开始铺贴在刚涂抹好的环氧砂浆上。铺贴时要用力均匀压紧，直至环氧砂浆从橡皮边缘挤出为止，如图 6－7 所示。为使橡皮不致翘起，需用包有塑料薄膜的木板将橡皮压紧：

为防止橡皮老化，应在橡皮表面刷一层环氧基液，再抹一层环氧砂浆保护。

(2) 玻璃布贴补。玻璃布的种类很多，一般采用无碱玻璃纤维织成，它具有耐水性能好、强度高、气泡易排除、施工方便的特点。其黏合剂多为环氧基液。

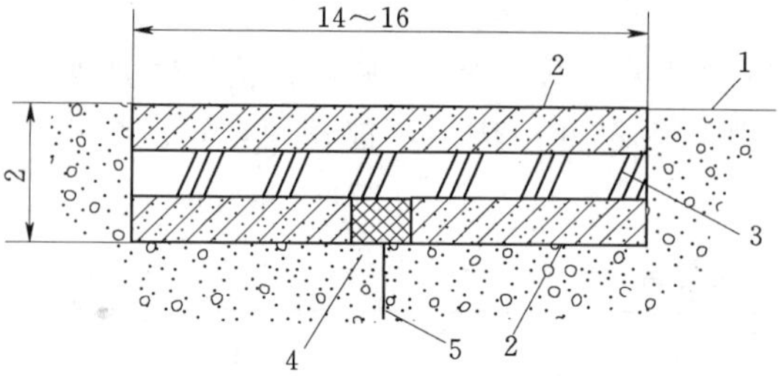

图 6-7 橡皮贴补示意图（单位：cm）

1—原混凝土面；2—环氧砂浆；3—橡皮；4—石棉绳；5—裂缝

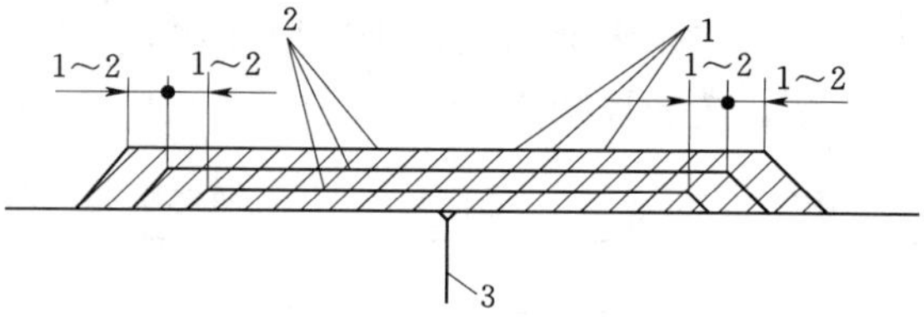

图 6-8 玻璃布粘贴示意图（单位：cm）

1—玻璃布；2—环氧基液；3—裂缝

玻璃布粘贴前，需先将混凝土表面凿毛，并冲洗干净，若表面不平，可用环氧砂浆抹平。粘贴时，先在粘贴面上均匀刷一层环氧基液，然后将玻璃布展开放置并使之紧贴在混凝土面上，再用刷子在玻璃布面上刷一遍，使环氧基液浸透玻璃布，接着再在玻璃布上刷环氧基液，按同样方法粘贴第二层玻璃布，但上层应比下层玻璃布稍宽 1～2cm，以便压边。一般粘贴 2～3 层即可，如图 6-8 所示。

3. 凿槽嵌补

凿槽嵌补是沿裂缝凿一条深槽，槽内嵌填各种防水材料，以堵塞裂缝和防止渗水。这种方法主要用于对结构强度没有影响的裂缝处理。一般用于裂缝开度大于 0.5mm，有少量渗水的情况。

沿裂缝凿槽，槽的形状可根据裂缝位置和填补材料而定，一般有如图 6-9 所示的几种形状。

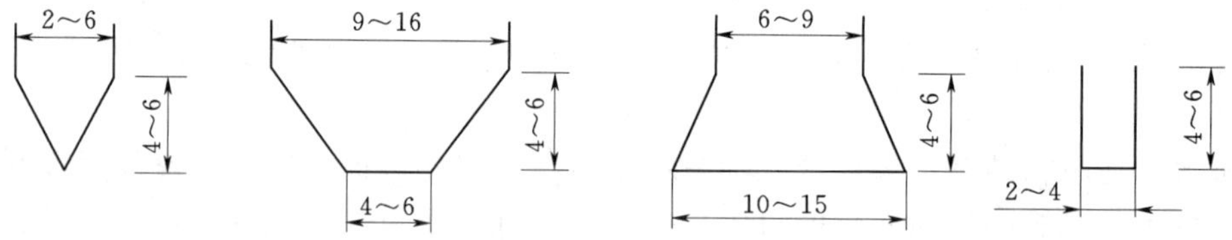

图 6-9 缝槽形状及尺寸图（单位：cm）

V 形槽多用于竖直裂缝；_/形槽多用于水平裂缝；/_\\形槽多用于顶面裂缝及有渗水的裂缝，其特点是内大外小，填料后在口门处用木板挤压，可以使填料紧密而不致被挤出来；“凵”形槽则以上 3 种情况均能适用。槽的两边必须修理平整，槽内要清洗干净。

嵌补材料的种类很多，有聚氯乙烯胶泥、沥青材料、环氧砂浆、预缩砂浆、聚合物砂浆和普通砂浆等。

嵌补材料的选用与裂缝性质、受力情况及供货条件等因素有关。因此，材料的选用需经全面分析后再确定。对于已稳定的裂缝，可采用预缩砂浆、聚合物砂浆、普通砂浆等脆性材料嵌补；对缝宽随温度变化的裂缝，应采用弹性材料嵌补，如聚乙烯胶泥或沥青材料等；对受高速水流冲刷或需结构补强的裂缝，则可采用环氧砂浆嵌补。

(1) 沥青材料嵌补。沥青材料嵌补分为用沥青油膏、沥青砂浆和沥青麻丝三种。

1) 沥青油膏是以石油沥青为主要材料，掺入适量其他油料和填料配制而成。

施工时，先在槽内刷一层沥青漆，然后用专用工具将油膏嵌入槽内压实，使油膏面比槽口低1～2cm，再用水泥砂浆抹平保护，注意在嵌补前要注意槽内干燥。

2) 沥青砂浆是由沥青、砂子及填充材料制成。

配制沥青砂浆时，先将沥青加热至180～200℃，加热时应不断搅拌，以免沥青烧焦、老化，待沥青熔化后，将水泥徐徐分散倒入拌匀，再将预热至120℃的脱水干净的砂子慢慢倒入，搅拌均匀，即成沥青砂浆。

施工时，先在槽内刷一层沥青，然后将沥青砂浆倒入槽内，立即用专用工具摊平压实。要逐层填补，随倒料随压紧，当沥青砂浆面比槽口低1～1.5cm时，用水泥砂浆抹平保护。注意沥青砂浆一定要在温度较高的情况下施工，否则温度降低变硬，不易操作。

3) 沥青麻丝嵌补的操作方法是，将沥青加热熔化，然后将麻丝或石棉绳放入沥青浸煮，待麻丝或石棉绳浸透后，用铁钳夹放入缝内，并用凿子插紧，嵌填时，要逐层将其嵌入缝内，填好后，用水泥砂浆封面保护。

(2) 聚氯乙烯胶泥嵌补。聚氯乙烯胶泥是以煤焦油为主要材料，加入少量聚氯乙烯树脂及增韧剂、稳定剂和填料配制而成。它具有良好的防水性、弹塑性、温度稳定性及与混凝土的黏结性，而且价格低、原料易得、施工方便。目前主要用于水工建筑物水平面或缓坡上的裂缝的修补。

(3) 预缩砂浆嵌补。预缩砂浆是经拌和好之后再归堆放置30～90min才使用的干硬性砂浆。拌制良好的预缩砂浆，具有较高的抗压、抗拉强度，其抗压强度可达29.4～34.3MPa，抗拉强度可达2.45～2.74MPa，与混凝土的黏结强度可达1.67～2.16MPa。因此，采用预缩砂浆修补处于高流速区混凝土的表面裂缝，不仅强度和平整度可以得到保证，而且收缩性小，成本低廉，施工简便，可获得较好效果。当修补面积较小或工程量较小时，如无特殊要求，可优先选用预缩砂浆嵌补。预缩砂浆一般水灰比采用0.3～0.34，灰砂比1∶2～1∶2.5，并掺入水泥质量万分之一左右的加气剂，以提高砂浆拌和时的流动性。

拌制时，先将称好的砂、水泥混合搅拌均匀，再掺入加气剂的水溶液翻拌3～4次，归堆放置30～90min，预缩后即能使用。

4. 喷浆修补

喷浆修补是将水泥砂浆通过喷头高压喷射至修补部位，达到封闭裂缝和提高建筑物表面耐磨抗冲能力的目的。为提高喷液强度，常采用挂钢丝网喷浆。适用于数量多、分布广、有渗水现象的裂缝。

喷浆工艺如下：

(1) 喷浆前，对被喷面凿毛冲洗干净，并进行钢筋网的制作和安装，钢筋网应加设锚筋，一般5～10个网格应有一锚筋，锚筋埋设孔深一般15～25cm。为使喷浆层和被喷面结合良好，钢筋网应离开受喷面15～25mm。

(2) 喷浆压力应控制在0.1～0.3MPa范围内。

(3) 喷头与受喷面要保持适宜的距离，一般要求80～120cm。过近会吹掉砂浆，过远会使气压损失，黏着力降低，影响喷浆强度。喷头一般应与受喷面垂直。施工自下向上，分层喷射，每层喷射间隔 20～30min。

(4) 为了保证修补效果，应最后进行收浆抹面，并注意湿润养护 7d。

喷浆用于混凝土修补工程具有以下特点：

喷浆修补采用较小的水灰比、较多的水泥，从而可达到较高的强度和密实性，具有较高的耐久性。可省去较复杂的运输、浇筑及骨料加工等设备，简化施工工艺，提高施工工效，可用于不同规模的修补工程。但是，喷浆修补因存在水泥消耗较多、层薄、不均匀等问题，易产生裂缝，影响喷浆层寿命，从而限制了它的使用范围，因此须严格控制砂浆的质量和施工工艺。

5. 喷混凝土修补法

喷混凝土的工作原理、喷射方法、养护要求与喷浆基本相同。一次喷射层厚，一般不超过最大骨料粒径的 1.5 倍。喷混凝土的粗骨料，粒径一般不大于 25mm。水泥、砂、石子的配合比，应根据喷射部位和质量要求通过实验确定。

喷底层和拱顶时，可采用砂率较高的配合比；喷面层和侧墙时，可采用砂率较低的配合比，一般以采用 1∶2∶2 较为普遍。为防止喷射混凝土因自重脱落，可掺用适量速凝剂；为防止发生裂缝，可在喷混凝土中掺入用冷拔钢丝或镀锌铁丝制成的钢纤维。

6. 表面喷涂法修补

喷涂法是一种简单的修补方法，一般多用于表层裂缝（宽度小于 0.3mm）的修补。所用喷涂材料有：环氧树酯类、聚酯树酯类、聚氨酯类、改性沥青类等。

这种方法施工时，先用钢丝刷或风沙枪清除表面附着物或污垢，并凿毛，冲洗干净；混凝土表面气孔可用树酯类材料充填，对凹处应先涂刷一层树酯基液，后用砂浆抹平；喷涂或涂刷 2～3 遍，第一遍涂刷应采用经过稀释的涂料，涂膜总厚度应大于 1.0mm。

（二）裂缝的内部处理

裂缝的内部处理，系指贯穿性裂缝或内部裂缝常用灌浆方法处理。其施工方法通常为钻孔灌浆，灌浆材料一般采用水泥和化学材料，可根据裂缝的性质、开度以及施工条件等具体情况选定。对于开度大于 0.3mm 的裂缝，一般可采用水泥灌浆；对开度小于 0.3mm 的裂缝，宜采用化学灌浆；对于渗透流速大于 600m/d 或受温度变化影响的裂缝，则不论其开度如何，均宜采用化学灌浆处理。

1. 水泥灌浆

水泥灌浆具体施工程序为：钻孔→冲洗→止浆或堵漏处理→安装管路→压水试验→灌浆→封孔→质量检查。

水泥灌浆施工具体技术要求如下：

(1) 钻孔。一般用风钻钻孔，孔径 36～56mm，孔距 1.0～1.5m，骑缝浅孔可顺裂缝钻孔，斜钻孔轴线与裂缝面的交角一般应大于 30°，孔深应穿过裂缝面 0.5m 以上。

(2) 洗孔。每条裂缝钻孔结束后，需进行冲洗，其顺序是按竖向排列孔自上而下逐孔进行。其目的主要是将钻孔及裂隙中的岩粉、铁砂等冲洗出来，冲洗方法有高压水冲洗、水气轮换冲洗等。

(3) 止浆或堵漏处理。在缝面冲洗干净后，即可进行止浆或堵漏处理。可在裂缝表面用灰砂比 1∶1～1∶2 的水泥砂浆涂抹，也可用环氧砂浆涂抹。

(4) 安装管路。灌浆管一般用 19～38mm 的钢管，上部加工丝扣。安装时，先在钢管外壁裹上旧棉絮，并用麻丝捆紧，然后将管子旋于孔中，埋入深度根据孔深和灌浆压力的大小而定。孔口、管壁周围的空隙可用旧棉絮或其他材料塞紧，并用水泥砂浆封堵，以防冒浆或灌浆管从孔口脱出。

(5) 压水试验。压水试验的主要目的是判断裂缝有无阻塞，检查管路及止浆效果。压水试验采用从灌浆孔压水、排气孔排水的方式，以检查其畅通情况，然后关闭排气孔以检查止浆效果。

(6) 灌浆。为了提高浆液的可灌性，可尽量采用 52.5 (R) 号普通硅酸盐水泥，并加工磨细，使其细度达到通过 6400 孔/cm^2 筛的筛余量为 2%以下。

灌浆压力的确定，以保证一定的可灌性，提高浆体结石质量，而又不致引起建筑物发生有害变形为原则。一般进浆管压力采用 300～500kPa。

(7) 封孔。凡经认真检查认为合格的灌浆孔，必须及时进行封孔。封孔方法有人工封孔法和机械封孔法。人工封孔法是将一根内径 38～50mm 的钢管放入孔中，距离孔底约 50cm，然后把砂浆倒入管内，随着水泥砂浆在孔内的浆面逐渐升高，将钢管徐徐上提，上提时，应使管的下端经常保持埋在砂浆中。机械封孔是利用砂泵或灌浆机进行全孔回填灌浆，灌浆压力采用 500～600kPa。

2. 化学灌浆

化学灌浆材料可以灌入 0.3mm 或更小的裂缝，同时化学灌浆材料可调节凝结时间，适应各种情况下的堵漏防渗处理。此外化学灌浆材料具有较高的黏结强度和一定的弹性，对于恢复建筑物的整体性及对伸缩缝的处理，效果较好。因此，凡是不能用水泥灌浆进行内部处理的裂缝，均可考虑采用化学灌浆。

化学灌浆的施工程序为：钻孔→压气（或压水）试验→止浆→试漏→灌浆→封孔→检查质量。

化学灌浆具体施工技术要求如下：

(1) 钻孔。化学灌浆布孔方式通常有骑缝孔和斜孔两种。骑缝孔的钻孔工作量小，孔内占浆少，且缝面不宜被钻孔灰粉堵塞。但封面止浆要求高，灌浆压力受限制，扩散范围较小。斜孔的优缺点和骑缝孔相反，但斜孔可根据裂缝对深度和结构物的厚度，分别布置成单排孔或多排孔。骑缝孔仅适用于浅缝或仅需防渗堵漏的裂缝。斜孔适用于裂缝较深和结构厚度较大的情况。

化学灌浆钻孔一般采用风钻，孔径 30～36mm，孔距一般采用 1.5～2.0m。

(2) 压气（或压水）试验。对于甲凝及环氧树酯等憎水性材料，最好采用压气试验，压气时可在缝外涂上肥皂水，以检查钻孔与缝面畅通情况，并用耗气量来检查结构物内部是否有大缺陷，以推估吸浆量等，气压一般稍大于灌浆压力。对于丙凝、聚氨酯等亲水性材料，可用压水试验，压水时可在水中加入颜料，以便观察。

(3) 止浆。止浆方法一般是沿缝凿槽，洗刷干净后再嵌填环氧砂浆或其他速凝早强的砂浆，并将表面压实抹光。

(4) 试漏。试漏的目的是检查止浆效果。根据不同的灌浆材料，可采用压气或压水试漏，试漏压力应大于灌浆压力。当发现止浆有缺陷时，应在灌浆前进行修补。

（5）灌浆。化学灌浆有单液法和双液法两种。单液法是将浆液按配合比一次性配好，然后用一般泥浆泵或水泥灌浆泵灌浆。双液法是将浆液按配比中的引发剂与促进剂分成两组分别配好，用比例灌浆泵灌注时在混合室相遇后才组成浆液送入孔内。单液法配比较精确，但浆液配好后要在胶凝时间内灌完，否则容易堵塞设备与管路。双液法不易堵塞设备，但灌注浆液的配比较难掌握准确。

化学灌浆的灌浆材料可根据裂缝的性质、开度和干燥情况选用。常用的有甲凝、环氧树脂、聚氨酯、水玻璃和丙凝。单纯以堵漏防渗为目的的可选用水玻璃、丙凝、低强水溶性聚氨酯，为了补强加固可选用环氧树脂、甲凝。如果兼有堵漏防渗和补强双重作用，可选择高强度水溶性聚氨酯浆材。

化学灌浆费用较高，一般情况下应首先采用水泥灌浆，在达不到设计要求时，再用化学灌浆予以辅助，以获得良好的技术经济指标。此外，化学浆材都有一定的毒性，对人体健康不利，还会污染水源，在运用过程中要十分注意。

（三）加厚坝体

浆砌石坝由于坝体单薄、强度不够而产生应力裂缝和贯穿整个坝体的沉陷缝时，可采取加厚坝体的措施，以增强坝体的整体性和改善坝体应力状态。坝体加厚的尺寸应由应力核算确定。在具体处理时，应保证新老坝体结合良好。

四、混凝土坝表层损坏的修补

1. 混凝土表层损坏的原因

混凝土坝和其他混凝土建筑物，由于设计、施工、管理等方面的原因，常会产生不同程度的表层损坏，主要原因如下：

（1）施工质量差。拆模后，混凝土表面有蜂窝、麻面、骨料架空和外露，接缝不平，原因主要是施工质量不好。

（2）冲刷、空蚀和撞击。混凝土经过运行，表面出现麻面、骨料外露、疏松脱壳等现象，原因多是由于水流的流速大于混凝土表面允许流速，或是由于水流的边界条件不好，在高速水流作用下，引起空蚀破坏而造成的。此外，如水流中挟带有大量的砂石或冰凌，对建筑物表面产生撞击，也会引起和加重上述损坏。

（3）冰冻、侵蚀。混凝土表面疏松脱壳或成块脱落现象，主要原因是由于严寒地区冰冻及干湿交替或侵蚀性水的化学侵蚀作用所造成的。

（4）机械撞击。混凝土表面成块脱落形成凹凸不平，原因主要是机械、船舶或其他坚硬物体的撞击。

2. 混凝土表层损坏的危害

（1）局部剥蚀。混凝土的表层损坏，造成表面不平整，引起局部剥蚀，并不断发展扩大。

（2）钢筋锈蚀。在钢筋混凝土中，由于表层破坏，保护层减薄或钢筋外露，易导致钢筋锈蚀，其强度及与混凝土的结合力减小，甚至失去作用。

（3）缩短使用寿命。由于水化学侵蚀的长期作用，混凝土表层损坏还会往内部发展，造成混凝土强度降低，缩短建筑物的使用年限。

（4）失稳破坏。对于损坏严重的情况，会削弱结构强度，甚至会被水流掀走，使建筑物失稳而破坏。

3. 混凝土表层损坏的修补

在修补之前，应先凿除已损坏混凝土，并对修补面凿毛和清洗，再进行修补。混凝土表层修补，一般有水泥砂浆、聚合物水泥砂浆、预缩砂浆、环氧材料涂抹充填，或采取喷水泥砂浆或喷混凝土修补表层的损坏。

五、案例

【案例1】 浙江亭下水库混凝土重力坝坝顶与廊道裂缝的补强加固

1. 工程概况

亭下水库是一座以防洪、灌溉为主，结合发电、供水、养殖、旅游等综合利用的大型水利枢纽工程。坝型为混凝土重力坝，最大坝高76.5m。工程于1978年5月动工兴建，1983年5月封孔蓄水，1985年9月通过竣工验收后正式投入运行。

1984年底大坝浇筑到顶后，距右岸坝端约8m处的坝体，从坝顶直到坝底岩基处，出现了1条贯穿上下游的裂缝。裂缝长9.8m，最大缝宽达6.0m。

1985年大坝竣工验收时，施工单位用普通水泥砂浆对该裂缝的上游坝面进行了修补，没多长时间，又重新裂开。1984年坝体浇筑完毕后，随即在廊道内发现较多裂缝，其中缝宽大于0.2mm、缝长大于5m的裂缝有100多条，裂缝的主要部位在大坝廊道拱顶。产生裂缝的主要原因是混凝土施工的温控措施不够完善。1983年5月水库封堵导流孔开始蓄水后，发现有些裂缝有渗水现象，个别裂缝的渗水量较大。

2004年亭下水库大坝首次安全鉴定中，专家组认为，随着坝龄的增长，混凝土强度开始衰退，裂缝是大坝安全的一大隐患。这些裂缝的存在，削弱了坝体的强度，特别是20余条渗水裂缝的存在，使坝体混凝土中钙质持续缓慢析出，加速了混凝土的老化，从而影响到坝体的强度。

2. 坝体与廊道两处裂缝的加固处理

（1）处理方法。对于大坝贯穿性裂缝，迎水面采取镶嵌SR塑性止水材料进行表面封堵，背水面采用化学灌浆及缝面封堵的方法；对廊道内的裂缝采用化学灌浆及缝面封堵的方法。

（2）处理用的材料。

1）水溶性聚氨酯。聚氨酯类化学灌浆材料可分为水溶性和非可溶性两大类。有水裂缝的堵漏防渗选用水溶性聚氨酯。其遇水后立即与水交联生成不溶于水的聚合体，且体积膨胀，达到堵漏防渗的目的。水溶性聚氨酯有HW和LW两种，这两种可以任意比例混合，获得不同强度和膨胀性能的聚合体。水溶性聚氨酯性能见表6-4。

表6-4 水溶性聚氨酯性能

材料	黏结强度（MPa）	抗压强度（MPa）	遇水体膨胀率（%）
LW水溶性聚氨酯注浆液	1.70	—	273
HW水溶性聚氨酯注浆液	2.80	19.8	—
LW：HW=80：20（混合配制）	1.86	14.8	30

2）SR 塑性止水。SR 嵌缝材料是以沥青材料为主体研制的改性沥青材料。SR 塑性止水材料性能见表 6－5。

表 6－5　SR 塑性止水材料性能

项　　目	测 试 条 件	SR
断裂伸长率（%）	10℃/－10℃/－40℃	850/800/200
耐热性（mm）	45°倾角，80℃，5h 流淌值	＜4
施工度（mm）	25℃，5s，锥入度值	9～15
抗掺性（MPa）	5mm 厚，48h	1.5～1.9
冻融试验（次）	－20～20℃循环，不皱不裂	＞300

（3）坝顶贯穿性裂缝处理工艺。迎水面裂缝处理方法如下：

1）清理裂缝表面，弄清裂缝全貌。

2）沿裂缝凿 V 形槽，槽深 80mm，槽宽 100mm。

3）清洗干净 V 形槽，待干燥后涂刷 SR 底漆，然后用力嵌入 SR 止水材料，以适应缝的变形及热胀冷缩，达到防拉裂的目的。

4）表面用厚 1.0mm，宽 350mm 的不锈钢盖片保护，盖片两侧采用不锈钢螺栓与坝体连接固定，螺栓孔间距为 240mm（图 6－10）。为改善大坝的外观，不锈钢盖片的外露面涂刷水泥砂浆。

背水面裂缝处理工艺与廊道内裂缝处理工艺相同，最后增加 1 项封缝材料的防裂措施。

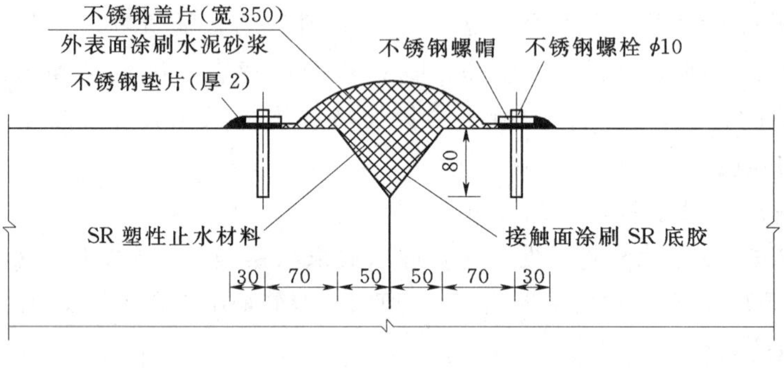

图 6－10　迎水坝面裂缝表面止水详图（单位：mm）

（4）廊道内裂缝处理工艺。

1）裂缝表面进行清理和清洗。

2）沿裂缝凿 V 形槽，槽的宽度一般为 6cm，深度为 5cm。

3）在清洗干净和干燥后，直接用凯利特堵漏王进行封缝和埋设注浆管。注浆管埋设的间距根据裂缝粗细和深浅而定，间距一般为 50～100cm。

4）压气检查，对漏气处重新封闭。

5）根据具体裂缝情况及当时气温等条件，配制灌浆液，大部分按 LW：HW＝80：20 的标准配制。

6）用专门的灌浆设备进行灌浆。灌浆压力视裂缝开度、吸浆量、工程结构情况而定。灌浆顺序一般为由下而上、由深到浅的接力式灌浆方法。在规定灌浆压力条件下，屏浆5min不进浆，可结束灌浆。

7）待浆液凝固后凿去注浆管，表面用高分子聚合物砂浆压实抹平。

（5）处理效果。经过处理后的坝体20余条裂缝，没有重新开裂，渗水现象消失，基本消除了大坝多年存在的裂缝隐患。

【案例2】 团结水库坝体裂缝处理

四川省团结水库于1966年10月建成，大坝为22m高的浆砌条石拱坝。1967年发现坝身有两处产生水平裂缝，缝长分别为10m、5m。缝口有压碎现象，漏水严重。放空水库进行检查，又发现坝体中部有一竖直裂缝，从坝顶向下伸长7.6m，缝宽5mm。其左侧8m处另有一长5m的竖直裂缝。如图6-11（a）所示。后经分析，坝体产生水平裂缝的原因主要是由于坝体纵剖面处宽度突然缩窄，造成应力集中，再加上用料质量差，致使坝体应力超过了砌体的抗剪强度所致。而竖缝则是水库放空时，在坝身回弹过程中被拉裂的。

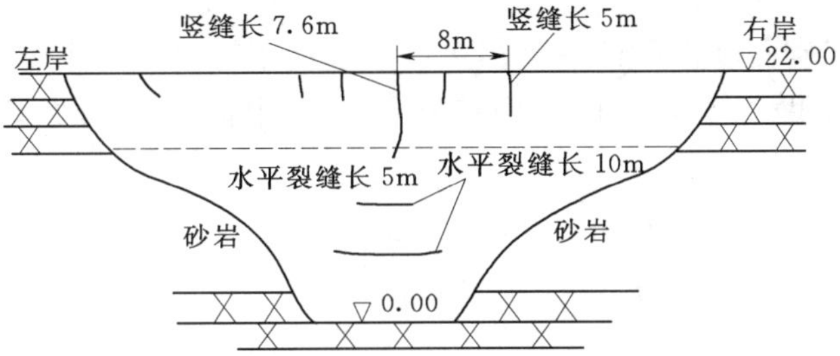

（a）

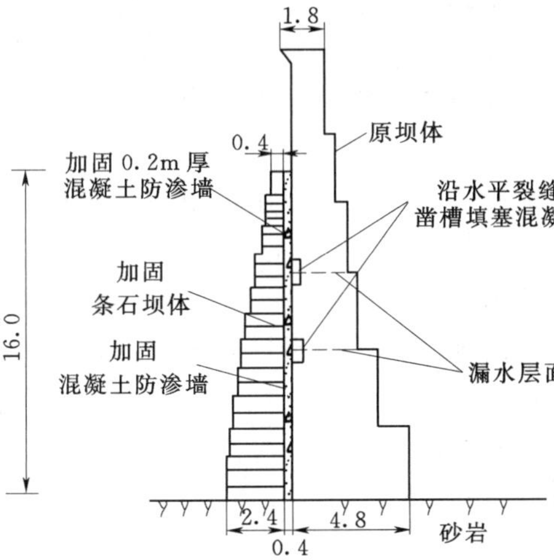

（b）

图6-11　团结水库坝体裂缝处理示意图（单位：m）

（a）坝体裂缝示意图；（b）加厚坝体和填塞封闭裂缝

对于这种严重的应力裂缝，采用了加厚坝体和填塞封闭裂缝的处理方法，如图6-11（b）所示。在原坝体上游面沿水平缝凿槽填塞混凝土，然后在上游面加筑混凝土防渗墙及浆砌条石加厚坝体，竖缝用高强度水泥砂浆填塞封闭。经过处理，增强了坝的整体性和抗渗能力，改善了坝体应力状态，处理后再没出现裂缝和漏水情况。

第四节 混凝土及浆砌石坝渗漏处理

一、渗漏的种类、产生的原因、危害及处理原则

1. 渗漏的种类

混凝土及浆砌石坝渗漏，按其发生的部位，可分为以下几种。

(1) 坝体渗漏，如由裂缝、伸缩缝和蜂窝空洞等引起的渗漏。

(2) 坝与岩石基础接触面渗漏。

(3) 地基渗漏。

(4) 绕坝渗漏。

2. 渗漏产生的原因

造成混凝土和浆砌石坝渗漏的原因很多，归纳起来有以下几个方面。

(1) 因勘探工作做得不够，地基中存在的隐患未能发现和处理，水库蓄水后引起渗漏。

(2) 在设计过程中，由于对某些问题考虑不全，在某种应力作用下，使坝体产生裂缝，导致渗漏。

(3) 施工质量差。如对坝体温度控制不严，使坝体内外温差过大产生裂缝，地基处理不当，使坝体产生沉陷裂缝，混凝土振捣不实，坝体内部存在蜂窝空洞，浆砌石坝勾缝不严，帷幕灌浆质量不好，坝体与基础接触不良，坝体所用建筑材料质量差等，均会导致渗漏的产生。

(4) 设计、施工过程中采取的防渗措施不合理，或运用期间由于物理、化学因素的作用，使原来的防渗措施失效或遭到破坏，均容易引起渗漏。

(5) 运用期间，遭受强烈地震及其他破坏作用，使坝体或基础产生裂缝，引起渗漏。

3. 渗漏的危害

混凝土和浆砌石坝的渗漏危害是多方面的。坝体渗漏，将使坝体内部产生较大的渗透压力，影响坝体稳定。侵蚀性强的水还会产生侵蚀破坏作用，使混凝土强度降低，缩短建筑物的使用寿命。在北方地区，渗漏还容易造成坝体冻融破坏。坝基渗漏、接触面渗漏或绕坝渗漏，会增大坝下扬压力，影响坝身稳定，严重的将因流土、管涌等而引起沉陷、脱落，使坝身破坏。

4. 渗透处理的原则

渗漏处理的基本原则是："上截下排"，以截为主，以排为辅。应根据渗漏的部位、危害程度以及修补条件等实际情况确定处理的措施。

(1) 对坝体渗漏的处理，主要措施是在坝的上游面封堵，这样既可直接阻止渗漏，又可防止坝体侵蚀，降低坝体渗透压力，有利于建筑物的稳定。

(2) 对坝基渗漏的处理，以截为主，以排为辅。排水虽可降低基础扬压力，但会增加

渗漏量，对有软弱夹层的地基容易引起渗漏变形，应慎重对待。

(3) 对于接触渗漏和绕坝渗漏的处理，应尽量采取封堵的措施，以减少水量损失，防止渗透变形。

二、渗漏处理措施

(一) 混凝土坝坝体渗漏处理

1. 集中渗漏处理。

集中渗漏的处理，一般可采用直接堵漏法、导管堵漏法、木楔堵塞法以及灌浆堵漏法四种。前三种用于水压小于0.1MPa，最后一种可用于水压大于0.1MPa的情况。堵漏材料，可选用快凝止水砂浆或水泥浆材、化学浆材。漏水封堵后，其表面应予以适当保护，一般可用水泥防水砂浆、聚合物水泥砂浆或树脂砂浆。

(1) 直接堵漏法。先把孔壁凿成口大内小的楔形，并冲洗干净；后将快凝止水砂浆捻成与孔相近的形状，迅速塞进孔内，以堵住漏水。

(2) 导管堵漏法。清除漏水孔壁的混凝土，凿成适合下管的孔洞，将导管插入孔中，在导管的四周用快凝砂浆封堵，凝固后拔出导管，用快凝止水砂浆封堵导管孔。

(3) 木楔堵塞法。先把漏水处凿成圆孔，将铁管插入孔内，注意管长应小于孔深；在铁管的四周用快凝止水砂浆封堵，待砂浆凝固后，将裹有棉纱的木楔打入铁管，以达到堵水的目的。

(4) 灌浆堵漏法。将孔口扩成喇叭状，并冲洗干净，用快凝砂浆埋设灌浆管，以便使漏水从管内导出，再用高强砂浆回填管口四周至原混凝土面；待砂浆强度达到设计要求后，进行灌浆，灌浆压力宜为0.2～0.4MPa。

2. 坝体裂缝渗漏的处理

坝体裂缝渗漏的处理可根据裂缝发生的原因及对结构影响的程度、渗漏量的大小和集中程度等情况，分别采取不同的处理措施。

(1) 表面处理。坝体裂缝渗漏按裂缝所在部位可采取表面涂抹、表面贴补、凿槽嵌补等表面处理方法。

对渗漏量较大，但渗透压力不直接影响建筑物正常运行的漏水裂缝，如在漏水出口进行处理时，先应采取导渗措施，然后进行封堵。方法有以下两种：

1) 埋管导渗。沿漏水裂缝在混凝土表面凿 ⌓ 形槽，并在裂缝渗漏集中部位埋设引水铁管，然后用旧棉絮沿裂缝填塞，使漏水集中从引水管排出，再用快凝灰浆或防水快凝砂浆迅速回填封闭槽口，最后封堵引水管，如图6-12所示。

2) 钻孔导渗。用风钻在漏水裂缝一侧钻斜孔（水平缝则在缝的下方），穿过裂缝面，使漏水从钻孔中导出，然后封闭裂缝，从导渗孔灌浆填塞。

(2) 内部处理。内部处理是通过灌浆充填漏水通道，达到堵漏的目的。根据裂缝的特征，可分别采用骑缝或斜缝钻孔灌浆的方式。根据裂缝的开度和可灌性，可分别采用水泥灌浆或化学灌浆。根据渗漏的情况，又可分别采取全缝灌浆或局部灌浆的方法。有时为了灌浆的顺利进行，还需先在裂缝上游面进行表面处理或在裂缝下游面采取导渗并封闭裂缝的措施。有关灌浆的工艺与技术要求，可参阅本章第三节内容。

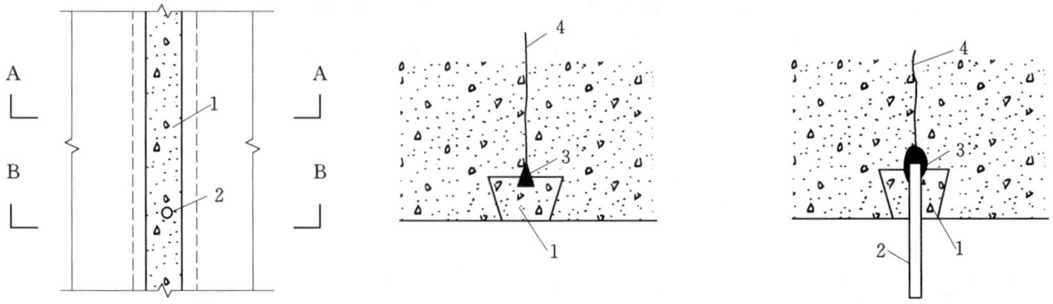

图 6-12 埋管导渗示意图

1—沿漏水裂缝凿出的 形槽内填快凝灰浆；2—引水管；3—塞进的棉絮；4—向内延伸的裂缝

3．坝体散渗处理

混凝土坝由于蜂窝、空洞、不密实及抗渗等级不够等缺陷，引起坝体散渗或集中渗漏时，可根据渗漏的部位、程度和施工条件等情况，采取下列一种或几种方法结合进行处理。

（1）表面处理。对大面积的细微散渗及水头较小的部位，可采取表面涂抹或表面喷涂处理，对面积较小的散渗可采取表面贴补处理。

（2）灌浆处理。灌浆处理主要用于建筑物内部密实性差、裂缝孔隙比较集中的部位。可用水泥灌浆，也可用化学灌浆。

（3）筑防渗层。防渗层适用于大面积的散渗情况。防渗层一般做在坝体迎水面，结构一般有混凝土、钢筋混凝土、水泥喷浆、水泥浆及砂浆防渗层等形式。

水泥浆及砂浆防渗层，一般在坝的迎水面采用 5 层，总厚度约 12～14mm。

水泥浆及砂浆防渗层施工前需用钢丝刷或竹刷将渗水面松散的表层、泥沙、苔藓、污垢等刷洗干净，如渗水面凹凸不平，则需把凸起的部分剔除，凹陷的用 1∶2.5 水泥砂浆填平，并经常洒水，保持表面湿润。

防渗层的施工，第一层为水灰比 0.35～0.4 的素灰浆，厚度 2mm，分两次涂抹。第一次涂抹用拌和的素灰浆抹 1mm 厚，把混凝土表面的孔隙填平压实，然后再抹第二次素灰浆。若施工时仍有少量渗水，可在灰浆中加入适量促凝剂，以加速素灰浆的凝固。第二层为灰砂比 1∶2.5、水灰比 0.55～0.60 的水泥砂浆，厚度 4～5mm，应在初凝的素灰浆层上轻轻压抹，使砂粒能压入素灰浆层，以不压穿为度。这层表面应保持粗糙，待终凝后表面洒水湿润，再进行下一层施工。第三层、第四层分别为厚度为 2 mm 的素灰浆和厚度为 4～5 mm 的水泥砂浆，操作工艺分别同第一层和第二层。第五层素灰浆层厚度 2mm，应在第四层初凝时进行，且表面需压实抹光。

防渗层终凝后，应每隔 4h 洒水一次，保持湿润，养护时间按混凝土施工规范规定进行。

（4）增设防渗面板。当坝体本身质量差、抗渗等级低、大面积渗漏严重时，可在上游坝面增设防渗面板。

防渗面板一般用混凝土材料，施工时需先放空水库，然后在原坝体布置锚筋并将原坝体凿毛、刷洗干净，最后浇筑混凝土。锚筋一般采用直径 12mm 的钢筋，每平方米 1 根，混凝土强度等级一般不低于 C13。

混凝土防渗面板的两端和底部都应深入基岩 1～1.5m，根据经验，一般混凝土防渗面板底部厚度为上游水深的 1/15～1/60，顶部厚度不少于 30cm。为防止面板因温度产生裂缝，应设伸缩缝，分块进行浇筑，伸缩缝间距不宜过大，一般 15～20m，缝间设止水。

4. 混凝土坝伸缩缝渗漏的处理

混凝土坝段间伸缩缝止水结构因损坏而漏水，其修补措施有以下几种：

(1) 补灌沥青。对于沥青井止水结构的漏水处理，可以采用补灌沥青法。沥青井的加热，可采用电加热法，也可采用蒸汽加热法。电加热应具有 2000～3000A 的电源。蒸汽加热时，加热前应用风和水轮换冲洗加热管，加热的进气压力为 0.2～0.3 MPa，持续加热 24～36h。井内沥青膏加热温度控制在 120～150℃，打开出流管检查沥青熔化和老化程度，补充的沥青膏经熔化熬制后灌注井内，灌注后膏面应低于井口 0.5～1.0m，最后应对灌注后的井口、管口加盖进行保护。

(2) 化学灌浆。伸缩缝漏水也可用聚氨酯、丙凝等具有一定弹性的化学材料进行灌浆处理，根据渗漏的情况，可进行全缝灌浆或局部灌浆。

(3) 补做止水。坝上游面补做止水，应在降低水位情况下进行，补做止水可在坝面加镶铜片或镀锌片，具体操作方法如下：

1) 沿伸缩缝中心线两边各凿一条槽，槽宽 3cm、深 4cm，两条槽中心距 20cm，槽口尽量做到齐整顺直，如图 6－13 所示。

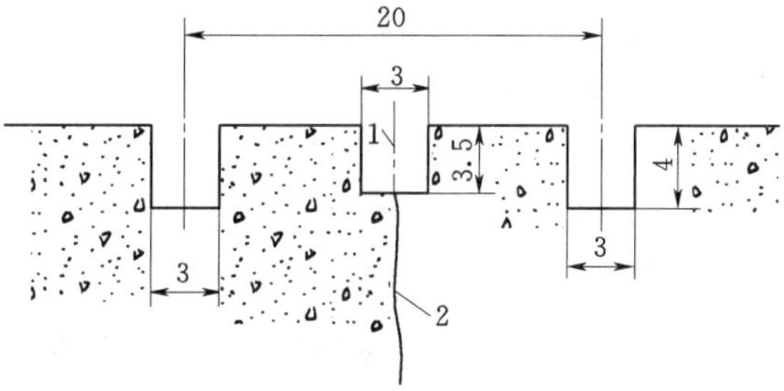

图 6－13　坝面加镶铜片凿槽示意图（单位：cm）
1—中心线；2—伸缩缝

2) 沿伸缩缝凿一条宽 3cm、深 3.5cm 的槽，凿后清扫干净。

3) 将石棉绳放在盛有 60 号沥青的锅内，加热至 170～190℃，并浸煮 1h 左右，使石棉绳内全部浸透沥青。

4) 用毛刷向缝内小槽刷上一层薄薄沥青漆，沥青漆中沥青、汽油比为 6∶4，然后把沥青石棉绳嵌入槽缝内，表面基本平整。沥青石棉绳面距槽口面保持 2.0～2.5cm。

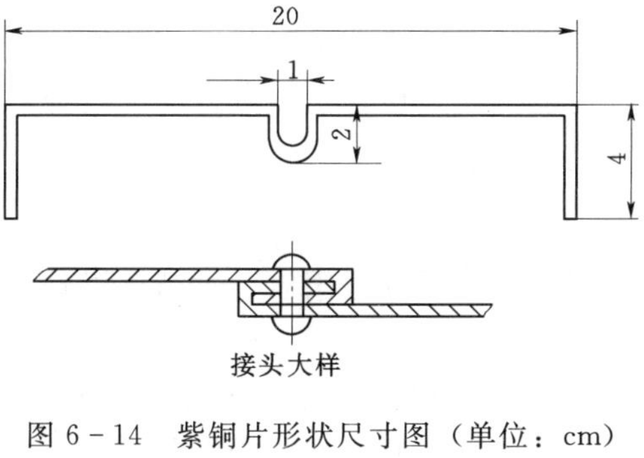

图 6－14　紫铜片形状尺寸图（单位：cm）

5) 把铜片或镀锌铁片加工成图 6－14 形状。紫铜片厚度不宜小于 0.5mm，紫铜片长度不够时，可用铆钉铆固搭接。

6) 用毛刷将配好的环氧基液在两边槽内刷一层，然后在槽内填入环氧砂浆，并将紫铜片嵌入填满环氧砂浆的槽内，如图 6－15 所示。将紫铜片压紧，使环氧砂浆与紫铜片紧密结合，然后加支撑将紫铜片顶紧，待固化后才拆除。

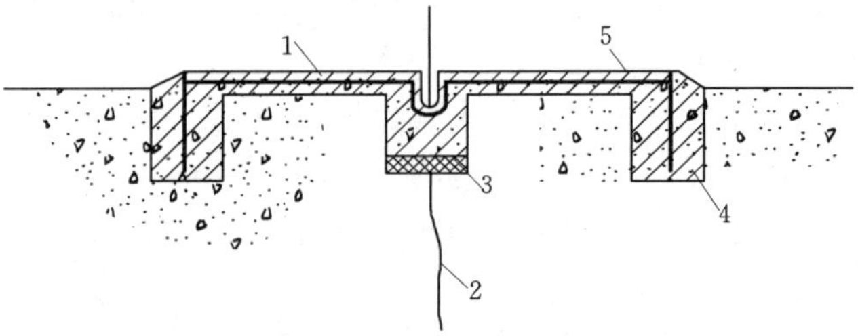

图 6-15 坝面加镶铜片示意图

1—环氧基液与沥青漆；2—裂缝；3—沥青石棉绳；4—环氧砂浆；5—紫铜片

7）在紫铜片面上和两边槽口环氧砂浆上刷一层环氧基液，待固化后再涂上一层沥青漆，经 15～30min 后再涂一层冷沥青胶泥，作为保护层。

（二）浆砌石坝体渗漏的处理

浆砌石坝的上游防渗部分由于施工质量不好，砌筑时砌缝中砂浆存在较多孔隙，或者砌坝石料本身抗渗标号较低等均容易造成坝体渗漏。浆砌石坝体渗漏可根据渗漏产生的原因，用以下方法进行处理：

（1）重新勾缝。当坝体石料质量较好，仅局部地方由于施工质量差，砌缝中砂浆不够饱满，有孔隙，或者砂浆干缩产生裂缝而造成渗漏时，均可采用水泥砂浆重新勾缝处理。一般浆砌石坝，当石料质量较好时，渗漏多沿灰缝发生。因此，认真进行勾缝处理后，渗漏途径可全部堵塞。

（2）灌浆处理。当坝体砌筑质量普遍较差，大范围内出现严重渗漏、勾缝无效时，可采用从坝顶钻孔灌浆，在坝体上游形成防渗帷幕的方法处理。灌浆的具体工艺见上节内容。

（3）加厚坝体。当坝体砌筑质量普遍较差、渗漏严重、勾缝无效，但又无灌浆处理条件时，可在上游面加厚坝体，加厚坝体需放空水库进行。若原坝体较单薄，则结合加固工作，采取加厚坝体防渗处理措施将更合理。

（4）上游面增设防渗层或防渗面板。当坝体石料本身质量差、抗渗等级较低，加上砌筑质量不符合要求、渗漏严重时，可在坝上游面增设防渗层或混凝土防渗面板，具体做法同混凝土坝。

（三）绕坝渗漏的处理

绕过混凝土或浆砌石坝的渗漏，应根据两岸的地质情况，摸清渗漏的原因及渗漏的来源与部位，采取相应措施进行处理。处理的方法可在上游面封堵，也可进行灌浆处理，对土质岸端的绕坝渗漏，还可采取开挖回填或加深刺墙的方法处理。

（四）基础渗漏的处理

坝基渗漏（或接触渗漏）处理的方法，需要根据产生渗漏的原因以及对结构影响程度来决定。

混凝土坝如出现扬压力升高，排水管的涌水量增大等情况，可能是原防渗帷幕失效、岩基断层裂隙增大、坝与岩基接触不良，或排水系统受堵。因此，必须先查明原因，再确定处理方法。

（1）加深加密帷幕。对于防渗帷幕深度不够或防渗性能较差的情况，应采取加深原帷幕的处理方法，如孔距过大，还需加密钻孔。对于断层破碎带垂直或斜交于坝轴线、贯穿坝基、渗漏严重的情况，除加深还要加厚帷幕。帷幕孔深小于 8m 宜采用风钻钻孔，超过 8m 的深孔宜采用机钻钻孔。

（2）接触灌浆处理。如果混凝土与基岩接触处产生渗漏，可采用该方法。接触灌浆钻孔的孔深，一般至基岩面以下 2m；当同时补做帷幕时，接触灌浆段应单独划分为一孔段，并先行钻灌。

（3）固结灌浆。若有断层破碎带与坝轴线垂直或斜交、贯穿坝基而渗漏，除在该处加深加厚帷幕外，还要根据破碎带构造情况增设钻孔，进行固结灌浆。

（4）增设排水孔改善排水条件。当查明是排水不畅或排水孔堵塞，可设法疏通，必要时可适当增设排水孔以改善排水条件。

（五）水下修理

混凝土和浆砌石坝在运用中出现裂缝、漏洞等病害，由于某些原因不能降低水库水位时，为防止病害发展，保证工程正常运用，就需要在水下进行修理。水下修理的特点是工作环境较差、对材料的选用有一定要求、修补材料的输送和修理操作要防止水的影响。

1. 水下嵌缝或粘贴堵漏

（1）麻丝、桐油灰嵌堵。施工时，由潜水员先将裂缝或漏洞清洗干净，然后用螺丝刀将麻丝桐油灰掺石棉绳、棉絮等嵌入裂缝或漏水孔洞内，并用锤锤击，使其密实，堵塞漏水。如要求有水硬性时，可在油灰内掺入少量水泥。

（2）瓷泥粘堵。粘堵前，需将裂缝漏水处表面清刷干净，再将瓷泥（即高岭土）掺水拌和制成条状，然后粘贴在漏水处，并尽力压紧。

（3）水下环氧粘贴。水下粘贴裂缝堵漏，可选用环氧焦油砂浆或酮亚胺环氧砂浆等水下环氧材料。这种环氧砂浆采用能在潮湿、水下固化的固化剂，加入适量的憎水性材料或吸水性材料作填料配制而成。为防止粘贴材料在水中发生离析，需将其在水上装入有边框的模板，然后下至粘贴部位并加压顶紧。对于深水粘贴裂缝堵漏，可用螺杆加力器加压，对于浅水粘贴裂缝堵漏，可用支撑加压。

2. 水下浇筑混凝土堵漏

坝基面的接触渗漏、断层破碎带的表面止漏等，可用水下浇筑混凝土的方法进行处理。水下浇筑混凝土的方法较多，其中的导管法，因使用不受水深限制、施工质量有保证而多被采用。

【案例 3】 长洲河水库浆砌石坝渗漏处理

长洲河水库位于河南省新县境内的淮河流域潢河水系上，水库集雨面积 92.0km^2，是一座以防洪、灌溉、发电为主要任务的中型水库。工程由土坝、浆砌石坝、灌溉发电洞等建筑物组成。浆砌石坝由非溢流坝和溢流坝组成，总长 150.0m。其中，非溢流坝长 91.0m，溢流坝长 59.0m。非溢流坝最大坝高 41.0m。溢流坝为实用堰型，共设 7 孔，单孔净宽 7.50m。浆砌石坝采用刺墙与土坝相连。

水库于 1966 年动工兴建，1973 年基本建成，1984 年加固达到现有规模。浆砌石坝存在上游混凝土防渗面板冲刷严重；溢流坝坝后基础渗漏较严重；坝体廊道出现裂缝、渗水；混凝土裂缝、碳化严重等问题。经研究，决定对浆砌石坝采取采取防渗加固措施，并于2008年11月列为国家除险加固项目。加固典型断面如图6-16及图6-17所示。防渗加固方案为：坝体充填灌浆；重建上部混凝土防渗面板及基础帷幕灌浆相结合的措施，形成坝体、坝基防渗体系。

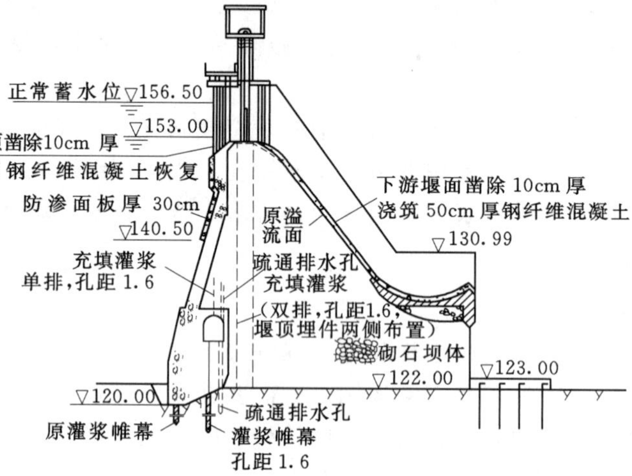

图6-16 长洲河水库浆砌石溢流坝加固剖面图（单位：m）

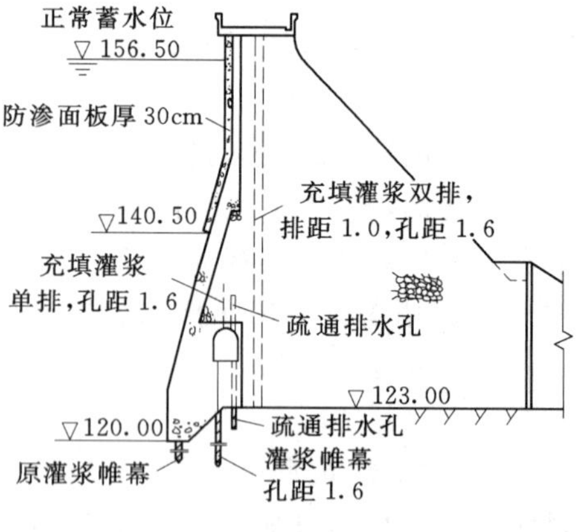

图6-17 长洲河水库浆砌石非溢流坝加固面图（单位：m）

（1）坝体充填灌浆。溢流坝段在堰顶闸门埋件上、下游两侧钻铅直孔对坝体进行充填灌浆，非溢流坝段沿坝顶上游侧按排距1.0m钻铅直孔对坝体进行充填灌浆，上游排灌浆孔中心线距坝顶上游面2.0m；灌浆孔双排布置，孔径76mm，孔距1.6m，底部深入基岩面。廊道顶部浆砌石坝体充填灌浆按单排布置，孔距1.6m，深入坝体4～5m。

（2）重建上部混凝土面板。采用“SR防渗模块”封堵原沉陷及温度缝，结合剥蚀面板的修复，对高程140.50m以上出露坝面新建30cm厚的钢筋混凝土防渗面板，新建面板缝间设铜片止水，采用1.0m长的$\phi20$砂浆锚杆锚固。

（3）基础帷幕灌浆。廊道坝段：沿廊道全线钻孔，对基岩进行帷幕灌浆。灌浆孔单排布置，孔距1.6m，中心线距廊道上游面0.5m。非廊道坝段：利用坝体铅直充填灌浆孔对基岩进行帷幕灌浆，并向右坝肩山体延伸。灌浆孔单排布置，孔距1.6m，中心线距上游坝面2.0m。

（4）廊道裂缝进行环氧灌浆处理，底板采用混凝土找平，两侧壁及顶部涂抹丙乳砂浆防碳化处理，疏通排水，并设置照明设施。

长洲河水库除险加固工程施工于 2009 年 10 月正式开工，主体工程于 2010 年 6 月完工并开始蓄水，经过近 1 个水文年的运行，浆砌石坝渗漏量显著减小。

强 化 训 练

一、选择题

1. 坝基排水孔常用的孔距为 2～3m，孔径为 15～20cm，孔深为________倍的帷幕深度。

A. 0.3～0.4　　B. 0.4～0.5　　C. 0.4～0.6　　D. 0.6～0.7

2. 下列________不能增加坝体重力。

A. 加大坝体断面　　B. 预应力锚固

C. 固结灌浆　　D. 坝体下游面加支撑

3. ________裂缝是贯穿性的，裂缝深度沿长度和深度方向有明显变化且不受温度变化影响。

A. 沉陷　　B. 干缩　　C. 温度　　D. 应力

4. ________形槽多用于顶面裂缝及有渗水的裂缝。

A. V　　B. ╲＿╱　　C. ⌂　　D. 凵

二、判断

1. 检查混凝土有无脱壳，可用刀子试剥进行判断。(　　)

2. 用容积法测量渗漏水量，测量时间应不少于 10s。(　　)

3. 坝基排水孔如有堵塞，可用压缩空气或高压水冲洗。(　　)

4. 人体与环氧材料接触后，可用有机溶剂清洗。(　　)

5. 对于渗透流速大于 600m/d 或受温度影响的裂缝，宜采用水泥灌浆。(　　)

6. 水玻璃是由水泥浆和硅酸钠溶液配合而成。(　　)

7. 混凝土坝的渗漏处理，以排为主，以截为辅。(　　)

8. 水下堵塞裂缝，可将高岭土掺水拌和制成条状，然后粘贴在漏水处，并尽力压紧。(　　)

三、简答题

1. 试用坝基抗剪公式，分析增加重力坝抗滑稳定性的措施。

2. 混凝土及浆砌石坝裂缝的表面处理有哪些方法？各适用于什么条件？

3. 如何配制环氧砂浆？如何配制防水快凝砂浆？如何配制预缩砂浆？

4. 沥青嵌补材料分为哪几种？

5. 化学灌浆有什么特点？常用的灌浆材料有哪几种？

6. 对混凝土坝体渗漏处理的原则是什么？

7. 试比较混凝土坝体筑防渗层与增设防渗面板的结构和适用条件的区别？

8. 水下修理混凝土和浆砌石坝裂缝有哪些方法？

四、实训题

1. 拌制环氧砂浆修补混凝土表层损坏。
2. 拌制丙乳砂浆嵌补混凝土裂缝。
3. 拌制沥青砂浆嵌补混凝土裂缝。
4. 粘贴玻璃布修补混凝土裂缝。
5. 喷浆修补混凝土表层损坏。

第七章 水闸与溢洪道的运用管理

【知识目标】

- 理解水闸的操作运用规程、掌握日常维护内容和钢闸门防腐措施。
- 掌握水闸和溢洪道常见病害的处理方法。
- 掌握加大溢洪道泄洪能力的措施。

【能力目标】

- 能够对水闸和溢洪道常见的病害进行处理。

第一节 水闸和溢洪道的检查观测

水闸、溢洪道的检查观测，有些项目（如变形、渗流等）的观测方法是和大坝基本相同的，但因它们的结构及工作特点都与大坝不同，故观测的侧重面也有所不同，水力学方面的观测项目比较多。本节主要讲述水闸、溢洪道的观测项目、内容和测点布设等，对具体的观测方法只作简要介绍。

一、水闸的检查观测

水闸是既挡水又过流的低水头水工建筑物，大多建于河流中下游平原地区的软土地基上。水闸因闸基土壤中常夹有压缩性大、承载力低的软弱夹层，容易产生较大的沉陷或不均匀沉陷，轻则影响水闸的正常使用，重则危及水闸的安全。另外，水闸的水头低且变幅大，下泄水流弗劳德数低，消能不充分，土壤抗冲能力又很低，故闸下冲刷比较普遍。还有在闸基和两岸连接部分因水头差引起的渗流，对闸的稳定不利，也可能引起有害的渗透变形。所以，除日常的现场检查外，还应设置必要的观测项目对其进行监测。

（一）水闸的巡视检查

水闸闸身混凝土结构的检查和混凝土坝类似，不再赘述。除此以外，在每次过水后，应检查闸墩、底板、消力池有否磨损，混凝土有否因空蚀而产生剥落等。在过水时，要注意观察闸上、下游的水流形态，如上游水流是否平顺、有否旋涡；下游的水跃是否正常，有否超出消力池的范围，有否产生折冲水流等。平时要注意经常检查闸基排水设备是否完整、通畅，发现问题应及时处理。

（二）水闸的观测

水闸的观测项目主要有水位、流量、沉陷、裂缝、扬压力、上下游引河及护坦的冲刷和淤积等。

水闸的沉陷标点可布置在闸室和岸墙、翼墙底板的端点和中点。标点先埋设在底板面层，放水前再转接到上部结构上，以便施工期间的观测。在标点安设后应立即进行观测，然后根据施工期不同荷载阶段分别进行观测。水闸竣工放水前、后应各观测一次，在运用期则根据情况定期观测，直至沉陷稳定时为止。

裂缝的检查和观测应在水闸施工期和运用期经常进行，观测范围一般为结构主要受力部位和有防渗要求的部位。

扬压力观测可埋设测压管或渗压计进行。测点通常布置在地下轮廓线有代表性的转折处；测压断面不少于两个，每个断面上的测点不少于三个，如图 4－21 所示。侧向绕渗观力观测的测点可设在岸墙、翼墙的填土侧。扬压力观测的时间和次数根据上、下游水位变化情况确定。

冲刷、淤积观测一般在闸上、下游设置固定断面进行观测。

二、溢洪道的检查观测

溢洪道是水库的主要泄洪建筑物，通过溢洪道泄槽下泄的水流多为高速水流。所以，为确保水库安全，溢洪道除了应具备足够的泄洪能力外，还要保证其在工作期间的自身安全和下泄水流与原河道水流获得妥善的衔接。根据上述特点和工程实际情况，溢洪道可开展变形观测和水力学方面的观测。

（一）溢洪道的定期安全检查

溢洪道的安全泄洪是确保水库安全的关键。对大多数水库的溢洪道，泄水机会并不多，宣泄大流量的机会则更少，有的几年或十几年才遇上一次。但由于大洪水出现的随机多，宣泄大流量的机会则更少，有的几年或十几年才遇上一次。但由于大洪水出现的随机性，溢洪道得做好每年过大洪水的准备，定期进行安全检查。

（1）检查水库的集水面积、库容、地形地质条件和水、沙量等规划设计基本资料，按设计要求的防洪标准，验算溢洪道的过流尺寸。当过流尺寸不满足要求时，应采取各种措施予以解决。

（2）检查开挖断面尺寸，检查溢洪道的宽度和深度是否已经达到设计标准；观测汛期过水时是否达到设计的过水能力，每年汛后检查观测各组成部分有无淤积或坍塌堵塞现象；还应注意检查拦鱼栅和交通桥等建筑物对溢洪道过水能力的影响等。通过检查，发现问题应及时采取措施。

（3）应经常检查溢洪道建筑物结构完好情况，要检查溢洪道的闸墩、底板、胸墙、消力池等结构有无裂缝和渗水现象，陡坡段底板有无被冲刷、淘空、气蚀等现象，发现问题应及时采取措施进行处理。

（4）应注意检查溢洪道消能效果。溢洪道消能效果好坏，关系到工程的安全。消力池消能应注意观察水跃产生情况。鼻坎挑流要注意观察水流是否冲刷坝脚，冲坑深度是否继续扩大。

（5）在汛前对闸门和启闭机设备必须认真检查。如检查闸槽是否堵塞，闸门有无扭曲变形，启闭设备是否灵活，钢丝绳有无生锈或折断现象等，一般在汛前应进行试车，发现问题及时处理，防止在泄洪时闸门操作失灵引起事故。做好控制闸门的日常养护工作。

（6）严禁在溢洪道周围爆破、取土、修建无关建筑物。注意清除溢洪道周围的漂浮物，禁止在溢洪道上堆放重物。

（二）溢洪道的巡视检查

溢洪道的巡视检查主要有以下内容：

（1）检查溢洪道的闸墩、底板、边墙、胸墙、消力池、溢流堰等结构有无裂缝和损坏。

（2）检查两岸岩体是否稳定，坡顶排水系统是否完整，以防岩体崩坍而堵塞溢洪道，如发现有坍落的土石方，应立即清除。

（3）有闸门的溢洪道，在挡水期间要检查闸墩、边墙、底板等部位有无掺水现象；大风期间，要注意观察风浪对闸门的影响；冰冻地区，要注意冰盖对闸门的影响。同时，要检查闸门启闭设备是否完好。

（4）泄洪期间应注意观察漂浮物的影响，防止漂浮物卡堵门槽；同时还要观察堰下和消力池的水流形态及陡槽水面曲线有无异常变化。

（5）溢洪后要及时检查进水渠段有无坍坑、崩岸，陡槽段有无磨损，底板是否被掀动，消能设施有无冲刷和空蚀以及下游冲刷坑的情况等。

（三）溢洪道的观测

溢洪道的变形观测包括水平位移和沉陷观测，方法与混凝土坝相同。水力学方面的观测主要有水流形态和高速水流观测，观测内容和方法简述如下。

1. 水流形态观测

水流形态观测包括水流平面形态（旋涡、回流、折冲水流等）、水跃、水面曲线和挑射水流等观测项目，观测时应同时记录上、下游水位、流量、闸门开度、风向等，以便验证在各种组合情况下泄流量和水流情况是否符合设计要求。

平面流态的观测范围，应分别向上、下游延伸至水流正常处为止。观测方法有目测法、摄影法，有时还可设置浮标，用经纬仪或平板仪交会测定浮标位置。观测结果用符号描绘在经缩晒的建筑物平面图上，并加以文字说明。

水跃观测方法有方格坐标法、水尺组法和活动测锤法。方格坐标法适用于水面较窄，用目测或望远镜能清楚地看见侧墙的情况。在侧墙上，从消能设备起点开始，向下游按桩号每一米绘一条纵线，另从消能设备底板开始，向上按高程每一米绘一条横线，并注明高程，如图 7-1 所示。

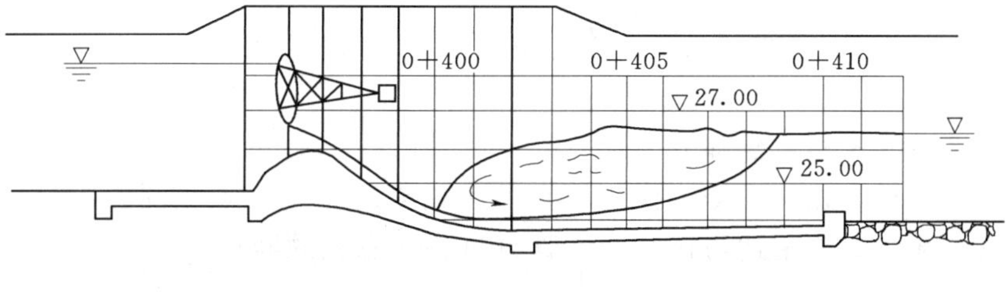

图 7-1　方格坐标法观测水跃示意图

在水面经常变动的范围内纵线、横线分别加密至 0.1m 和 0.5m。观测前，先将泄水建筑物及绘制的方格缩晒成图，比例可取为 1/100；观测时，待水流稳定后，持图站在能清楚观察水跃侧面形状的位置上，按水面在方格坐标上的位置描绘在图上。为便于比较，可把两侧墙上观测的成果，用不同颜色绘于同一图上。水尺组法是在两岸侧墙上沿水流方向设置一系列的水尺来代替方格坐标进行观测。如在侧墙上无法绘制方格坐标或设立水尺组，可采用活动测锤法，即在垂直于水流的方向上架设若干条固定断面索，其上设活动测锤来观测水面线。挑射水流应观测水面线形态、尾水位、射流最高点和落水点位置、冲刷坑位置和水流掺气情况，常用方法是拍照或用经纬仪交会。上述流态的观测方法也适用于水闸闸下流态的观测。

2. 高速水流

高速水流的观测项目有振动、水流脉动压力、负压、进气量、空蚀和过水面压力分布等。高速水流将引起建筑物和闸阀门产生振动，为了研究减免振动的措施（尤其要避免产生共振），需进行振动观测。振动观测的内容有振幅和频率，测点常设在闸阀门、工作桥大梁等受动能冲击最大且有代表性的部位，采用的观测仪器有电测振动仪、接触式振动仪和振动表等。水流脉动压力可引起闸坝、输水管道等结构的振动，也可引起护坦、海漫、输水管道、溢流坝面等的破坏。脉动压力的观测内容是脉动的振幅和频率，测点常布设在闸门底缘、门槽、门后、闸墩后、挑流鼻坎后、泄水孔洞出口处、溢流坝面、护坦和水流受扰动最大的区域，采用电阻式脉动压强观测仪器进行观测，同时还应观测平均压力，以对比校验。负压观测的测点布设常与通气管结合，测点一般布设在高压闸门的门槽、门后顶部、进水喇叭口曲线段、溢流面、反弧段末端和消力齿槛表面等水流边界条件突变易产生空蚀的部位。施工时，在测点埋设直径 18mm 或 25mm 的金属负压观测管，管口应与建筑面表面垂直并齐平，另一端引至翼墙、观测廊道或观测井内，安装真空压力表或水银压差计。观测时，测读最高、最低值及平均值。

进气量观测的目的是了解通气管的工作效能，并为研究振动、负压、空蚀等提供资料。通常在重要的输、泄水建筑物上选择有代表性的通气管进行。进气量观测可采用孔口板、毕托管、风速仪及热丝风速法等方法进行。

空蚀观测包括空蚀量与空蚀平面分布观测。空蚀量观测可用沥青、石膏、橡皮泥等塑性材料充填空蚀所形成的空洞，以测出空蚀体积。大型的空蚀，也可测量其面积、深度，计算空蚀量。空蚀平面分布观测用摄影、拓印、网格等方法进行。

过水面压力分布观测，是在过水面上布设一系列测压管，得出压力分布图。测点的布置以能测出过水面上压力分布为度。上述方法也适用于其他水工建筑物的高速水流观测。

第二节 水闸的运用管理

水闸、溢洪道等工程土建部分与坝一样，都是由混凝土、浆砌石、块石及土等材料构成的。因此，其土建工程的维修工作与坝有很多相同之处，与坝相同的维修内容和方法，本章不再重复。本章着重阐述与这些建筑物自身特点有关的养护维修工作。

一、水闸的操作运用和日常养护

（一）水闸的操作运用

不同类型的水闸，有不同的特点及作用。现将水闸一般操作及运用技术要求简要叙述如下。

1. 闸门的操作运用原则

(1) 工作闸门可以在动水情况下启闭，船闸的工作闸门应在静水情况启闭。

(2) 检修闸门一般在静水情况启闭。

2. 闸门的操作运用

(1) 工作闸门的操作。工作闸门在操作运用时，应注意以下几个问题：

1) 闸门在不同开启度情况下工作时，要注意闸门、闸身的振动和对下游冲刷。

2) 闸门放水时，必须与下游水位、流量相适应，水跃应发生在消力池内。应根据闸下水位与安全流量关系图表和水位—闸门开度—流量关系图表，进行分次开启。

3) 不允许局部开启的工作闸门，不得中途停留使用。

(2) 多孔闸门的运行。

1) 多孔闸门若能全部同时启闭，尽量全部同时启闭，若不能全部同时启闭，应由中间孔依次向两边对称开启或由两端向中间依次对称关闭。

2) 对上、下双层孔口的闸门，应先开底层后开上层，关闭时顺序相反。

3) 多孔闸门下泄小流量时，只有当水跃能控制在消力池内时，才允许开启部分闸孔。开启部分闸孔时，也应尽量考虑对称。

4) 多孔闸门允许局部开启时，应先确定闸下分次允许增加的流量，然后，确定闸门分次启闭的高度。

3. 启闭机的操作

(1) 电动启闭机的操作程序，凡有锁定装置的，应先打开锁定装置，后合电器开关。当闸门运行到预定位置后，及时断开电器开关，装好锁定，切断电源。

(2) 人工操作手、电两用启闭机时，应先切断电源，合上离合器，方能操作。

如使用电动时，应先取下摇柄，拉开离合器后，才能按电动操作程序进行。

(二) 水闸的日常养护

衡量闸门及启闭机养护工作好坏的标准是：结构牢固、操作灵活、制动可靠、启闭自如、封水不漏和清洁无锈。下面介绍具体养护工作。

1. 闸门的日常养护

(1) 要经常清理闸门上附着的水生物和杂草污物等，避免钢材腐蚀，保持闸门清洁美观，运用灵活。要经常清理门槽处的碎石、杂物，以防卡阻闸门，造成闸门开度不足或关闭不严。

(2) 严禁水闸的超载运行。严禁在水闸上堆放重物，以防引起地基不均匀沉陷或闸身裂缝。

(3) 门叶是闸门的主体，要求门叶不锈不漏。要注意发现门叶变形、杆件弯曲或断裂及气蚀等病害，发现问题应及时处理。

(4) 支承行走装置是闸门升降时的主要活动和支承部件，支承行走装置常因维护不善而引起不正常现象，如滚轮锈死，由滚动摩擦变为滑动摩擦，压合胶木滑块变形，增大摩擦系数等。对支承行走装置的养护工作，除防止压合胶木滑块劈裂变形及表面保持一定光滑度外，主要是加强润滑和防锈。

（5）水封装置要保证不漏水，按一般使用要求，闸门全闭时，各种水封的漏水量不应超过表7-1所列标准。

表7-1 **闸门全闭时各种水封的漏水量**

水封形式	漏水量［L/（s·m）］（≤）	水封形式	漏水量［L/（s·m）］（≤）
木水封	1.0	橡皮水封	0.1
木加橡皮水封	0.3	金属水封（阀门上用）	0.1

水封养护工作主要是及时清理缠绕在水封上的杂草、冰凌或其他障碍物，及时拧紧或更换松动锈蚀的螺栓，定期调整橡胶水封的预压缩量，使松紧适当；打磨或涂抹环氧树脂于水封座的粗糙表面，使之光滑平整；对橡皮水封要做好防老化措施，如涂防老化涂料；木水封要做好防腐处理，金属水封要做好防锈蚀工作等。

（6）闸门工作时，往往由于水封漏水，开度不合理、波浪冲击、闸门底缘型式不好或门槽型式不适当等，均容易使闸门发生振动。振动过大，就容易使闸门结构遭受破坏。因此，在日常养护过程中，一旦发现闸门有异常振动现象，应及时检查，找出原因，采取相应处理措施。

2. 启闭机的日常养护

（1）启闭机的动力部分应保证有足够容量的电源，良好的供电质量；应保持电动机外壳上无灰尘污物，以利散热；应经常检查接线盒压线螺栓是否松动、烧伤，要保证润滑油脂填满轴承空腔的1/2～2/3，脏了要更换。

（2）电动机的主要操作设备如闸刀、开关等，应保持清洁、干净、触点良好，接线头连接可靠，电机的稳压、过载保护装置必须可靠。

（3）电动部分的各类指示仪表，应按有关规定进行检验，保证指示正确。

（4）启闭机的传动装置，润滑油料要充足，应及时更换变质润滑油和清洗加油设施。启闭机的制动器是启闭机的重要部件之一，要求动作灵活、制动准确，若发现闸门自动沉降，应立即对制动器进行彻底检查及修理。

3. 其他日常养护工作

（1）定期清理机房、机身、闸门井、操作室以及照明设施等，并要充分通风。

（2）拦污栅必须定期进行清污，特别是水草和漂浮物多的河流上更应注意。在多泥沙河流上的闸门，为了防止门前大量淤积，影响闸门启闭，要定期排沙，并防止表面磨损。

（3）备用照明、通信、避雷设备等要经常保持完好状态。

二、水闸的损坏及修理

对水闸损坏的修理，首先应找出损坏产生的原因，采取措施改变引起损坏的条件，然后对损坏部位进行修复。

（一）水闸的裂缝与修理

1. 闸底板和胸墙的裂缝与修理

闸底板和胸墙的刚度比较小，适应地基变形的能力较差。因此，很容易由于地基不均匀沉陷引起裂缝。另外，由于混凝土强度不足、温差过大或施工质量差等也容易引起闸底板和胸墙裂缝。

由于地基不均匀沉陷产生的裂缝，在裂缝修补前，首先应采取稳定地基的措施。稳定地基的一种方法是卸载，如将墙后填土的边墩改为空箱结构，或拆除增设的交通桥等。此法适用于有条件进行卸载的水闸。另一种是加固地基，常用的方法是对地基进行补强灌浆，提高地基的承载能力。对于因混凝土强度不足或因施工质量而产生的裂缝，主要应对结构进行补强处理。

裂缝处理的具体方法可见第六章第三节有关内容。

2. 翼墙和浆砌块石护坡的裂缝与修理

地基不均匀沉陷和墙后排水设备失效是造成翼墙裂缝的两个主要原因。由于不均匀沉陷而产生的裂缝，首先应通过减荷稳定地基，然后再对裂缝进行修补处理，因墙后排水设备失效，应先修复排水设施，再修补裂缝。浆砌石护坡裂缝常常是由于填土不实造成的，严重时应进行翻修。

3. 护坦的裂缝与修理

护坦的裂缝产生的原因有：地基不均匀沉陷、温度应力过大和底部排水失效等。因地基不均匀沉陷产生的裂缝，可待地基稳定后，在缝上设止水，将裂缝改为沉陷缝。温度裂缝可采取补强措施进行修补，底部排水失效，应先修复排水设备。

4. 钢筋混凝土的顺筋裂缝与修理

钢筋混凝土的顺筋裂缝是沿海地区挡潮闸普遍存在的一种病害现象。裂缝的发展可使混凝土脱落、钢筋锈蚀，使结构强度过早地丧失。顺筋裂缝产生的原因是海水渗入混凝土后，降低了混凝土碱度，使钢筋表面的氧化膜遭到破坏，结果导致海水直接接触钢筋而产生电化学反应，使钢筋锈蚀。锈蚀引起的体积膨胀致使混凝土顺筋开裂。

顺筋裂缝的修补，其施工过程为：沿缝凿除保护层，再将钢筋周围的混凝土凿除2cm；对钢筋彻底除锈并清洗干净；在钢筋表面涂上一层环氧基液，在混凝土修补面上涂一层环氧胶，再填筑修补材料，以利于新老混凝土结合。防止钢筋继续锈蚀。

顺筋裂缝的修补材料应具有抗硫酸盐、抗碳化、抗渗、抗冲、强度高、凝结力大等特性。目前常用的有铁铝酸盐早强水泥砂浆及混凝土、抗硫酸盐水泥砂浆及细石混凝土、聚合物（常用的有丙乳和苯丙乳液）水泥砂浆及混凝土，树脂砂浆及混凝土等。

5. 闸墩及工作桥裂缝与修理

我国早期建成的许多闸墩及工作桥，发现许多细小裂缝，严重老化剥离。其主要原因是混凝土的碳化。混凝土的碳化是指空气中的二氧化碳与水泥中氢氧化钙作用生成碳酸钙和水，使混凝土的碱度降低，钢筋表面的氢氧化钙保护膜破坏而开始生锈，混凝土膨胀形成裂缝。

这种病害应对锈蚀钢筋除锈，锈蚀面积大的加设新筋，采用预缩砂浆并掺入阻锈剂进行加固。混凝土的碳化，不仅在水闸中存在，在其他类型混凝土中同样存在。碳化的原因是多方面的，提高混凝土抗碳化的能力的措施，尚待不断完善。

（二）消能防冲设施的破坏及处理

1. 护坦和海漫的冲刷破坏及处理

护坦和海漫常因单宽流量大而发生冲刷破坏。对护坦因抗冲能力差而引起的冲刷破坏，可进行局部补强处理，必要时可增设一层钢筋混凝土防护层，以提高护坦的抗冲能力。为防止因海漫破坏引起护坦基础被淘空，可在护坦末端增设一道钢筋混凝土防冲齿墙。

对于岩基水闸，在护坦末端设置鼻坎，将水流挑至远处河床，以保证护坦的安全。

对软基水闸，在护坦的末端设置尾槛可减小出池水流的底部流速，可减轻水流对海漫的冲刷；降低海漫出口高程，增大过水断面可保护海漫基础不被淘空及减小水流对海漫的冲刷。

江苏江都西闸，共 9 孔，净宽 90m，设计和校核流量分别为 $504m^3/s$、$940m^3/s$。闸区河床由容易被冲刷的极细砂组成。由于超载运行，过闸流量逐年加大到 $800\sim1000m^3/s$，因而引起河床严重冲刷。水闸上、下游分别冲深 6～7m、2～3m，近闸两岸坍塌，严重威胁水闸安全。1979—1980 年，他们在水下沉放了 6 块软体排护底护岸。排体采用丙纶丝布，以聚氯乙烯绳网加筋，总面积 2.4 万多 m^2，用混凝土预制块及聚丙烯袋装卵石压重。此法使用 10 多年来，排体稳定、覆盖良好，上游已落淤 30～40cm，岸坡及闸下游不再冲刷，工程效益显著。7 年后曾抽样检查，性能指标基本无变化。

2. 下游河道及岸坡的破坏及修理

水闸下游河道及岸坡的冲刷原因较多，当下游水深不够，水跃不能发生在消力池内时，会引起河床的冲刷；上游河道的流态不良使过闸水流的主流偏向一边。引起岸坡冲刷；水闸下游翼墙扩散角设计不当产生折冲水流也容易引起河道及岸坡的冲刷。

河床的冲刷破坏的处理可采用与海漫冲刷破坏大致相同的处理方法。河岸冲刷的处理方法应根据冲刷产生的原因来确定，可在过闸水流的主流偏向的一边修导水墙或丁坝，亦可通过改善翼墙扩散角以及加强运用管理等来处理河岸冲刷问题。

松花江哈尔滨老头湾河段，因修建江桥，江堤迎流顶冲，低水位以下护底柴排屡遭破坏，年年维修加固。1985 年采用 DS-450 型土工织物做排体，沉放了 1600m 长的软体排。排体下面用 $\phi8$ 的钢筋网做支托，将排体用尼龙绳固定在钢筋网上，排体上面用块石压重。由于排体具有一定柔软性，能适应水下地形变化而使护岸排体紧贴堤坡岸脚，因而形成了一层良好的保护层。工程完工后，经受了多次洪水考验，堤岸完好无损。

挡潮闸下游河道及出海口岸的岸坡、护坡的施工受到潮汛一天两次涨落的影响，潮汛来时流速往往较大，给护坡加固施工带来很大困难。土工织物模袋在沿海地区已得到较多的应用。它具有可以直接在水下施工，无须修筑围堰及施工排水；模袋混凝土灌注结束，就能经受较大流速的冲刷。机织模袋是用透水不透浆的高强度绵纶纤维织成，织物厚度大，强度高。流动混凝土或水泥砂浆依靠压力在模袋内充胀成形，固化后形成高强度抗侵蚀的护坡。土壤和模袋之间不需另设反滤层。

（三）气蚀及磨损的处理

水闸产生气蚀的部位一般在闸门周围、消力槛、翼墙突变等部位，这些部位往往由于水流脱离边界产生过低负压区而产生气蚀。对气蚀的处理可采取改善边界轮廓、对低压区通气、修补破坏部位等措施。

多推移质河流上的水闸，磨损现象也较普遍。对因设计不周而引起的闸底板、护坦的磨损，可通过改善结构布置来减免。对难以改变磨损条件的部位，可采用抗蚀性能好的材料进行护面修补。

关于气蚀的处理和磨损的修补将在第八章第三节中介绍。

（四）砂土地基管涌、流土的处理

砂土地基上的水闸，地基发生的管涌、流土会造成消能工的沉陷破坏。这种破坏产生的主要原因是渗径长度不足或下游反滤失效。因此，对沉陷破坏应先采取措施防止地基发生管涌与流土，然后再对破坏部位进行修复。防止地基发生管涌与流土的措施有；加长或加厚上游黏土铺盖、加深或增设截水墙、下游设置透水滤层等。

（五）闸门的防腐处理

1. 钢闸门的防腐处理

钢闸门常在水中或干湿交替的环境中工作，极易发生腐蚀，加速其破坏，引起事故。为了延长钢闸门的使用年限，保证安全运用，必须经常地予以保护。

钢铁的腐蚀一般分为化学腐蚀和电化学腐蚀两类。钢铁与氧气或非电解质溶液作用而发生的腐蚀，称为化学腐蚀；钢铁与水或电解质溶液接触形成微小腐蚀电池而引起的腐蚀，称为电化学腐蚀。钢闸门的腐蚀多属电化学腐蚀。

钢闸门防腐蚀措施主要有两种。一种是在钢闸门表面涂上覆盖层，借以把钢材母体与氧或电解质隔离，以免产生化学腐蚀或电化学腐蚀。另一种是设法供给适当的保护电能，使钢结构表面积聚足够的电子，成为一个整体阴极而得到保护，即电化学保护。

钢闸门不管采用哪种防腐措施，在具体实施过程中，首先都必须进行表面的处理。表面处理就是清除钢闸门表面的氧化皮、铁锈、焊渣、油污、旧漆及其他污物。经过处理的钢闸门要求表面无油脂、无污物、无灰尘、无锈蚀、表面干燥、无失效的旧漆等。目前钢闸门表面处理方法有人工处理、火焰处理、化学处理和喷砂处理等。

人工处理就是靠人工铲除锈和旧漆，此法工艺简单，无须大型设备，但劳动强度大、工效低、质量较差。

火焰处理就是对旧漆和油脂有机物，借燃烧使之碳化而清除。对闸门表层的氧化皮是利用加热后金属母体与氧化皮及铁锈间的热膨胀系数不同而使氧化皮崩裂、铁锈脱落。处理用的燃料一般为氧－乙炔焰。此种方法，设备简单，清理费用较低，质量比人工处理好。

化学处理是利用碱液或有机溶剂与旧漆层发生反应来除漆，利用无机酸与钢铁的锈蚀产物进行化学反应清理铁锈。除旧漆可利用纯碱石灰溶液（纯碱：生石灰：水＝1：1.5：1.0）或其他有机脱漆剂。除锈可用无机酸与添加料配制的除锈药膏。化学处理，劳动强度低，工效较高，质量较好。

喷砂处理方法较多，常见的干喷砂除锈除漆法是用压缩空气驱动砂粒通过专用的喷嘴以较高的速度冲到金属表面，依靠砂粒的冲击和摩擦以除锈、除漆。此种方法工效高、质量好，但工艺较复杂，需专用设备。

（1）涂料保护。过去的涂料均以植物油和天然漆为基本原料制成，故称为“油漆”。目前已大部或全部为人工合成树脂和有机溶剂所代替，故称为“涂料”较为恰当。

底层涂料主要起防锈作用，应有良好的附着力，涂膜封闭性强，使水和氧气不易渗入。面层涂料作用主要是保护底层，并有一定的装饰作用，应具有良好的耐蚀、耐水、耐油、耐污等性能。有的还采用中间层以提高封闭效果。底、中、面层涂料之间要有良好的配套性能，涂料配套可根据结构状况和运用环境选用。如水下（潮湿）水工金属结构涂料配套，见表 7-2。

表 7-2　　水下（潮湿）水工金属结构涂料配套参考表

设计使用年限（a）	序号	涂层系统	涂料种类	涂层推荐厚度（μm）
>10	1	底层	环氧富锌底漆	60
		中间层	环氧云铁中间漆	80
		面层	厚浆型环氧沥青面漆	200
	2	底层	无机富锌底漆	60
		中间层	环氧云铁中间漆	80
		面层	厚浆型环氧沥青面漆	200
	3	底层	环氧（无机）富锌底漆	60
		中间层	环氧云铁中间漆	80
		面层	氯化橡胶面漆	80
	4	底层	环氧（无机）富锌底漆	60
		中间层	环氧云铁中间漆	80
		面层	改性耐磨环氧涂料	100
	5	底层	环氧沥青防锈底漆	120
		面层	厚浆型环氧沥青面漆	200

涂料保护一般施工方法有刷涂和喷涂两种。刷涂是用漆刷将油漆涂刷到钢闸门表面。此种方法工具设备简单，适宜于构造复杂、位置狭小的工作面。

喷涂是利用压缩空气将漆料通过喷嘴喷成雾状而覆盖于金属表面上，形成保护层。喷涂工艺优点是工效高、喷漆均匀、施工方便。特别适合于大面积施工。喷涂施工需具备喷枪、储漆罐、空压机、滤清器、皮管等设备。

涂料保护的时间一般为 10～15 年。

（2）喷镀保护。喷镀保护是在钢闸门上喷镀一层锌、铝等活泼金属，使钢铁与外界隔离从而得到保护。同时，还起到牺牲阳极（锌、铝）保护阴极（钢闸门）的作用。喷镀有电喷镀和气喷镀两种。水工上常采用气喷镀。

气喷镀所需设备主要有压缩空气系统、乙炔系统、喷射系统等。常用的金属材料有锌丝和铝丝。一般采用锌丝。

气喷镀的工作原理是：金属丝经过喷枪传动装置以适宜的速度通过喷嘴，由乙炔系统热熔后，借压缩空气的作用，把雾化成半熔融状态的微粒喷射到部件表面，形成一层金属保护层。

（3）外加电流阴极保护与涂料保护相结合。将钢闸门与另一辅助电极（如废旧钢铁等）作为电解池的两个极，以辅助电极为阳极、钢闸门为阴极，在两者之间接上一个直流电源，通过水形成回路，在电流作用下，阳极的辅助材料发生氧化反应而被消耗，阴极发生还原反应得到保护，如图 7-2 所示。当系统通电后，阴极表面就开始得到电源送来的电子，其中除一部分被水中还原物质吸收外，大部分将积聚在阴极表面上，使阴极表面电位越来越负。电位越负，保护效率就越高。当钢闸门在水中的表面电位达到－850mV 时，钢闸门基本能不锈，这个电位值被称为最小保护电位。在钢闸门上采用外加电流阴极保护时，需消耗大量保护电流。为了节约用电，可采用与涂料一并使用的联合保护措施。

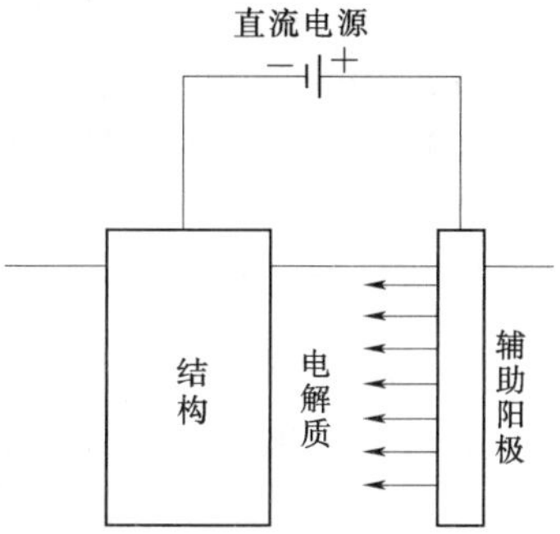

图 7-2　外加电流阴极保护示意图

2. 钢丝网水泥闸门的防腐处理

钢丝网水泥是一种新型水工结构材料，它由若干层重叠的钢丝网、浇筑高强度等级水泥砂浆而成。它具有重量小、造价低、便于预制、弹性好、强度高、抗振性能好等优点。完好无损的钢丝网水泥结构，其钢丝网与钢筋被氢氧化钙等碱性物质包围着，钢丝与钢筋在氢氧化钙碱性作用下生成氢氧化铁保护膜、保护网、筋，防止了网筋的锈蚀。因此，对钢丝网水泥闸门必须使砂浆保护层完整无损。要达到这个要求，一般采用涂料保护。

钢丝网水泥闸门在涂防腐涂料前也必须进行表面处理，一般可采用酸洗处理，使砂浆表面达到洁净、干燥、轻度毛糙的要求。

常用的防腐涂料有环氧材料、聚苯乙烯、氯丁橡胶沥青漆及生漆等。为保证涂抹质量，一般需涂 2～3 层。

3. 木闸门的防腐处理

在水利工程中，一些中小型闸门常用木闸门，木闸门在阴暗潮湿或干湿交替的环境中工作，易于霉烂和虫蛀，因此也需进行防腐处理。

木闸门常用的防腐剂有氟化钠、硼铬合剂、硼酚合剂，铜铬合剂等。作用在于毒杀微生物与菌类，达到防止木材腐蚀的目的。施工方法有涂刷法、浸泡法、热浸法等。处理前应将木材烤干，使防腐剂容易吸附和渗入木材体内。

木闸门通过防腐剂处理以后，为了彻底封闭木材空隙，隔绝木材与外界的接触，常在木闸门表面涂上油性调合漆、生桐油、沥青等，以杜绝发生腐蚀的各种条件。

第三节　溢洪道的养护修理

一、溢洪道的损坏及修理

本部分着重讲述溢洪道因高速水流引起的损坏及修理。对于其他的损坏，可根据损坏的原因，采用前面所讲的有关措施和方法加以处理。

（一）动水压力引起的底板掀起及修理

溢洪道的泄槽段的高速水流，不仅冲击泄槽段的边墙，造成边墙冲毁，威胁溢洪道本身的安全。而且由于泄槽段内流速大，流态混乱，再加上底板不平整，止水不良，高速水流钻到底板以下而又不能及时排除，就会造成上、下压差，底板在脉动和压差的作用下掀起破坏。例如，墨西哥的马尔帕索堆石坝水库溢洪道泄水槽的衬砌于1970年被破坏，其衬砌厚度达2m，每块重720t，且用12根$\phi 31$的钢筋与基岩锚锭，在强大的动水压力作用下，衬砌仍被掀起，锚筋被全部拉断。这类破坏的实例国内也不少。

这类破坏的具体措施是重新浇筑底板，设止水，底板下设排水，底板与基岩间加设锚筋，并严格控制底板的平整度。

（二）弯道水流的影响及处理

有些溢洪道因地形条件的限制，泄槽段陡坡建在弯道上，高速水流进入弯道，水流因受到惯性力和离心力的作用，互相折冲撞击，形成冲击波，使弯道外侧水位明显高于内侧，弯道半径R愈小、流速愈大，则横向水面坡降也愈大。有的工程由此产生水流漫过外侧翼墙顶，使墙背填料冲刷、翼墙向外倾倒，甚至出现更为严重的事故。安徽省屯仓水库，溢洪道净宽20m，设计流量302m^3/s，陡坡建于弯道上。1975年8月遇到特大暴雨，溢洪道泄量达670m^3/s，结果由于弯道水流的影响，在闸后90～120m陡坡处冲成一个深约15m的大坑，内弯翼墙被冲走约30m，外弯翼墙被冲走约140m。

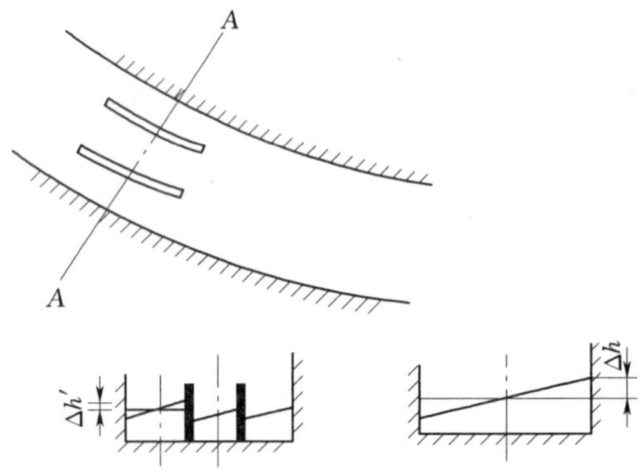

图7-3 弯道隔水墙布置示意图

减小弯道水流影响的措施一般有两种：一种是将弯道外侧的渠底抬高，造成一个横向坡度，使水体产生横向的重力分力，与弯道水流的离心力相平衡，从而减小边墙对水流的影响；另一种是在进弯道时设置分流隔墩，使集中的水面横比降由隔墩分散，如图7-3所示。

（三）地基土掏空破坏及处理

当泄槽底板下为软基时，由于底板接缝处地基土被高速水流引起的负压吸空，或者板下排水管周围的反滤层失效，土壤颗粒随水流经排水管排出，均容易造成地基被掏空，造成底板开裂等破坏。对此种破坏的处理，前者应做好接缝处反滤，并增设止水，后者应对排水管周围的反滤层重新翻修。

（四）排水系统失效的处理

泄槽段底板下设置排水系统是消除浮托力、渗透压力的有效措施。排水系统能否正常工作，在很大程度上决定底板是否安全可靠。山西省漳泽水库，溢洪道净宽40m，设计泄量为1055m^3/s，溢洪道全长314m，混凝土底板厚度为0.2～1.0m，底板建于土基上，排水系统为板下式排水管网，1975年7月18日溢洪道第一次过水，由于地下排水管路被堵，当流量达60m^3/s时，底板1块被冲走，4块断裂，如图7-4所示。

排水系统失效一般需翻修重做。

（五）泄槽底板下滑的处理

泄槽底板可能因摩擦系数小、底板下扬压力大、底板自重轻等原因，在高速水流作用

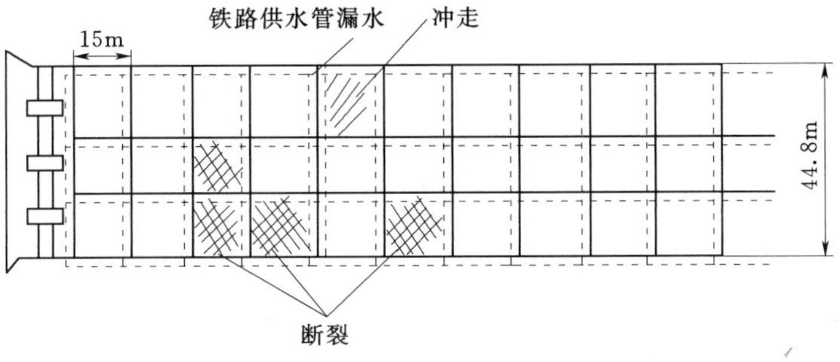

图 7-4 漳泽水库溢洪道破坏情况示意图

下向下滑动。为防止土基上底板下滑，可在每块底板端做一段横向齿墙，齿墙深度约 0.4～0.5m，若底板自重不够，可在板下设置钢筋混凝土桩，即在底板上钻孔，并深入地基 1～2m，然后浇筑钢筋混凝土成桩，并使桩顶与底板连结。岩基上的地板，自重较轻，可用锚筋加固。锚筋可用 20mm 以上的粗钢筋，埋入深度 1～2m，上端应很好地嵌固在底板内。

（六）气蚀的处理

泄槽段气蚀的产生主要是边界条件不良所致，如底板、翼墙表面不平整，弯道不符合流线形状，底板纵坡由缓变陡处处理不合理等均容易产生气蚀。对气蚀的处理，一方面可通过改善边界条件，尽量防止气蚀产生；另一方面需对产生气蚀的部位进行修补。修补的方法可参见第八章第三节有关内容。

许多管理单位总结了工程运用中的经验教训，把在高速水流下保证底板结构安全的措施归结为四个方面，即“封、排、压、光”。“封”要求截断渗流，用防渗帷幕、齿墙、止水等防渗措施隔离渗流；“排”要做好排水系统，将未截住的渗流妥善排出；“压”利用底板自重压住浮托力和脉动压力，使其不漂起；“光”要求底板表面光滑平整，彻底清除施工时残留的钢筋头等不平整因素。以上四个方面是相辅相成、互相配合的。

二、加大溢洪道泄洪能力的措施

1. *溢洪道泄洪能力不足的原因*

溢洪道泄洪能力不足，是导致许多水库垮坝的一个重要原因。造成溢洪道泄洪能力不足的主要原因如下：

（1）原始资料不可靠。有的水库集雨面积的计算值远小于实际来水面积；有的水库降雨资料不准，与实际不符；有的水库容积关系曲线不对，实际的库容比设计的小等。

（2）水库的设计防洪标准偏低，设计洪水偏小。

（3）溢洪道开挖断面不足，未达到设计要求的宽度和高程等。

（4）溢洪道控制段前淤积及设置拦鱼设施等碍洪设施。

（5）在计算中未考虑溢洪道控制段前较长引水渠的水头损失。

2. *加大溢洪道泄洪能力的方法*

溢洪道的泄洪能力主要取决于控制段。因溢洪道控制段的大多水流是堰流，故可用堰流公式分析溢洪道的泄洪能力。公式为

$$Q=\varepsilon mB\sqrt{2g}H^{3/2} \tag{7-1}$$

式中 H——堰顶水头，m；

B——堰顶宽度，m；

m——流量系数；

ε——侧收缩系数；

g——重力加速度，$g=9.8\text{m/s}^2$；

Q——泄洪流量，m^3/s。

由式（7-1）可知，要加大溢洪道泄洪能力，可采取以下措施：

（1）加高大坝。通过加高大坝，抬高上游库水位，增大堰顶水头。这种措施应以满足大坝本身安全和经济合理为前提。

（2）改建和增设溢洪道。通过改建溢洪道可增大溢洪道的泄洪能力，具体措施如下：

1）降低溢洪道底板高程。这种方法会降低水库效益。但若降低溢洪道底板高程不多就能满足泄洪能力时，在降低的高度上设置闸，在洪水来临前将闸门移走，保证泄洪，洪水后期，关闭闸门，使库水回升，可避免或减小水库效益的降低。

2）加宽溢洪道。当溢洪道岸坡不高，加宽溢洪道所需开挖量不很大时，可以采用。

3）增大流量系数。不同堰型的流量系数不同，同种堰型的形状不同，流量系数也不一样。宽顶堰的流量系数一般为0.32～0.385，实用堰的流量系数一般为0.42～0.44。因此，当所需增加的泄洪能力的幅度不大，扩宽或增建溢洪道有困难时，可将宽顶堰改为流量系数较大的曲线形实用堰，以增大泄洪能力。

4）提高侧收缩系数。改善闸墩和边墩的头部平面形状可提高侧收缩系数，从而增加泄洪能力。

在有条件的情况下，也可增设新的溢洪道。

（3）加强溢洪道日常管理。减小闸前泥沙淤积，及时清除拦鱼等妨碍泄洪的设施，可增加溢洪道的泄洪能力。

【案例】 珠海市水工钢闸门防腐蚀维护

珠海市水工钢闸门腐蚀采用喷锌和加封油漆涂层相结合方法进行处理。

1. 表面处理

由于锌层对金属结构的附着属于物理性质的结合，对钢闸门表面必须进行认真的预处理，处理质量的好坏，直接关系到锌涂层的耐久性。所以钢闸门表面预处理是防腐施工中的最重要的工序。预处理一般包括两个方面：①清理表面污染；②制造一定粗糙度的表面。为了在结构上得到一定粗糙度的表面，一般都采用质量好、功效高的喷砂处理。

2. 喷锌

喷涂要领如下：

（1）喷涂应在喷砂完成后，尽快进行，避免时间过长，宜在4h内进行喷涂。

（2）氧气、乙炔和压缩空气压力的选择。当采用上海生产的SQP-1型喷枪时，氧气压力控制在0.3～0.4MPa，乙炔压力控制在0.04～0.06MPa范围内，压缩空气除推动锌丝前进以外，还使锌丝熔融的部分形成一锥形雾束喷射到闸门上，一般要求空气压力保持在0.5～0.6MPa。

（3）喷涂距离与角度。喷距宜掌握在100～200mm。喷涂角度是指喷束中心线与工作垂线的夹角。喷锌时的角度宜在$\alpha=25°$左右，既可减少金属微粒的互撞现象，又能避免金属微粒在结构表面上滑冲和飞散，从而得到结构紧密、附着牢固的锌层。

（4）喷涂厚度。喷涂厚度在120～130μm范围内较适宜。一般达到150μm，锌丝用量控制在1.6kg/m²。

（5）喷枪移动速度，以1次喷涂20～80μm为宜。

（6）各喷涂带之间应有1/3的宽度重叠，厚度要尽可能均匀。

（7）涂层的表面温度降到70℃以下时，再进行下一层喷涂。

（8）锌丝的纯度不低于99.99%。

3. 涂料（油漆）封闭

涂料施工要求：①喷漆宜在锌层尚有余温时进行；②喷涂前必须将锌层表面灰尘清理干净，并尽快喷涂；③使用的油漆应符合设计要求，涂刷的层次、每层厚度、间隔时间、调制方法和涂刷时注意事项，均应按设计或厂家说明书进行；④施工宜在气温5℃以上进行，施工现场应通风良好，在表面潮湿或遇尘土飞扬，烈日直接曝晒和阴雨天气等情况，应采取措施，否则不得喷涂；⑤涂层厚度必须均匀，表面平整光滑，无流挂、褶皱现象。

采用电弧喷涂金属锌涂层外加油漆封闭层的防腐措施，具有涂层与钢铁基体结合强度高、防腐年限长（可达30年以上）、很少需要维护、经济上省等诸多优点，所以是钢闸门的最佳防腐方案。

强 化 训 练

一、填空题

1. 船闸的工作闸门应在______情况下启闭，检修闸门一般在______情况下启闭。

2. 多孔闸门若不能全部同时开启，应由______孔依次______开启。

3. 钢铁的腐蚀一般分为______和______两类。

4. 气喷镀常用的金属材料有______和______。

二、选择题

1.（　　）不是水跃观测方法。

A. 方格坐标法　　B. 水尺组法　　C. 活动测锤法　　D. 经纬仪交会法

2. 水流的平面形态不包括（　　）。

A. 漩涡　　B. 回流　　C. 挑流　　D. 折冲水流

3. 空蚀平面分布观测不包括（　　）方法。

A. 石膏充填　　B. 摄影　　C. 拓印　　D. 网络

4. 负压观测的测点一般布设在高压闸门的门槽、门后顶部、进水喇叭口曲线段、溢流面，反弧段末端和消力齿槛表面等水流边界条件突变易产生（　　）的部件。

A. 振动　　B. 水流脉动　　C. 负压　　D. 空蚀

5. 挑射水流应观测水面线形态、尾水位、射流最高点和落水点位置、冲刷坑位置和（　　）。

A. 水流掺气　　B. 水流脉动　　C. 冲刷坑深度　　D. 冲刷坑范围

6. 喷镀保护是在钢闸门上喷镀一层锌、铝等活泼金属，使钢铁与外界隔离从而得到保护，同时还起到（　　）的作用。

A. 牺牲阳极，保护阴极　　B. 牺牲阴极，保护阳极

C. 涂料保护　　D. 外加电流阴极保护

7. 溢洪道的泄洪能力主要取决于（　　）。

A. 进口段　　B. 闸门开度　　C. 控制段　　D. 陡坡段

8. 由于溢洪道泄槽段内流速大，流态混乱，再加上底表面不平整，有缝隙，缝中进入动水，使底板（　　）而掀起破坏。

A. 下浮托力过大　　B. 摩擦力过小　　C. 自重太轻　　D. 下地基土掏空

三、简答题

1. 顺筋裂缝产生的原因是什么？如何修补？
2. 什么是混凝土的碳化？如何处理碳化病害？
3. 钢闸门表面处理的要求如何？有哪些表面处理的方法？
4. 底层涂料、面层涂料和中间层涂料它们的作用分别是什么？
5. 试述外加电流阴极保护的原理，并绘出示意图。
6. 溢洪道的安全检查主要包括哪些内容？
7. 在高速水流下保护溢洪道底板安全的措施可归结为哪几个方面？
8. 试用堰流公式提出加大溢洪道泄洪能力的措施。

四、实训题

1. 闸门启闭操作。
2. 观测各种高速水流的形态。
3. 对钢结构进行防腐处理。
4. 针对某水库具体情况，提出加大泄洪能力的措施。

第八章　隧洞和涵管的运用管理

【知识目标】

- 熟悉隧洞和涵管日常养护的内容和要求。
- 熟悉隧洞衬砌断裂、气蚀和磨损的原因，掌握处理方法。
- 熟悉涵管管身断裂、气蚀及出口消力池破坏的原因，掌握处理方法。

【能力目标】

- 能够对隧洞衬砌常见的断裂、气蚀和磨损进行处理。
- 能够对涵管管身常见的断裂、气蚀及出口消力池破坏进行处理。

第一节　隧洞和涵管的检查和养护

一、隧洞和涵管的工作条件

隧洞和涵管均属输水建筑物，其作用是输水灌溉、发电、城乡供水等。

隧洞是在岩石中开凿出来的，在节理发育及比较破碎的岩石中开凿隧洞，一般要用混凝土或钢筋混凝土衬砌，以防冲刷和坍塌。

隧洞按其输水时水流性状不同，可分为无压隧洞和有压隧洞。无压隧洞输水时，水流不完全充满，具有自由表面，有压隧洞输水时，水流完全充满，无自由表面。输水隧洞一般分为进口段、洞身和出口段三部分。进口段通常布置有拦污栅、闸门等，其形式有竖井式、塔式、斜坡式等几种。洞身的型式是根据水流条件、地质条件及施工条件而定。有压隧洞一般采用圆形断面或马蹄形断面，无压隧洞常用的有圆形、城门形、马蹄形等。出口段因水流速度大、能量集中，一般设消能设备。

坝下涵管输水仅靠管壁隔水，因此，管壁容易发生断裂，或者管壁与坝体土料结合不好，水流穿透管壁或沿管壁外产生渗流通道，引起渗流破坏。据资料统计，因坝下涵管的缺陷造成渗流破坏而导致大坝失事的约占土坝失事总数的15%。

涵管按水流性状不同，也可分为有压和无压两种。也分进口段、管身和出口段三部分。进口段形式与隧洞一样。管身断面形状有圆形、矩形、马蹄形和城门形等。材料有钢管、铸铁管、混凝土、钢筋混凝土、砌石等。有压涵管管壁承受内水压力，要求管材必须具有足够的强度，因此用钢筋混凝土管、钢管、铸铁管较多。无压涵管可采用素混凝土或砌石管材。为防止不均匀沉陷和温度变化而造成管身断裂，一般沿管长每15～20m设一伸缩缝。涵管的出口段与隧洞一样，也需设消能设备。

二、隧洞和涵管的检查和养护

（1）隧洞和涵管在输水期间，要经常注意观察和倾听洞内有无异样响声。如听到洞内有咕咕咚咚阵发性的响声或轰隆隆爆炸声，说明洞内有明满流交替现象，或者有的部位产生气蚀现象。隧洞和涵管要尽量避免在明满流交替情况下工作，每次充水或放空过程应缓慢进行，切忌流量猛增或突减，以免洞内产生超压、负压、水锤等现象而引起破坏。

(2) 坝下涵管运用期间，要经常检查涵管附近土坝上、下游坝坡有无塌坑、裂缝、潮湿或漏水，尤其要注意观察涵洞出流有无浑水。发现以上情况，要查明原因，及时处理。

(3) 隧洞和涵管进口如有冲刷或气蚀损坏，应及时处理。

(4) 隧洞和涵管运用期间，要经常观察出口流态是否正常、水跃的位置有无变化、主流流向有无偏移、两侧有无漩涡等，以判断消能设备有无损坏。

(5) 放水结束后，要对隧洞和涵管进行全面检查，一旦发现有裂缝、漏水、气蚀等现象，要及时处理。

(6) 涵管顶上或岩层厚度小于 3 倍洞径的隧洞顶部，禁止堆放重物或修建其他建筑物。

(7) 隧洞和涵管上、下游漂浮物应经常清理，以防阻水、卡堵门槽及冲坏消能工。

(8) 多泥沙输水的隧洞和涵管，输水结束后，应及时清理淤积在洞内（管内）泥沙。

(9) 北方地区，冬季要注意库面冰冻对隧洞和涵管进水部分造成破坏。

第二节 坝下涵管常见病害及处理

一、坝下涵管常见病害及其产生原因

（一）管身断裂及漏水

坝下涵管漏水现象是比较普遍的，严重者管身断裂，无法正常工作。例如，河北省柏山水库坝高 28.5m，坝下有 1m×0.8m 的砌石方涵，修建在均质黄土地基上，其中部分管段为回填土，质量不好，又没采取妥善的处理措施。所以涵洞建成后，管身出现了十几处环向断裂，回填土部分的洞身整段下沉，最大错距达 30cm，如图 8－1 所示。

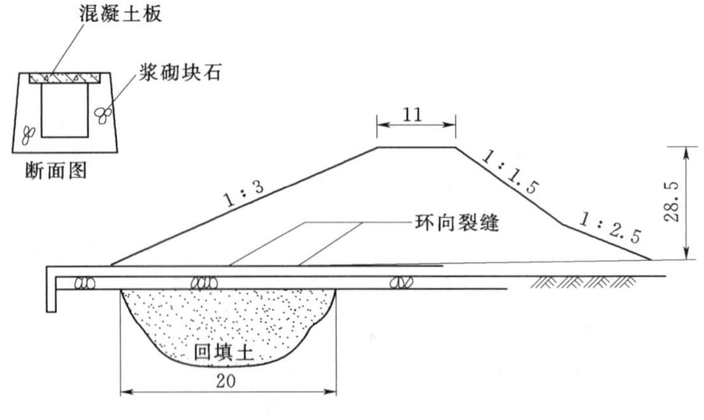

图 8－1 柏山水库涵洞不均匀沉陷示意图（单位：m）

产生管身断裂和漏水的常见原因如下：

（1）地基不均匀沉陷。许多涵管在修建过程中，需穿越条件不同的地基，如处理不当，在上部荷载的作用下，极易产生不均匀沉陷。管身在不均匀沉陷过程中产生拉应力，当拉应力超过管身材料的极限抗拉强度时，则洞身开裂。山东卧虎山水库坝高 40.5m，坝下为直径 2m 的钢筋混凝土涵管，由于地基产生不均匀沉陷，造成多处管壁断裂，最大裂缝宽度为 7～8mm。

（2）集中荷载处未作结构上处理。坝下涵管局部范围有集中荷载，如闸门竖井处，管身和竖井之间不设伸缩缝，就会造成洞身断裂。安徽省三湾水库坝下涵管就是因为洞身和闸门竖井交界处未设沉陷缝而引起了环向断裂。裂缝的位置，顶部距闸门 1.3～1.5m，底部距闸门 2～2.2m，如图 8-2 所示。

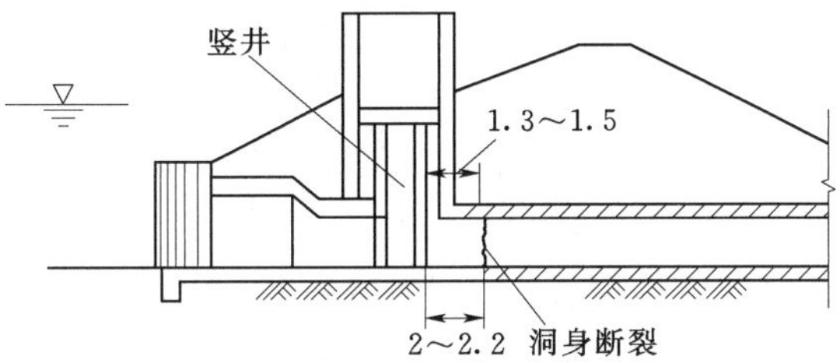

图 8-2 三湾水库涵管断裂位置示意图（单位：m）

（3）结构强度不够。设计时，采用材料尺寸偏小、钢筋含量偏低、水泥标号不足等，均造成涵管结构强度不够，以致断裂。

（4）分缝距离过大或位置不当。涵管上部垂直土压力呈梯形分布，分缝应适应土压力的变化位置，同时考虑温度影响，在管身一定位置需设置伸缩缝。若伸缩缝设置不当同样能引起管身开裂。

（5）管内水流流态发生变化。坝下无压涵管设计时不考虑承受内水压力。若管内水流流态由无压流变成有压流，在内水压力作用下，也容易造成管身破坏。例如，山东省松山水库坝下涵管为浆砌块石无压矩形涵管，因闸门开启操作不当，管内产生有压流，造成条石盖板断裂。

（6）施工质量差。因施工质量差造成坝下涵管断裂和漏水也是比较多的。例如，河北省北庄河水库，坝高 25m，坝下埋有内径 1.2m 的钢筋混凝土无压圆管，管壁厚 12cm，外包 40cm 厚的浆砌块石防渗垫层，然后填土。管壁外设 7 道截水环，管子接头处用麻绳沥青填塞，再抹 1∶9 的水泥砂浆。运用初期发现下游出口管壁与浆砌块石之间有洇湿现象，管内接头有少许漏水，内壁普遍洇湿，有渗水和石灰析出。1974 年 3 月底，在坝上游坡出现 1.8m 深的塌坑，位置正在放水涵洞轴线上。当时管中有 6 处漏水，经检查分析，认为其主要原因是施工中管道与块石间留有空隙，渗漏水沿着管外块石孔隙流动，遇到管段接头即沿横向漏出，时间久了形成集中漏水通道，使坝体填土颗粒流失，局部形成空洞，造成坝体塌坑。如图 8-3 所示。

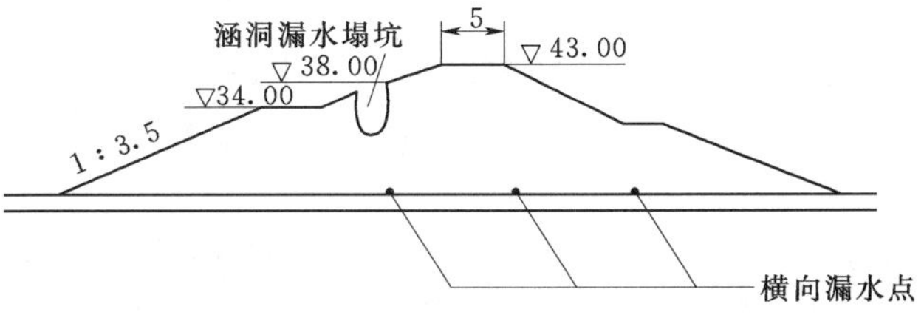

图 8-3 北庄河水库涵管漏水及坝坡塌坑示意图（单位：m）

（二）水流状态不稳而引起的管身破坏及气蚀

水流状态不稳的原因较多，主要有如下3个。

（1）操作管理不当。由于闸门开启不当，使涵管内明满流交替出现，产生气蚀破坏。

（2）设计不合理。设计采用的糙率和谢才系数与实际不完全吻合，洞内实际水深比计算值大，发生水面碰顶现象；在涵管闸门后未设通气孔或通气孔面积太小，使管内水流因流速高而掺气抬高水位，造成管内明满流交替出现；或因涵管进口曲率变化不平顺，产生气蚀；或因下游水位顶托而封闭管口，形成管内水流紊乱，产生气蚀。广东省龙井水库输水涵洞进口为弯管，由于弯管过急，使水流不平顺，产生气蚀现象。

（3）闸门门槽几何形状不符合水流状态、闸门后洞壁表面不平整，均可能造成气蚀破坏。

（三）坝下涵管出口消力池的破坏

由于设计不合理，基础处理不好或运用条件的改变，使消力池在运用时下游水位偏低，池内不能形成完全水跃，造成渠底冲刷及海漫基础淘刷。当此情况逐步向上游扩展时，会导致消力池本身结构的破坏。

二、坝下涵管常见病害的处理

（一）涵管断裂漏水的加固及修复措施

1. 地基加固

由于基础不均匀沉陷而断裂的涵管，除管身结构强度需加强外，更重要的是加固地基。

（1）当管身断面部位上部填土不高时，可直接开挖坝身进行处理。

对于软基，应先拆除破坏部分涵管，然后消除基础部分的软土，开挖到坚实土层，并均匀夯实，再用浆砌石或混凝土回填密实。

对于软弱岩基，主要是在岩石裂隙中进行回填灌浆或固结灌浆加固地基。

（2）当断裂发生在涵管中部时，开挖坝体处理有困难。当洞径较大时，可在洞内钻孔进行灌浆处理。灌浆处理常采用水泥浆，断裂部位可用环氧砂浆封堵。例如，山东省日照水库，1959年建成，最大坝高为26.5m，坝下为廊道式钢筋混凝土圆管，基础为风化片麻岩，裂隙严重，中间有一道冲沟，曾用低等级水泥砂浆块石处理。自1960年发现管壁裂缝，后越来越严重，漏水也日益严重，影响涵洞正常运用，并威胁到大坝安全。如图8-4所示。1975年1月采取了灌浆处理，并用环氧砂浆作了封堵处理。处理后，至今运用正常。

2. 表面贴补

主要用在处理涵管过水表面出现的蜂窝麻面及细小漏洞。目前主要用环氧树脂贴补。一般工序是：“凿毛、洗净、封堵、贴补”等，具体工艺见第六章第三节有关内容。

3. 结构补强

因结构强度不够，涵管产生裂缝或断裂时，可采用结构补强措施。

（1）灌浆。灌浆是目前混凝土或砌石工程堵漏补强常用的方法。对坝下涵管存在的裂缝、漏水等均可采用灌浆处理。例如，河北省钓鱼台水库，由于运用期间产生明满流交

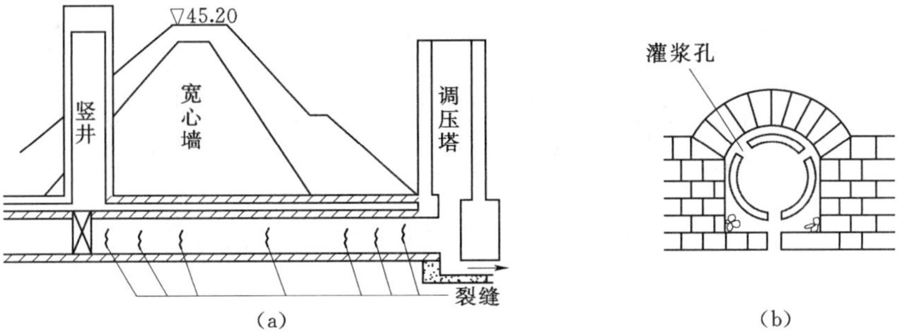

图 8-4　日照水库涵洞裂缝位置及涵洞剖面图（单位：m）
(a) 涵管裂缝位置；(b) 涵洞剖面图

替的半有压流态，因此，运用初期，浆砌块石洞壁漏水，漏水点有 29 处。两年后，在 92m 长的洞壁上漏水点发展到 59 处，根据这种情况，进行了水泥灌浆处理。全洞共钻孔 120 个，浆孔布设在洞壁两侧，每侧两排，上下错开呈梅花形。上排离洞底 0.7～0.8m，孔深 0.7～0.9m，下排离洞底 0.1m，孔深 1～1.2m，如图 8-5 所示。灌浆压力为（10～20）万 Pa，后因水库水位上升，因而升压灌浆，最大灌浆压力达 28 万 Pa，浆液水灰比 4∶1，以后逐渐加稠到 0.8∶1，为了加快水泥浆的凝固，在浆液中加入水量 2%的速凝剂，经灌浆处理，基本止住了漏水，效果很好。

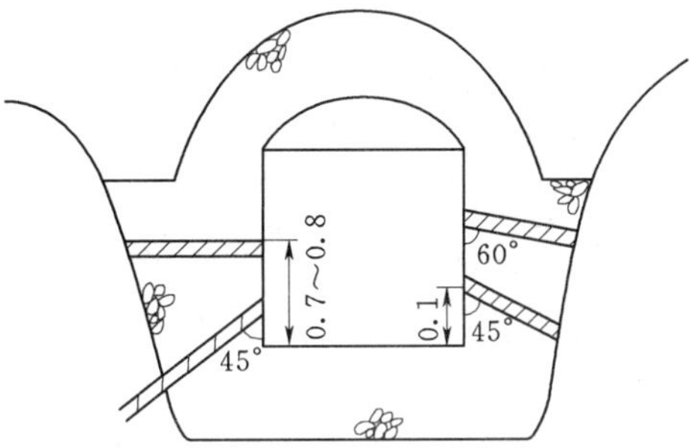

图 8-5　钓鱼台水库涵洞灌浆孔剖面图（单位：m）

灌浆材料一般采用水泥浆、水泥砂浆及化学灌浆材料。

(2) 加套管或内衬。当坝下涵管管径不容许缩小很多时，套管可采用钢管或铸铁管；内衬可采用钢板。

当管径断面缩小不影响涵管运用时，套管可采用钢筋混凝土管；内衬可采用浆砌石料、混凝土预制件或现浇混凝土。例如，广东省马踏石水库土坝下埋设高 1.2m、宽 0.6m 的浆砌石涵洞，顶拱用砖砌筑。在运用期间断裂漏水，先后有 13 处被漏水掏空。后来采用内套钢丝网水泥管，管壁厚 3cm，在工地分段浇筑后进行安装，安装后在新老管间进行灌浆处理，效果很好。如图 8-6 所示。

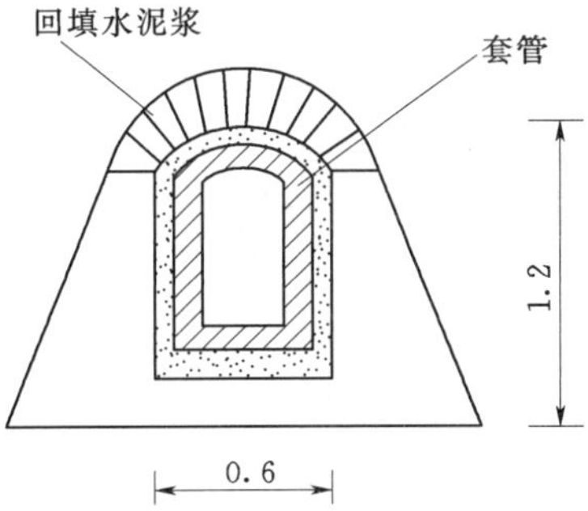

图 8-6　马踏石水库涵管处理图（单位：m）

加套管或内衬时，需先对原管壁进行凿毛、清洗，并在套管或内衬与原管壁之间进行回填灌浆处理。加套管或内衬必须是人工能在管内操作的情况。

(3) 支撑或拉锚。石砌方涵的上部盖板如有断裂时，可采用洞内支撑的方式加固，如

图 8－7 所示。

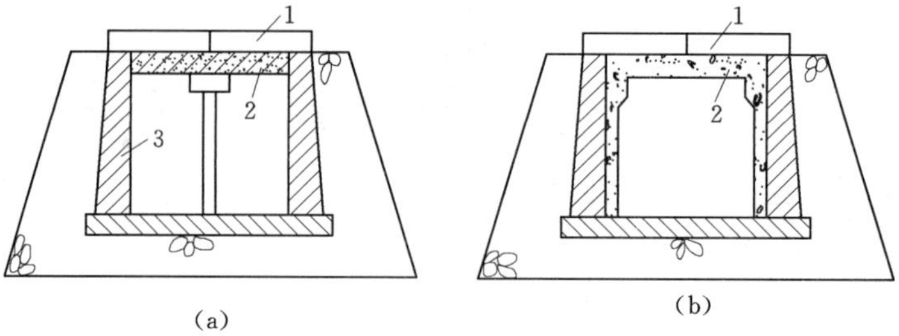

图 8－7 方涵支撑示意图

(a) 中间支撑法；(b) 两侧支撑法

1—断裂的盖板；2—支撑；3—方涵侧墙

对于侧墙加固，还可采用横向支撑法。有条件的也可采用洞外拉锚的办法。这样处理可以避免缩小过水断面。

4. 重新建管

当涵管破坏严重，且内径较小，无法进入处理时，可以考虑重建新管。按其施工方法，重建新管分为开挖重建和顶管重建两种。

(1) 开挖重建。一般适合于坝较低，开挖工程量小，水库允许放空的小型工程。

(2) 顶管重建。主要用于管径较小、管埋深较大、断裂严重无法维修，或在涵管顶部有重要交通道路等情况。顶管重建是涵管顶入法的简称，一般用油压千斤顶支承于工作坑的后座墙，然后，把涵管逐节顶入土内，其布置如图 8－8 所示。顶管到达预定位置后，在上游坝坡修筑围堰，开挖修建进口建筑物。

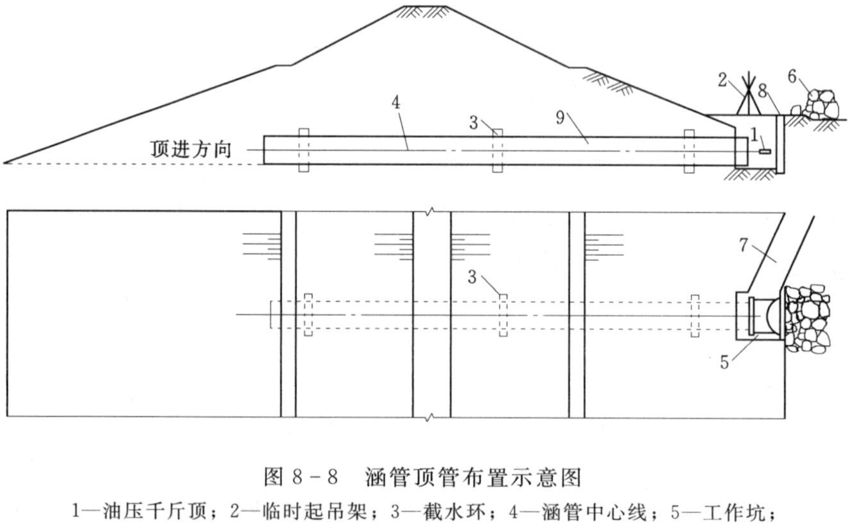

图 8－8 涵管顶管布置示意图

1—油压千斤顶；2—临时起吊架；3—截水环；4—涵管中心线；5—工作坑；6—堆石块；7—交通沟；8—混凝土后座墙；9—管段

顶管重建的一般施工程序是：测量放线，工作坑布置，安装后座及铺设导轨，布置安装机械设备，下管顶进，管的接缝处理，截水环处理，管外灌浆处理，试压验收等。这种方法不用将坝体全部挖开，对运用干扰小，工期短，投资少，施工安全，所以得到广泛应用，不仅用于水利水电工程，也广泛用于公路、铁路工程。

顶管法对施工的要求较高，主要是施工中定向、定位较难。顶管法的施工误差，一般要求高程上下不超过 20mm，中心线左右不超过 30mm。对较长的管线，在涵管顶进时，应随时测量和校正。

（二）坝下涵管出口消力池的加固和修复

坝下涵管出口消力池的破坏原因是多方面的，有的是由于水力计算或结构设计方面的问题，则应重新进行计算或设计；有的是由于施工质量和材料强度的问题，则应采取补强措施。对消力池或海漫的破坏可采取下列措施。

（1）增建第二级消力池。原消力池深度与长度均不满足消能要求，同时下游水位很低，消力池出口尾坎后水面形成二次跌水，而加深消力池有困难时，可增建第二级消力池。

（2）增加海漫长度与抗冲能力。当修建消力池的消能效果差，水流在海漫末端仍形成冲坑，甚至造成海漫的断裂破坏，这时，可加长强海。另外，可选用柔性材料作海漫，如柔性连接混凝土块（图 8－9）和铅石笼块石等。柔性材料海漫可以随河床地形的冲深而变化，待冲刷坑稳定后仍有保护河床的作用；另一方面还可以增加阻滞水流的阻力，降低流速，调整出口水流流速分布。

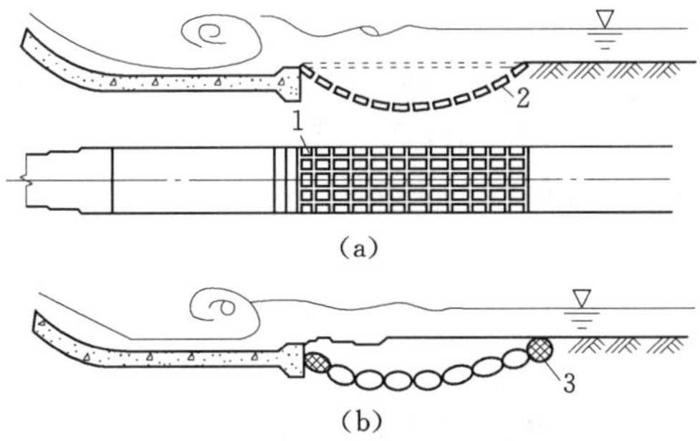

图 8－9　柔性海漫示意图

（a）预制混凝土板柔性海漫；（b）铅丝笼块石海漫
1—柔性连接环；2—预制混凝土板；3—铅丝笼块石

关于坝下涵管气蚀破坏的处理可见本章第三节有关内容。

第三节　隧洞常见病害及处理

一、隧洞常见病害及成因

（一）隧洞洞身衬砌断裂破坏及漏水

引起隧洞洞身衬砌断裂破坏的原因很多，主要有以下几个方面。

（1）岩石变形或不均匀沉陷。不利的地质构造、过大的岩体应力、岩石的膨胀和过高的地下水压，均容易造成岩体变形，从而引起隧洞混凝土或钢筋混凝土衬砌断裂。此外，由于隧洞通过不均匀的地质地基，在上部荷载作用下，产生不均匀沉陷，同样能造成衬砌断裂。

（2）施工质量差。隧洞的施工质量问题反映在多个方面，例如，建筑材料质量问题；衬砌后回填灌浆或固结灌浆时，衬砌周围未能充填密实；配料不当，振捣不实等等，都容易造成衬砌断裂和漏水。

（3）水锤作用。一些隧洞的破坏事故证明，有些压力隧洞即使设有调压井，由于水锤作用，产生的谐振波可以越过调压井而使洞内产生压力波破坏衬砌。

（4）其他原因。例如，衬砌受山岩压力超过设计值；由于运用管理不当等均能造成衬砌断裂漏水。

（二）隧洞的气蚀与磨损

当隧洞内高速水流流经不平整的边界时，水把不平整处的空气带走，产生负压区。当压力降低至相应水温的汽化压力以下时，水分子发生汽化，形成小气泡，小气泡随水流流向下游正压区，气泡受压破裂，如果破裂过程发生在靠近洞体表面的地方，则洞体表面将受到气泡破裂的巨大冲击作用，表面就会遭到破坏，这就是气蚀现象。气蚀现象一般都发生在边界形状突变、水流流线与边界分离的部位。

隧洞产生气蚀的主要原因如下：

（1）洞体局部体形不合流线。由于体形不合流线，造成水流流线与边界分离，产生气蚀。

（2）闸门后洞壁有突出棱角，表面不平整。广东省江河水库坝下输水管，进口处装有五孔转动闸门，水流进入洞身呈直角突变，再加上门后洞壁表面不平整，结果发生局部气蚀。有大小蚀点 56 处，最深 39cm。

（3）闸槽形状不良，闸门底缘不顺。平面闸门的门槽形状不同，过流情况差别很大。当水头较高、流速较大时，矩形门槽极易产生负压和空蚀。图 8-10 为门槽附近的水流流态，水流经过门槽时，先扩散，后收缩，在门槽及下游侧产生旋涡，随着流速的不断增大，旋涡中心的压力越来越低，导致负压增大，水流脉动加剧，从而造成了空蚀破坏或结构振动，一般矩形门槽只适用于流速小于 10m/s 的情况。

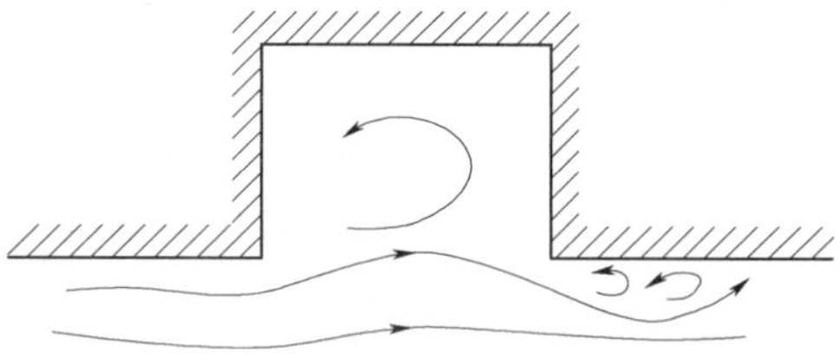

图 8-10 门槽附近水流流态示意图

如闸门底缘形式不当，在较小开度时，高速水流会引起门底强烈空蚀或闸门振动。

（4）管理运用不当。在放水过程中，闸门开启高度与气蚀的产生有非常密切的关系。实验表明，平板闸门，闸门相对开度在 0.1～0.2 时，闸门振动剧烈。对弧形闸门，当相对开度为 0.3～0.6 时，气蚀现象特别强烈。因此，在闸门操作程序中应避免这些开度。另外，闸门开启不当，隧洞内容易出现明满流交替现象，造成门槽及底板的气蚀。经试验表明，在明满流交替时，脉动压力振幅为一般情况下的 4～6 倍。山东黄前水库输水洞在闸门后 1m 为一降落陡坎，使闸门遭受周期性冲击，引起振动，并导致陡坎处水流脱壁，造成气蚀破坏。

隧洞的磨损也是常见的问题。我国的多泥沙河流，高速含沙水流对隧洞的磨损是亟待解决的问题。水流中推移质泥沙和悬移质泥沙对隧洞均有磨损，但又有所不同。

悬移质泥沙磨损破坏过程缓慢，高速含沙水流通过隧洞边壁摩擦，产生边壁剥离。推移质泥沙是以滑动、滚动的方式在建筑物表面运行，除了摩擦作用外，还有冲击作用。故推移质主要是冲击、碰撞作用对隧洞表面的破坏。

二、隧洞常见病害的处理

（一）隧洞断裂及漏水处理

隧洞断裂和漏水的处理方法有贴补、灌浆、喷锚支护、内衬等方法。这里着重介绍喷锚支护。

喷锚支护指喷射混凝土和锚杆支护的方法。它与现场浇筑的混凝土衬砌相比，具有与周围岩体黏结好、能提高围岩整体性和稳定性、承载能力强、抗振性能好、施工速度快、成本低等优点。可用于隧洞无衬砌段加固或衬砌损坏的补强。

喷锚支护可分为喷纯混凝土支护、喷混凝土加锚杆联合支护和钢筋网喷混凝土与锚杆联合支护等类型。

在坚硬或中等质量的岩层中，当隧洞跨度较小且总体是稳定的，仅有局部裂缝交割的危岩可能塌落，可采用喷纯混凝土支护。有些隧洞即使周围的岩体比较破碎甚至是不稳定的，但只要能保证喷射的混凝土能保证岩体的稳定，也可采用喷纯混凝土支护。

对裂隙发育的火成岩、变质岩等围岩，可选用喷混凝土和锚杆联合支护，这时主要靠锚杆抵抗大块危岩的塌落，混凝土仅承受锚杆间岩层的质量。

对松软、破碎和断裂的岩层，可采用钢筋网喷混凝土与锚杆联合支护。

1. 喷纯混凝土

喷纯混凝土是一种快速、高效、不用模板，把运输、浇筑、捣固连接在一起的一种混凝土施工工艺。喷混凝土常用的配合比水泥：砂：石子为1：2：2，喷顶拱时可用较高的砂率配合比为1：2.5：2，水灰比在0.4～0.45之间。施工时，先将干料经一般拌和机拌和后，送于双罐式混凝土喷射机，由压缩空气将干料压经直径为50mm的高压橡胶管，在喷枪处与水混合后喷射出去。喷射时，喷枪口离喷射面0.8～1.0m的距离，并尽量保持与被喷面垂直的角度。仰喷时，每层厚度为5～7cm，平喷时为8～15cm，若厚度较大，当用速凝剂时，间隔10～30min再喷一层，一直达到规定层厚为止。

2. 喷混凝土加锚杆支护

灌浆锚杆法是在洞顶有可能坍塌的岩块上钻孔，孔深入塌落拱以上一定深度，用水泥砂浆对插入至孔底的锚杆进行固结，从而对塌落拱以内的岩块起到悬吊作用。灌浆锚杆能将不稳定的松碎岩块团结成整体，在成层的岩层中，锚杆能把数层薄的岩层组合起来。因此在岩层中插入灌浆锚杆后再喷混凝土支护隧洞洞壁效果相当好。

锚杆常采用3号或5号螺纹钢筋，直径一般在16～20mm。通常将锚杆尾部劈岔，塞上楔形块，插入钻孔，用锤打击，使楔形块插入劈岔部位嵌紧在钻孔中，如图8-11所示。

灌浆锚杆施工之前，应将锚杆布置区的松动危岩彻底清除掉，并根据岩石节理裂隙或断层情况选择孔位，砂浆锚杆的施工有以下两种方法。

（1）“先灌后锚”。其施工程序为：选孔位→钻孔→杆体除锈、检查并洗孔→拌和砂浆→注浆→插杆。

注意钻孔时，钻孔方向应垂直岩石节理面，钻孔孔径应根据锚杆直径和施工方法而

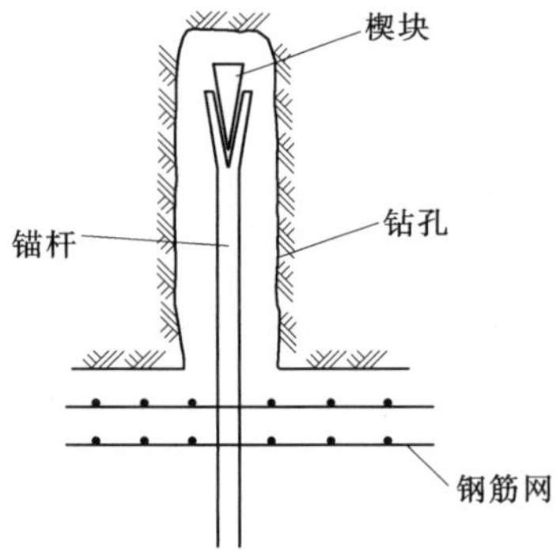

图 8-11 锚杆加钢筋网示意图

定，一般孔径为 32～38mm。

先灌浆后插杆的操作顺序是：选择合适的灌浆管长度（一般大于孔深 30～40cm）；用水泥稀浆试注润滑灌浆罐及管路，把拌和好的水泥砂浆装入罐内；将罐盖密封，把灌浆管插入锚孔底部；打开罐上的进风阀门，利用风压把砂浆压入锚孔内。砂浆注入孔中时，应缓慢地将灌浆管抽出，不要太快，否则将影响灌浆质量；灌完浆随即插上锚杆。

（2）"先锚后灌"。一般是先把锚杆和排气管插入钻孔内，将孔口封闭，然后用灌浆罐灌浆。

"先锚后灌"锚杆的孔径应稍大，一般为 44～50mm。"先锚后灌"有关灌浆顺序及操作方法与"先灌后锚"基本一致。

3. 喷混凝土、锚杆和钢筋网联合支护

这种方法是在喷射混凝土层中设置钢筋网（或钢丝网），如图 8-11 所示。施工时，先钻孔埋设锚杆，然后在锚杆的露出部分绑扎钢筋网（或钢丝网），最后喷射混凝土。这种联合支护对防止收缩裂缝、增加喷射混凝土的整体性、提高支护承载能力，具有良好的作用。

（二）气蚀的处理

隧洞的气蚀，开始时往往不易被人们重视，认为剥蚀程度轻，不会影响安全。但如果不注意修复或改善水流条件，则会发展到很严重的程度。气蚀的产生，水流的流速和边界条件是两个重要的因素。国内外研究成果显示，气蚀强度与流速的 5～7 次方成正比。目前常用的防治气蚀措施主要有以下五个方面。

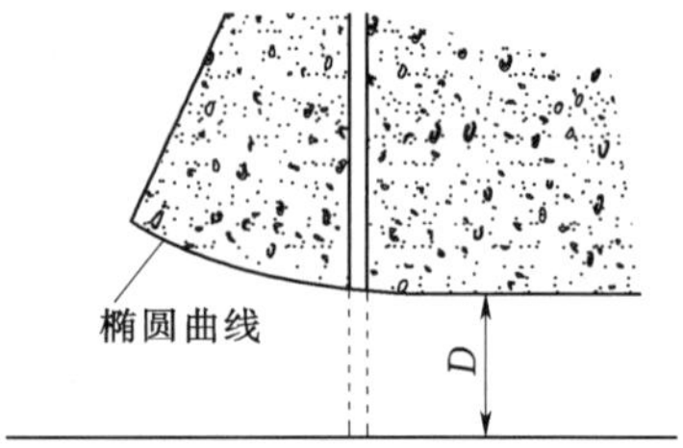

图 8-12 口段椭圆曲线示意图

（1）改善边界条件。当隧洞的进口形状不恰当时，极易产生气蚀现象。试验表明，渐变的进口形状最好做成椭圆曲线，如图 8-12 所示。

（2）控制闸门开度。闸门不同的开度，不仅使闸门底缘及底坎产生气蚀，而且对闸门振动的振幅和频率均有影响。据山东省的统计分析，当闸门相对开度为 0.2 或 0.8～0.9 时，大型输水闸门有 50%发生过振动，重者拉杆断裂或焊缝开裂。同时还发现，当闸门开度小时，闸门振动为上下方向；开度大时，为水平方向。经分析，小开度时，闸门门底止水后易形成负压区，闸门底部易出现气蚀；当开度大时，闸门后易产生明满流交替出现，同样易造成输水隧洞气蚀。

（3）采用抗气蚀材料修复破坏部位。隧洞表面粗糙及材料强度差是引起气蚀破坏的原因之一。对于已产生气蚀破坏的部分，可用环氧砂浆进行修补，环氧砂浆的抗磨能力高于普通混凝土 30 倍。研究资料表明，混凝土强度愈高，抗气蚀性能愈好。

近年来，国内外都进行了在普通混凝土中掺入硅粉以提高普通混凝土的抗气蚀强度的研究。研究表明，普通混凝土中掺入硅粉后，其抗气蚀强度可提高 14 倍。硅粉的主要成分为氧化硅，颗粒极小，比水泥颗粒小100倍，由于硅粉微粒的充填作用及火山灰活性反应，可大大提高混凝土的各种性能。

对隧洞剥蚀严重的部位可考虑采用钢板衬砌等方法修理。

某水电站第二施工隧洞，泄洪时水头为110m，隧洞退水段长1km多，退水段上的水流流速高达40m/s。施工头几年，隧洞运行水头不大，故仅在斜槽段和侧墙上出现了气蚀剥损现象。为了使隧洞高水头运行，在此隧洞段上采用了金属板护砌、喷浆等措施进行了修复加固，效果良好。

目前钢纤维混凝土以其所具有的优越的吸收能量特性、抗冲击、抗爆破性能，在建筑物抗气蚀材料中占有了一席之地。通常情况下，在混凝土中掺入2%的钢纤维，其抗拉强度为素混凝土的1.5～1.7倍，抗弯强度为素混凝土的1.6～1.8倍。钢纤维混凝土的抗拉、抗弯强度与钢纤维的长径比（L/d）成正比，一般钢纤维长径比为60～100，直径为0.2～0.6mm。

（4）采用通气减蚀措施。将空气直接输入可能产生气蚀的部位，可有效地防止建筑物气蚀破坏。国外研究成果指出：当水中掺气的气水比为1.5%～2.5%时，气蚀破坏大为减弱，当水中掺气的气水比达7%～8%时，可以消除气蚀。1960年美国大古力坝泄水孔应用通气减蚀取得成功后，以后世界上不少工程相继采用此法，都取得了良好的效果。我国自20世纪70年代起，先后在冯家山水库溢洪洞、新安江水电站挑流鼻坎、石头河输水洞中使用，效果也比较好。

通气减蚀的主要原因是，通气能降低或消除负压区，增加空穴中气体空穴所占的比重，掺气后对孔穴溃灭起缓冲作用，减小了空穴破坏力。

（5）加强施工质量的控制。施工质量的控制，一方面要控制混凝土材料的强度，使其达到设计要求，另一方面要保证混凝土表面具有较高的平整度。

（三）隧洞磨损的处理

隧洞衬砌的磨损主要是由河水中泥沙引起的，而悬移质泥沙和推移质泥沙对建筑物表面磨损的方式不同。

悬移质磨损破坏过程较缓慢，主要是边壁摩擦作用，造成表面磨损。推移质泥沙在建筑物表面运行方式为滑动、滚动和跳动，磨损破坏过程较快，除了边壁摩擦作用外，主要作用是冲击、碰壁。此外，施工残渣、上游围堰残体等，被水流挟带，经过泄水建筑物时，对其表面将产生冲击破坏，例如，石泉水电站泄洪中孔消力池、碧口水电站导流洞底板、刘家峡水电站泄洪洞出口段等，都发生过这种形式的损坏。实践表明，悬移质泥沙，当$v>20$～35m/s时，平均含沙量大于30kg/m^3；或$v>15$～20m/s时，平均含沙量大于80～100kg/m^3，泄水建筑物经过几个汛期，C28左右混凝土表面，会受到严重的冲磨破坏。三门峡工程2号底孔就属这类破坏。推移质泥沙对建筑物表面撞击和摩擦，使建筑物表面磨损也比较严重。葛洲坝二江泄水闸，1981年7月泄洪72000m^3/s，由于上游围堰残渣及上游削坡块石进入河道，大量推移质泥沙在过闸时，造成对闸室及护坦的磨损。轻者磨深1cm，重者磨深2cm以上。磨损最严重的第27孔闸，闸底板中心最大磨深达10.2cm。

在高速水流的输、泄水建筑物中，对不同的流速及含沙量、含沙类型，应采用不同的抗冲耐磨材料。常用的抗冲耐磨材料主要有以下几种：

（1）铸石板。铸石是将岩石熔化后，加一定掺合料铸成一定尺寸的砖、板或条石。常用的有辉绿岩铸石、玄武岩铸石、硅锰渣铸石和微晶铸石等。它比石英具有更高的抗磨损强度和抗悬移质微切削破坏性能。三门峡3号排沙底孔使用辉绿岩铸石板镶面，表现出较高的抗冲耐磨性能。

（2）铸石砂浆和铸石混凝土。将铸石磨细，作粗、细骨料，可拌制高强度的铸石砂浆或铸石混凝土，在高速含沙水流中，具有很强的抗冲耐磨特性。葛洲坝二江泄水闸即使用了高等级的铸石砂浆，其抗冲磨强度不亚于环氧砂浆。

（3）耐磨骨料的高强度混凝土。除用铸石外，选用耐冲磨性能好的岩石，例如，石英石、铁矿石等为骨料，配制高标号的混凝土或砂浆，也具有良好的抗悬移质冲磨的性能。经验表明，当流速 $v<15\text{m/s}$，平均含沙量 $\bar{s}<40\text{kg/m}^3$ 情况下，用耐磨骨料配制成C30混凝土，磨损甚微。

（4）聚合物砂浆及聚合物混凝土。聚合物黏结强度比水泥黏结强度高，在相同骨料情况下，聚合物混凝土抗悬移质和推移质冲磨强度都较高。但应注意，采用聚合物时，也应采用好的骨料，这样才能达到应有的效果。但因聚合物造价比较高，不太适合于大面积使用。

（5）钢材。钢材因其抗冲击韧性好，故抗推移质冲磨性能好。但因钢材价格高，施工工艺要求高，一般用于冲磨严重和难于维修的部位。

隧洞（包括涵管）的气蚀和磨损，在高水头和多泥沙河流上经常可见。采用的处理方法也很多，需根据具体磨蚀情况、当地具有的材料及施工技术条件因地制宜地确定处理方案。

【案例】 福建岭里水库输水涵洞加固处理

1. 工程概况

岭里水库位于福建省闽清县省璜镇和平村，总库容1243万m^3，该水库于1971年6月动工兴建，1975年12月建成。大坝输水涵洞原为城门型砌石拱涵，宽2.4m，高2.7m，长168m，每隔11m设一道浆砌条石截流环，坝轴线上游8道、下游3道。1979年因建坝后电站，在涵洞内套混凝土压力管，末端与坝后电站连接。输水涵洞结构如图8-13所示。

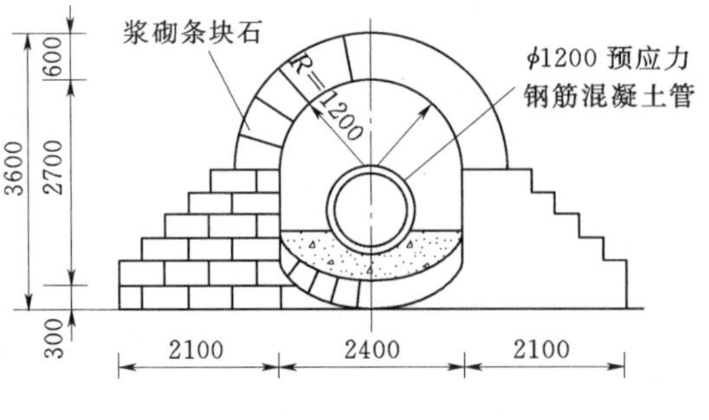

图8-13 槽附近水流流态示意图

2000年7月工程检查中发现：

（1）砌石拱涵洞壁勾缝砂浆多处脱落，渗水点近50处，但渗水量较小；渗水带出黄泥浆挂在洞壁上，堆积物像石笋或钟乳石。

（2）钢筋混凝土管保护层炭化严重，有11节（每节长3m）保护层脱落，部分钢筋外露锈蚀严重，16节轻击有空壳声，但全线均无漏水现象且管内壁光滑完整、无炭化腐蚀现象。

岭里水库输水涵洞洞壁带黄泥浆渗水意味着坝体防渗体土料被带走，不仅影响工程运行管理，也给坝体带来安全隐患。由于洞内空气潮湿，钢筋混凝土管保护层炭化后，钢筋锈蚀速度加快，若不进行加固处理，随时可能发生爆管现象，后果不堪设想。

2. 加固处理及施工工艺

（1）洞壁渗水处理。

1）灌浆处理范围。根据岭里水库坝体结构，洞 0＋100～0＋168 对应坝体为导滤排水结构，若进行灌浆处理，水泥浆扩散至坝体将影响破坏坝体排水结构，且洞壁渗水对工程安全影响甚微，故只对渗水点进行深勾缝封闭处理，无须进行灌浆。洞 0＋010.5～0＋100 对应坝体为黏壤土、黏土料区，采用水泥灌浆处理。

2）布孔。首先在主要渗水点处布设灌浆孔，再根据实际情况按梅花形加密布设灌浆孔，孔距 2.5～3.0m，排距 2.5m。钻孔深度 0.6～1.5m（以穿透浆砌石洞壁为限）。

3）灌浆。采用低压、定量、多次、灌注浓水泥浆。灌浆压力 0.1～0.5MPa，每孔分 2～3 次灌浆、每次 1t 左右，浆液水灰比（1～0.6）：1。涵洞进口段上覆坝体厚度小，灌浆压力应根据水库水位、上覆坝体厚度进行控制，避免压力过大穿透坝体。

（2）压力管加固处理。

1）加固处理范围。洞内共有 49 节压力管，其中 27 节压力管保护层脱壳或脱落。考虑混凝土压力管已经运行多年，随着时间推移，其余混凝土管也可能发生保护层炭化现象，因此对洞内 49 节压力管全部进行加固处理。

2）材料选择与施工工艺。本工程选用 6101 号环氧树脂为基液，以中碱无捻玻璃丝纤维布 CW100A 作增强材料。

压力管加固处理采用二布三涂结构。涂料环氧基液以环氧树脂为主料，加入稀释剂、增韧剂、固化剂配制而成。工艺流程为：混凝土基底处理→涂底层涂料→粘贴玻璃纤维布→涂外层涂料→养护。

a. 基底处理。将混凝土压力管表面的炭化、破损部分清除干净达到结构密实部位。

b. 涂底层涂料。底层涂料是在环氧基液配方基础上添加少量细水泥，涂刷工作应在 5～35℃、相对湿度 85％以下的环境中进行。先称量环氧树脂，加入稀释剂、增韧剂搅拌均匀，再加入搅拌均匀，最后加入固化剂搅拌均匀，用刮刀均匀地涂刮底层涂料。

c. 粘贴玻璃纤维布。先按玻璃纤维布宽度和粘贴顺序涂刷，涂料厚度 0.3～0.5mm。粘贴第一层玻璃纤维布，使其紧密粘贴在基层上，玻璃纤维布搭接长度，长边不小于 100mm，短边不小于 150mm；再在玻璃纤维布上面均匀涂刷涂料，粘贴第二层玻璃纤维布。

d. 涂外层涂料。最后一层玻璃纤维布上涂刷涂料厚度为 1.5mm，表面不得露玻璃纤维布。

e. 养护。粘贴玻璃纤维布后，需自然养护 1～2h 以达到初期固化，固化期间要保证不受外界干扰和碰撞。

3. 效果

经采用上述加固处理技术，并运行实践观（测）察结果表明：

(1) 水泥灌浆是处理涵洞渗（漏）水一种快速、有效的方法，不仅能达到堵漏目的，还起到了补强加固作用。

(2) 环氧树脂与玻璃纤维黏结、固化形成高性能复合材料，用之加固压力管，不仅达到了抗碳化的目的，也提高了结构强度。

(3) 岭里水库输水涵洞加固处理方法安全可靠、投资省、施工简单，可在类似工程中推广应用。

强 化 训 练

一、名词解释

1. 有压隧洞
2. 无压隧洞
3. 明满流交替现象
4. 气蚀现象
5. 推移质破坏
6. 喷锚支护

二、选择题

1. 听到隧洞内有“咕咕咚咚”阵发性的响声或“轰隆隆”爆炸声，说明洞内有明满流交替现象，或者有的部位产生（　　）现象。

A. 负压　　B. 超压　　C. 气蚀　　D. 水锤

2. 涵管加套管时，需对原管壁进行凿毛、清洗，并在套管与原管壁之间进行（　　）。

A. 充填灌浆　　B. 回填灌浆　　C. 固结灌浆　　D. 接触灌浆

3. 实践证明，平板闸门，闸门相对开度在（　　）时，闸门振动剧烈。因此，在闸门操作时应避免这些开度。

A. 0.1～0.2　　B. 0.1～0.3　　C. 0.3～0.6　　D. 0.2～0.6

4. 对松软、破碎和断裂的岩石，可采用（　　）支护。

A. 喷混凝土　　B. 先灌后锚

C. 先锚后灌　　D. 钢筋网喷混凝土与锚杆联合

5. 钢纤维混凝土的抗拉、抗弯强度与钢纤维的长径比（L/d）成正比，一般钢纤维长径比为（　　），直径为0.2～0.6mm。

A. 10～60　　B. 60～80　　C. 10～80　　D. 60～100

6. 原消力池深度与长度均不满足消能要求，同时下游水位很低，消力池出尾坎后水面形成二次跌水，可（　　）。

A. 加深消力池　　B. 加深加长消力池

C. 增建第二级消力池　　D. 加深消力池或增建第二级消力池

7. 选用柔性连接混凝土块作海漫可以随河床地形的冲深而变化，待冲刷坑稳定后仍有保护河床的作用；另一方面还可以（　　）。

A. 增加阻滞水流的阻力　　B. 增大流量

C. 加大流速　　D. 降低水位

三、简答题

1. 坝下涵管水流状态不稳引起管身破坏的原因主要是什么？
2. 如何加套管或内衬对涵管结构补强？
3. 怎样避免隧洞产生气蚀破坏？
4. 喷锚支护有哪几种类型？怎样选择支护的类型？
5. 试述“先锚后灌”的施工程序和方法？

四、实训题

1. 分析某水工隧洞气蚀产生的原因，并提出处理方案。
2. 掌握喷锚支护的施工步骤和施工方法。

第九章　渠道及渠系建筑物运用管理

【知识目标】

- 掌握渠道控制运用的原则，日常养护的内容和一般方法。
- 掌握渠道主要防渗措施和常见病害的处理方法。
- 掌握渡槽、涵洞和倒虹吸常见病害的处理方法。

【能力目标】

- 能够对渠道常见的病害进行处理。
- 能够对渠系建筑物进行安全检查。
- 能够对渡槽、涵洞和倒虹吸常见病害进行处理。

第一节　渠道和渠系建筑物的日常运用

一、渠道的控制运用

（一）渠道正常运用的要求

（1）渠道输水能力符合设计要求。

（2）渠道断面流速分布均匀。各种不同断面型式的渠道，都要求渠道边坡基本是对称的，水流平稳均匀。禁止在渠内及滩地上修建和设置引起偏流的工程。

（3）渠道断面坡降与设计一致。渠道运用中，要保持设计标准，防止任意抬高水位，增设壅水建筑物等引起渠道冲淤现象。

（4）渠道渗漏损失量不超过设计要求。要设法减少渠道的渗漏水量损失，提高水的利用率，确保渠道正常输水。

（5）控制和调节设施齐全。能较好地控制水量，调节水位。

（6）边坡和渠床应稳定。不致因崩塌而阻塞渠道，以保证输水安全。

（二）渠道控制运用的一般原则

（1）水位控制。为确保安全输水，避免漫堤、决口事故，一般情况下，渠道水位应控制在设计水位以下。特殊情况下，水位也不应超过加大水位。

（2）流量控制。渠道流量应以设计流量为准，当有特殊用水要求时，可用加大流量，但过水时间不宜太长，以免造成威胁。渠道设计流量与渠道加大流量的关系为

$$Q_{加}=(1+k)Q_{设} \tag{9-1}$$

式中　$Q_{加}$——加大流量，m^3/s；

$Q_{设}$——设计流量，m^3/s；

k——加大系数，见表 9-1。

表 9-1　流量加大系数 k 值表

设计流量（m^3/s）	<1	1～5	5～10	10～30	>30
k 值	0.30～0.50	0.25～0.30	0.20～0.25	0.15～0.20	0.10～0.15

（3）流速控制。渠道中的水流流速过大或过小，将会发生冲刷或淤积，影响正常输水。所以运用中，必须控制流速。渠道流速应控制在以下范围：

$$v_{不淤}<v<v_{不冲} \qquad (9-2)$$

式中　$v_{不淤}$——不淤流速，m/s；

$v_{不冲}$——不冲流速，m/s。

水在渠道中流动时，具有一定能量，这种能量随着水流速度的增大而加大。当流速增大到一定程度时，渠床上的土粒就会随水流移动。渠床土粒将要移动而尚未移动时的水流速度成为渠道的不冲流速。渠道的不冲流速可根据渠床土质、水力和泥沙等条件通过实验确定。也可根据经验确定，见表 9-2。

表 9-2　渠道不冲流速表

渠床土质和衬砌条件		不冲流速（m/s）
土壤类别	轻壤土	0.60～0.80
	中壤土	0.65～0.85
	重壤土	0.70～0.90
	黏壤土	0.75～0.95
衬砌类型	混凝土衬砌	5.0～8.0
	块石衬砌	2.5～5.0
	卵石衬砌	2.0～4.5

流动着的水流都具有一定的挟沙能力，它随着流速的减小而减小。当流速小到一定程度时，一部分泥沙就会在渠道中沉积下来。泥沙将要沉积而尚未沉积时的水流速度称为渠道不淤流速。渠道的不淤流速可按下式计算：

$$v=cR^{1/2} \qquad (9-3)$$

式中　c——不淤流速系数，参考表 9-3；

R——水力半径，m。

表 9-3　不淤流速系数 c 值表

渠道泥沙	粗沙	中沙	细沙	极细沙
c 值	0.65～0.77	0.58～0.64	0.41～0.54	0.37～0.41

二、渠道的检查和养护

（一）渠道的检查

为了及时发现和处理问题，确保渠道正常运用，必须加强渠道检查及养护工作。渠道的检查应在经常性检查的基础上，每隔一段时间进行全面系统的定期检查。放水前后及汛期尤为重要，检查渠道应注意以下几个方面。

1. 放水前检查

渠道放水前即停水时期，主要检查是否有冲刷、淤积、沉陷、滑坡、裂缝、洞穴、缺口、防渗层损坏或影响过水的堆积物和杂草等。

2. 放水时检查

渠道放水时即过水时期，主要检查是否有漏水、冲刷、阻水、坍坡、乱扒放水口，有无漂浮物冲击渠边及风浪影响，堤顶超高足够否等。

3. 暴雨时期检查

应组织人员外出检查山水入渠情况，排洪建筑物泄水情况，渠堤挡水及各种建筑物过水情况，以便及时处理因暴雨山洪引起渠系发生的问题，暴雨后，及时做好清淤和整修工作。

（二）渠道的日常养护

渠道的日常养护，主要应做到以下几方面：

（1）常清理渠道内的垃圾、淤积物和杂草等，保持渠道正常行水。

（2）渠道两旁山坡上的截流沟或引水沟，要经常清理，避免淤塞，损害部分要及时修理，尽量减少山洪或客水入渠，以免造成渠堤漫溢决口或冲刷。

（3）不得任意在渠道内或岸边放牧、挖土或开口。

（4）禁止向渠道内倾倒垃圾、工业废渣及其他腐烂杂物，以保持渠水清洁，防止污染。有条件的，可定期进行水质检查，如发现污染应及时采取措施。

（5）禁止在渠道内毒鱼、炸鱼。

（6）不得在渠堤内外坡随意种植庄稼，填方渠道外坡附近不得任意打井、修塘、建房。

（7）渠道放水、停水，应逐渐增减，尽量避免猛增猛减。

（8）对渠道局部冲刷破坏、防渗设施损害等情况，应及时修复，防止继续扩大恶化。

三、渠系建筑物的检查和养护

（一）渠系建筑物的安全检查

渠系建筑物的安全检查很重要，不论是渡槽，隧洞还是倒虹管，都是输水渠道的关键性工程，人们称为“咽喉”工程，渠系建筑物垮塌，则影响部分甚至整个灌区的供水。如四川井研红星水库，灌溉面积万余亩，已运行20余年后，1990年由于放水前未检查，在灌溉期间放水流量仅为设计流量的50%左右。干渠上的4座渡槽发生突然垮塌，虽经全力抢修维持，临时通水，但影响万余亩农田不能适时灌溉。

建筑物发生事故前总是有征兆的，都有一个从量变到质变的过程。因此，只有加强检查。每次放水前后，要重点检查建筑物，若发现损坏要及时维修。检查时，特别注意容易发生问题的部位。

（1）对渡槽工程应检查底板、拱圈、侧墙、支墩有无裂缝、下沉、变形、漏水等情况。裂缝的走向、长度、宽度、深度及变化规律，分析产生的原因，判断危害程度，提出加固措施。渡槽伸缩缝止水是否完好，渡槽进出口与土渠接头处是否漏水。

钢筋混凝土渡槽应检查表层有无蜂窝麻面，磨损剥蚀，成块脱落，钢筋外露锈蚀等现象。石拱渡槽拱墩有无开裂，支墩是否下沉，拱圈是否径向开裂，槽身有无裂缝，灰缝是否脱落，接缝是否漏水等。

（2）对倒虹管要检查管身有无纵向、环向裂缝、漏水，查明裂缝的部位或开裂的程度（裂缝的长、宽、深及范围），检查管内是否有淤积或堵塞情况，还要检查管基有无不均匀沉陷，管身及接头是否渗水等。

（3）对隧洞应重点检查未衬砌隧洞。过去修建的隧洞，由于资金缺乏，修建时，仅局部衬砌或未做衬砌，因此要检查洞内有无严重风化垮塌段或堵塞现象，特别是洞身整体性坍塌破坏。对已衬砌隧洞，检查衬砌体表面有无损坏、裂缝渗漏、洞身断裂以及是否有边墙向洞内挤出、底板向上隆起等现象。

（4）对节制闸、分水闸、泄水闸以及放水洞的闸门应定期检查是否开启灵活，是否漏水。

（二）渠系建筑物的日常养护

渠道上的主要建筑物有渡槽、倒虹吸、隧洞、涵洞、跌水、桥梁、各种闸及量水设备等。其一般养护要求有以下几个方面。

（1）对主要建筑物应建立检查养护制度及操作规程，随时进行检查，并认真加以记录，如发现问题，应认真分析原因，及时处理。

（2）在配水枢纽的边墙、闸门上及大渡槽、大倒虹吸的入口处，必须标出最高水位，放水时严禁超过最高水位。

（3）禁止在建筑物附近进行爆破，200m 以内不准用炸药炸岩石。

（4）禁止在建筑物上堆放超过设计荷载的重物，禁止在建筑物周围取土、挖坑等。

（5）经常检查建筑物有无沉陷、裂缝、漏水、变形、冲刷、淤积等现象，发现问题应及时采取措施进行修理。

（6）建筑物附近根据管理需要，均应划定管理范围，任何单位和个人不得侵占。

（7）建筑物的有关照明、通信及有关保护设施应保证完好无损。

渠系建筑物除以上一般日常养护外，不同建筑物由于其工作条件和环境不同，还有其具体养护要求。

1. 渡槽

（1）水流应均匀平稳，过水时不冲刷进口及出口部分，与渠道衔接处要经常检查，发现问题应及时处理。

（2）渡槽放水后立即排干，禁止在下游壅水或停水后在槽内积水。

（3）放水时，要防止柴草、树木、冰块等漂浮物壅塞。

（4）渡槽跨越溪沟时，要经常清理阻挡在支墩上的漂浮物，减轻支墩的外加荷载，同时要注意做好河岸及沟底护砌工程，防止洪水淘刷槽墩基础。

（5）渡槽旁边无人行道设备时，应禁止在渡槽内穿行。

2. 倒虹吸管

（1）进出水流状态保持平稳，不冲刷淤塞，倒虹吸管两端必须设拦污栅，并及时清理。

（2）倒虹吸管停水后，应关闭进出口闸门，防止杂物进入管内或发生人身事故。

(3) 管道及沉沙、排沙设施，应经常清理。

(4) 直径较大的裸露式倒虹吸管，在低温季节要妥善保护，以防止发生冻裂、冻胀破坏。

(5) 与道路相交的倒虹吸管，严禁超重车辆通过，以免压坏管身。

3. 涵洞

(1) 保证涵洞进口无泥沙淤积，发现泥沙淤积及时清理。

(2) 保证涵洞出口无冲刷淘空等破坏，并注意进出口处其他连接建筑物是否发生不均匀沉陷、裂缝等。

(3) 按明流设计的涵洞严禁有压运行或明满流交替运行。启闭闸门要缓慢进行，以免洞身内产生负压、水击现象。

(4) 路基下涵洞顶部严禁超载车辆通过或采取必要措施，以防止涵洞的断裂。

(5) 能够进入的涵洞要定期入内检查，查看有无混凝土剥蚀、裂缝漏水和伸缩缝脱节等病害发生。发现病害，应及时分析原因并修补处理。

4. 跌水和陡坡

(1) 要防止水流对跌水和陡坡本身及下游护坦的冲刷，特别注意防止跌坎的崩塌与陡坡的滑塌、鼓起等现象。

(2) 冬季停水期和用水前对下游消力设施应进行详细检查，发现损坏应予以修理。

(3) 冬季停水后应清除池内积水，防止结冰、冻裂。应及时清理池内乱石、碎砖、树枝等杂物。

(4) 严禁在跌水口上游设闸壅水。

5. 桥梁

(1) 桥梁旁边应设置标志，标明其载重能力和行车速度，禁止超负荷的车辆通行。

(2) 钢筋混凝土或砌石桥梁，应定期进行桥面养护或填土修路工作，要防止桥面因裸露而损坏。

(3) 对桥梁周围及桥孔的柴草、碎渣、冰块等应及时清除，防止阻塞壅水。

(4) 对桥孔上下游护底应经常检查，如有淘空、砌石松动等现象应及时修理。

6. 特设量水设备

特设量水设备包括量水槽、量水堰、量水喷嘴等。在管理养护中应注意以下三点。

(1) 经常检查水标尺的位置与高程，如有错位、变动，应及时修复。水标尺刻划不清的，要描画清楚，以便于准确的观测。

(2) 要经常检查量水设备上下游冲刷或淤积情况，如有淤积或冲刷，要及时处理，尽量恢复原水流状态，以保持量测精度。

(3) 配有观测井的量水设备，要定期清理观测井内杂物，并经常疏通观测井与渠道水的连通管道，使量水设备经常处于完好状态。

第二节 渠道的防渗

渠道防渗是提高水的利用率，节约灌溉用水、充分利用水资源、提高灌溉效率的有效措施。据调查，由于缺少渠道防渗措施，我国目前渠系水利用系数普遍较低，大中型灌区在0.5以下。渠道输水损失大，不仅造成了水量的浪费，而且减少了灌溉面积，抬高了地下水位，导致盐碱化及渍害的发生，严重影响了农业生产。为了减少渠道输水损失，近年来各地广泛采取了渠道防渗措施，取得了明显效果。例如，陕西省泾惠渠，四级渠道防渗后，渠系水利用系数由0.59提高到0.85。采取渠道防渗措施，不仅能提高渠系水的利用系数，达到节约用水的目的，而且可节省灌区管理运行费用，扩大灌溉面积，降低地下水位，防止土壤盐碱化以及防止渠道冲刷、淤积及坍塌等。因此，要加强渠道防渗工作。

一、渠道渗漏损失的测定

实际工作中，测定方法较多，主要有三种。

（一）动水测定法

根据渠线水文地质条件，选一典型渠段，中间最好无分水口，在流量稳定时，同时观测上、下游断面的流量，其差值即为渠段总的渗漏损失，再推断单位长度的渠道渗漏量。区间若有分水口，应把分水流量计算在内。渠道上下游断面也可利用进水闸、跌水等建筑物测流，但建筑物要完整、无漏水及阻水现象。其计算公式为

$$Q_{损}=Q_{进}-(\sum Q_{分}+Q_{出}) \tag{9-4}$$

$$\sigma=Q_{损}/L \tag{9-5}$$

式中　$Q_{损}$——渠段渗漏损失流量，m^3/s；

$Q_{进}$——进入上游断面（或建筑物）流量，m^3/s；

$Q_{出}$——流出下游断面（或建筑物）流量，m^3/s；

$\sum Q_{分}$——流入各分水渠的流量总和，m^3/s；

σ——每千米渠长渗漏损失流量，$m^3/(s \cdot km)$；

L——测流渠段的长度，km。

（二）静水测定法

选择平直、纵坡较缓、上下两断面水深差不超过5%或5cm的代表渠段，长度30～50m，临时在两端筑横堤隔水，最好选暂时不工作的渠段。渠中设水尺或测针，以便控制水位。然后向渠中充水到正常水位，每隔一定时段，加入水量，维持其正常水位。如此反复进行，直到稳渗阶段为止。其计算公式为

$$\sigma=Q_{损}/L=W_{加}/(tL) \tag{9-6}$$

式中　$Q_{损}$——渠段渗漏损失流量，m^3/s；

$W_{加}$——稳渗期在某时段所加水量，m^3；

t——渠段测流时段的时间，s；

其他符号意义同前。

（三）同心环测渗法

用不同直径的两个同心钢环，环高30cm，外环直径50cm，外环起保护作用，内环直径35.7cm，面积$1000cm^2$，测验时将钢环压入土内10cm，环内放一层厚3～5cm的细砾石，以免注水时冲刷土壤。测验时，在内外环中同时注入清水，使水深保持10cm（变化

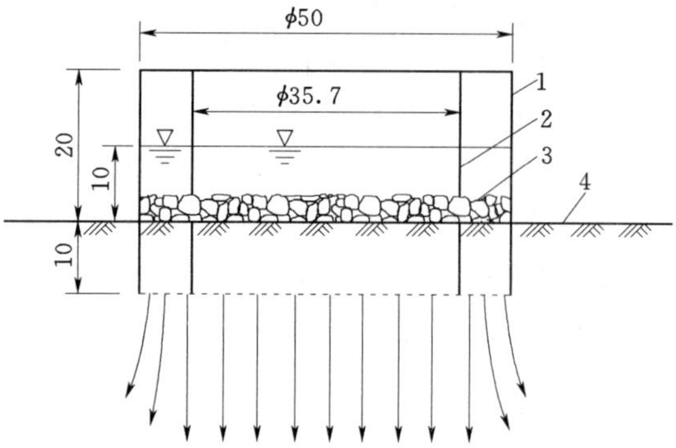

图 9-1 同心环测渗示意图（单位：cm）
1—外环；2—内环；3—砂砾石滤料；4—渠床

幅度限制在 1cm)，如图 9-1 所示，用水位测针测定单位时间内的渗漏水量，从而推算渠道的渗透损失。

二、渠道的防渗措施

渠道防渗工程技术措施很多，一般包括改变渠床土壤透水性能和在渠床上加做防渗层两种方法。按使用材料可分为黏土类、灰土类、砌石类、混凝土类、沥青材料类和塑料薄膜类等。选择渠道防渗工程措施，应注意以下原则：防渗效果好，有一定的耐久性；因地制宜，就地取材，施工简易，造价低廉；能提高渠道的输水能力及抗冲能力，保持渠道稳定；便于管理养护，维修费用低。

各类防渗措施的具体施工方法和技术要求请参看专门书籍。现将常用几种方法的使用条件和有关技术指标列于表 9-4 中，供选择时参考。

表 9-4　　常用的几种渠道防渗措施特征表

防渗种类	适用条件	防渗效果（%）	主要优缺点
土料夯实防渗	当地有丰富的黏土料，流速不大的小型渠道	50～70	能就地取材，使用方便，投资少；耐久性差，一般 1～3 年即失去防渗作用
三合土护面防渗	产石灰的地区，适用于南方地区，北方寒冷地区采用较少	85～90	能就地取材，防渗效果好；施工工艺要求较高，施工质量不好时易剥落和裂缝
石料衬砌防渗	当地有石料，流速大，含推移质多	40～60（干砌） 80～90（浆砌）	强度较高，耐冲刷，耐久性较好，能就地取材，施工容易；干砌石防渗效果差，也影响排淤
砖砌防渗	产黏土砖地区，非寒冷或盐碱化不严重地区	80～90	施工容易，造价较混凝土低，耗水泥少；抗冲性和耐久性较差
混凝土衬砌防渗	防渗要求高，流速大，防止渠道滑坡、坍塌，当地有砂、石料	85～95	防渗效果好，经久耐用，适应性强，防渗面糙率低；耗用水泥多，造价高
沥青护面防渗	当地有沥青材料	90～95	防渗效果好，具有塑性，能适应变形，造价低；施工工艺复杂，易老化，耐冲、耐久性差
塑料薄膜防渗	防渗要求高，边坡较缓的土渠	90～95	防渗效果好，适应性强，施工简单，造价低；抗冲性差，易被植物穿破

第三节　渠道常见病害防治

渠道的病害形式多种多样，主要有冲刷、淤积、渗漏、洪毁、沉陷、滑坡、裂缝、蚁害及风沙埋没等，渠道渗漏、沉陷、裂缝、蚁害等病害处理可参见有关章节内容，以下就严重影响渠道输水或危及渠道安全的常见病害及处理加以介绍。

一、渠道冲刷及处理

（一）冲刷产生的原因

渠道冲刷主要发生在狭窄处、转弯段以及陡坡段，这些渠段水流不平顺且流速较大，往往造成渠道的冲刷。具体原因主要是设计不合理、施工质量差和管理运用不善等。

（二）冲刷的处理

渠道冲刷问题应根据冲刷产生的原因，采取相应措施进行处理。

（1）因渠道设计问题，造成渠道流速超过渠道不冲流速，导致渠道冲刷时，可采取建跌水、陡坡、砌石护坡护底等办法，调整渠道纵坡，减缓流速，达到不冲的目的。

（2）渠道土质不好，施工质量差，引起大范围的冲刷时，可采取夯实渠床或渠道衬砌措施，以防止冲刷。

（3）渠道弯曲过急、水流不顺，造成凹岸冲刷时，根治办法是：如地形条件许可，可裁弯取直，加大弯曲半径，使水流平缓顺直。或在冲刷段用浆砌石或混凝土衬砌。

（4）渠道管理运用不善，流量猛增猛减，水流淘刷或其他漂浮物撞击渠坡时，可从加强管理入手，避免流量猛增猛减，消除漂浮物。

二、渠道淤积及处理

（一）淤积产生的原因

渠道淤积主要是由于坡水入渠挟带大量泥沙所致，此外，有些灌区水源含沙量大，取水口防沙效果不好也会带来泥沙淤积。高填方渠道由于修筑时夯筑不实，或基础处理不好，在运行过程中逐渐下沉，造成渠顶高程不够，渠底淤积严重。

（二）淤积的处理

1. 防淤

（1）在渠道设置防沙、排沙设施，减少进入渠中的泥沙。

（2）改变引水时间，即在河水含沙量小时，加大引水量，在河水含沙量大时，把引水量减到最低限度，甚至停止引水。

（3）防止客水挟沙入渠。如遇大雨、发生山洪，应严防洪水进入渠道，淤积渠床。

（4）用石料或混凝土衬砌渠道。通过衬砌渠道，减小渠床糙率，加大渠道流速，从而增大挟沙能力，减少淤积。

2. 清淤

渠道产生淤积后，渠道过水断面减小，输水能力降低。因此，为了保证渠道能按计划进行输水，必须进行清淤。渠道清淤的方法有水力清淤、人工清淤、机械清淤等。

(1) 水力清淤。在水源比较充足的地区，可在每年秋冬非用水季节，利用河流、水库或泉源含沙量很低的清水，按设计流量引入渠道，有计划、有步骤地分段用现有排沙闸、泄水闸等工程泄水拉沙，先上游后下游，逐段进行，最后一段泥沙从渠尾排入河道中。在淤积严重的渠段，可辅以人工用铁锨、铁把等工具搅动，加强水流挟沙能力。有的渠道也常利用防洪、岁修断流时机，泄水拉沙，效果也较好。

(2) 人工清淤。人工清淤是我国目前运用最普遍的清淤方法。在渠道停水后组织人力用铁锨等工具挖除渠道淤沙。一般一年进行1～2次，北方地区在秋收后至土地冻结前进行一次，春季解冻后再进行一次；南方地区多与岁修结合起来进行清淤。人工清淤时应注意不要损坏渠道边坡。

(3) 机械清淤。使用机械清淤能节省大量的劳力，提高清淤效率。主要应具备以下条件：①沿渠要有通行机械的道路；②渠道植树应考虑机械清淤的要求；③泥沙堆积段比较集中，要具备处理措施。

机械清淤主要是用吸泥船、挖土机、推土机等机械来清除渠道中的淤沙。

三、渠道滑坡及处理

（一）滑坡产生的原因

渠道产生滑坡的原因很复杂，归纳起来可分为内因和外因两个方面，分述如下。

1. 产生滑坡的内因

(1) 材料抗剪强度低。如由软弱岩石及覆盖土所组成的斜坡，在雨季或浸水后，抗剪强度明显降低，而引起滑坡。

(2) 岩层层面、节理、裂隙切割。顺坡切割面，极易破坏岩层的完整性，遇水软化后，其上部的岩土层会失去抗滑稳定性。

(3) 地下水作用。地下水位较高时，将对渠道产生渗透压力、侵蚀、渗漏等现象，降低边坡抗滑能力而导致滑坡。

(4) 新老结合不良。渠道的新老结合面、岩土结合面等，往往是薄弱环节，处理不当，易造成漏水而导致崩塌滑坡。

2. 产生滑坡的外因

(1) 边坡选择过陡。当地质条件较差时，填方渠道边坡过陡，或两侧为深挖方边坡，均易引起滑坡现象。

(2) 施工方法不当。如不合理的爆破开挖，先抽槽后扩坡，在坡脚大量取土，随意堆放弃土等，均会增加滑坡可能性。

(3) 排水条件差。若排水系统排水能力不足或失效，就会引起渠道抗滑能力降低而产生滑坡。

（二）滑坡的处理

生产实际中处理滑坡措施较多，一般有排水、减载、反压、支挡、换填、改暗涵，还可加对撑、倒虹吸、渡槽和改线等。其中排水、减载、反压等措施可参考土石坝有关内容。下面介绍几种常用措施。

1. 砌体支挡

渠道滑坡地段，如受地形限制，单纯采用削坡方量较大时，则可在坡脚及边坡砌筑各种形式的挡土墙支挡，用于增加边坡抗滑能力。

挡土墙的形式较多，如重力式、连拱式、倾斜式及重力式分级式挡土墙等，如图 9-2 所示。

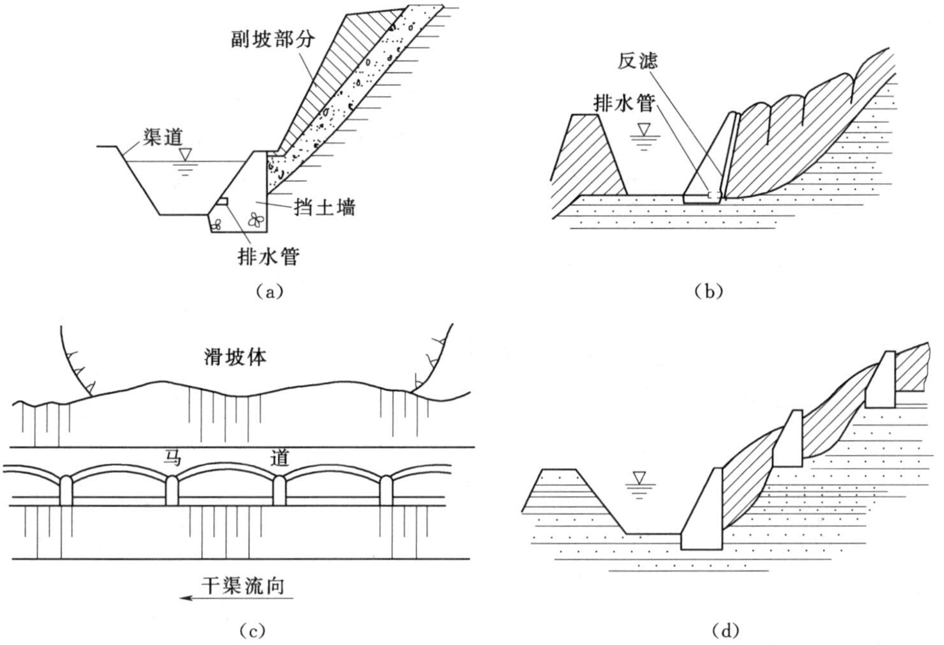

图 9-2 挡土墙形式

(a) 重力式挡土墙；(b) 倾斜式挡土墙；(c) 连拱式挡土墙；(d) 重力式分级挡土墙

施工时应注意边削坡边砌筑，防止继续滑坡。

2. 换填好土

渠道通过软弱风化岩面或淤泥等地质条件较差地带，产生滑坡的渠段，除削坡减载外，可考虑换填好土，重新夯实，改善土的物理力学性质，以达到稳定边坡目的。一般应边挖边填，回填土多用黏土、壤土或壤土夹碎石等，如图 9-3 所示。

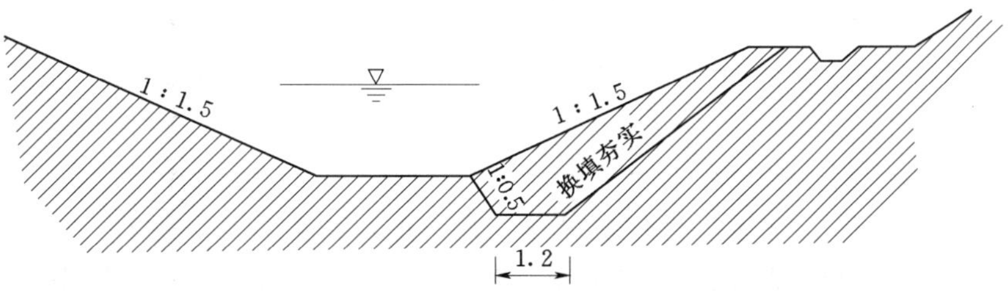

图 9-3 换填边坡示意图

3. 明渠改暗涵或加支撑

当过陡的边坡改为缓坡有困难时，可根据具体情况，分别采用暗涵、钢筋混凝土板加支撑或挡土墙等办法处理，如图 9-4 所示。

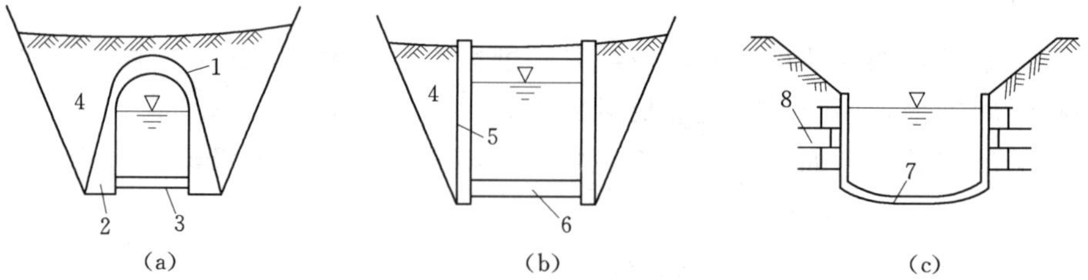

图 9-4 渠道滑坡处理示意图

(a) 暗涵；(b) 钢筋混凝土板加对撑；(c) 挡土墙

1—顶拱；2—侧墙；3—底板；4—回填土；5—钢筋混凝土板；6—钢筋混凝土对撑杆；7—混凝土反拱底板；8—预制混凝土块或砌石

4. 渠道改线

一般中小型渠道，在选线时地质勘探不细或根本未勘探，致使渠段筑在地质条件很差，甚至在大滑坡或崩塌体上，渠道稳定性无保证，一旦雨水入渗整个渠段会发生位移，沉陷。采用上述措施难以解决时，应考虑改线。

四、渠道防洪和防决

修建渠系工程时，必将截断许多沟谷，打乱了原有天然水系，沿渠线形成一系列的小块集雨面积。这些小块集雨面积上的暴雨洪水若处理不当，必将造成灾害，既危及沿渠两岸农业生产和人民生命财产的安全，还有可能导致渠道决口。因此，对于渠系的防洪、防决，同水库的防洪保坝一样，必须予以足够的重视。

（一）渠道的防洪

灌区建成后，各级渠道必将截断许多河流、沟道，打乱了原来的天然水系，沿渠线形成许多小块集雨面积。每当夏秋暴雨季节山洪暴发，如果这些小块集雨面积上的洪水处理不当，必将造成山洪灾害，破坏渠系工程，影响渠系的正常运行，要做好渠道防洪，应着重解决以下问题：

（1）复核干、支渠道的防洪标准。应根据其控制面积大小，历年洪水灾害情况及其对政治、经济的影响，结合防洪具体条件，复核渠道设计流量的防洪标准。见表 9-5。

表 9-5 渠道流量防洪标准表

渠道设计流量（m^3/s）	洪水重现期（a）	渠道设计流量（m^3/s）	洪水重现期（a）
<10	5～10	50～100	20～30
10～50	10～20	>100	50～100

（2）复核渠道立体交叉建筑物防洪标准。凡渠道跨越天然河、沟时，均应设置立体交叉排洪建筑物，应能保证洪水畅通无阻。其防洪标准应不低于表 9-5 所列的下限值。

（3）傍山（塬）的渠道，应设拦洪，排洪沟道，将坡面的雨水，洪水就近引入天然河、沟。小面积洪水，在保证渠道安全的条件下，可退入灌排渠道。灌区外的地面洪水，可从灌区边界设置的排洪沟或截水沟排走。

（4）对泄洪建筑物，要有专人值守，一遇暴雨，即时开闸退水，防止洪水漫渠。

（二）渠道的防决

渠道溃口原因主要有：渠道质量不好，存在隐患；使用不当，放水超过设计流量；管理制度不严，用水秩序混乱等。根据决口产生的原因应采取相应措施。

1. 填堵渠堤的洞穴隐患

由于白蚁、地鼠、獾子穴造成隐患，致使放水时溃决。防治办法是经常检查，防治白蚁，捕捉地鼠、獾子等，填实洞穴，消除隐患。另外，渠堤植树要合理，不允许在填方上植树，以免因大风摇动树干而松动堤土，或因树根腐烂形成空洞而留下隐患。

2. 加强管理

由于管理制度不严，如任意在渠堤上扒口或安放水管，事后又没有及时回填夯实，造成先漏水后溃决；也有在放水过程中任意拦水、堵水，只是低矮薄弱渠段漫决。防止办法是加强检查，严格执行管理制度，严禁任意扒口，壅水和破堤设置建筑物等，制止人为的破坏现象。

3. 及时清淤

由于渠道淤积，在渠道通过设计流量时，渠内水面超过原设计高程，因而导致渠堤漫溃。遇此情况，应减少放水流量，停水后及时清淤。

4. 修复被损坏的建筑物

由于渠道上建筑物出现问题而发生溃决。常发生的情况有：涵洞洞壁漏水又未及时修补，导致渠道溃决；渡槽与渠道接头未处理好，致使因漏水而溃决；渠道放水流量较大时，突遇暴雨，渠道防洪泄水建筑物不全或开启不及时，以致洪水入渠漫堤溃口。预防办法是修好渠道上的各类建筑物，特别是要加强雨季防洪工作。

5. 严格按照渠道过水能力放水

由于量水不准确，水量调配不当，使放水流量超过渠道允许值，造成溃决，这属于责任事故。要加强护渠，管渠的教育，严格执行规章制度。

除以上各种溃口原因及预防措施外，还应经常检修加固渠堤，堤身低矮单薄的要加高培厚，渠道两岸坑塘洼地要填平，节制闸、泄水闸要配套齐全，启闭灵活。这样，不仅可以防止溃口等事故的发生，也为事故发生后迅速堵口复堤创造了有利条件。

五、渠道防风沙

在气候干旱、风沙很大的地区，渠道常会遭到风沙埋没，影响渠道正常工作。风沙的移动强度决定于风力、风向和植被对固沙的作用等，一般 3～4m/s 的风速，就可使 0.25mm 的沙粒移动。防止风沙埋渠的根本措施是营造防风固沙林带进行固沙。陕西榆林地区一般在渠旁 50m 宽范围内，垂直主风向，营造林带，交叉种植乔木与灌木，起到了较好的防风固沙作用。此外，如当地有充足的水源条件，可引水冲沙、拉沙，用水拉平渠道两旁的沙丘，也可减少风沙危害。

第四节　渡槽的病害处理

渡槽一般由输水槽身、支撑结构、基础、进口和出口建筑物组成。实际工程中，绝大部分是钢筋混凝土渡槽，有整体现浇的和预制装配的。常用的槽身断面形式有矩形和 U

形两种。支撑结构常用梁式、拱式、桁架式、桁架梁及桁架拱式、斜拉式等。

一、渡槽接缝漏水处理

渡槽接缝止水的方法很多，如橡皮压板式止水、套环填料式止水及粘贴式（粘贴橡皮或玻璃丝布）止水等。目前采用最多的是填料式和粘贴式止水。

（一）聚氯乙烯胶泥止水

（1）配料。胶泥配合比（质量比）：煤焦油 100，聚氯乙烯 12.5，邻苯二甲酸二丁酯 10，硬脂酸钙 0.5，滑石粉 25。按上述配方配制胶泥。

（2）试验。作黏结强度试验，黏结面先涂一层冷底子油（煤焦油：甲苯＝1：4），黏结强度可达 140kPa。不涂冷底子油可达 120kPa。将试件作弯曲 90°和扭转 180°试验未遭破坏，即能满足使用要求。

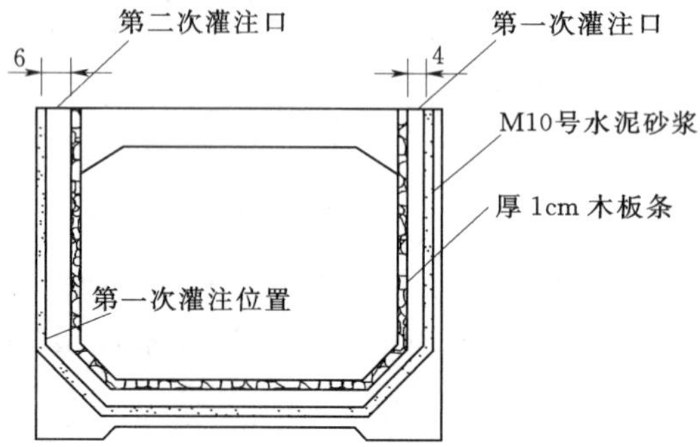

图 9－5　矩形槽身填料止水灌注示意图（单位：cm）

（3）做内外模。槽身接缝间隙在 3～8cm 的情况下，可先用水泥纸袋卷成圆柱状塞入缝内，在缝的外壁涂抹 2～3cm 厚的 M10 水泥砂浆，作为浇灌胶泥的外模。待 3～5d 后取出纸卷，将缝内清扫干净，并在缝的内壁嵌入 1cm 厚的木条，用胶泥抹好缝隙作为内模。

（4）灌缝。将配制好的胶泥慢慢加温（温度最高不得超过 140℃，最低不低于 110℃），待胶泥充分塑化后即可浇灌。对于 U 形槽身的接缝，可一次浇灌完成；对尺寸较大的矩形槽身，可采用两次浇灌完成。第二次浇灌的孔口稍大，要慢慢灌注才能排出缝槽内的空气，如图 9－5 所示。

（二）塑料油膏止水

该方法费用少，效果好，如图 9－6 所示。其施工步骤如下：

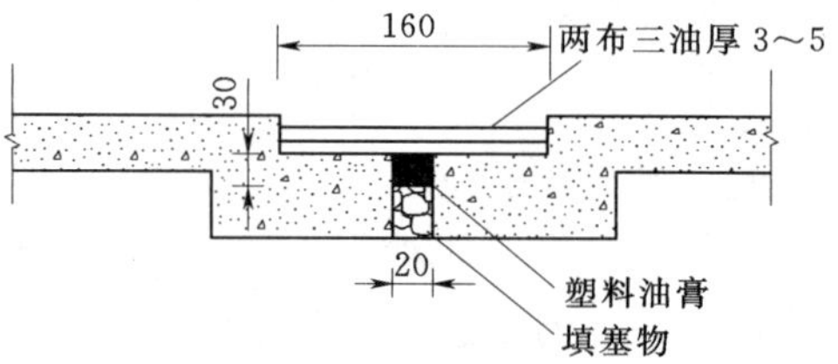

图 9－6　塑料油膏接缝止水示意图（单位：mm）

（1）接缝处理。接缝必须干净、干燥。

（2）油膏预热熔化。最好是间接加温，温度保持在 120℃左右。

（3）灌注方法。先用水泥纸袋塞缝并预留灌注深度约 3cm，然后灌入预热熔化的油膏。边灌边用竹片将油膏同混凝土接触面反复揉擦，使其紧密粘贴。待油膏灌至缝口，再用皮刷刷齐。

（4）粘贴玻璃丝布。先在粘贴的混凝土表面刷一层热油膏，将预先剪好的玻璃丝布贴上，再刷一层油膏和粘贴一层玻璃丝布，然后再刷一层油膏，并粘贴牢固。

（三）环氧混合液粘贴玻璃丝布、橡皮止水

如图 9－7 所示，利用环氧及聚酸氨树脂混合液粘贴玻璃丝布、橡胶板止水，可以解

决沥青麻丝止水的漏水问题。

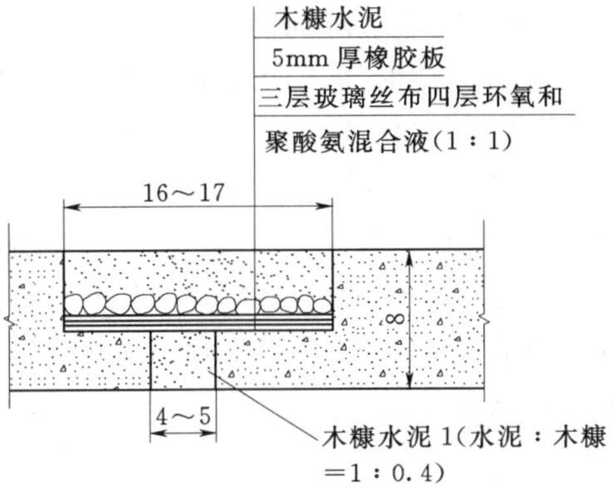

图9-7　粘贴橡胶板止水示意图
（单位：cm）

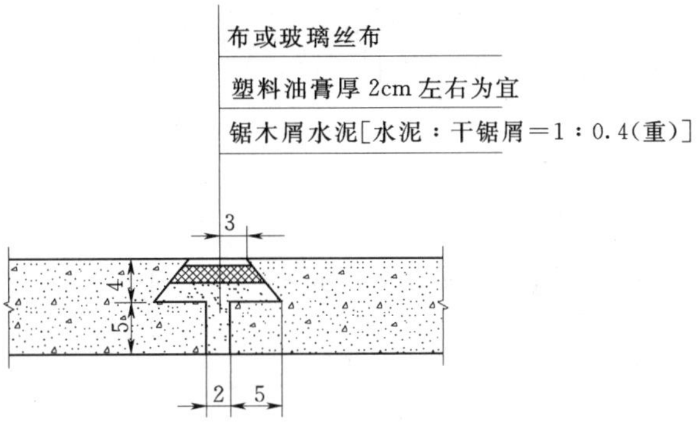

图9-8　木屑水泥止水示意图
（单位：cm）

（四）木屑水泥止水

该法施工简单，造价低廉，特别适用于小型工程，如图9-8所示。

二、渡槽支墩的加固

（一）支墩基础的加固

（1）当运用过程中出现渡槽支墩基底承载能力不够时，可采用扩大基础的方法加固，以减少基底的单位承载力，如图9-9（a）所示。

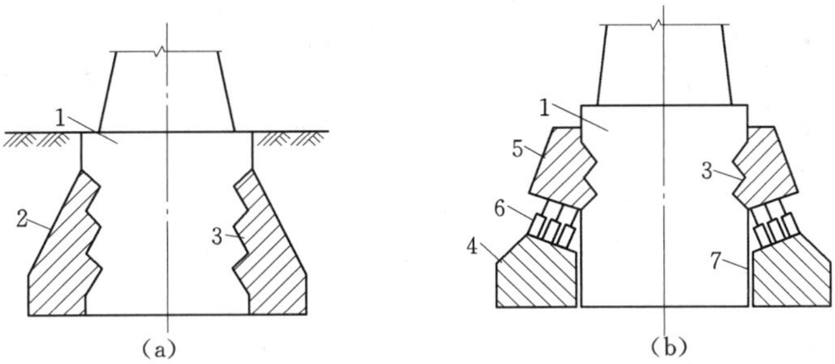

图9-9　渡槽支墩基础加固示意图
（a）扩大基础法；（b）扩大基础顶回原位法
1—原基础；2—基础加固部分；3—斜形凹槽；4—混凝土底盘
5—上部混凝土支持体；6—油压千斤顶；7—空隙

（2）渡槽支墩由于基础沉陷而需要恢复原位时，在不影响结构整体稳定条件下，可采用扩大基础，顶回原位的方法处理，即将沉陷的基础加宽，加宽部分分为两部，如图9-9（b）所示。下部为混凝土底盘，它与原混凝土基础间留有空隙；上部为混凝土支持体，它与原混凝土基础连接成整体。施工时先浇底盘及支持体，待混凝土达到设计强度后，就在它们之间布置若干个油压千斤顶，将原渡槽支墩顶起，至恢复原位时，再用混凝土填实千斤顶两侧空间，待其达到设计强度后，取出千斤顶并用混凝土回填密实，最后回填灌浆

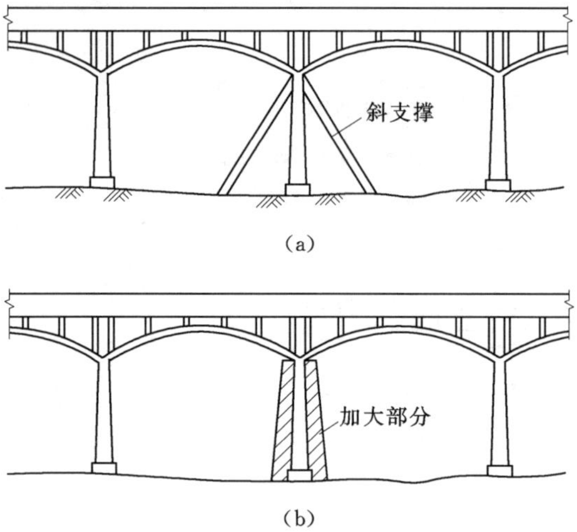

图 9-10 拱跨支墩预防破坏措施示意图
(a) 加斜支撑；(b) 加大支墩断面

填实基底空隙。

(二) 渡槽支墩墩身加固

(1) 对多跨拱形结构的渡槽，为预防因其中某一跨遭到破坏使整体失去平衡，而引起其他拱跨的连锁破坏，可根据具体情况，对每隔若干拱跨中的一个支墩采取加固措施。其方法是在支墩两侧加斜支撑或加大该墩断面。使能在一跨受到破坏时，只能影响若干拱跨，而不致全部毁坏，如图 9-10 所示。

(2) 多跨拱的个别拱跨有异常现象时，如拱圈发生断裂等，可在该跨内设置圬工顶或排架支顶，以增加拱跨的稳定，见图 9-11 所示。

(3) 当渡槽支墩发生沉陷而使槽身曲折时，可先在支墩上放置油压千斤顶将渡槽槽身顶起，待其恢复原有的平整位置后，再用混凝土块填充空隙，支撑渡槽槽身，如图 9-12 所示。如原支墩顶面是齐平的，可先凿坑，再放置千斤顶支承渡槽槽身进行修理，但千斤顶支承点进行压力核算。

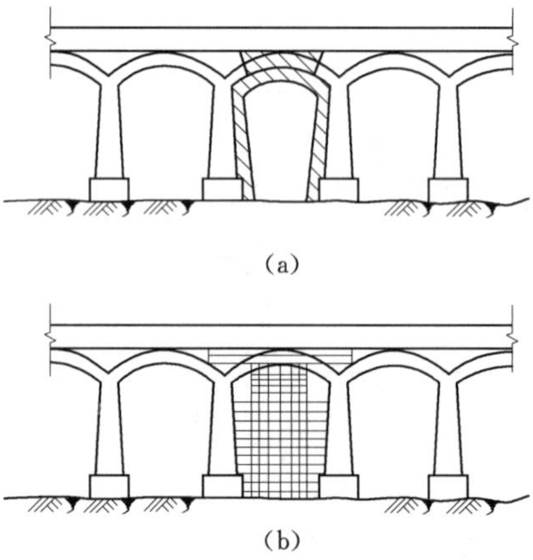

图 9-11 拱跨支墩加固示意图
(a) 圬工支顶；(b) 排架支顶

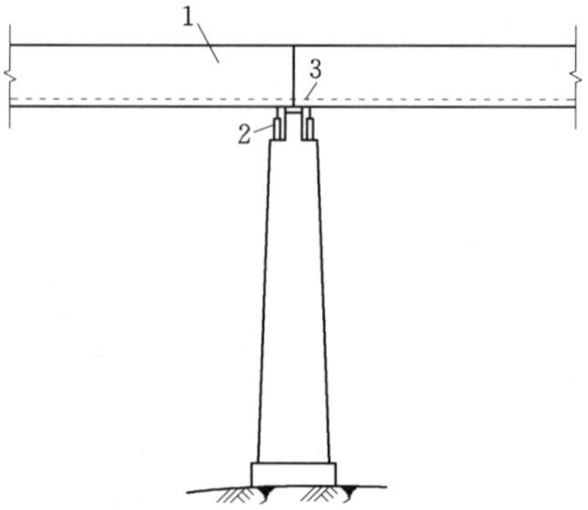

图 9-12 渡槽支墩沉陷后的加固示意图
1—槽身；2—千斤顶；3—新填混凝土块

第五节 倒虹吸管和涵洞的运用管理

一、倒虹吸管的运用管理

倒虹吸管是渠道穿越山谷、河流、洼地，以及通过道路或其他渠道时设置的压力输水管道，是一种交叉输水建筑物，是灌区配套工程的重要建筑物之一。倒虹吸管一般由进口、管身段和出口三部分组成。管身断面型式主要有圆形和箱形两种。

（一）运用管理中常见的问题

倒虹吸管运用管理中，较常遇到的问题有以下几个方面：

（1）接头漏水，管壁渗漏。

（2）管身发生纵向和横向裂缝。

（3）排气阀未及时打开，管内发生负压。

（4）通过小流量时，未及时调节阀门，管道进口产生水跃，使管身震动或接头破坏。

（5）未及时清污，杂物堵塞进口，压弯拦污栅，壅高渠水，造成漫堤决口。

（6）洪水期，未及时打开上游泄洪闸造成洪水漫堤决口。

（7）洪水期未及时关闸，沿山渠塌方，洪水挟带大量推移质沉积管中。

（8）第一次放水或冬修后放水太急，管中掺气，水流回涌，顶坏进口盖板。

（9）严寒地区，冬季未排干管内积水，冻害造成管壁裂缝。

（10）多泥沙河流，沉沙池大量积沙，未及时放水冲沙。

（11）裸露斜管，地面无排水系统，雨水淘刷管底，威胁管身安全。

（12）闸门操作失灵。

除第（1）、（2）、（11）属于设计施工的原因外，其余都是由于管理不善造成的。因此应制订必要的规章制度及管理养护方法，并严格执行。

（二）倒虹吸管的安全检查

倒虹吸管的检查，可分为平时巡回检查和年度冬修检查两种。每年冬天，要放干水，对照平时检查记录，全面检查，彻底处理。

巡回检查应着重掌握渗漏、裂缝、振动等情况。

（1）渗漏。即管壁漏水，按其严重程度可分为三种情况，即潮湿（仅可看出水痕）、湿润（手摸有水）、渗出（如同冒汗）。对渗漏部位，发生时间，渗漏面积大小，渗漏量多少及变化情况要做详细记录，并用红漆在管壁上标明其位置。

（2）裂缝。按发生部位及形状，可分为横向裂缝、纵向裂缝和龟纹裂缝三种。裂缝要用红漆在管上标明其位置、大小及其随温度升降变化的规律，并绘成裂缝位置图，供分析裂缝原因及采取处理措施时参考。一般裂缝都可留到冬修时处理。而现浇混凝土的干缩裂缝则要通过改进施工工艺，加强养护等措施，予以防止。

（3）负压和振动。巡回检查中，要注意用耳倾听管内的过水声。有的倒虹吸管在越过小山包时，形成一个向上突起的弯管段。设计中在弯管顶部应有放气阀，第一次放水时要把阀门打开，排除空气，然后通水。如果忽略了这项工作，就会在这个地方造成负压，使管壁气蚀剥落。注意倾听就会听到阵发性的咚咚响声。应立即将放气阀缓缓打开，排除空气，当阀门开始喷水，即可关闭阀门。有的倒虹吸管第一次放水过急，也易在管道进口下游产生负压。所以倒虹吸管口下游应设通气孔。并应经常检查以免被杂物堵塞。

（三）倒虹吸管的维修

1. 纵向裂缝的处理

由于纵向裂缝的产生，使裂缝处钢筋处于高应力状态，同时裂缝的存在降低了抗渗性和抗冻性，加速混凝土表面的剥落，因而将缩短管道的寿命。

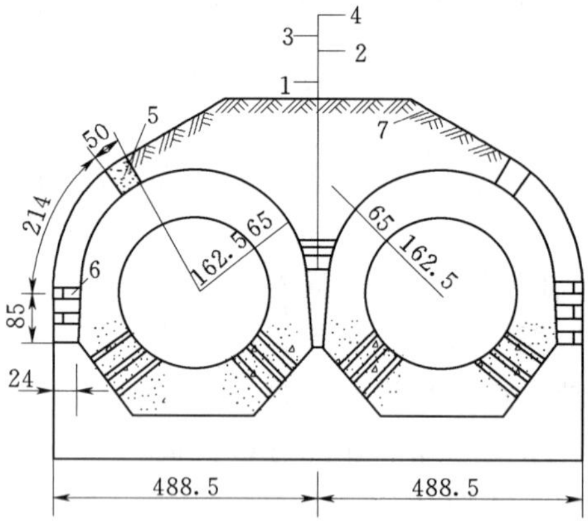

图 9-13 管道填土设施（单位：cm）
1—无砂混凝土板厚 20；2—0.5～2 石子厚 15；3—0.1～0.5 粗砂厚 10；4—细砂厚 10

纵向裂缝的处理方案有：①对于既没有考虑运用期温度应力，又未采取隔温措施的管道要采取填土等隔温措施；②对安全因素太低的管道采用全面加固方法；③防渗方案。

（1）隔温方案。该法是降低管道运用期的温度应力，并防止混凝土冻融。某倒虹吸管，采用两侧砌 24cm 厚的砖、管顶填土 30cm 的方案，如图 9-13 所示。该方案施工方便，节省材料，降温效果明显。

（2）全面加固方案。当管道强度安全因素太低，可采用内衬钢板的全面加固方案。

内衬钢板方案是在混凝土管内，衬砌一层厚 4～6mm 的钢板，钢板事先在工厂卷好，其外壁与钢筋混凝土内壁之间留 1cm 左右间隙，钢板从进出口运入管内就位、撑开，再电焊成型，然后在二者之间进行回填灌浆。该法优点是能有效地提高安全因素，加固后安全可靠，并能长期正常运行；缺点是造价高，用钢材多，施工比较困难。

（3）防渗方案。适用于管道强度安全系数较高，仅在管道裂缝两侧进行局部补强，以起到裂缝处防止渗水的作用的情况。防渗方案分为刚性方案和柔性方案两种。

1）刚性方案。包括钢丝水泥砂浆、钢丝网环氧砂浆及环氧砂浆粘钢板等三种方案。其特点是不但能防渗，而且还可分担裂缝处钢筋的一部分应力，提高建筑物的安全性。

2）柔性方案。包括环氧砂浆贴橡皮、环氧基液贴玻璃丝布、环氧基液贴纱布、聚氯乙烯油膏填缝及乳化沥青掺苯溶氯丁胶刷缝等五种。其特点是适应裂缝开合的微小变形，造价较低，施工较易。

以上方案，以环氧砂浆贴橡皮为优。对于宽度大于 0.2mm 的裂缝，以环氧砂浆贴橡皮处理较好；宽度小于 0.2mm 的裂缝，采用加大增塑性比例的环氧砂浆修补较好。

小型渠道倒虹吸管管壁裂缝宽度小于 0.1mm，对钢筋锈蚀和管壁渗漏无影响，可暂不处理。如缝宽超过 0.1mm，产生漏水，因管径小不便于内外粘补，可以局部更换。若水封止水不严也可更换。

2. 其他缺陷的处理

（1）管壁渗漏的处理。可在管内涂刷 2～3 层环氧基液或橡胶液。涂刷时应力求薄而匀，每日刷一次，可涂总厚约 0.5mm。若为局部漏水洞或气蚀破坏，可用环氧砂浆封堵。

（2）接头漏水的处理。修补时，对于受温度影响大，仍需保持柔性接头的管道，可在接缝处充填沥青麻丝，然后在内壁表面用环氧砂浆贴橡皮。对于已填土，受温度的影响已显著减小的管道，可改用刚性接头并在一定的距离内设柔性接头。刚性接头施工时可在接头内外口打入石棉水泥或水泥砂浆，并在内壁面涂环氧树脂处理，如图9-14所示。

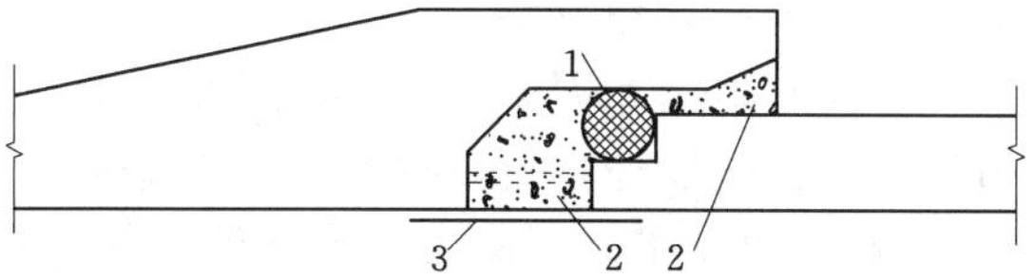

图9-14　接头缝漏水修补
1—止水环；2—水泥砂浆或石棉水泥；
3—涂环氧树脂1～2层

（3）淤积处理。倒虹吸管的淤积包括三个方面：即漂浮物的堵塞、推移质的堆积和悬移质的沉积。漂浮物堵塞，可通过在进口设置拦污栅解决；推移质堆积，可通过设沉沙池和冲沙孔解决；悬移质沉积，只有在管道流速小于不淤流速的情况才会发生，亦可通过管道断面设计得到解决。

二、涵洞的运用管理

涵洞工程在运行中经常会出现洞身断裂，漏水而失去整体性，危及工程安全，影响正常运行。寒冷地区往往存在冻害问题，应参照有关内容管理。关于涵洞破坏的原因及处理方法参照坝下涵管外，应注意以下几个方面问题。

（一）涵洞裂缝的处理

1. 涵洞裂缝的原因

（1）基础不均匀沉陷。涵洞基础处理不当，在上部荷载作用下，产生不均匀沉陷而引起裂缝，甚至管身折断。如有的涵洞建造在不同性质的地基，或基础是松散的风化岩或土基未经加固处理，洞身又未设沉陷缝，因涵洞上部填土高度不同，荷载相差很大，基础的不均匀沉陷使洞身断裂，这种断裂往往容易产生较大的差距，在洞身出现横向裂缝较纵向裂缝多。

（2）施工质量差。涵洞选用材料不当或施工质量不良，洞身结构单薄，承受不住上部填土的巨大压力而造成洞身断裂。

（3）未设伸缩缝。圬工涵洞的长度较大，未设伸缩缝，施工期长，由于温度的变化，也会使涵洞断裂。

（4）管理运行不当。对于无压涵洞，如管理运行不当，高水位时进水流量控制不严，闸门开启不当使涵洞振动或有压运行，有的涵洞进口处未设通气孔或通气孔堵塞失效，或涵洞出口顶部低于出口处水面，形成淹没出流，都可能使无压明流变为有压或半有压流，在内水压力作用下造成涵洞裂缝。

2. 涵洞安全的检查

（1）涵洞内径较大，可以进入的，应当进入洞内检查，仔细检查洞壁有无裂缝和松动脱落的现象、有无渗水、接缝处有无损坏部位、闸门槽部位有无气蚀、底板有无高低不平的情况。

（2）一般涵洞发生裂缝，都会出现渗水带出的泥浆，或白色结晶的游离碳酸钙。

（3）观测涵洞内外有无不正常的渗漏出现。

3. 涵洞裂缝的处理

如检查发现涵洞有裂缝，在查清造成裂缝的原因之后，应根据裂缝的实际情况和严重程度确定加固和处理方案。

(1) 涵洞地基加固。由于涵洞基础处理不当产生不均匀沉陷而造成的裂缝或断裂，除加固自身结构强度外，更重要的应加固地基。加固的方法应按地质条件和断裂位置而定。

1) 对于堤身不高，断裂发生在洞口附近的，可直接开挖岸坡进行处理。

对于软基，应先拆除破坏部分的涵洞，然后清除基础部分的表土、松土、淤泥，开挖到坚实土层，并均匀夯实，再用浆砌石或混凝土回填密实。

对于岩石基础软弱地带的加固，主要是在岩石裂缝中进行回填灌浆或固结灌浆，遇断层带，应开挖回填混凝土。

2) 在进行基础加固的同时，洞身应设置沉陷缝。沉陷缝的止水结构一般用止水片和多层油毡组成。止水片最好是采用紫铜片，也可采用塑料止水片、铝片或硬橡胶等。

(2) 涵洞结构补强。对于产生大范围的纵向裂缝、严重的横向断裂，以及局部冲蚀破坏，且已影响结构强度的，均采用加固补强措施。

1) 当已查明洞内裂缝的部位，但无法进人操作时，可挖开填土，在原洞外部包一层混凝土，断裂严重的地带，应拆除重建，并设沉陷缝，洞外按一定距离加做黏土截水环，以免沿洞壁渗漏。

2) 对于采用条石或钢筋混凝土做盖板的涵洞，当部分发生断裂时，可在洞内用盖板和支撑加固，使用这种方法应当注意流量减小后对兴利放水流量的影响。

3) 预制混凝土涵洞如接头开裂，洞径较大，人可进入管内操作的，可以参照处理一般裂缝的方法，用环氧树脂贴补，也可以将混凝土管接头处的砂浆剔除并洗刷干净，然后用沥青麻丝或石棉水泥（由质量30%的石棉纤维，70%的水泥，以及为水泥质量10%～20%的水配制而成）塞入嵌紧，然后在内壁用水泥砂浆抹平，如洞径小难以进入操作，就要开挖后进行处理。

(二) 涵洞漏水的处理

涵洞漏水多数是因为裂缝造成，如施工质量不好，防渗处理不当，或使用的材料差等原因使洞身有空隙孔洞，也会引起漏水。

1. 涵洞漏水的原因

(1) 沿洞壁外纵向漏水。

1) 涵洞外壁填土和洞壁结合不严密或未经压实，成为漏水通道。

2) 设计时没有考虑设置截水环或截水环设置的数目太少，渗径长度不够。

3) 有压涵洞，管壁存在裂隙、孔洞，内水外渗，在薄弱处集中，沿管壁外流。

(2) 穿过洞壁的横向漏水。

1) 对于混凝土涵洞，主要是混凝土浇筑质量差，接头处理不彻底，养护不好或沉陷缝及伸缩缝止水不严密、填料老化等原因所造成。圬工涵洞的砌筑材料质量差，施工时砌缝没有填实，勾缝不严，洞身有裂隙空洞，都能造成穿过洞壁的横向漏水。

2) 明流涵洞，有压运行，在有压力水头作用下，容易产生洞内向洞外的严重渗漏。

2. 漏水的处理

涵洞漏水的处理一般与处理裂缝相同。可用水泥砂浆或环氧砂浆处理。对于质量较差的涵洞洞壁，可采用灌浆处理。

【案例】 湖南韶山灌区渠道五种防渗技术

1. 概述

韶山灌区位于湖南省中部丘陵地区，是一个以灌溉为主、兼顾发电、航运、防洪、养殖、开发丘陵、工矿及城镇生产生活供水的大型灌溉工程。灌区工程始建于1965年，于次年投入运用，至今已运行40多年。渠道工程包括186km干渠、1186km支渠及8730km斗渠及以下各级渠系。

韶山灌区渠道土质大都为略带砂性的红壤和黄壤土，结构松散渗漏系数大。而且绝大部分渠道工程是在“文革”期间修建，工程建设遗留了许多问题，特别在渠道防渗方面更为突出。

韶山灌区渠道防渗技术的发展是建立在国内防渗建材业的发展基础上，先后采用了三合土、黏土灌浆、浆砌石、现浇混凝土、预制混凝土及混凝土膜综合衬砌的方案。20世纪六七十年代，利用当地盛产的石灰、砂及黏土，按照一定比例调整成三合土，对渠道进行衬砌。八九十年代以后，水泥供给能力不断增强，新型化工防渗材料，如土工膜、抗渗剂生产技术日趋成熟，灌区渠道衬砌先后采用了现浇混凝土、预制混凝土块及混凝土膜复合衬砌等方案。当然在遇到特殊的工程要求时，如综合考虑加固渠堤、防止滑坡与塌方，也采用过浆砌石护衬及黏土灌浆等方案。

2. 5种渠道防渗技术

（1）利用旧三合土，上衬混凝土预制块。韶山灌区的渠道三合土衬体几乎全是20世纪六七十年代建成，目前都不同程度地出现了老损。利用原衬砌三合土作为新衬混凝土预制块的基础，以便发挥三合土的防渗余能。其具体操作步骤如下：

1）预制混凝土块。即利用水泥、中砂及粒径为0.5～1.0cm的砾石，采用机械拌和并制成C15混凝土预制块，预制混凝土块形状为正六边形，直径D=60cm，厚B=4cm。

2）渠床衬面整修与清洗。

利用羊角锄将原衬砌三合土的渠坡和渠底的表面挖毛并清扫，然后利用压力水冲洗，洗掉松动的三合土及杂物，最后用毛石混凝土回填衬砌较大的洞穴。

3）衬砌混凝土预制块。在衬砌前，在渠床衬面上铺一层厚约1cm的砂浆，再在铺平的砂浆上，按倒边向上的方式铺设混凝土预制块，最后利用C10砂浆，充填板与板之间的接缝。具体衬砌如图9-15所示。

（2）混凝土衬砌现浇。该方法适应于土渠或原衬砌防渗体完全丧失防渗功能的渠段。

1）渠床按设计标准整理成形。削去原破损衬层，严格按设计断面几何尺寸修整渠槽，渠底挖高填底，边坡削凸补凹，务必使衬后的过流断面的渠底符合设计标高，底宽、坡比等断面尺寸达到设计标准。

2）混凝土的配料和拌和。拌和的熟料要具有相应的流动性，坍落度一般控制在4cm左右。

3）混凝土的浇筑。为了浇实较薄的渠底、渠坡混凝土衬层，浇筑时使用了超小型平板振动器来回振捣，使混凝土表面振捣出浆，一次表面光滑成型。为了增加边坡混凝土的稳定性，边坡衬块上缘高于设计水面0.5m，且插入堤内0.10m，其下缘插入渠底0.15m。衬块厚度是根据渠道等级而定，干渠渠坡一般取6～8cm，干渠渠底取8～10cm，支渠渠

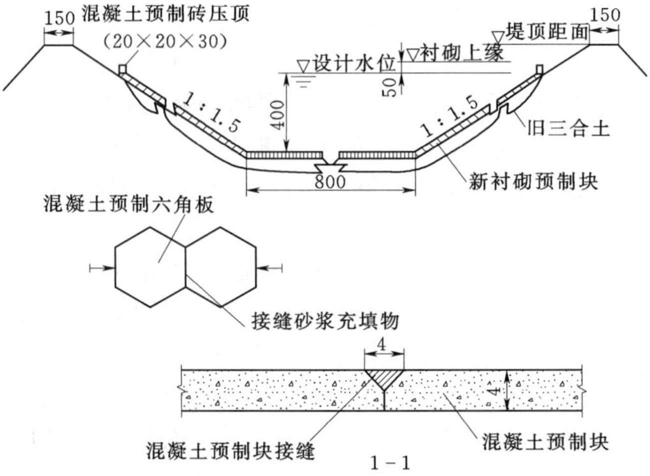

图 9-15 混凝土预制块衬砌（单位：cm）

坡取 4～6cm，支渠渠底至 6～8cm。

4）伸缩缝的设置与充填。渠内衬块顺流向每隔 5～8 m 设置一条垂直流向的伸缩缝，要求伸缩缝平直贯通，并使渠底与渠坡伸缩缝相互错开。缝宽一般控制在 1.5～2cm，缝内要求填满沥青砂浆或水泥锯木灰混合物。沥青砂浆及水泥锯木灰混合物配制方法如下：

a. 沥青砂浆的配制。将沥青碎成小块，放在锅中均匀加热，不断搅拌，直至加热到 140～180℃，与此同时将干燥洁净的中砂放入锅中加热至执 140～160℃，然后按规定配比（沥青，水泥）1∶4 掺入液状沥青内，搅拌均匀即可。

b. 水泥锯木灰混合物的配制。将水泥、无木花的锯木灰按规定质量配比（水泥：锯木灰）1∶3 加水拌和至手捏成型不散即可。

5）混凝土的养护。如遇霜冻等低温气候时，要用草包覆盖混凝土，如在气温较高的天气，则要轮流浇水养护，养护期不少于 15d（图 9-16）。

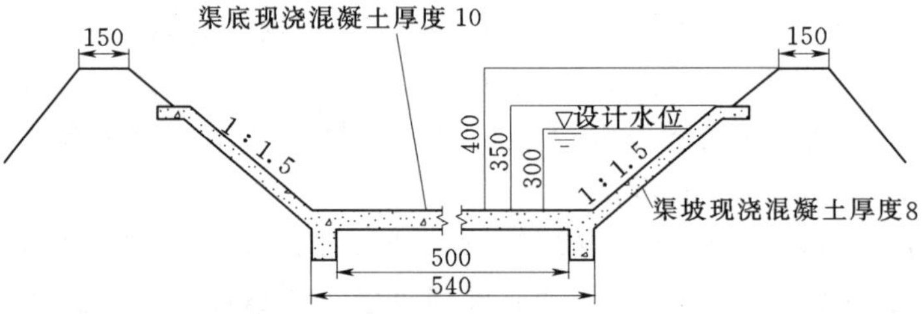

图 9-16 混凝土衬砌防渗（单位：cm）

(3) 混凝土膜复合衬砌。该方案主要适用于土渠填方地段的防渗衬砌。

1）渠床基面的处理。基础要求夯实，达到平整顺直，无草根、砾石及尖棱杂物，然后用木拍拍打 2～3 遍使其密实平整。

2）膜料的铺设与接缝。膜料铺设前，要洒水潮湿渠床基面以便膜料铺后能与渠床基面紧密贴合，防止膜料下形成气包。膜料沿渠道横断面由下而上一次铺开，不要拉得太紧，纵横向预留 5%的弛度。遇到接缝时，要处理好搭接口。接搭的具体方法是：先将上下两幅膜的重叠面（重叠宽 5～8cm）涂上黏接胶，然后将其粘接面压平即可。

3）砂浆过渡层及预制混凝土块的铺设。渠床基本铺膜后，将拌好的 $\mu10$ 水泥砂浆以 2cm 的厚度均匀铺设在膜上，再砌上预制混凝土块（预制块的制作与尺寸同前）。铺砂浆与砌混凝土预制块同步进行。铺设混凝土预制块时，应先砌底后砌坡，并每隔 5m 留一条垂直流向的伸缩缝。

4）砌缝与伸缩缝的处理。填缝前，一定要把缝内的砂浆剔除并清扫干净再填入 $\mu10$ 的水泥砂浆，勾缝后要增加洒水次数。

（4）浆砌石的护砌防渗。该方案一般用于易滑坡塌方、冲刷严重的渠段防渗。先按设计要求清理渠床衬护基面，并夯实基面；然后在基面上按照“平、稳、密、实”的原则砌筑浆砌石。砌筑时，顺流向每隔 5m 留一条伸缩缝，缝宽 2～3cm，缝内用相应厚的沥青杉板填充，同时应注意砌石表面平整规则，允许偏差小于 6mm。最后在浆砌石的迎水面上勾上平缝即可（图 9－17）。

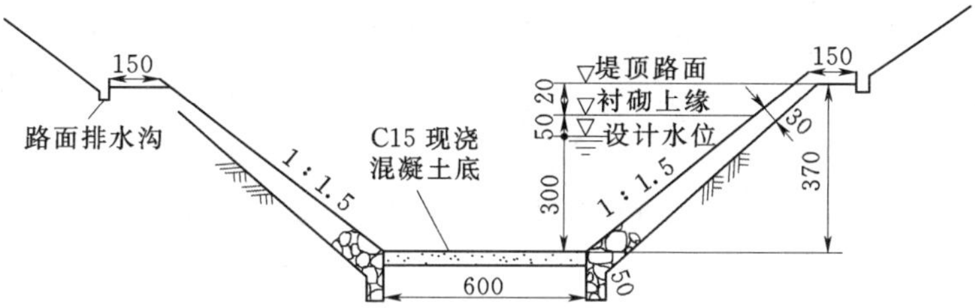

图 9－17 浆砌石的护砌防渗（单位：cm）

（5）黏土灌浆防渗。黏土灌浆在韶山灌区渠道防渗治漏上经常使用，其具体做法是：先在渠内坡灌浆，利用灌浆压力，沿着渗漏通道产生充填作用，灌浆的压力控制在 0.05MPa；然后在堤顶灌浆，使灌浆泥液沿着裂缝、裂缝产生挤压，达到回填治漏，提高抗渗能力的目的，这时灌浆压力控制在 0.05～0. 1MPa；最后在渠道外坡灌浆，此时灌浆压力应控制在 0.02MPa 即可。上述灌浆应重复 2～3 次为宜（图 9－18）。

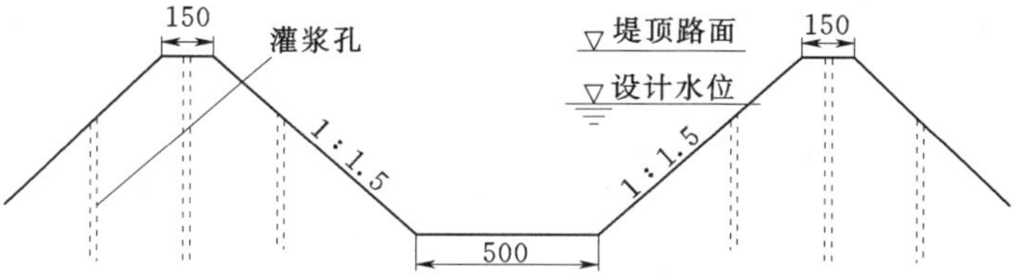

图 9－18 黏土灌浆防渗（单位：cm）

3. 效果

上述 5 种技术实施效果见表 9－6。

表 9－6 韶山灌区渠道 5 种常见防渗技术及其效果与使用年限

序号	方案名称	衬砌厚度（cm）	防渗效果（%）	使用年限（a）
1	旧三合土新衬混凝土预制块	4	88～92	35～40
2	现浇混凝土	6～8	89～94	40～50

续表

序号	方案名称	衬砌厚度(cm)	防渗效果(%)	使用年限(a)
3	混凝土膜复合衬砌	4	90～96	35～45
4	浆砌石护衬	40～50	80～86	45～60
5	黏土灌浆		60～70	5～10

强 化 训 练

一、选择题

1. 渠道控制运用之间的一般原则不包括（　　）。

A. 水位控制　　B. 流量控制　　C. 渗流控制　　D. 流速控制

2. 渠道流速 v 应满足（　　）。

A. $v<v_{不淤}$　　B. $v_{不冲}<v<v_{不淤}$

C. $v<v_{不冲}$　　D. $v_{不淤}<v<v_{不冲}$

3. 对于倒虹吸管宽度小于 0.2mm 的裂痕，采用（　　）修补较好。

A. 环氧砂浆贴橡皮　　B. 加大增塑性比例的环氧砂浆

C. 环氧基液贴玻璃丝布　　D. 环氧基液贴麻布

4. 产生滑坡的渠段，除削坡减载外，可考虑换填好土。一般应边挖边填，回填土多用黏土、壤土，或（　　）等。

A. 砂土　　B. 粉土　　C. 碎石　　D. 壤土夹碎石

5. 渡槽接缝止水的方法很多，目前采用最多的是（　　）。

A. 橡皮压板式止水　　B. 聚氯乙烯胶泥止水

C. 塑料油膏止水　　D. 填料式和粘贴式止水

6. 多跨拱形结构的渡槽中个别拱跨有异常现象时，如拱圈发生断裂等，可在该垮内设置（）或排架支顶，以增加拱跨的稳定。

A. 砖石顶　　B. 混凝土顶　　C. 圬工顶　　D. 桁架

7. 倒虹吸管管壁漏水情况如同冒汗，我们可记录为（　　）。

A. 潮湿　　B. 湿润　　C. 渗水　　D. 散浸

8. 处理钢筋混凝土裂缝渗水的柔性方案是（　　）。

A. 环氧砂浆粘贴橡皮　　B. 环氧砂浆粘贴钢板

C. 钢丝网环氧砂浆　　D. 钢丝网水泥砂浆

9. 漂浮物堵塞倒虹吸管可以通过（　　）解决。

A. 进口设沉沙池　　B. 进口设冲沙孔

C. 进口设置拦污栅　　D. 增大水流速度

10. 断裂严重的涵洞，应拆除重建并设沉陷缝，洞外按一定距离加做（　　），以免洞壁渗漏。

A. 混凝土截水环　　B. 黏土截水环

C. 沥青截水环　　D. 塑料截水环

二、简答题

1. 如何测定渠道渗漏损失?
2. 如何选择渠道防渗的措施?
3. 渠道的常见病害有哪些，如何进行处理?
4. 怎样对渡槽支墩进行加固?
5. 倒虹吸管常见的问题有哪些? 怎么防止产生负压和振动?
6. 怎样对涵洞进行安全检查?

三、实训题

1. 对某渠道冲刷进行原因分析，并提出处理方法。
2. 对某渠道渗漏提出处理措施和施工方法。

第十章　堤防管理与堤坝防汛抢险

【知识目标】

- 熟悉堤防安全检查和日常养护内容。
- 掌握堤防常见隐患的处理方法。
- 掌握防汛准备工作的内容和编制防汛抢险预案的方法。
- 掌握土质堤坝常见险情的判断和抢护的原则及方法。

【能力目标】

- 能够对堤防常见的隐患进行处理。
- 能够编制防汛抢险预案。
- 能够对土质堤坝险情进行抢护。

第一节　堤防的安全检查与管理养护

堤防在我国有着悠久的历史，新中国成立后整修和新建堤防27万km。对防御洪水灾害，保障人民生命财产的安全，发挥了巨大作用。

堤防和土坝都是由散粒体土料经过碾压堆筑而成的。但堤防与土坝又有许多不同点，不仅因为堤防分布范围广，同时具有以下特点：

（1）地质条件不如土坝好。

（2）堤身较长，施工质量差。

（3）水流条件不同。堤防主要是防御流动的洪水，由于江河水位的涨落，一般不易控制，常会引起迎水坡和滩地的冲刷甚至崩塌。

（4）经历一次洪峰，堤防和土坝的入渗条件及浸润线不同。经历一次洪峰，由于水位滞留时间短，入渗距离在堤防中不如在土坝中长，但渗透坡降大。如果堤身过于单薄、施工质量又差时，这种渗流会给堤防带来严重后果。

（5）大部分堤防绵延于旷野，易遭虫兽等损害。

总之，堤防施工接头多、地质条件差，延伸距离长，薄弱环节多，其防汛抢险任务比水库更重。

堤防是挡水的土工建筑物，它的安全条件和土坝一样，一般的检查与养护修理的方法也与土坝大致相同，可参照前述有关内容。这里偏重于堤防特点的管理内容，但也可供土坝管理时参考。

一、堤防的安全检查

堤防的检查，包括外部检查和内部隐患检查。

（一）外表检查

外表检查又可分经常性检查、临时检查和定期检查。

1. 经常性检查

经常性检查包括平时检查和汛期检查。平时检查应着重检查堤防险工、险段及其变化情况和堤段上有无雨淋沟、浪窝、洞穴、裂缝、渗漏、滑坡、塌岸以及堤基有无管涌及流土。汛期检查可参考本章第四节要求进行。

堤防上的涵闸等建筑物应与堤防检查同时进行，要注意涵洞、水闸等有无位移、沉陷、倾斜或裂缝，涵闸与土堤连接部分有无沉陷、漏水与淘空等缺陷。

2. 临时检查

临时检查主要包括在大雨中及台风、地震后的检查。应着重检查有无跌窝、淘脚、崩塌及渗漏等。

3. 定期检查

定期检查包括汛前、汛后或大潮前后的检查。定期检查除对工程进行全面、细致的检查外，还应对河势变化、防汛物料、防汛组织及通信设备等进行检查。有防冰凌任务的河道，在溜冰期间，应观测河道内的冰凌情况。

（二）内部隐患检查

传统内部隐患检查可采取人工锥探或机械锥探进行。近年来用电法探测技术探测土质堤坝隐患也取得了很好的效果。用电磁法探测隐患，目前也有成功的应用。

1. 人工锥探

人工锥探是了解堤内隐患的一种比较简单的钻探方法。主要工具为钢锥，是用直径12～19mm、长6～10m的优质圆钢制成。一端加工成上面是圆形、下面是五瓣或四瓣尖的锥头，其余部分为锥杆，由四人操作，从堤身或堤坡锥入堤内。打锥时主要凭感觉或音响以辨别锥头下的情况。进锥过程中如遇到砂土、石块、砖头、树根、腐木及空洞等，均能凭经验判定。

2. 机械锥探

机械锥探一般采用打锥机，目前国内使用的打锥机械种类较多，其操作方法如下：

（1）挤压法。通常在土层中使用。将锥杆直接压入堤身，达到要求深度后起锥。在一般情况下，包括移动孔位时间在内每分钟可锥完一孔。

（2）锥击法。通常在硬土层中使用。将锥杆立在孔位上，利用打锥机带动吊锤进行锤击，达到要求深度后，用打锤机起拨锥杆。

（3）冲击法。通常在比较坚硬的土层中使用。先用锤击法压锥入地几十厘米后，使锥与锤联合动作，同时起锥提锤，进行冲击锥进。

机械打锥具有锥孔深、速度快、效率高等优点。主要缺点是进尺过程中不易判别堤身隐患情况，且在堤坡上打锥也有一定困难。

3. 电法探测

电法探测堤坝隐患的基本原理是采用电测仪器由堤坝表面探测堤坝内部各点某些电性参量，通过比较电性参量的相对大小来达到探测隐患的目的。在理想的情况下，堤坝是均一的，各点的电性参量也应该是一致的，但由于隐患的存在破坏了堤坝的均一性，在隐患位置测得的电性参量发生畸变，分析畸变的相对大小和形态，即可判断出是否存在隐患、隐患性质和埋藏深度等。目前在土堤隐患探测中比较适用的方法为直流电阻率法和自然电场法，主要用于探测堤体裂缝、洞穴、松散土层、渗水通道等隐患。

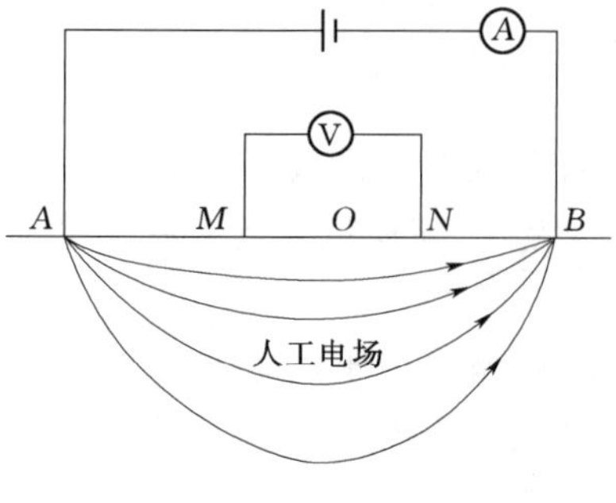

图 10-1 直流电阻率法原理装置示意图

(1) 直流电阻率法。直流电阻率法是地球物理电法勘探的一种重要方法，通过比较堤坝各点视电阻率的相对大小来分析堤身隐患和质量状况的。如图 10-1所示，通过两个供电电极 A、B 由堤坝表面向地下供电，形成人工电场，然后在中部电场强度此较稳定的 $1/3AB$ 段内测出地表两测量极 M、N 间产生的电位差 ΔV 和回路电流 I，利用式(10-1)即可算出测点 O（M、N 两点间）的视电阻率 ρ_s 值：

$$\rho_s = K\frac{\Delta V}{I} \tag{10-1}$$

式中 ΔV——电位差，V；

I——回路电流，A；

ρ_s——视电阻率，Ω·m；

K——装置系数，m。

K 值可按式（10-2）计算：

$$K = 2\pi AM \cdot AN \cdot BM \cdot BN / MN(AM \cdot AN + BM \cdot BN) \tag{10-2}$$

以各测点的 ρ_s 值为纵坐标，桩号（或点号）为横坐标绘出视电阻率曲线（图 10-2）标出异常点。经多年的探测分析，凡相对异常系数 k（异常点阻值/正常阻值）大于 1.30 的点均可作为可靠异常点，一般都是隐患的反映，并可用 $0.25h$（异常半幅值宽度）这一经验公式估计隐患埋藏深度，测点越密越精确。如图 10-2 中曲线的异常半幅值 h 为 3.2m，则隐患顶部埋深为 0.80m。

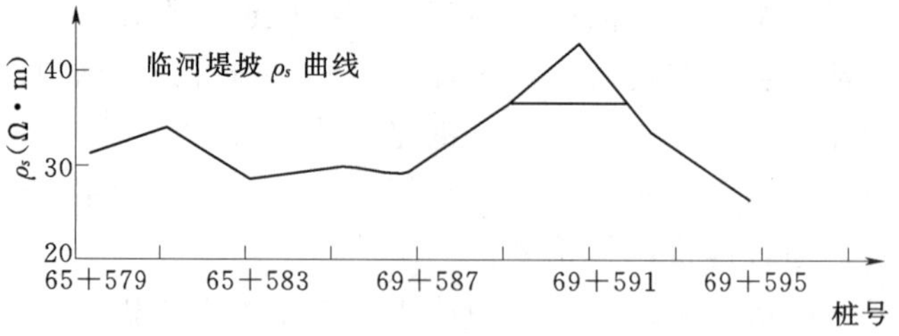

图 10-2 视电阻率曲线

在具体的探测过程中，要根据目的层的深度及隐患特征合理布设电极，直流电阻率法可进一步分为中间梯度法、对称四极剖面法、垂向电测探法、电测深剖面法等。现简介如下。

1) 中间梯度法。中间梯度法是固定供电电极 A、B，在中间 1/3 区间内根据设定的

测量极距移动 M、N 电极，逐点测量视电阻率 ρ_s 值，测完后整个装置再向前移动 $1/3AB$，故称为中间梯度法。该方法旁侧影响小，隐患反应明显、直观。

2）对称四极剖面法。对称四极剖面法是将供电电极 A、B 和测量电极 M、N 对称地布置在一条直线上，测点 0 位于中心，$AO=BO$，$MO=NO$。野外探测时电极间距保持不变，整个装置沿剖面向前移动，探测各点同一深度的 ρ_s 值。该法布极简单、功效高，但旁侧影响大，效果稍差些。

3）垂向电测探法。垂向电测探法是确定测点位置不变，利用供电电极距越大，电场越深的原理，探测中逐渐加大供电电极，由浅到深地探测不同深度的视电阻率变化，从而推断出相应深度的地质和隐患状况。

4）电测深剖面法。电测深剖面法以垂向电测深法为基础，将剖面各点电测深资料联系起来，通过各等深度视电阻率曲线或视电阻率等值线图分析坝体总体质量和隐患情况。

（2）自然电场法。自然电场是水在建筑物内部渗透过程中，由水的渗透和水化学反应产生的。采用电测仪器由堤坝表面探测堤身内部各点自然电场的相对大小来达到隐患探测的目的，称为自然电场法。自然电场法虽然在勘探深度方面受到较多的限制，但由于其具有不需人工供电、仪器简单、费用低廉等优点，故在电法勘探中经常采用。

自然电场法主要用于堤基集中渗流、堤体漏水区及堤坝与涵闸等接触部位的漏水。隐患埋藏越浅、渗流速度越大，在地面观测到的电位变化越明显。强渗水流下降区呈低电位异常，水流上升区呈高电位异常，异常幅值的宽窄决定于隐患埋藏深度的大小。

经统计凡是隐患引起的异常，极值点的电位都比正常值低或高 4～5 倍以上，用这个指标作为可靠异常的最低界限，判断隐患的准确率可达到 95%以上。自然电位曲线异常的形态，决定于隐患顶部的埋藏深度，埋藏越浅，异常幅值越窄；隐患埋藏越深，幅值越宽。隐患顶部埋藏深度 $H=(0.4\sim0.6)h$，h 为异常半幅值宽度。

目前自然电场法中常用的测量方法有电位法和电位梯度法，前者是探测堤坝渗漏隐患的基本方法，只有测区内存在较强的地电干扰，电位法无法工作时，才应用电位梯度法。

自然电场法所需的设备十分简便，一对测量电极用导线和仪器相连便构成了测量回路。为了保证对自然电场进行可靠的观测，要求具有较高输入阻抗的电位差计做测量仪器。测量电极必须使用不极化电极，以减小极化电位对测量的影响。

4. 电磁法

电磁法是利用堤坝内部隐患部位对外来电磁场感应强度不同的特征，来探测堤坝是否存在隐患及其位置。与前述的电法比较，电磁法具有探测深度深、位置与深度分辨率高、操作简便迅速、不受接地电阻影响、可作大面积长距离堤防普查等优点。电磁法又分为甚低频电磁法、频率域电磁法、瞬变电磁法，其中瞬变电磁法在探测堤坝洞穴和裂缝方面具有优势，特别是在管涌定位上较准确，应用较广。下述的探地雷达也属于电磁类的探测方法。

5. 探地雷达法

此法采用地质雷达来探测堤防的隐患。地质雷达的工作原理与探空雷达相似，是向探测区域发射超高频脉冲电磁波，电磁波在地下传播，遇到不同物质的目标，反射回来的波速、波频不同，通过计算机数据处理，透视地表以下一定深度内的地质结构。地质雷达成像比较清楚，又很直观，用于探测深度较浅的堤坝隐患时，效果较好，但由于土质堤坝对高频电磁波的吸收作用较强，故其探测深度受到限制，对深部隐患反映不明显。地质雷达用于探测介质分布的效果较好，但根据黄河水利委员会组织的试验，用于探测洞径与埋深之比为 1∶10 的洞穴，效果不理想。

二、堤防的养护

堤防的养护，除参照土坝的养护外，还应注意以下六点。

1. 预留护堤地

堤防两侧多是沿河群众从事生产建设活动的地方，有些活动如取土、挖沟等常使堤防遭受破坏。为此应根据当地政府的规定在堤防两侧划出一定宽度的保护地，作为保护堤防的范围。

2. 植草护坡

在堤坡植草、保护地植树既是保护堤防、防风、防雨、防浪的重要措施之一，又是综合经营的主要项目，应禁止破坏。

临河护堤地应栽种耐水性强的防浪林带，林带宽度以不得妨碍河道行洪为原则。如种植柳树、风杨或水杉等，其均具有抗淹能力强且枝叶繁茂的特点。背河护堤地应栽种用材林或经济林，提供抢险料源。栽种树木的行距与株距以不妨碍防汛抢险为原则。背河护堤地种植树种较多的有杨树、槐树、榆树、柳树、桐树和椿树等。堤坡种植草皮，以增加抗冲能力，减少雨水对土堤的冲刷。常种的草有扒根草、茵草、龙须草等。堤防绿化应在有利防洪抢险的原则下，统一栽种，统一砍伐，做到规格化、标准化。根据试验观测，良好的防浪林带能消减浪高的 80%～90%。通过在堤身营造灌木、植草，能够在暴雨骤降时，承受雨水对堤面的冲刷，防止水土流失及水沟、浪窝的发生。

3. 禁作他用

禁止在堤防及规定的范围内取土、挖窖、放牧、耕耘、堆放杂物等危害堤防完整和安全的活动。例如，在临水坡外挖沟、建窑，将破坏地表的铺盖层，在汛期高水位时，易发生流土、管涌、渗水等险情。

4. 交通限制

堤顶行车应予控制，履带拖拉机、铁木轮车等损坏堤顶平整的交通工具一律禁止通行；下雨及堤顶泥泞期间，除防汛抢险和紧急军事专用车辆外，其他车辆一律不准在堤上通行。堤顶一般不作公路使用，如需要时应经上级批准后方可使用。

5. 消除隐患

当堤身有蚁穴、兽洞、坟墓及窑洞等隐患时，应及时开挖回填或用灌浆等方法处理。

6. 确保行洪能力

必须严格遵守河道管理的各项规定，以维持河道泄洪能力，防止对堤防造成威胁。一般要求如下。

（1）严禁在河道内任意拦河打坝、筑坝挑流、修筑道路、鱼塘等。如确实需要，应事先报请上级领导部门批准。

（2）禁止向河内倾倒垃圾、废渣等物，防止堵塞河道和引起河道污染。河道内的杂草、芦苇及妨碍行洪树木以及损伤闸坝工程的漂浮物等，均应彻底清除。

(3) 在河道上修筑桥梁或码头时，必须保证不影响泄洪能力，并报请上级主管部门同意后方可兴建。

(4) 禁止在河道内或行洪区、蓄洪区内任意围筑圩垸。

第二节　堤防的病害及处理

一、堤防隐患的类型

堤防中的隐患通常有下述几种。

1. 动物洞穴

害堤动物有狐、獾、鼠、蛇等，其洞穴直径一般为10～50cm，洞身纵横分布，有的互相连通或横穿堤身，形成漏水通道，危害堤防。

2. 白蚁穴

白蚁巢穴不但有直径0.8～1.5m的主巢，而且周围还有许多副巢。副巢有四通八达的蚁路，有的甚至横穿堤身。水涨时水沿蚁路浸入堤身，即形成漏洞，引起塌坑，常常由此导致堤防决口。白蚁的防治措施详见本章第三节。

3. 人为洞穴

主要有排水沟、防空洞、藏物窖、宅基、废窑、废井、坟墓等，这些洞穴往往埋藏在大堤深处，汛期一旦临水，很易发生漏洞、跌窝而引起堤身破坏。

4. 暗沟

修堤局部夯压不实，或留有分界缝，或用泥块填筑，造成堤身内部隐患，雨水或河水渗入后，逐渐形成暗沟，洪水时期极易产生塌坑和滑坡。

5. 裂缝

修堤时由于土料选择不当，夯压不均匀，或培堤时对原堤坡未铲草刨毛，以至新旧土接合不紧或有架空现象，或由于干缩、湿陷而引起不均匀沉陷，一到汛期，也易产生渗漏及滑坡等险情。

6. 腐木空穴

堤内埋有腐烂树干、树根，年久形成洞穴，盘根错节的蔓延更广，危害也大。

7. 接触渗漏

堤上涵闸周围回填质量不好，造成接触面产生裂缝漏水。

8. 堤基渗漏

由于口门堵复时埋藏的秸料、石料，或堤身与地基结合不好，或地基土层为管涌性土等因素，易产生堤基严重渗漏，引起管涌、流土，甚至滑坡等险情。

9. 堤内渊塘

在基础为透水地基时，渊塘长期积水，易形成渗透破坏。

二、堤防隐患处理的措施

堤身内部隐患处理措施一般有灌浆和开挖回填两种。有时也可采用上部开挖回填下部灌浆的综合措施。堤身外部处理方面可采用临河修黏土斜墙截渗、背河修砂石反滤导渗和加大堤身断面的方法进行。加大堤身断面能够显著地提高防洪能力，有效地防止各种隐患所造成的危害。加大堤身断面可采用吹填和修筑前后戗工程。

(一) 灌浆

对于堤身蚁穴、兽洞、裂缝、暗沟等隐患，如开挖回填比较困难时，可采用充填灌浆或劈裂灌浆方法进行处理。

(二) 开挖回填

将隐患处挖开，重新进行回填，这是比较彻底处理隐患的方法。但对埋藏较深的隐患，由于开挖回填工作量大，且限于在枯水季节进行，这时宜采用灌浆方法处理隐患。

开挖回填的要求，除参考土坝裂缝的开挖回填处理中的有关内容外，应特别注意下列三点：

(1) 根据查明的隐患情况，决定开挖范围。开挖中如发现新情况，必须跟踪开挖，直至全部挖净为止，但不得掏挖。

(2) 在汛期一般不得开挖，如遇特殊情况必须开挖时，应有安全措施并报请上级主管部门批准。

(3) 开挖时应根据土质类别，预留边坡和台阶，以免崩塌。回填时应保证达到规定的容重。新旧土接合处，应刨毛压实，必要时应做接合槽，以保证紧密结合，防止渗水。回填后的高度，应略高于原堤面，以备沉陷。

(三) 吹填固堤 (机淤固堤)

吹填固堤也称机淤固堤，是利用机械的力量，将河流中或河床质的水沙，通过管道，送到堤防背水侧的淤区，以达到加大堤身断面、加固堤防的目的。

机淤取土有下面几种方式。

1. 简易吸泥船

自20世纪70年代初，黄河下游首先自制简易吸泥船进行吹填固堤。因为简易吸泥船结构简单、操作方便、造价低、见效快、适应性强，大部分堤防存在的问题，如渗透问题、稳定问题、断面尺寸不足问题，均可采用这种方法进行加固。因此，很快在黄河下游得到普遍推广。简易吸泥船不能自航，其船体分为钢、木、水泥三种，以钢壳船最多。船长15m，宽5m，吃水深0.6m。简易吸泥船的主要设备由抽排泥浆系统、造浆系统、附属设备三个部分组成。

简易吸泥船的主要生产原理是：用高压水枪搅动河床泥沙，形成高浓度泥浆，用泥浆泵抽吸泥浆，通过管道将泥浆送到淤区；泥沙沉淀，清水排走，经过土体排水固结，形成淤背体。近年来大力发展吸泥船远距离输沙试验，输沙距离已从原来的100多m，发展到3000m以上。

2. 小泥浆泵

在河南境内的宽河段，为了解决河宽、滩大、输沙距离过远的问题，采用了小泥浆泵临河挖滩抽吸沙进行吹填固堤，取得了较好效果。

3. 挖泥船

国内常用的挖泥船一般有以下几种：

(1) 绞刀式挖泥船。它是利用绞刀绞松河底土质，用泥浆泵通过管道把泥浆送到淤区，也是目前吹填固堤较常用设备。国产绞吸式挖泥船的生产效率为 50～80m^3/h。

(2) 链斗式挖泥船。它是利用一连串的泥斗取河床泥沙，通过卸泥槽装入驳船运走。

(3) 抓扬式挖泥船。它是利用抓斗，抓取河床泥沙，吊起卸入泥驳。

(4) 铲斗式挖泥船。它是利用铲斗抓泥，吊起卸入泥驳。

沙场一般选择在靠水的嫩滩上。嫩滩沙料丰富，土质疏松，易于抽吸开挖。无嫩滩时，应尽量选择在水浅溜缓的部位。

固定船位，一般要靠岸近一些，以减少管道长度和浮筒数量，并便于与岸上联系和固定船位。但也应与岸坡保持适当的距离，以防河床挖深后，造成岸坡坍塌。

淤区就是放淤的区域，淤区工程包括围堤和泄水建筑物等部分。泥浆在围堤以内沉淀落淤，沉淀后的清水，由泄水建筑物排走。落淤沉淀的土方，经排水固结就成了堤防断面的一部分，加大了堤防断面，起到了固堤的作用。

(四) 前后戗工程

前后戗工程也是中外工程界经常用于加固堤防的工程措施，它和吹填固堤都属于盖重加固类型。其主要区别是吹填固堤的淤筑体断面大，体积大，土料含水量很大，经固结排水后不进行土料压实，所以它的密实度较小。而前后戗工程是人工或机械填筑的，土料进行压实，戗体体积小于筑体体积。

在堤身单薄背水坡渗流出逸点位置较高时，可用修筑前戗或后戗的方法来加固堤防。

后戗顶部高程一般在渗流出逸点 0.5m 以上，戗顶宽度不小于 3～6m，边坡 1∶3～1∶5。后戗填筑施工与筑堤的要求基本相同，其区别是土料尽量采用透水性较强的砂性土。如果当地粗砂料源丰富，最好在后戗的底部铺一层 0.5m 厚的粗砂层，则排水效果更好，可降低堤身和戗体的浸润线位置。

前戗顶应高出设计洪水位 0.5～1.5m，其边坡与大堤临水坡相同，戗顶宽以使浸润线出逸点降至背水坡脚以下，一般为 5～10m。前戗土料应选用透水性小的黏土，以便截渗。其他施工要求与筑堤相同。对前后戗填土压实时的干密度要求，应与本堤段大堤的填土要求相同。

第三节　堤坝蚁穴和兽洞防治

一、蚁穴的防治

堤坝中蚁穴的存在，将直接威胁其安全，尤其是白蚁的危害性更为严重。所以，现就白蚁的防治进行简单介绍。

白蚁按其生活习性有术栖，土栖和土木两栖三种类型，在堤坝中多为土栖白蚁。白蚁的种类多、分布广、危害大，据统计，我国已发现白蚁达 200 多种，主要分布在温暖多湿地带，其中以南方各省为多。

(一) 白蚁发生原因

白蚁是一种群栖性、隐蔽性、季节性很强的巢居性昆虫，危害成灾的主要有黑翅土白蚁和黄翅大白蚁两种。堤坝中发生白蚁的主要原因有以下几个方面。

（1）清基不彻底，隐有蚁患。堤坝施工之前，基底内的蚁巢未清除或清除不彻底，而存在的蚁患。这种蚁害一般发生较早、且较严重，往往出现早期漏水。特别是小型堤坝，蚁害的可能性较大。

（2）附近白蚁的蔓延。堤坝建成后，因其土质湿度适宜，内外坡的枯木杂草是白蚁的丰富食粮，所以，附近山坡上原隐的白蚁为了生存，便会寻找水源，沿着纹路或吸水线逐渐蔓延到堤坝上来，这往往是靠山坡发生白蚁的主要原因所在。

（3）有翅成虫分飞到堤坝。堤坝附近山坡、田野如有蚁巢，每年的4—6月，有翅成虫将会分飞而来，落到堤坝上，钻洞营巢，进行繁殖。特别是灯光的引诱，更易导致白蚁的产生。

（4）管理不善，人为招惹蚁害。如在堤坝上翻晒柴草，堆放土料、木材、树根等，使白蚁混入，过后又未及时清理；有些地方在工程边修建坟墓、盖猪台等；在工程附近种植白蚁喜食的树木等，都会招惹蚁害的发生。

（二）白蚁的分布规律

根据多年的观察经验，土栖白蚁在堤坝中的分布，一般存在有下列主要规律：

（1）堤坝背水坡多，迎水坡少。

（2）堤坝上半部多，下半部少。

（3）堤坝浸润线以上多，浸润线以下少。

（4）黏性土质多，砂性土质少。

（5）荒野处堤段多，人烟稠密处堤段少。

（6）野草丛生堤段多，光秃无草堤段步。

（7）旧堤坝址多，新建堤坝处少。

（8）靠近丘陵山坡坝堤多，而靠近平原、湖泊、坑塘堤段少。

（三）白蚁的查找

检查堤坝有无白蚁，主要是经常注意观察坝坡面有无泥被、泥线。由于白蚁喜湿，因此泥被、泥线多在杂草丛生的潮湿处。坝面经常有人畜践踏或杂草影响，不易寻找时，可将坝面杂草表土铲除，形成一定面积的新鲜坝土面，如有白蚁，过上1～2个夜晚便会在新鲜坝土面找到白蚁新做的泥被、泥线；也可沿坝轴线方向挖一些深1m、宽0.5m的沟以截断蚁道，待1～2d蚁道修复后，便可找到泥被、泥线。有泥被、泥线，即说明堤坝有白蚁。挖沟查蚁应在低水位和无雨时期进行，要注意不要造成对坝体稳定的不利影响。此外，还可用引诱法检查坝体有无白蚁。引诱法有坑诱法和堆诱法两种。坑诱法是在白蚁活动的季节，在堤坝背坡面挖一些浅坑，坑的大小和间距可随情况而定，一般长40cm、宽30cm、深30cm、间距10m左右，呈梅花形布置。坑内放置白蚁喜食的桉树皮、艾篙、茅草、甘蔗渣、玉米芯、鸡爪草、金刚刺、枯松柴、干菱白壳、刺槐枯枝等，坑面用泥土盖严并略高于坝面，以防止蚂蚁等天敌入侵。坑上方开排水沟，以防雨水浸入。堆诱法是直接将白蚁喜欢的食料堆放在坝面，外用泥土封严，布堆点的距离与坑的距离一样。用引诱法可引来白蚁，形成蚁道，予以追杀，或在坑、堆中毒杀。

1. 蚁道的查找

利用上述方法寻找到白蚁踪迹后，再顺着泥被、泥线寻找主蚁道，并根据白蚁的生活习性与活动规律，寻找分飞孔，观察白蚁种类和分飞时间，判断蚁巢位置。特别要注意利用“常现区”判断蚁巢位置。由泥被、泥线寻找蚁道，要细心地铲去泥被泥线，之后便可见到半月形小蚁道，此时可喷石粉末或将细草茎塞入小蚁道，再顺着粉末或细草茎追挖。当挖到拱形蚁道时，继续追挖，即可找到较大的主蚁道。挖到主蚁道后，向蚁道内通入一根细长竹条，顺着竹条挖。在挖的过程中，要不断判别所挖蚁道是否通往蚁巢的主道，而不要被一些岔道迷惑，迷失方向。一般来说，几条蚁道趋集于一个方向，并逐渐向一条蚁道汇集，这条蚁道即是通向蚁巢的主道。如果是废路，则可见到棉絮状的蛛网或头发样的菌丝，且道路干燥光滑。主蚁道是逐渐向深处倾斜发展的，蚁道高而窄，口径逐渐增大。如果蚁道向上倾斜则为岔道。主蚁道内工蚁、兵蚁多，把守严密，洞底光滑、湿润。向洞中插入草茎，工蚁与兵蚁会咬住不放。抽出草茎，有很浓的酸腥味。主蚁道深处还会发现菌圃、菌圃颜色会由浅到深，此时离主巢就不远了。

2. 确定主巢

当挖到的是副巢或空腔时，蚁道往往会突然消失，这时在副巢或空腔内壁有 2～3 个小孔口，其中一个孔口非常小，仅能通过一个白蚁，如用手指轻摸，会见一个大孔口，此即为通往主巢之路。当挖土时有空腔的回声，说明主巢快到了，应一鼓作气，迅速追挖，防止蚁王、蚁后受惊逃跑。当挖到主巢穴时，应特别注意擒杀蚁王、蚁后。蚁王、蚁后一般多在泥骨架中间的王室泥骨盆里，或在大菌圃下的空腔内。对于受惊逃跑躲藏的白蚁，要仔细检查周围的蚁道蚁孔，予以彻底歼灭。

如果从分飞孔寻找主蚁道，当挖开分飞孔时便会发现较宽阔的呈半月形的候飞室。一般候飞室下即是主蚁道，主巢与之相通，距离较近。由分飞孔找主蚁道省工省时，但受季节限制，只有在分飞时节才能运用。

此外，可利用鸡丛菌寻找蚁巢。鸡丛菌是白蚁菌圃中生长的一种可食菌，颜色为灰褐色，菌盖中央颜色深，四周色淡。一般在高温多湿的夏季，下过透雨后，质地疏松的黄棕色土壤容易生长，并且多长在白蚁主巢的上方，只要顺着鸡丛菌往下挖即可找到蚁巢。还可利用放射性同位素探测蚁巢。在找到的主蚁道内投放拌有同位素的食料，用放射仪即可探测出取食的白蚁的活动路径。但因土壤对同位素射线的吸收较大，故用同位素法只能探测坝体 55cm 深度的白蚁活动。这方面的详情请见有关书籍。

挖巢灭蚁后要注意回填，用原土回填并夯实。为彻底消除白蚁，回填土应拌入灭蚁药，以毒死漏掉的白蚁。

（四）堤坝白蚁的预防

要预防堤坝产生白蚁，首先应摸清和掌握堤坝周边数公里范围内白蚁的种类和分布，建立白蚁普查网点，并配置人员，广泛宣传白蚁的特征和危害。在白蚁分群的季节应注意观察白蚁的分飞情况。

白蚁的预防应贯穿于堤坝修建和运行的全过程，常用预防措施如下：

（1）修建、扩建和维修堤坝时，严格控制上坝土料，不要使白蚁随土料被人为地搬上堤坝。要清除上坝土料中的树根、树皮和杂草，做好堤坝周边和附近山坡上白蚁的灭治工作，杜绝白蚁直接侵入堤坝。这种方法可在数年内防止白蚁进入坝体。

（2）灯光诱杀有翅成虫。白蚁的有翅成虫有趋光性，利用这一特性，可于每年白蚁纷飞季节，在坝体周边以外10～30m处布置黑光灯或汽灯、煤油灯，诱杀野外向堤坝飞来的有翅成虫。灯距50～100m，灯高1.5～2.5m。黑光灯功率一般为20W。灯下0.2m处放一直径1m左右的水盆，盆内放少量水，向水中倒入少许煤油或柴油。向盆下地表10m直径的范围内喷洒灭蚁药剂。实际运用表明，灯光诱杀白蚁有翅成虫的效果显著。

（3）喷洒药剂毒杀。白蚁纷飞落地后，要在坝面爬行寻找空隙或洞穴，以便钻入坝体筑巢。因此，可在坝面喷洒药剂，杀灭落地的有翅成虫。药剂可用1%～2%五氯酚钠水溶液或煤油、柴油喷洒在坝面。注意减少这种直接药剂的方法对环境有污染。

（4）利用生物防治白蚁。在白蚁活动期间和纷飞季节，在堤坝上放养鸡群，鸡能啄食成虫，并翻动泥被、泥线，啄食出来活动的白蚁。白蚁的天敌还有青蛙、蚂蚁、蜻蜓、蝙蝠、燕子、麻雀等，对它们要加以保护，利用它们来杀灭白蚁。

（5）在堤坝表面抛洒石灰或煤渣，造成不利于白蚁生存的条件，减缓白蚁的发展。禁止在堤坝上长期堆入柴草、木材等白蚁喜食的杂物，更换堤坝上已有的白蚁喜食的花草植物。除去堤坝周围白蚁喜食的桉树种，减小白蚁向坝区蔓延的速度。

（五）堤坝白蚁的灭治

当发现白蚁在堤坝筑巢以后，要尽快摸清白蚁在堤坝中的种类和分布，弄清白蚁在堤坝中的藏身位置，结合白蚁的活动规律和生活习性进行灭治。近年来各地总结了很多好的经验，归纳起来有以下几种。

1. 灭蚁灵毒杀

用灭蚁灵诱杀或诱饵，不受季节限制，操作简便，用工少成本低，不污染环境，是近几年广泛应用的毒杀方法：

（1）诱杀法。先观察白蚁在土坝上的活动情况和危害程度，确定设诱集堆、坑的位置和数量。用土栖白蚁喜食的大叶桉树皮、甘蔗渣、竹片、野艾篙为饵料，以细铁丝捆成直径15cm，长25cm的小束，每堆放2～3束。干燥季节泼上一些洗米水，用瓦片盖好，防止雨淋，过3～7d就能引到白蚁。在白蚁活动区或蚁路口上堆放，1～2d就可引到白蚁。有大量的白蚁引出时即可喷药，过几天再检查，还有白蚁活动，继续喷药，连续喷2～3次，直到白蚁停止活动。

（2）诱饵法。把制成的灭蚁灵饵条，投放到白蚁正在活动的部位上，让工蚁蛀食。经35d左右，全巢白蚁均可毒死。

灭蚁灵饵条制作按质量比，用灭蚁灵2%（毒杀剂）、白糖22%（催引剂）、面粉22%（粘固剂）、甘蔗渣或大叶桉树皮54%（饵剂），适当在饵料中加入松花粉，更易引到白蚁。把甘蔗渣或大叶桉树皮碾成粉末与灭蚁灵、白糖均匀拌和，然后加入煮好的面粉，继续拌和均匀，太干时加入适量冷开水，再制成条状或片状，一条或一片毒饵含灭蚁灵0.2g为宜，制成后晒干或在瓦片上烤干备用，防止发霉。

注意灭蚁灵饵条投药点的选定，一般选在主蚁道内、菌圃下、分群孔内和候飞室内。当找、挖到投药点时随即放入药条（块）然后封堵道口，盖上瓦片，周围用湿土封闭，每个蚁巢投药3～5条，让工蚁蛀食。

2. 挖穴取巢

挖巢灭蚁回填夯实是一种古老而又行之有效，且比较彻底的方法。根据外露特征的找巢技术沿着蚁路追挖，直至白蚁主巢，活捉蚁王蚁后，消灭蚁群，然后回填夯实。在追挖蚁路中，发现支路或多条蚁路时，则挖蚁路口径大的，拱高的，或工蚁、兵蚁活动频繁的，酸腥味浓的，或蚁道口封闭快的，这些都是通往主巢的蚁路。

取巢要一鼓作气完成，活捉蚁王蚁后及时回填夯实。这个方法投工多，应在非汛期进行。

3. 综合防治法

浙江诸暨有关单位综合运用“找、标、杀、灌、防、控”多种白蚁防治技术，即积极寻找白蚁地表活动迹象，标出白蚁主巢初步位置及危害范围，运用多种灭蚁技术加以灭杀，并及时做好药土回填等防治工作，在完成防治工作后定期进行复查、防治，总量控制白蚁危害，确保堤坝安全。此综合防治法采用了一些新技术，效果良好。

采用塑料薄膜覆盖技术。在 11 月、12 月气温较低的季节，可通过白蚁危害的迹象判定蚁巢位置。以此为中心点，在周围每隔 1m 设置一堆诱杀堆，投放白蚁诱饵剂，并将长宽各为 5m 的塑料薄膜覆盖其上，进行冬季诱杀灭蚁，不受气候、季节变化，有利于集中时间、精力进行白蚁防治工作。

主蚁道压浆。在白蚁活动频繁的坝段，从坝面横切，寻找主蚁道，从主蚁道直接进行黄泥药液灌浆，消灭白蚁，充实蚁道、蚁巢、空腔，既加固了堤坝，又省工、省药，降低成本，保护了环境。根据坝高及水库常水位高低确定钻孔深度，一般粉土浆液容重为 $1.35\sim1.45t/m^3$，注浆管上端压力在 0.05～0.1MPa，灌浆时应限制堤身出现裂缝，浆液升至孔口出现冒浆现象后停止灌浆，并根据实际情况复灌 1～2 次到浆液凝固后填满孔口。该法既能消灭白蚁，又能充实堤坝内的蚁道、菌圃腔与巢穴，起到加固堤坝，确保安全的作用。

白蚁是世界性害虫之一，人类和白蚁的斗争已有很长历史，各地在防治白蚁方面探索出了很多方法，积累了一些经验。但白蚁分布很广，又具有迁飞性，因此灭蚁工作将是长期的，已有的灭蚁方式也要因地制宜采用。随着科学技术的发展，人们还将探索出更加先进的、无环境污染的灭蚁方法。

二、兽洞的防治

兽洞的存在，严重危及堤坝的安全。所以，应分析害堤动物的习性和活动规律，采取措施积极捕杀，并对兽洞进行处理。

（1）人工捕杀法。根据害堤动物的活动足迹，在其经常出没的地方，可采用设置笼子、铁夹、竹弓和陷井等方法进行捕捉。这类方法特别是在农田作物尚未成熟以及冬季冰雪覆盖地面后，作用更大。这类方法，由于机关灵敏，操作时应十分小心，并应经常进行查看，以免误伤人畜。

（2）开挖追捕法。有些较大的害堤动物，如狐和獾等，营巢作穴也较大。应抓住时机，采用人工开挖追捕。这样既可以捕杀害堤动物，又能够通过开挖和回填夯实，对洞穴隐患进行处理。

开挖前，应先用捕网或铅丝笼将已探明的洞口围封好，然后，结合开挖翻填洞穴进行捕捉。该法一般有两种：①顺洞开挖，逐渐逼近，直至捕住，其特点是进度快，费时多，多用于洞道较短、埋深不大的洞穴；②竖井拦截，先探明洞道的走向，然后，在洞顶开挖竖井，井的直径一般为0.8m，若洞道长度大，转弯较多时，可以多段同时进行，逐渐逼近，当挖至兽类藏身之处时，可采用同捕或钗扎捕杀。此法的进度快、工效高，适用于洞道长、埋藏深的洞穴。

（3）药物诱杀法。在害堤动物经常出设的地方，放在掺拌药物的合适食物作诱饵，引诱动物吞食而中毒死亡。目前这类药物众多，且毒性不一，故一定要严格控制剂量，同时，要注意防止家畜误食。

（4）锥探灌浆法。采用这种方法，除了可堵塞各种害堤动物的巢穴，加固堤坝外，还能将动物驱走或淹堵死。

（5）抢击法。在兽洞口附近开挖掩体，猎手藏入并加以伪装，夜间待机将其击杀。这种方法简便易行，多用于该地有猎手的情况。并且兽类出没较为频繁的情况。

第四节 防 汛 工 作

防汛是在汛期掌握水情变化和建筑物状况，做好调动和加强建筑物及其下游的安全防范工作；抢险是在建筑物出现险情时，为避免失事而进行的紧急抢护工作。

通常所说的汛期，主要是指伏汛和秋汛，也被称为伏秋大汛。南方各省4—5月即进入汛期，中部地区5—6月进入汛期，北部地区要到6—7月才进入汛期。一般汛期在10月下旬结束。

防汛工作内容包括：建立防汛领导机构，组织防汛队伍，储备防汛物资，检查加固工程，搞好洪水调度，进行水情联系，做好巡堤查水和安排群众迁移等工作。以上各项工作根据其性质，可归纳为防汛准备和巡堤查险工作两部分。

一、防汛准备工作

防汛工作具有长期性、群众性、科学性、艰巨性和战斗性的特点，因此防汛准备工作应贯彻“以防为主、防重于抢”的方针，立足于防大汛、抢大险的精神去准备。

防汛准备工作是在防汛机构领导下，按照防御设计标准的洪水去做好各项准备工作。具体内容除了要加强日常工程管理和维修、清除阻水障碍外，在汛前还要着重做好以下几个方面的工作。

1. 成立防汛机构和组织防汛队伍

在当地政府的统一领导下，成立由地方水利工程管理单位和有关部门的领导、技术人员参加的防汛指挥机构，并组织防汛抢险队伍。防汛队伍除按洪水的大小，组织一、二、三线防汛队伍外，应特别抓好防汛基干队伍、抢险队伍和预备队伍的组织工作。

2. 做好防汛器材物资的准备

防汛的工具料物具有品种多、用量大、用时急的特点，因此在汛前应有充分的准备。一般常用的防汛器材有土、砂、石料、铅丝、木材、麻袋、苇席、篷布、绳缆、水泥以及挖掘和运输工具等。近年来，由土工合成材料制成的编织袋、编织布、无纺布、土工膜（或）复合土工膜在险情抢护中得到广泛应用。器材的存放地点必须安全可靠，运输方便。

防汛期间必须特别重视照明问题，由于汛期暴风雨的侵袭，线路和道路都容易中断，所以工程应有备用电源和照明设备。

通信联络是防汛抢险工作中的重要环节，对保证指挥防汛取得胜利有着十分重要的意义。应根据工程的具体条件，设置电话或电台通信网和对讲机等，及时掌握雨情、水情、险情。通信网络要畅通无阻，并需考虑到暴风雨等特殊情况时的信息传递。

3. 掌握水情及工程状况

对水库和堤防的防汛，特别要注意掌握水位和降雨量两项水情动态，根据本地区水文气象资料进行分析研究，制定洪水预报方案。汛期根据水文站网报汛资料，及时估算洪水将出现的时间和水位，合理调度，做好控制运用工作。

汛前对水库和堤防工程要进行全面的安全检查，发现问题应及早采取措施，尤其是泄洪设施，要保证闸门的灵活启闭和行洪出路畅通无阻。汛期，防汛人员要密切注意工程的变化，遇有问题，随时研究处理。

4. 群众迁移和安置准备

滞洪区和滩区的群众在洪水到来无安全保证时，应在洪水到来之前作好迁移、安置工作。迁移、安置准备工作是一项重要而又复杂的工作，其主要内容包括以下三个方面。

(1) 思想工作。要向滞洪区和滩区的群众宣传“舍小家救大家”的顾全大局的思想，克服侥幸心理。也要做好接受单位和群众的思想工作，主动承担接受任务。

(2) 组织安排。一是要使迁移户和接受户挂钩见面；二是要安排好迁移次序，使迁移、安置工作有条不紊。

(3) 安排迁移交通工具和救生器材。

5. 制定防守方案

对于汛期可能出现的各类洪水，均应制定相应的防守方案。在汛期除出现超标准的洪水外，常将汛期洪水分为若干个等级，分别采用若干个防守措施，以利防守时既能保证安全，又不至于造成过大的浪费。如堤防工程中一般采用三级水位作为三个防守等级。

(1) 设防水位。洪水上涨至堤脚时的水位，称为设防水位。此时标志堤防开始承受洪水的威胁，需要开始布置一定的人员进行巡查防守，并根据水情预报进一步做好防汛组织工作，以防御更大洪水。

(2) 警戒水位。警戒水位是设防水位和设计防洪水位之间的某一水位。此时堤防下部受洪水淹没，可能会出现一些险情，需要提高警惕，加强戒备，密切注意河势工情和水情变化，并进一步检查、落实各项防守工作以迎接更大的洪水。

(3) 保证水位。洪水上升到设计防洪水位时的水位，称为保证水位。此时堤防受到洪水的严峻考验，各种险情都可能发生，防汛十分紧张，需要组织广大群众全力以赴战胜洪水，确保安全。

以上三种不同水位的具体防守措施，均应在入汛之前制定出来，以免临时措手不及。

二、堤防险情巡查

巡堤查险是指进入汛期后，由于堤防及修建在堤防上的穿堤建筑物都有随时出现渗漏、裂缝、滑坡等险情的可能，必须日夜巡视，一旦发现险情需及时抢护。这是进入汛期后一项极为重要的工作，其任务、制度和方法的要点如下。

1. 连续巡查且临背并重

在达到设防水位以后，巡堤查险工作应连续进行，不得间断，可根据工情和水情间隔一定时间派出巡查小组连续巡查，以便保证及时发现险情，及时抢护，做到治早、治小。

巡堤查险时，对堤防的临水坡、背水坡和堤顶要一样重视。巡查临水坡时要不断用探水杆探查，借助波浪起伏终间歇查看堤坡有无裂缝、塌陷、滑坡、洞穴等险情，也要注意水面有无漩涡等异常现象。在风大流急、顺堤行洪和水位骤降时，要特别注意岸坡有无崩塌现象。背水坡的巡查往往易被忽视，尤应注意。在背水坡巡查时要注意有无散浸、管涌、流土、裂缝、滑坡等险情。对背河堤脚外 50～100m 范围内地面的积水坑塘也要注意巡查，检查有无管涌、流土等现象，并注意观测渗漏的发展情况。堤顶巡查主要观察有无裂缝及穿堤建筑物的土石结合部有无异常情况。

2. 严格遵守巡堤查险制度

为了使巡堤查险顺利进行，保证防汛安全，须制定严格的制度。一般有以下的工作制度。

(1) 巡查制度。巡查人员必须听从指挥，坚守阵地，严格按照巡堤查险的方法及注意事项进行巡查。

(2) 交接班制度。交接班应紧密衔接，上一班人员必须向下一班人员交待水情、工程情况、工具物料情况，以及需要注意和尚待查清的问题。必要时可共同巡查一次。

(3) 值班制度。防汛各级指挥人员必须轮流值班，坚守岗位，随时了解辖区有关情况，作好记录，及时向上级汇报和向下级传递情况。

(4) 汇报制度。交接班时，班（组）长要向负责防守的值班干部汇报巡查情况。值班干部如无特殊情况亦要逐日向上级主管部门汇报巡查情况。如有特殊情况要随时汇报。

(5) 请假制度。上堤防守人员要严格遵守防汛纪律。不得擅自离开防守现场，必须离开时需请假，并在获得同意后安排好接班人员方可离开。

(6) 奖惩制度。防汛人员上堤后要经常进行检查评比。对工作认真、完成任务好的要表扬，做出显著贡献的要给予奖励；对不负责任的要批评教育；对玩忽职守造成损失的，要追究责任，严肃处理。

3. 巡查方法

每组巡查人员一般为 5～7 人。出发巡查时，应按迎水坡水面线、堤顶、背水坡、堤腰、堤脚成横排分布前进，严禁出现空白点。根据各地经验，要注意“五时”，做好“五到”，掌握好“三清”、“三快”。

“五时”是指：①黎明时，此时查险人员困乏，精力不集中；②吃饭换班时，此时交接制度不严格，巡查易间断；③天黑时，此时巡查人员看不清，且注意力集中在行走道路上，险情难于发现；④刮风下雨时，此时注意力难集中，险情往往为风雨所掩盖；⑤大河落水时，此时紧张心情缓解，思想易麻痹。

“五到”是指在巡查时做到眼到、手到、耳到、脚到、工具物料随人到。

“三清”是指在巡查时发现险情要辨清、险情要报清、报警信号要记清。

“三快”是指发现险情要快、报告险情要快、对险情抢护要快。

第五节 编制防汛抢险预案

防汛抢险应急预案是指防御突发性洪水灾害的预防和应急处置的方案，即防御江河洪水灾害、渍涝灾害、山地灾害（由降雨引发的山洪、泥石流、滑坡等）、台风暴潮灾害、冰凌洪水灾害以及由洪水、风暴潮、地震、恐怖活动等引发的水库垮坝、堤防决口、水闸倒塌、供水水质被侵害等次生衍生灾害的应急处置方案的统称。它是在现有工程设施条件下，针对可能发生的各类洪水灾害而预先制定的防御方案、对策和措施，是各级防汛指挥部门实施指挥决策和防洪调度、抢险救灾的依据。

一、编制防汛抢险应急预案的基本原则和要求

（一）编制应急预案的工作原则

防洪抢险应急预案的编制，应以确保人民群众生命安全为首要目标，贯彻以人为本的方针和行政首长负责制；坚持服从大局、分工合作、各司其职；坚持以防为主、防抢结合，努力实现由控制洪水向管理洪水转变；坚持因地制宜、突出重点；坚持统一指挥、统一调度、全力抢险；坚持因地制宜、突出重点；坚持公众参与、军民联防；坚持工程措施与非工程措施相结合等原则。

（二）编制防汛抢险应急预案的主要目的

编制防洪抢险应急预案，以加强防范为出发点，切实做好遭遇突发事件的应急处理，最大程度地保障人民群众生命安全，避免和减少人员伤亡，保障城乡经济社会安全稳定和可持续发展，以减轻灾害损失为主要目的。

要合理确定防洪保护重点，不同地区、不同层次、不同部门、不同量级的洪水，防洪保护重点有所不同，但重要水库、重要堤防、重要闸坝、大中城市、重要交通干线、重要设施和重要经济区域必须予以确保。

（三）制定洪水调度方案及审批权限

为了使防汛工作得到正常监控，达到最大程度地保障人民群众生命安全，避免和减少人员伤亡的应急预案目的，2005 年修改后的《中华人民共和国防汛条例》，重点是修改了制定洪水调度方案及审批权限，第十二条至第十四条作出的规定。

有防汛任务的地方，应当根据经批准的防御洪水方案制定洪水调度方案。跨省、自治区、直辖市的其他江河的洪水调度方案，由有关流域机构会同有关省、自治区、直辖市人民政府制定，报流域防汛指挥机构批准；没有设立流域防汛指挥机构的，报国家防汛总指挥部批准。其他江河的洪水调度方案，由有管辖权的水行政主管部门会同有关地方人民政府制定，报有管辖权的防汛指挥机构批准。

洪水调度方案经批准后，有关地方人民政府必须执行。修改洪水调度方案，应当报经原批准机关批准。

水库、水电站、拦河闸坝等工程的管理部门，应当根据工程规划设计、经批准的防御洪水方案和洪水调度方案以及工程实际状况，在兴利服从防洪、保证安全的前提下，制定汛期调度运用计划，经上级主管部门审查批准后，报有管辖权的人民政府防汛指挥部备

案，并接受其监督。

（四）防汛抢险应急预案的实施

防汛抢险应急预案经批准后，有关地方人民政府、部门、单位、企业必须执行。这在《中华人民共和国防汛条例》中有明确规定。各省、自治区、自辖市、地、市、县的行政首长要对所辖区的防汛抢险预案的实施负总责。

二、防汛抢险应急预案的基本内容

汛期突发性的洪水灾害形式有：江河洪水、渍涝灾害、山洪灾害（降雨引发的山洪、泥石流、滑坡灾害）、冰凌洪水灾害、热带风暴、台风暴潮灾害。因此，防汛抢险应急预案分为：防御洪水灾害应急预案、防御山地灾害应急预案、防御冰凌洪水灾害应急预案、防御台风暴潮灾害应急预案、防御突发性洪水（由于防洪工程失事如溃堤、倒闸、垮坝等而造成的灾害性洪水）应急预案等。各地可根据当地存在的主要灾害形式编制一种或几种防洪抢险应急预案。

一个完整的防洪抢险应急预案应包括当地基本情况和工程防护对象的描述，包括具有实用性和操作性的防、抗、抢、救诸方面的应急措施，要有洪水调度方案和具体实施方案，以及方案实施所必须的保障条件等。以《水库防洪抢险应急预案》（以下简称《应急预案》）为例，简要概述如下。

编制《应急预案》是为了提高水库突发事件应对能力，切实做好水库遭遇突发事件的防汛抢险调度和险情抢护工作，力保水库工程安全，最大程度地保障人民群众生命安全，减少损失。

（一）适用范围

（1）水库工程遭遇重大险情的突发事件是：超标准洪水、工程隐患、地震灾害、地质灾害、上游水库溃坝、上游大体积漂移物的撞击事件、战争或恐怖事件、其他。

（2）适用于大中型水库，小型水库可参照执行。

（二）简要描述

水库工程概况为方便领导指挥决策，对水库所在流域或区域内的基本情况进行简要描述，主要包括以下内容。

（1）流域概况：水库自然地理、水文、气象及流域内水利工程建设等基本情况。

（2）工程基本情况：水库工程等级、坝型以及挡水、泄水、输水等建筑物的基本情况，水库工程技术特性，泄流曲线、库容曲线等技术参数，大坝历次安全鉴定情况。

（3）工程水文情况：水库所在流域暴雨、洪水特征，水文测站（包括水文自动测报系统）分布、观测项目服汛方式及洪水预报方案，以及预见期、预报精度等。

（4）工程安全监测：水库工程安全监测项目、测点分布以及监测设施、工况等，以往水库工程安全监测情况、重点分析发现的异常情况。

（5）汛期调度运用计划：经批准的水库汛期调度运用计划。

（6）历史灾害及抢险情况：水库兴建以前，工程所在流域发生的洪水、地震、地质等重大灾害的相关情况；水库兴建以来，工程所在流域发生的洪水、地震、地质灾害和工程重大险情等，以及水库调度、抢险和灾害损失等情况。

（三）突发事件危害性分析

（1）重大工程险情分析：根据水库实际情况，分析可能导致水库工程出现重大险情的主要因素；可能出现重大险情的种类，估计可能发生的部位和程度；可能出现的重大险情对水库工程安全的危害程度。

（2）大坝溃决分析：根据水库实际情况，分析可能导致水库大坝溃决的主要因素，可能发生的水库溃坝形式；参照有关技术规范，进行溃坝洪水计算；水库溃坝洪水对下游防洪工程、重要保护目标等造成的破坏程度和影响范围，绘制水库溃坝风险图；水库溃坝对上游可能引发滑坡崩塌的地点、范围和危害程度。

（3）影响范围内有关情况：确定影响范围内的人口、财产等社会经济情况，范围内的防洪重点保护对象，范围内的工程防洪标准以及下游河道安全泄量等。

（四）险情监测与报告

（1）险情监测和巡查：规定水库工程险情监测、巡查的部位、内容、方式、频次等，规定监测、巡查人员组成及监测、巡查结果的处理程序。

（2）险情上报与通报：规定险情上报、通报的内容、范围、方式、程序、频次和联络方式等。

（五）险情抢护

（1）抢险调度：根据水库发生的险情，确定水库允许最高水位及最大下泄流量，制定相应的水库抢险调度方案；根据抢险调度方案制定相应的操作规程，明确水库调度权限、执行部门等。

（2）抢险措施：根据险情及抢险调度方案，制定相应的抢险措施。

（3）应急转移：确定受威胁区域人员及财产转移安置任务；根据受威胁区域现有交通状况、社区分布和安置点的分布情况，制定应急转移方案；规定人员转移警报发布条件、形式、权限及送达方式等；规定组织和实施受威胁区域人员和财产转移、安置的责任部门和责任人；制定人员和财产转移后的警戒措施，明确责任部门。

（六）应急保障

（1）组织保障：明确水库防汛指挥部指挥长、副指挥长及成员单位负责人，明确实施《应急预案》的职责分工和工作方式；确定水库应急抢险专家组组成。

（2）队伍保障：根据需求和当地实际情况，确定抢险队伍组成、人员数量和联系方式，明确抢险任务，提出设备要求等。

（3）物资保障：根据抢险要求，提出抢险物资种类、数量和运达时间要求；说明水库自备和可征调的抢险物资种类、数量、存放地点，以及交通运送、联系方式等。

（4）通信保障：规定紧急情况下，水情、险情信息的应急传送方式；规定抢险指挥的通信方式。

（5）其他保障：规定交通、卫生、饮食、安全等其他保障措施，规定宣传报道的发布权限和方式等。

（七）《应急预案》启动与结束

明确启动与结束《应急预案》的条件，明确启动和结束《应急预案》的决策机构与程序。

（八）附图、附表

水库工程的有关技术参数是《应急预案》抢险措施的重要依据，水库管理单位应将所有技术资料准备齐全，根据国家防汛抗旱总指挥部办公室 2006 年 3 月颁布的《水库防汛抢险应急预案编制大纲》要求，这些资料包括：

（1）附图。水库及下游重要防洪工程和重要保护目标位置图，水库枢纽平面布置图，水库枢纽主要建筑物剖面图，水库水位、库容-水库水位-面积和水库水位-泄量关系曲线图，水库洪水风险图。

（2）附表。水库工程技术特性，水库下游主要河段安全泄量、相应洪水频率和水位表，水库险情抢险情况报告（表 10－1）。

表 10－1　　水库险情及抢险情况报告

填报时间：

<table>
<tr><td rowspan="3">项　目</td><td colspan="2">工　情</td><td colspan="3">险　情</td><td colspan="2">灾　情</td><td colspan="4">抢　险　措　施</td><td rowspan="3">备注</td></tr>
<tr><td rowspan="2">设计标准</td><td rowspan="2">现行标准</td><td rowspan="2">出险部位</td><td rowspan="2">出险时间</td><td rowspan="2">处理情况</td><td rowspan="2">险情可能造成的影响</td><td rowspan="2">可能造成损失</td><td rowspan="2">技术措施</td><td rowspan="2">抢险物资</td><td colspan="2">抢险队伍</td></tr>
<tr><td>部队</td><td>地方</td></tr>
<tr><td>水库大坝</td><td></td><td></td><td></td><td></td><td></td><td></td><td></td><td></td><td></td><td></td><td></td><td></td></tr>
<tr><td>泄水建筑物</td><td></td><td></td><td></td><td></td><td></td><td></td><td></td><td></td><td></td><td></td><td></td><td></td></tr>
<tr><td>输水建筑物</td><td></td><td></td><td></td><td></td><td></td><td></td><td></td><td></td><td></td><td></td><td></td><td></td></tr>
<tr><td>下游堤防</td><td></td><td></td><td></td><td></td><td></td><td></td><td></td><td></td><td></td><td></td><td></td><td></td></tr>
<tr><td>其他</td><td></td><td></td><td></td><td></td><td></td><td></td><td></td><td></td><td></td><td></td><td></td><td></td></tr>
<tr><td>水情</td><td colspan="2">水库水位（m）</td><td colspan="2">蓄水量（m^3）</td><td colspan="2">入库流量（m^3/s）</td><td colspan="2">出库流量（m^3/s）</td><td colspan="3">其他</td><td>备注</td></tr>
<tr><td>出险时水情</td><td></td><td></td><td></td><td></td><td></td><td></td><td></td><td></td><td></td><td></td><td></td><td></td></tr>
<tr><td>最新水情</td><td></td><td></td><td></td><td></td><td></td><td></td><td></td><td></td><td></td><td></td><td></td><td></td></tr>
</table>

填报单位：（盖章）　　填报人：　　填报单位负责人：　　联系电话：

三、编制防汛抢险应急预案应注意的事项

洪水是一种自然灾害，无法抗拒，防汛抢险预案只是针对可能发生的各类洪水险情制定的防御对策和措施。防汛抢险预案内容广泛，涉及关系和问题很复杂，在编写时应注意以下事项：

（1）编制小组。防汛抢险应急预案在防汛法规中具有重要的法律地位，是一项重要的非工程措施，要高度重视预案编写工作，应将预案的编制工作纳入正规化、规范化和制度化建设的轨道。防汛是政府行为，要在各地政府防汛行政首长领导下成立预案编制小组，其编写成员应包括本项应急处置工作参与的各部门责任人及相关专家和技术人员。

（2）编制预案的理念。应急预案编制的成员，思想上要有前瞻性，要以科学发展观和以人为本的指导思想指导整个编制工作，要充分认识到洪水是一种自然灾害，无法抗拒，但可以通过制定事前、事中的应急预案加以预防控制，将灾害损失减少到最小程度。应急预案应体现“努力实现由控制洪水向管理洪水转变”的理念。

（3）岗位与职责的编写。在预案编制中，要把防汛职责划分放在十分重要的位置，地方行政首长是防汛的第一责任人，对防汛抢险工作负总责，行政首长负责制是做好防汛工作的核心和关键，要把以行政首长负责制为核心的防汛责任制贯穿到各分工责任单位及各项防汛抢险工作。预案在明确防汛抢险岗位职责时，切忌一人多岗，一个人在紧急关头是不可能同时在多个岗位上履行职责的。

（4）编制有“个性”的预案。防汛抢险应急预案的编写，针对性要强，不能千篇一律。要充分考虑当地气象、水文、地理地质、工程特性、周边环境和人口密度及分布特点，考虑当地的社会公用设施、救援队伍、应急资源等现状，从而制定适合本地、本工程实际情况的防汛抢险应急预案。预案要充分体现应急工作中的“防”、“抢”、“救”特点。“防”应摆在首位，预案应做得更充分、细致些，各种灾害诱发的高风险性险情预估及预防对策都要涵盖；“抢”与“救”的预案措施要及时、可行、全面，并注意预案工作之间的衔接。

（5）预案要实用、有可操作。编制防汛抢险应急预案要翔实具体，要有针对性、联动性、完整性、实用性和可操作性，并在实施中不断补充，逐步完善。每年要对应急预案作定期检查，对预案的可行程度及响应效果作出综合评价，为下一年度防洪预案的编写提供条件。各地要根据在防汛中出现的新情况、新问题、检测结果等，更新和修订应急预案的方法，每年修订一次。

（6）预案编制要有新科技含量。目前，部分传统的防汛抢险方法已与科技发展不相适应，方法落后，劳动强度高，抢险效率低，受人力、防汛物料的限制，难以在防汛抢险中继续使用，而新的雨情、水情、洪水预报网络系统监控点增多、准确度提高；新的防汛抢险材料，强度高、耐久性强；新的抢险机具、设备等能够有效提高抢险效率，为险情的及时抢护争得主动，赢得时间。编写防汛抢险应急措施时，应根据所辖工程的具体情况，因地制宜地加以选择，注重运用新材料、新机具、新技术、新方法，逐步加大新科技在防汛抢险中的应用。

第六节　堤　坝　抢　险

堤坝险情的抢护措施，应根据具体情况而定。其中裂缝、滑坡及护坡破坏的抢护可参考第六章的有关方法进行，本节主要介绍防止堤坝漫顶和堤防在度汛中的常见险情和抢护方法。

一、防止堤坝洪水漫顶措施

1. 出现漫顶的原因和抢护原则

土质堤坝是散粒体结构，洪水漫顶极易引起溃坝事故。出现洪水漫顶的主要原因如下：

（1）上游发生特大洪水，或分洪未达到预期效果，来水超过堤坝设计标准，水位高于堤坝顶。

（2）在设计时，对波浪计算的成果与实际不符，致使在最高水位时漫顶。

（3）施工中堤坝顶未达到设计高程，或由于地基软弱，填土夯压不实，以致产生过大的沉陷量，使堤坝顶低于设计值。

（4）水库溢洪道、泄洪洞尺寸偏小或有堵塞。

（5）河道内有阻水障碍物，洪水宣泄不畅，水位壅高，或因淤积严重过水断面减小，相应抬高水位。

（6）地震、潮汐或库岸滑坡，产生巨大涌浪而导致漫顶。

洪水漫顶的抢护原则是增大泄洪能力控制水位、加高堤坝增加挡水高度及减小上游来水量削减洪峰。

2. 加大泄洪能力，控制水位

加大泄洪能力是防止洪水漫顶，保证堤坝安全的措施之一。对于圩堤，要加强河道管理，事先清除河道阻水障碍物，增加河道泄洪能力。对于水库，则应加大泄洪建筑物的泄洪能力，限制库水位的升高。对于有副坝和天然垭口的水库枢纽，当主坝危在旦夕，采用其他抢险措施已不能保住主坝时，也有破副坝和天然垭口来降低库水位的，但它将给下游人民生命财产带来一定损失。同时，库水的骤然下降可能使主坝上游坡产生滑坡，且修复的工程量可能较大，必须特别慎重。

3. 减小来水流量

上游采用分洪截流措施，减小来水流量。要对大型水库或重要江河堤防的安全进行保护，因为这些部位的破坏将引起重要城镇、工矿企业和人民生命财产的重大损失。因此，需在上游选择合适位置建库或设置分洪区进行拦洪和分洪，以减小下泄洪峰流量，保证下游堤坝的安全。例如，为确保武汉三镇的防洪安全，在长江中游沙市附近开辟了荆江分洪区，在汉江中游兴建了杜家台分洪工程。当武汉市的长江水位可能超过现有堤防承受能力时，启用荆江分洪工程，可削减下泄洪峰流量 $10800m^3/s$，保证武汉三镇的安全。黄河中游开辟的北金堤滞洪区和东平湖分洪区，其目的是保护济南市及下游沿河城市和厂矿企业的防洪安全。

4. 抢筑子堤，增加挡水高度

如泄水设施全部开放而水位仍迅速上涨，根据上游水情和预报，有可能出现洪水漫顶危险时，应及时抢筑子堤，增加堤坝挡水高程。1998 年在长江中游 1000km 河道两旁，大多靠修筑子堤挡水，不少堤段子堤高达 2m 多。填筑子堤，要全段同时进行，分层夯实。为使子堤与原堤结合良好，填筑前应预先清除堤坝顶的杂草、杂物，刨松表土，并在子堤中线处开一条深宽各为 0.3m 的结合槽。子堤迎水坡脚一般距上游堤（坝）肩约 0.5～1.0m，或更小，子堤的取土地点一般应在堤（坝）脚 20m 以外，以不影响工程安全和防汛交通。

子堤型式由物料条件、原堤（坝）顶的宽窄及风浪大小来选择，一般有以下五种。

（1）土料子堤。采用土料分层填筑夯实而成。子堤一般顶宽不小于 0.6m，上下游坡度不小于 1∶1，如图 10－3（a）所示。土料子堤具有就地取材、方法简便、成本低以及汛后可以加高培厚成为正式堤（坝）身而不需拆除的优点。但它有体积较大，抵御风浪冲刷能力弱，下雨天土壤含水量过大，难以修筑坚实等缺点。土料子堤适用于堤（坝）顶较宽、取土容易、洪峰持续时间不长和风浪较小的情况。

（2）土袋子堤。由草袋、塑料袋、麻袋等装土填筑，并在土袋背面填土分层夯实而

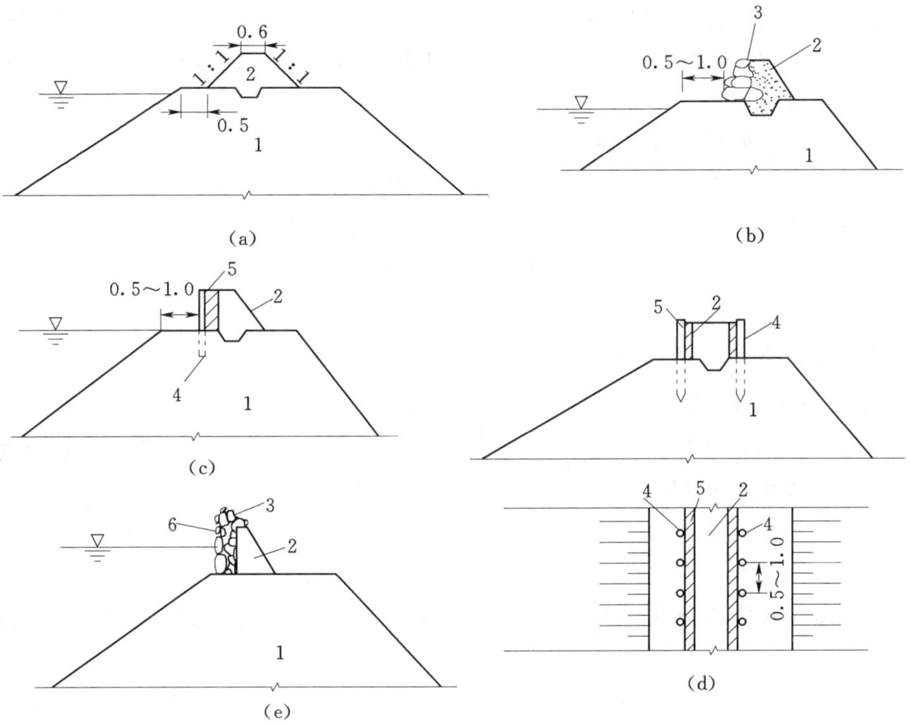

图 10-3　抢筑子堤示意图（单位：m）

(a) 土料子堤；(b) 土袋子堤；(c) 木板埽捆子堤；(d) 双层木板、埽捆子堤；(e) 利用放浪墙筑子堤

1—坝身；2—土料；3—土袋；4—木桩；5—木板或埽捆；6—放浪墙

成，如图 10-3 (b) 所示。填筑时，袋口应向背水侧，最好用草绳、塑料绳或麻绳将袋口缝合，并互相紧靠错缝，袋口装土不宜过满，袋层间稍填土料，尤其是塑料编织袋，以便填筑紧密。土袋子堤体积较小而坚固，能抵御风浪冲刷，但成本高，汛后必须拆除。土袋子堤适用于堤坝顶较窄和风浪较大的情况。

(3) 单层木板（或埽捆）子堤。在缺乏土料，风浪较大，堤（坝）顶较窄，洪水即将漫顶的紧急情况下，可先打一排木桩，桩长 1.5～2.0m，入土 0.5～1.0m，桩距 1.0m，再在木桩后用钉子或铅丝将单层木板或预制埽捆（长 2～3m、直径 0.3m）固于木桩上，如图 10-3 (c) 所示。在木板或埽捆后面填土分层夯实筑成子堤。

(4) 双层木板（或埽捆）子堤。在当地土料缺乏、堤坝顶窄和风浪大的情况下，可在堤（坝）顶两侧打木桩，然后在木桩内壁各钉木板或埽捆，中间填土夯实而成，如图 10-3 (d) 所示。这种子堤在坝顶占的面积小，比较坚固。但费木料、成本高、抢筑速度较慢。

(5) 利用防浪墙抢筑子堤。当坝顶设有防浪墙时，可在防浪墙的背水面堆土夯实，或用土袋铺砌而成子堤。当洪水位有可能高于防浪墙顶，可在防浪墙顶以上堆砌土袋，并使土袋相互挤紧密实，如图 10-3 (e) 所示。

二、散浸的抢护

（一）险情及出险原因

在汛期高水位情况下，下游坡及附近地面，土壤潮湿或有水流渗出的现象，称为散浸。如渗水时间不长且渗出的是清水，水情预报水位不在大幅上涨，只要加强观察，可暂不做处理。如渗水严重，则必须及时处理。否则散浸有可能发展为管涌、滑坡，甚至发生漏洞等险情。出现散浸的主要原因如下：

（1）堤（坝）身修筑质量不好。

（2）堤（坝）身单薄，断面不足，浸润线可能在下游坡出逸。

（3）堤身土质多砂，透水性大，迎水坡面无透水性小的黏土截渗层。

（4）堤（坝）浸水时间长，堤（坝）身土壤饱和。

（5）堤坝本身有隐患，如蚁穴等。

（6）堤坝与涵洞、土坝与输水洞、溢洪道接头处填筑不实。

（二）抢护原则及抢修方法

散浸的抢护原则是“临河截渗，背河导渗”。切忌背河使用黏土压渗，因为渗水在堤身内不能逸出，势必导致浸润线抬高和浸润范围扩大，使险情恶化。以下为一般的抢护方法。

1. 临河截渗

通过加强迎水坡防渗能力，减小进入堤坝内的渗流量，以降低浸润线，达到控制渗水险情的目的。

适用于临河有滩地，水深和流速不大、风浪较小、渗水严重、附近有黏性土且取土方便的渗水地段或有必要在临背同时抢护的重要堤坝。

（1）黏土截渗。根据堤坝前水深、渗水范围确定前戗修筑尺寸。一般顶宽 3～5m 左右，戗顶高出水位约 1m，长度至少超过渗水段两端各 5m 左右。抛填黏土时，可先在迎水坡肩准备好黏土，然后将土沿迎水坡由上而下、由里而外，向水中慢慢推入。由于土料入水后的崩解、沉积和固结作用，即筑成黏土前戗。

（2）土工膜截渗。如水位较低，当缺乏黏性土时，可采用土工膜加保护层的方法，达到截渗目的。此法具有节省物料、施工简单、进度快的优点。

具体做法是：①先选择合适的防渗土工膜，并清理铺设范围内的坡面和坝基附近地面，以免损坏土工膜；②根据渗水严重程度，确定土工膜沿边坡的宽度，预先黏结或焊接好，满铺坡面并伸入迎水坡脚以外 1m 以上为宜，土工膜长度不够时可以搭接，其搭接长度应大于 0.5m；③铺设前，一般将土工膜长度卷在 8～10m 的滚筒上，置于迎水坡肩上，每次滚铺前把土工膜的下边折叠黏牢形成卷筒，并插入直径 4～5cm 的钢管加重，使土工膜能沿坡紧贴展铺；④土工膜铺好后，应在上面满压一层土袋。由土工膜最下端压起，逐渐向上，平铺压重，不留空隙，以作为土工膜的保护层，如图 10－4 所示。

（3）土袋截渗。如堤坝前水位较低时，为防止戗土被冲走，可采用土袋前戗截渗，具体做法是：在迎水坡坝脚以外，用土袋筑一道隔墙，其厚度与高度以能达到填土截渗为宜，然后再抛填黏土，如图 10－5 所示。

2. 修筑压渗台

堤坝身断面不足，背坡较陡，当渗水严重有滑坡可能时，可修筑柴土后戗，既能排出渗水，又能稳定坝坡，加大堤坝身断面，增强抗洪能力。具体方法是挖除散浸部位的烂泥草皮，清好底盘，将芦柴铺在底盘上，柴梢向外，柴头向内，厚约 0.2m，上铺稻草或其他草类厚 0.1m，再填土厚 1.5m，做到层土层夯，然后再如上做法，铺放芦柴、稻草并填土，直至洇湿面以上。断面如图 10－6 所示。柴土后戗在汛后必须拆除。

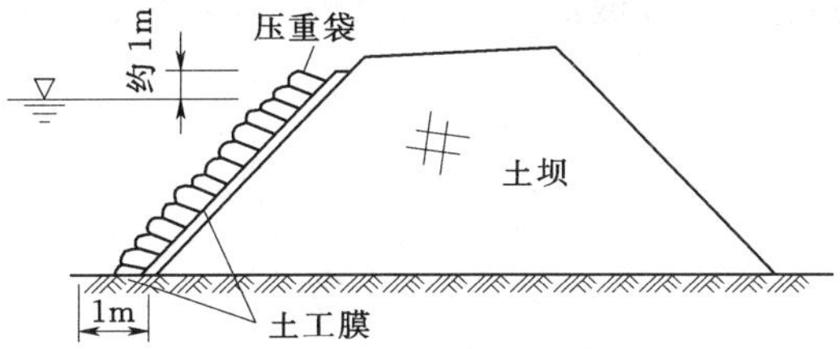

图 10－4　土工膜截渗示意图

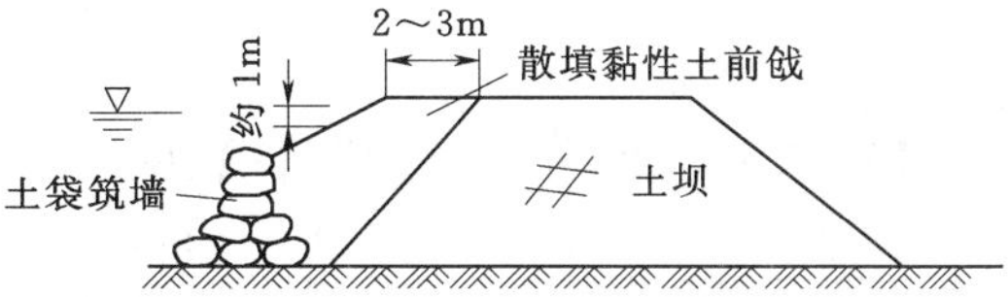

图 10－5　土袋截渗示意图

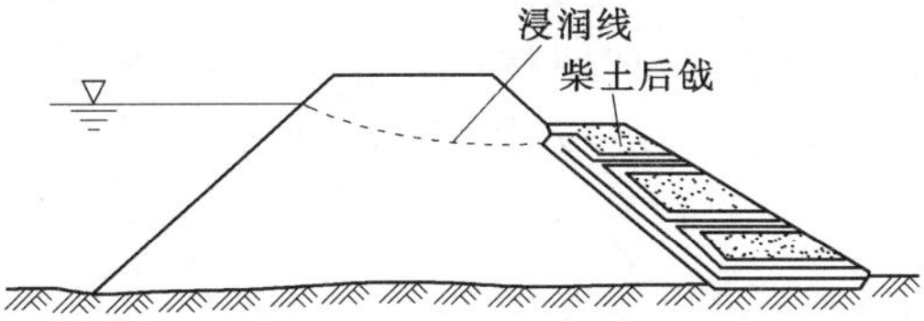

图 10－6　柴土后戗示意图

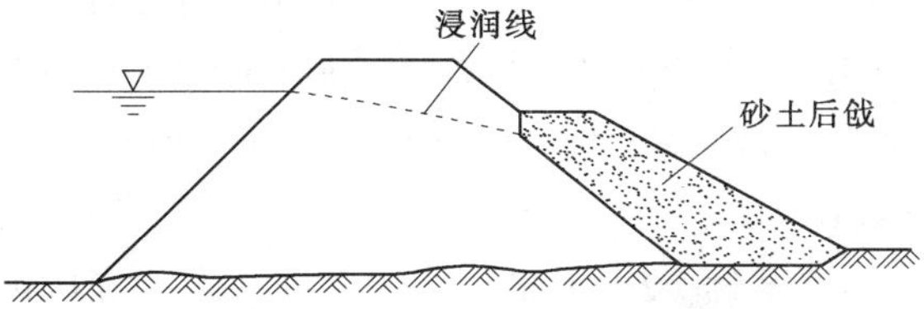

图 10－7　砂土后戗示意图

在砂土丰富的地区，也可用砂土代替柴土修做后戗，称为砂土后戗，也称为透水压渗台。其作用同柴土后戗，其断面如图 10－7 所示。

3. 抢挖导渗沟

当临河水位继续上涨，背河大面积严重渗透，且继续发展可能滑坡时，可开沟导渗。从背水坡自散浸的顶点或略高于顶点的部位起到堤坝脚外止，沿堤坝坡每隔 6～10m 开挖横沟导渗，在沟内填砂石，将渗水集中在沟内并顺利排走。开挖导渗沟能有效地降低浸润线，使堤坝坡土壤恢复干燥，有利于堤坝身的稳定。砂石缺乏而芦柴较多的地方，可采用芦柴沟导渗来抢护散浸险情。即在直径 0.2m 的芦柴外面包一层厚约 0.1m 的稻草或麦秸等细梢料，捆成与沟等长，放入背水坡开挖成的宽 0.4m、深 0.5m 的沟内，使稻草紧贴坝土，其上用土袋压紧，下端柴梢露出坝脚外。

4. 修筑反滤层导渗

在局部渗水严重、坝身土壤稀软、开沟困难的地段，可直接用反滤材料砂石或梢料在渗水堤坡上修筑反滤层，其断面及构造如图 10－8（a）所示。

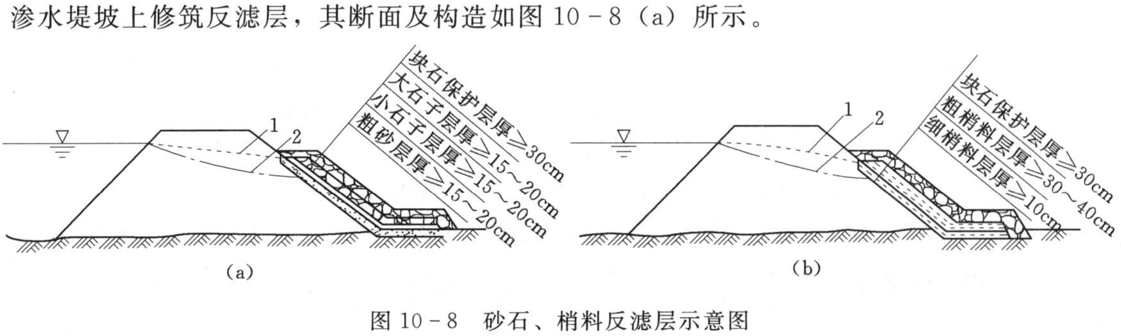

图 10－8　砂石、梢料反滤层示意图

（a）砂石反滤层；（b）梢料反滤层

1—修反滤层前浸润线；2—修反滤层后浸润线

在缺少砂石料的地区，可采用芦柴反滤层。即在散浸部位的坡面上先铺一层厚0.1m的稻草或其他草类，再铺一层厚约0.3m的芦柴，其上压一层土袋（或块石）使稻草紧贴土料。如图10－8（b）所示。也可用土工织物代替砂石做滤层，其上铺透水材料排水，最后压土袋或块石作保护层。

（三）案例

【案例1】 福建福清水库大坝散浸险情抢护

福建福清水库大坝为多种土质坝，最大坝高38.3m，总库容124.7万m^3。由于填筑质量差，坝加高时，新旧接合部位未处理。枯水时坝身出现干缩裂缝，高水位运用时，下游坡大面积渗水。使用复合土工膜铺在整平后的上游坡上，其上覆盖两层化纤布，然后再盖5cm厚砂壤土，其上填垫层和块石护坡。为防复合膜滑动，在坡面上顺坝轴线开挖两道0.5m×0.5m的水平槽，膜布埋入槽内再加填黏土夯实。坝两端破碎风化岩，撬平后再回填黏土夯实，其上铺土工膜，并加保护层。工程实施后，经两年高水位考验，背水坡渗漏消失。

【案例2】 湖北省长江干堤汪家洲堤段散浸险情抢护

（1）出险情况。汪家洲堤段位于长江中游末端左岸的黄广大堤，桩号31＋000～35＋000，全长4km。河段水深主流近岸，河床变形幅度大，崩岸时有发生，处于少滩或无滩状态。从地质剖面上看，此堤段冲积层厚，覆盖层薄，每至汛期，江水位达到19m（吴淞高程）以后，散浸、管涌等渗流破坏险情相当严重。

1995年6月26日长江水位达20.75m时，在桩号33＋100～35＋050堤段背水坡平台，距堤脚22m均出现散浸，出逸点高程多在18～18.5m，尤为严重的是33＋100～34＋000和34＋600～35＋050。两段，随着江水位上涨，散浸险情也随之发展增多，凡高程在18m左右的平台，都出现大面积的散浸，地表以上有0.2m深一层清水，总面积达3.4万m^2时，平台以下0.3m形成沼泽泥泞地段，人站上去有明显的下沉感觉。

（2）出险原因。汪家洲堤段处在崩岸河段水平向渗流畅通，滩岸宽仅20～40m，渗径短，渗透坡降达0.91，抗渗能力差，上部覆盖层仅5～7m，下部多为粉细砂层，渗流系数值3×10^{-2}cm/s左右，渗透变形在所难免，每逢长江水位高出堤背水坡地面后，堤脚及平台即出现散浸险情。如不及时抢护，面积逐渐扩大，危及堤身安全。

（3）抢护措施及效果。在散浸严重的局部堤段，开挖导渗沟，面宽1m，底宽0.6m，深0.8m，沿沟壁依次为砂、瓜米石、碎石铺满，每层厚在0.15～0.20m，大量清水从沟内排出，水流是由浑水逐渐变清，平台表面迅速固结，达到预定的效果。为此，对桩号33＋100～35＋050的全线散浸严重地段进行开沟导渗处理，共开挖导渗沟长7625m，平铺导滤层1120m^2，共耗用砂石料43000m^3，挖填土方17000m^3。其中桩号33＋580～33＋750堤段，因导滤沟难以开挖成形，影响导渗效果，经研究决定，由开沟导渗改为分层（砂、砾石、碎石）平铺，经处理后，基土未见流失，出水变清，也达到了预计效果。

三、漏洞的抢护

（一）险情及出险原因

背河堤坡或堤脚附近如果发生流水洞，流出浑水，也有时是先流清水，逐渐由清变浑，这就是严重的险情——漏洞。如果出现漏洞险情，不及时抢护往往很快就会导致堤坝的溃决。1996年，湖北省发生溃口性大险情7处，其中漏洞险情5处。出现漏洞险情的主要原因如下：

(1) 堤（坝）身质量差，渗流集中，贯穿了堤（坝）身。

(2) 堤坝内存在隐患（如裂缝、洞穴、树根等），一旦水位涨高，渗水就会在隐患处流出。

(3) 散浸、管涌处理不及时，逐渐演变成为漏洞。

(二) 抢护原则及抢修方法

漏洞的抢堵原则是"临河堵截断流，背河反滤导渗，临背并举"。

1. 漏洞的探测

临河堵塞必须首先探寻漏洞的进水口，常用探寻进水口的方法如下。

(1) 观察水流。漏洞较大时，其进口附近的水面常出现旋涡，若旋涡不明显时，可在比较平静的水面上撒些碎麦秸、锯末、谷糠等，若发生旋转或集中一处，进水口可能就在其下面。有时也可在漏水洞迎水侧的适当位置，将有色液体倒入水中，并观察漏洞出口的渗水，如有相同颜色的水逸出，即可断定漏洞进口的大致位置。当风浪较大、水流较急时不宜采用此法。

(2) 探漏杆探测。探漏杆是一种简单的探测漏洞的工具，杆身是长1～2m的麻秆，用白铁皮两块（各剪开一半）相互垂直交接，嵌于麻秆末端并扎牢，麻秆上端插两根羽毛，如图10－9所示。制成后先在水中实验，以能直立水中，上端以露出水面10～15cm为宜。探漏时在探漏杆顶部系上绳子，绳的另一端持于手中，将探漏杆抛于水中，任其漂浮。若遇漏洞，就会在旋流影响下吸至洞口并不断旋转，该方法受风浪影响较小，深水处也能适用。

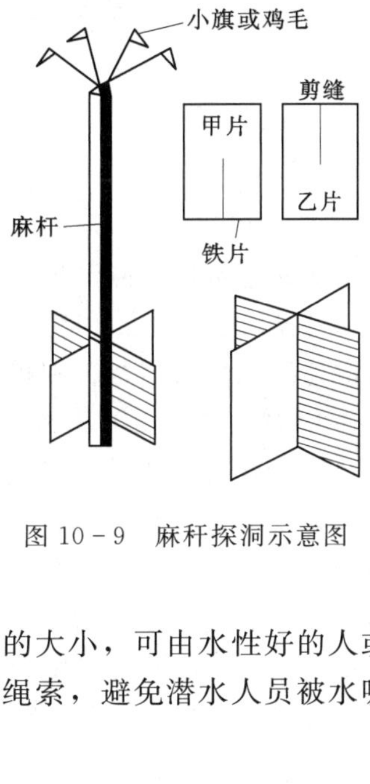

图10－9　麻秆探洞示意图

(3) 潜水探漏。当漏洞进水口处水深较大，水面看不见旋涡，或为了进一步摸清险情，确定漏洞离水面的深度和进口的大小，可由水性好的人或专业潜水人员潜入水中探摸。此法应注意安全，事先必须系好绳索，避免潜水人员被水吸入洞内。

2. 堵塞漏洞进口

(1) 软楔堵塞。当漏洞离水面较近进口较小，且洞口周围土质较硬的情况下，可用网兜制成软楔，也可用其他软料如棉衣、棉被、麻袋、草捆等将洞口填塞严实，然后用土袋压实并浇土闭气。如图10－10所示。

当洞口较大时，可以用数个软楔（如草捆等）塞入洞口，然后应用土袋压实，再将透水性较小的散土顺坡推下，铺于封堵处，以提高防渗效果。

(2) 铁锅、门板堵洞。当洞口离水面较远，在洞口不大、周围土质较硬时，可用大于洞口的铁锅（或门板）扎住洞口（锅底朝下，锅壁贴住洞缘），然后用软草、棉絮塞紧缝隙，上压土袋。

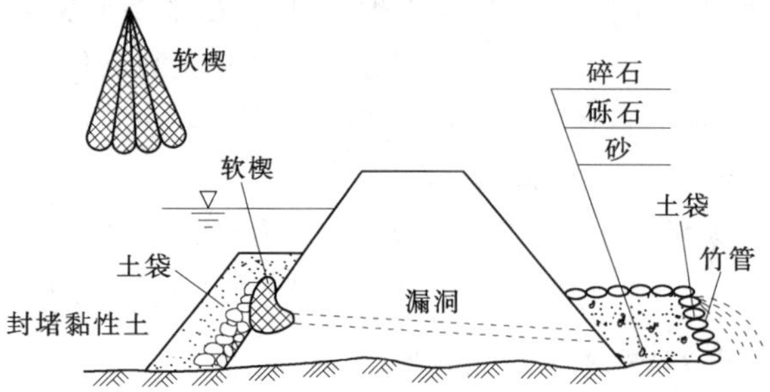

图 10-10 临河堵漏洞背河反滤围井示意图

(3) 软帘覆盖。如果洞口土质已软化，或进水口较多，可用篷布或用芦席叠合，一端卷入圆形重物，一端固定在水面以上的堤坡上，顺堤坡滚下，随滚随压土袋，用土袋压实并浇土闭气。

(4) 临河月堤。当漏洞较多，范围较大且集中在一片时，如河水不太深，可在一定范围内用土袋修作月堤进行堵塞，然后浇土闭气。如图 10-11 采用所示。

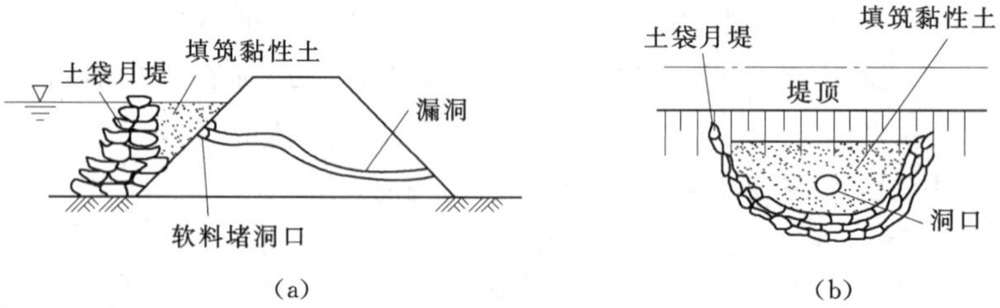

图 10-11 临河月堤堵漏示意图

(a) 剖面图；(b) 平面图

堵塞进水口是漏洞抢护的有效方法，有条件的应首先采用。应当指出，抢堵时切忌在洞口乱抛块石土袋，以免架空，增加堵漏难度。不允许在进口附近打桩，也不允许在漏洞出口处用此法封堵，否则将使险情扩大，甚至造成堤坝溃决的后果。

3. 背河滤水围井减压

(1) 滤水围井。为了防止漏洞扩大，在探测漏洞进口位置的同时，应根据条件在漏洞出口处做滤水围井，以稳定险情。滤水围井是用土袋把出口围住，内径应比漏洞出口大些。围井自下而上分层铺设粗砂、砾石、碎石，每层 0.2～0.3m，组成反滤层。渗漏严重的漏洞，铺设反滤料的厚度还可以加厚，以使漏水不带走土粒。如图 10-10 所示。漏洞较小的可用无底水桶做围井，内填反滤材料。砂石料缺乏的地区，可用草、炉渣、碎砖等做反滤层。最后在围井上部安设竹管将清水引出。此法适用于进口因水急洞低无法封堵、进口位置难以找到的浑水漏洞，或作为进口封堵不住仍漏浑水时的抢护措施。有的围井不铺反滤层，利用井内水柱来减少漏洞出口处的流速，这样围井需做得较高，但因井内水深过大易破坏围井周围土层，造成新的险情，故仅适用于进出口水位差不大的情况。

(2) 水戗减压。当漏洞过大，有发生溃决危险，或漏洞较多，不可能一一修做反滤围井时，可以在背河抢修月堤，并在其间充水为水戗，借助水压力减小或平衡临河水压力减缓漏洞威胁。

【案例】 湖北省武汉市长江干堤浑水漏洞抢护

(1) 出险情况。1998 年 7 月 29 日 17 时 25 分，长江水位 29.02m（汉口水文站），武汉市汉口长江干堤丹水池堤段，中国石化中南武汉公司油库院内沿江堤桩号 50+300 处，距挡水墙背水侧脚5～6m处发现一直径15～20cm的漏洞，水柱高3～4cm，旁边还有两个小洞，直径2cm。堤内地面即洞口高程26.5～27.0m，挡水墙顶高程32.0m。

（2）出险原因。经查阅历史资料，1954年8月24日，该堤段曾发生过浑水漏洞险情，洞径在8min内由2cm扩大至30cm左右，并出现两个跌窝，后经迎水侧填土堵漏、背水侧做围井处理，控制住险情。现堤段是1956年在砂石驳岸上修筑的挡水墙，由于年代很久，堤身质差，又经近几年连年大水浸泡，特别是1998年汛期水位居高不下，堤身渗漏变形，形成通道所致。

（3）抢护措施。1998年7月29日18时，采用围井三级导滤层处理，围井直径2m，高0.8m，砂厚0.2m，砾石厚0.2m，碎石厚0.2m。19时20分处理完毕后，渗出清水。7月30日11时28分，发现围井旁出现新的浑水洞3～4个，洞径2～3cm，涌水高20cm左右。同时，墙脚也出现大量渗水。7min后，洞径发展到30～40cm，涌水量加大，导滤料被水冲走，后采用袋装砂石压，人踩才能压住，压高至1.6m左右才刹住水势。30日12时，推开墙外江面漂浮物，发现距墙2m左右有旋涡。经潜入江中用脚踩探，发现墙外洞口在水面以下1.6～1.7m，洞径1m左右。12时20分，用袋装土40～50袋外堵，效果不明显。12时30分改用毛毯棉絮外堵，每床毯包3个编织土袋下沉，抛7～8床毛毯、棉絮后，墙面背水侧出水明显减少，13时抛袋结束，用毛毯、棉絮44床，墙后出水基本停止。此时，堤内导滤堆突然下沉0.5m，经加反滤料后稳定。为巩固成果，对堤后有疑点的20m范围铺砂石导渗，并在迎水侧外江实施土袋筑围堰。

四、管涌的抢护

（一）险情及出险原因

在堤坝背水坡脚附近，或堤脚以外的洼坑、水沟、稻田中出现孔眼冒砂翻水的现象称之为管涌，又称泡泉。由于冒沙处往往形成“沙环”，故又称“土沸”或“沙沸”。管涌孔径小的如蚁穴，大的数十厘米，少则出现一两个，多时可出现管涌群。管涌的发展是导致堤坝溃决的常见原因。出现管涌险情的主要原因如下。

（1）堤坝为砂质地基，施工时清基不彻底，未能截断堤坝下的渗流，渗水经地基而在背河逸出。

（2）堤坝基础表层为黏性土，深层为透水地基，由于天然或人为因素破坏了上游天然铺盖，而下游取土过近过深，引起渗透坡降过大，发生渗透破坏，形成管涌。

（二）抢护原则及抢修方法

由于管涌发生在深水的砂层，汛期很难在迎水面进行处理，一般只能在背水面采取制止漏水带砂而留有渗水出路的措施稳住险情。它的抢护原则是“反滤导渗，制止涌水带出泥沙”。其具体抢险方法如下。

（1）反滤围井。当堤坝背面发生数目不多、面积不大的严重管涌时，可用抢筑围井的方法。先在涌泉的出口处做一个不很高的围井，以减小渗水的压力及流速，然后在围井上部安设管子将水引出。如图10－12所示。如险处水势较猛，先填粗砂会被冲走，可先以碎石或小块石消杀水势，然后再按级配填筑反滤层。若发现井壁渗水，可距井壁0.5～1.0m位置再围一圈土袋，中间填土夯实。

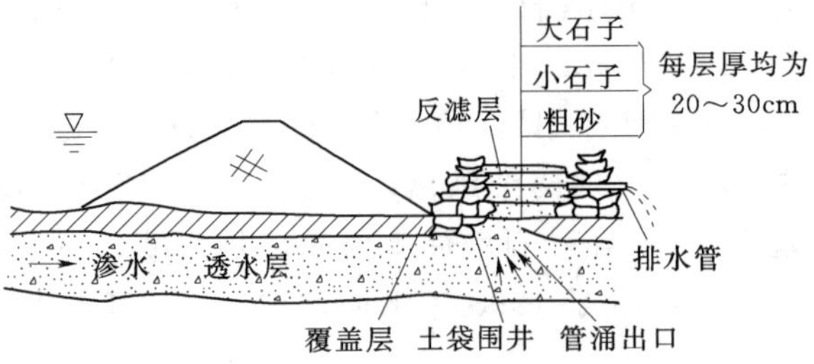

图 10-12 砂石反滤围井示意图

(2) 减压围井。管涌的范围较大，多处泡泉，临背水位差较小时，可以在管涌的周围形成一个水池，利用池内水位升高，减少内外水头差，以改善险情。围井的修筑方法可视管涌的范围、当地的材料而定。用土袋筑成的围井称土袋围井；用铁筒直接做成围井称为铁筒围井。也可用土料或土袋筑成月堤的形式。减压围井的布置如图 10-13 所示。

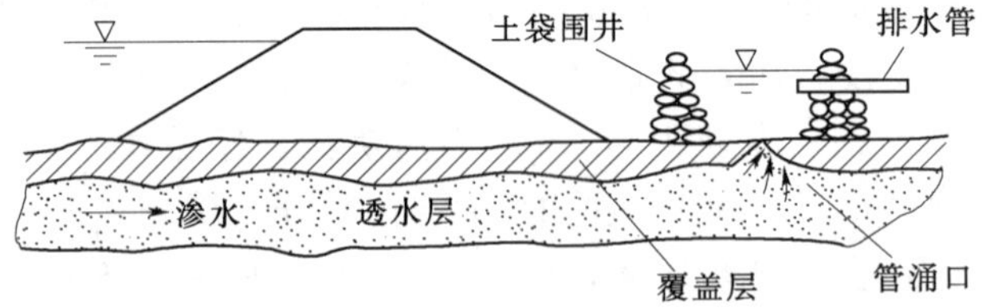

图 10-13 减压围井示意图

(3) 反滤铺盖。在出现管涌较多且连成一片的情况下可修筑反滤铺盖。采用此法可以降低渗压，制止泥沙流失。管涌发生在堤坝后面的坑塘时，可在管涌的范围内抛铺一层厚约 15～30cm 的粗砂，然后再铺压碎石、小片石，形成反滤。在砂石缺乏地区可用柳枝扎柴排，厚 15～30cm，上铺草垫厚 5～10cm，再压以土袋或块石，使柴排沉入水内管涌位置。在抢筑反滤铺盖时，不能为了方便而随意降低坑塘内积水位。

(4) 压渗台。用透水性土料修筑的压渗台可以平衡渗压，延长渗径，并能导渗滤水，阻止土粒流失使管涌险情趋于稳定。此法适用于管涌较多、范围较大、反滤料不足而砂土料源丰富的情况。其修筑形式如图 10-14 所示。

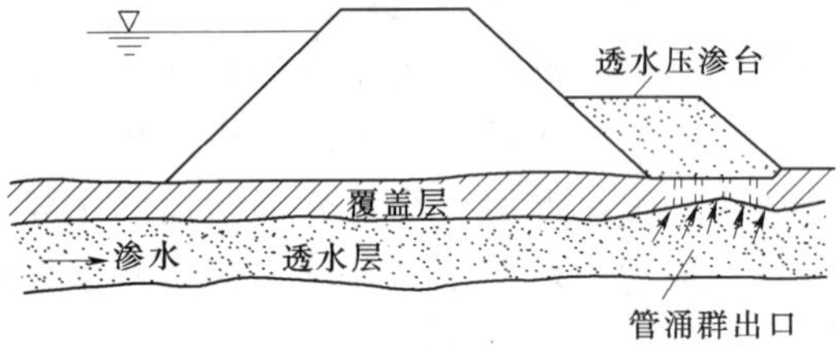

图 10-14 透水压渗台示意图

(5) 水下管涌抢险。在背水坡脚以外的潭坑、池塘、洼地等水下出现管涌时，可采用以下方法抢护。

1) 填塘法。填塘前，应对涌水涌沙严重的管涌孔先用砖、石填塞，待水势消减后，直接用砂性土或粗砂将池塘填筑。

2) 水下反滤层法。待涌水涌沙严重的管涌孔水势消减后，直接铺垫中粗砂，再铺垫小石子、大石子，起到反滤导渗作用。

3) 抬高塘坑水位法。作用原理与减压围井相同。即采用引水入塘，抬高坑塘内水位，以制止管涌冒沙现象。

(6) “牛皮包”抢险。当渗透水压未能顶破表土而形成鼓包（俗称“牛皮包”）险情时，可在隆起的部位，铺 10～20cm 厚的细梢料，再铺 20～30cm 厚的粗梢料。铺好后，用钢锥戳破鼓包表层，让包内水分和空气排出，然后再压沙袋、石块保护。

【案例】 湖北省监利县荆江大堤杨家湾管涌抢护

（1）出险情况。1998 年 8 月 30 日 12 时，在荆江大堤监利县杨家湾桩号 638＋400，距堤脚 400m 处发现一孔径 0.50m 的管涌险情，渗水带出沙量 $2m^3$，涌水高出地面 0.20m。堤背水侧原是吹填区外缘的一块低洼农田，因地势低，农民弃种，已成沼泽地。历史上曾出现过大型管涌、背水坡脱坡、堤身裂缝等险情。目前吹填平台已有 120～250m 宽，平台高程 31m。堤顶高程 40.24m，顶宽 12m。8 月 17 日该堤段迎水侧最高水位曾达 38.81m。8 月 30 日出险时长江水位 37.60m，出险部位高程 28.50m。

（2）出险原因。杨家湾大堤基础为细砂层，20 世纪 70 年代以前，出险部位常在距堤脚 100m 范围内，经吹填加宽，加高迎水面的铺盖，险情得到稳定。1998 年的水位高，持续时间较长，又出现了新的险情。

（3）抢护措施。出险后采取的抢护措施有两条：一是围井三级反滤；二是围堰抽水反压。8 月 30 日 14 时开始做直径 5m 的围井，高 1.1m。具体做法是：先用大卵石填平洞口，消杀水势，再填黄砂 0.3m 厚，在其上填砾石 0.25m 厚，最后填碎石 0.20m 厚。围井水位蓄至 29.50m。与此同时，对 2 亩沼泽地加做围堰，高程为 29.40m，蓄水位 29.20m，以防险情转移。17 时处理结束并测出涌水量 14L/s。20 时发现填料周围冒沙，到 22 时，测得管涌口环形沙带内径为 2m，外径为 3m，厚为 0.05m，出沙量 $0.157m^3/h$。上述情况表明采用的抢护措施不当，处理效果不好。当即决定清除直径 3m，厚 0.3m 的反滤料。重新做三级反滤，具体做法是：第一层填黄砂厚 0.2m；第二层填砾石厚 0.2m；第 3 层填碎石厚 0.15m。31 日零时完成。但 31 日晨 6 时，滤料周围又出水带沙，测得出沙量为 $0.116m^3/h$。经初步分析，以上两次处理不理想的原因是：管涌口涌水压力过大，将第一层滤料黄砂冲动带出孔口。决定再次返工，重做三级反滤。8 时 30 分开始处理，首先，清除直径 3.5m，厚 0.4m 范围内的滤料；然后铺直径 3.0m 的纱布，以消杀水势；接着在纱布上做三级反滤：第一层填黄砂厚 0.20m；第二层填砾石厚 0.20m；第三层填碎石厚 0.1m，并将围井水位由 29.50m 升至 29.80m，围堰水位升至 29.50m，于 11 时 20 分处理完毕，未再出现涌水带沙。

五、防止风浪淘刷

（一）险情及出险原因

汛期涨水以后，堤前水深增大，堤坡受风浪进退的连续冲击和淘刷而出现浪坎、坍塌、滑坡等现象，称为风浪险情。风浪险情如不及时控制，将引起堤防的严重坍塌而至溃决。出现风浪险情的主要原因如下：

（1）无块石护坡的堤段断面单薄，筑堤土质不好，施工碾压不密实以及基础不良等。或者是块石护坡施工质量不好。

（2）堤前水深大，堤距宽、吹程大、风速强以及风向指向堤防等。

（二）抢护原则及抢修方法

风浪的抢险原则是“破浪固堤”。一般是利用漂浮物来消减风浪冲力，用防浪护坡工程在堤坡受冲刷的范围内进行保护，其具体抢护方法有如下几种。

(1) 柴排护坡防浪。在风浪较小时，可用柳、苇、梢料捆扎成直径为10cm的柴把，然后扎成2m宽、3m长的防浪排铺在堤坡上，并压上石块等重物，将其一端系在堤顶小桩上，随水的涨落拉下或放下，调整柴排上下的位置，如图10-15所示。

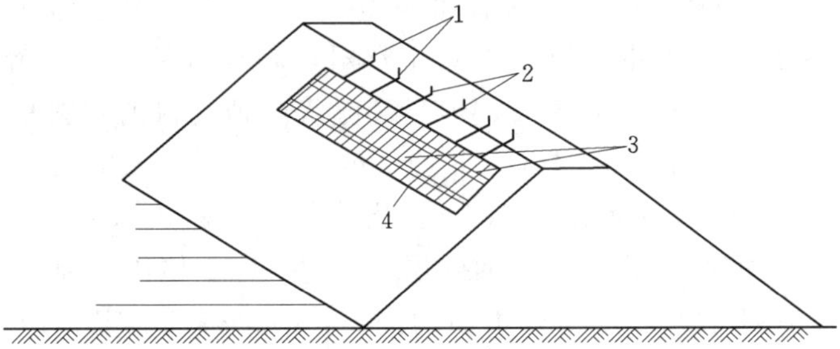

图10-15 活动放浪排

1—木桩；2—铅丝；3—大块石；4—柴把

(2) 浮排防浪。将梢径为5～15cm的圆木（或毛竹）用铅丝或绳子扎成排，圆木（或毛竹）的间距0.5～1.0m，排的宽度应等于或大于波浪长度，木排方向应与波浪传来的方向垂直。根据水面宽度和风浪的情况，同时可将一块或数块木排连接起来，放于堤坝防浪位置水面，并用绳子系牢，固定于堤坝顶的木桩上。

(3) 桩柳防浪。在堤身受风浪冲击的范围内打桩铺柳，直至超出水面1m左右，也能起到固堤防浪的作用。

上述三种措施都可以缓和流势，减缓流速，促淤防塌，起到破浪固堤的作用。

(4) 土袋护坡防浪。在堤防临水坡抗冲性差，当地又缺乏秸、柳、圆木等软料，且风浪袭击较严重的堤段，可用草袋或麻袋、塑料编织袋装土或砂石，放置在波浪上下波动的范围内，袋口用绳缝合，互相叠压成鱼鳞状。土袋能加固堤防防止风浪冲击。

(5) 土工织物防浪。将土工织物铺设在堤坡上，以抵抗波浪对堤防的破坏作用。特别是对于海堤防浪，由于迎水和背水面都需要考虑，土工织物防浪较为适用。

六、岸坡崩塌

崩塌是指堤坝临水坡在水流作用下发生的险情。崩塌是常见险情之一。如荆江河段崩岸险工共11段、长56245m，这些河段堤外无滩或滩地很窄，主流顶冲，深泓紧逼，每次汛期常发生此类危险险情。

(一) 险情和出险原因

1. 险情

崩岸是水流与河岸相互作用的结果，其形式是随着崩岸部位，滩槽高差，主流离岸远近和河岸土质组成等变化而有所不同。大致可分为“弧形矬崩”，“条形倒崩”，“浪崩”和“地下水滑崩”等四类。

(1) 弧形矬崩。一般发生在沙层较低，黏土覆盖层较厚，水流冲刷严重的弯道“常年贴流区”，这一区域内，崩岸强度最大。当岸脚受水流淘刷，洗空沙层后，上面覆盖层土体失去平衡，平面和横向呈弧形的阶梯状滑矬，迹象是：先在堤坝顶部或边坡上出现弧形裂缝，然后整块土体分层向下滑矬，由小到大，最后形成巨大的窝崩，一次弧宽可达数10m，弧长可达100余米，年崩岸宽度可达数百米。从平面上看，弧形矬崩的崩窝是逐步发展的。每一次崩塌后，岸线呈锯齿状，突出处，水流冲刷较剧烈，第二次崩塌，多出现在突嘴部位，从而使岸线均匀后退，其崩岸形状如图10-16（a）。

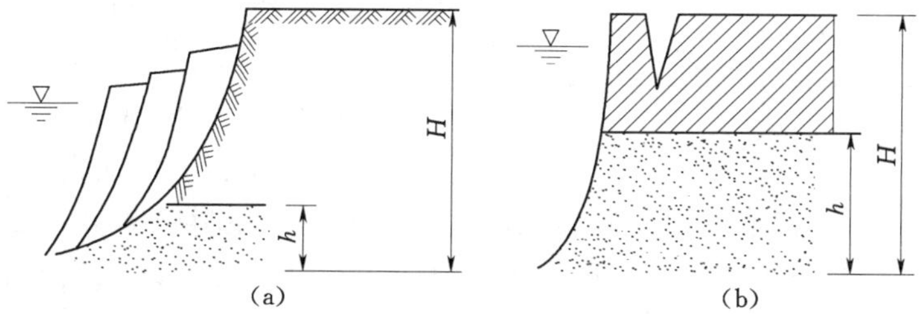

图10-16 崩塌险情类型

（2）条形倒崩。多出现在沙层较高，黏土覆盖层较薄，土质松散，主流近岸的河段。当水流将沙层淘空后，上层失去支撑绕某一支点倒入水中或沿裂缝切面下坠入水。崩塌后，岸壁陡立，崩塌土体呈条形，如图10-16（b）。一次崩宽比矬崩小，但崩塌频率比矬崩大且呈不间断连续崩退。

（3）风浪洗崩。当堤坝受风浪的冲击淘刷或受波谷负压抽吸作用，轻则把堤坝冲成陡坎，使堤坝发生浪崩险情，重则使堤坝遭到严重破坏，甚至溃口成灾。如1954年洪湖堤段，因江面宽阔，受风浪袭击，致使堤身崩塌大半，以致失去应有的抗洪能力。

（4）滑崩。汛期河水位高于地下水位，河水补给地下水，因而对崩岸起抑制作用。枯季地下水回渗入河，或汛期洪水位陡涨急落以及水库大量泄水时，堤坝外坡失去反撑，加之堤坝浸水饱和，抗剪强度降低而发生崩塌（俗称落水险）。

2. 原因分析

因水流冲刷堤坝，浸泡后土体内部的摩擦力和黏结力抵抗不住土体的自重和其他外力，使土体失去平衡而坍塌。堤坝发生坍塌有以下几种情况：

（1）主溜或边溜的冲刷。如水流坐湾和转折处水流顶冲堤防，河椀凹岸引起横向环流以及宽河道发生横河，水流直冲堤防等情况，均能造成堤防坍塌险情。

（2）堤坝基础为细粉砂土，不耐冲刷，常受溜势顶冲而被淘空；因地震使砂土地基液化，均可能造成严重坍塌。

（3）洪峰陡涨陡落，变幅大，水库大量泄水，水位急骤下降，堤坝坡失去稳定而崩塌。

（二）抢护原则和抢护方法

临水崩塌抢护原则是：缓流挑溜，护脚固坡，减载加帮。抢护的实质一是增强堤坝的稳定性，如护脚固基、外削内帮等；二是增强堤坝的抗冲能力，如护岸护坡等。其具体抢护方法有如下几种：

1. 外削内帮

堤坝高大，无外滩或滩地狭窄，可先将临河水上陡坡削缓，以减轻下层压力，降低崩塌速度，同时在内坡坡脚铺砂、石、梢料或土工布作排渗体，再在其上利用削坡土内帮，临水坡脚抛石防冲，如图 10－17 所示。

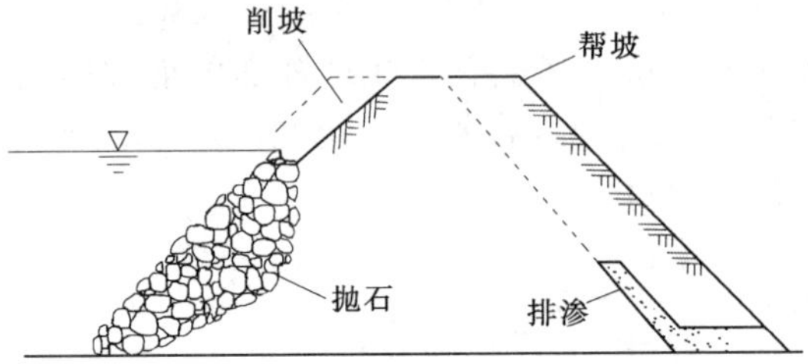

图 10－17 外削内帮示意图

2. 护脚防冲

堤防受水流冲刷，堤脚或堤坡已成陡坎，必须立即采取护脚固基措施。护脚工程按抗冲物体不同可分以下类型。

（1）抛石块、土（石）袋（草包、竹、柳、编织布）、柳树等。抛石使用最为广泛，其原因是它具有施工简单灵活，易备料，能适应河床变形。但要严格控制施工质量，其关键是控制移位和平面定位准确，水流紊乱的地方要另设定位船控制，力求分布均匀，达到设计要求。一般抛石加固应由远而近，但如崩岸强度大，岸坡陡峻，施工进度慢的守护段应改为由近到远，这样施工，既可固脚稳坡，又可避免抛石成堆压垮坡脚。如图 10－18（a）。

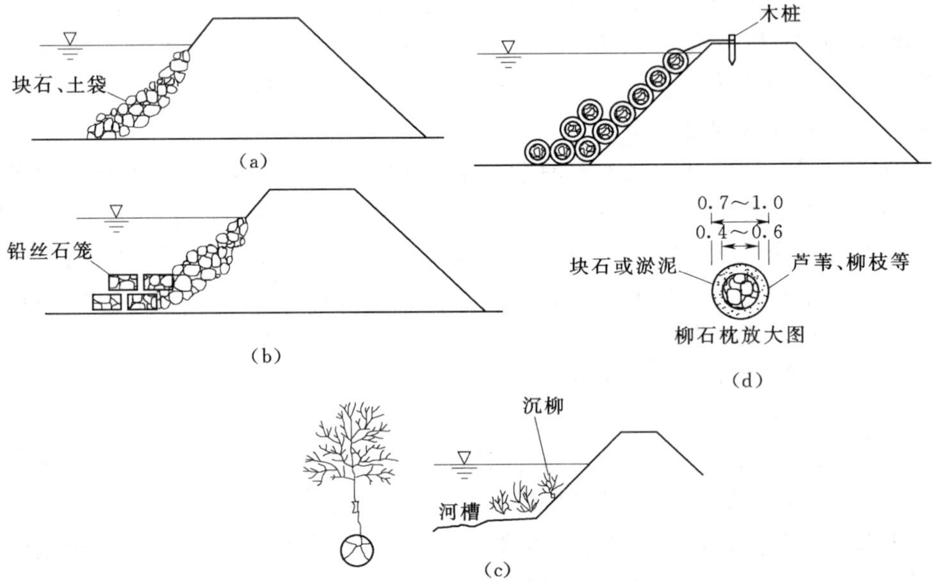

图 10－18 护脚防冲示意图（单位：m）

水深流急之处，可用铅丝笼、竹笼、柳藤笼、草包、土工布袋装石抛护，图 10－18（b）为铅丝石笼护脚示意图。

抛枕是一种行之有效的护脚措施。实践证明：沙质河床床沙粒径小，单纯抛石，床沙易被水流带走，不能有效地控制河岸崩塌。抛枕形状规则，大小一致，较能准确地抛护在设计断面上，并具有整体性、柔韧性和适应性，能适应岸坡变化，抗冲性强，且能有效地起到掩护河床的作用。为了更好地掌握工程质量，要求定位准确，凡抛枕断面，不得预先抛石，见图 10－18（c）为黄河下游常用的柳石枕，图 10－18（d）为沉柳护脚示意图。

（2）编织布软体排抢护。江苏省长江嘶马段 1974 年开始用聚丙烯编织布、聚氯乙烯绳网构成软体排，用混凝土块或土工布石袋压沉于崩岸段，效果较好。海河水利委员会试用 PPl2×10 或 PPl4×14 编织滤布作成排体，用于崩塌抢护。

3. 坝垛挑流

当堤外有一定宽度的河岸或滩唇且水深不大时，可在崩岸段抢筑短丁坝，丁坝方向与水流直交或略倾向下游，其作用是挑托主流外移。1986 年 8 月辽宁省路夹段辽河大堤，主流在堤脚附近冲刷形成 6m 深的冲刷坑两个，当即抢修土丁坝，石丁坝各一条，长 10 余米，挑开了主流，排除了险情。

4. 退建

洪水顶冲大堤，堤防坍塌严重而抢护不及或抢护失效，就应当机立断组织退建。在弯道顶部退建要有充分宽度。退建堤防也要严格按标准修筑。

七、抢堵堤防决口

堤防决口的抢堵是防汛工作的重要组成部分。当堤防已经溃决时，应首先在口门两端抢堵裹头，如图 10－19 所示，防止口门继续扩大。若发生多处决口，堵口的顺序应按照“先堵下游，后堵上游，先堵小口，后堵大口”的原则进行抢护。因先堵上游口门，下游口门分流蓄势必增大，下游口门有被冲深宽的危险。先堵大口，则小口流量增多，口门容易扩大或刷深，先堵小口对大口门流量影响较小。如果小口在上游，大口在下游，一般也应是堵小口。对于较小的决口，可在汛期抢堵。但在汛期堵复有困难的决口，一般应在汛后水位较低或下次洪水到来之前的低水位时堵复。

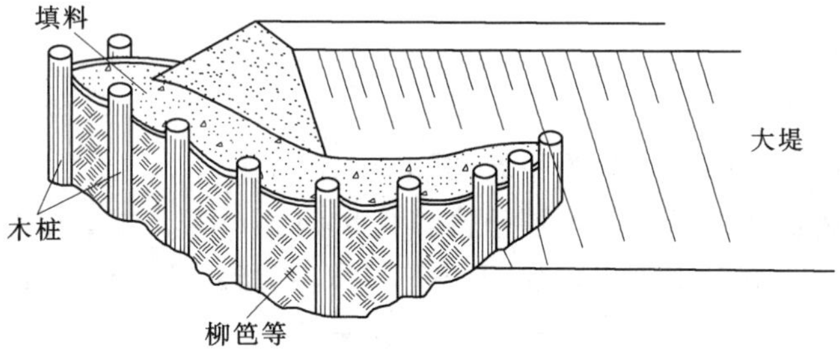

图 10－19　裹头示意图

（一）堵口的工程布置

堵口应就地取材，充分利用地形条件，根据具体情况进行堵口工程的布置。一般堵口工程归纳起来可分为主体工程（堵坝）、辅助工程（挑流坝）和引河等三大部分组成。有些河道，不具备这种条件，则只有在原地堵决口。

1. 堵坝

堵坝的位置应经过调查研究慎重决定。堵坝一般布置在决口附近，迫使主流仍回原河道。若有适当滩地，也可将堵坝修筑在滩地上。但也有堵坝位置因受地基、地形、河势的条件限制，被迫退后修筑遥堤（远离河槽的大堤）的。

2. 挑流坝

挑流坝是把主流挑离决口的坝，如丁坝等。其布置方法如下：

（1）有引河的堵口，挑流坝应布置在堵口上游的同岸，如图 10－20 所示。可将主流挑向引河。

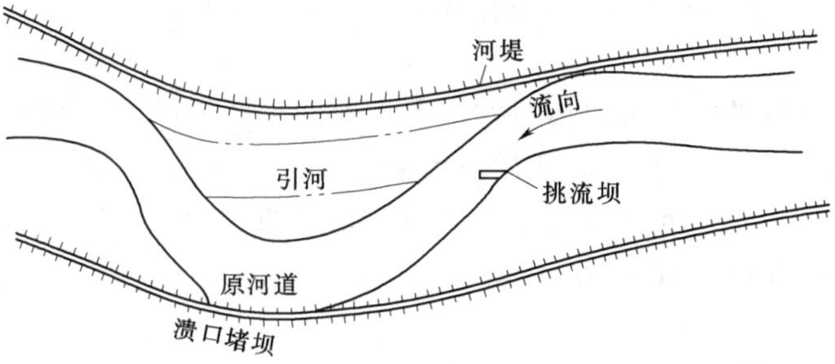

图 10-20 引河分流示意图

(2) 在无引河的情况下，挑流坝应布置在口门附近上游河湾处。一方面将主流挑离口门，减少口门流量；另一方面消杀水势，减小水流对堵口截流的顶冲作用，以利堵口。

(3) 挑流坝的长度要适当。过长增加工程量，对稳定也不利。过短挑开水流作用不大。如水流过急，流势较猛，一道挑流坝难挡水势，可修两道或两道以上的挑流坝，坝间距离，一般约为上游挑流坝长度的 2 倍。

3. 引河

引河的选线，要根据地形、地质、施工条件、工程量及经济条件等多种因素确定。引河进口应选在堵口上游附近，以减少堵口处的流量，降低堵口处的水位。出口位置应选在原河道受淤积影响小的深槽处。

(二) 堵口的方法

1. 按进占顺序分类

堵口的方法，按进占顺序可分为平堵法和立堵法两种。

(1) 平堵。平堵是从口门底部逐层垫高，使口门的水深、流量相应减小，因而对口门的冲刷减弱，直至口门被封闭为止，如图 10-21 (a) 所示。其施工步骤如下。

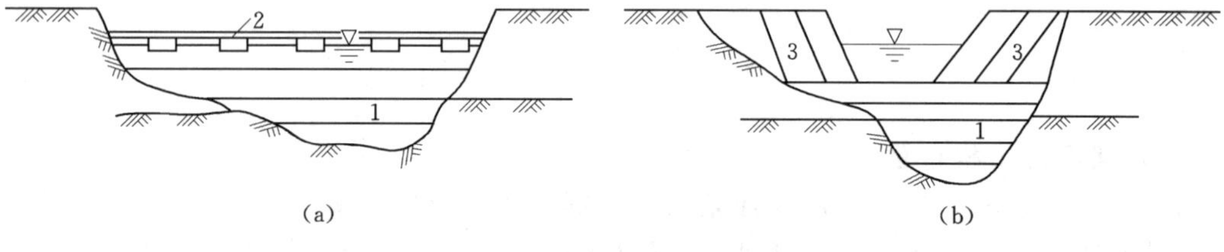

图 10-21 平、立堵方法示意图
(a) 平堵；(b) 平、立堵结合
1—平堵进占体；2—浮桥；3—立堵进占体

1) 堵口轴线选定后，在选定轴线上先要架设施工便桥（可做成浮桥）。然后从便桥上运送堵口材料，向口门处层层抛铺，直至高出上游水位为止。

2) 临水面要求按反滤层铺筑，先碎石（或卵石）再砾石、粗砂，最后抛填土料，以截断渗流。也有用埽捆及抛土闭气填筑法的。

平堵时口门的水深、流量和流速逐渐减小，因此冲刷较轻，但事先需架设施工便桥，一次性用材多且投资较大。平堵法适用于水头差较小、河床易于冲刷的情况。

（2）立堵。立堵法是在溃口两端向中间进占，最后合龙闭气。立堵法施工方便，可就地取材，投资较少。但立堵进占到一定程度时，口门流速增大，将加剧对地基的冲刷，合龙比较困难。因此，也有采用平堵与立堵相结合的方式。如图10－21（b）所示。即先将溃口处深槽部位进行平堵，然后再从溃口两端向中间进行立堵。在开始堵口时，一般流量较小，可用立堵快速进占。在缩小口门后，流量较大，再采用平堵的方式，减小施工难度。

在1998年的抗洪斗争中，借助人民解放军在工程和桥梁专业方面的经验，采用了“钢木框架结构，复合式防护技术”进行堵口合龙。这种方法是用$\phi40$左右的钢管间隔2.5m沿堤线固定成数个框架。钢管下端插入堤基2m以上，上端高出水面1～1.5m做护栏，将钢管以统一规格的连接器件组成框网结构，形成整体。在其顶部铺设跳板形成桥面，以便快速在框架内外由上而下，由里而外填塞料物袋，以形成石、钢、土多种材料构成的复合防护层。

2. *按抢堵材料及施工特点分类*

堵口的方法，按抢堵材料及施工特点，可分为以下几种形式。

（1）直接抛石。在溃口直接抛投石料，要求石块不宜太小，溃口水流速度越大，进占所用的石料也越大，同时，抛石的速度也要相应加快。

（2）铅丝笼、竹笼装石或大块混凝土抛堵。当石料比较小时，可采用铅丝笼、竹笼装石的方法，连成较大的整体。也可用事先准备好的大块混凝土抛投体进行合龙，对于龙口流速较大者，也可将几个抛投体连接在一起，同时抛投，以提高合龙效果。

（3）埽工进占。埽工进占是我国传统的堵口方法，用柳枝、芦苇或其他树枝先扎成内包石料、直径0.1～0.2m的柴把子，再根据需要将柴把子捆成尺寸适宜的埽捆。埽工进占适用于水深小于3m的地区。由于水头大小不同，在工程布置上又可分为单坝进占和双坝进占。

1）单坝进占。当水头差较小时，用埽捆做成宽约2.0m的单坝，由口门两端向中间进占，坝后填土料，其坡度可采用1∶3～1∶5。

2）双坝进占。当水头差较大时，可用埽捆做两道坝，从口门两端同时向中间进占。两坝中间填土，宽8～10m，与坝后土料同时填筑。

无论是单坝进占还是双坝进占，坝后土料都应随坝同时填筑升高，防止埽捆被水流冲毁。最后合龙时可采用石枕、竹笼、铅丝笼，背水面以土袋或砂袋镇压。

（4）打桩进占。当堵口处为1.5m左右时，可采用打桩进占合龙。具体做法是先在两端加裹头保护，然后沿坝轴线打一排桩，其桩距一般为1～2m，若水压力大，可加斜撑以抵抗上游水压力。计划合龙处可打三排桩，平均桩距0.5m，桩的入土深度为2～3m，用铅丝把打好的桩连接起来。接着在桩上游面层草层土或竖立埽捆，同时后面填土进占。进占到一定程度，可只留合龙口门，然后将石枕、土袋、竹笼等抗冲能力强的材料迅速放进口门合龙，最后按反滤要求闭气封堵。

（5）沉船堵口。当堵口处水深流急时，可采用沉船抢堵决口，在口门处将水泥船排成一字形，船的数量应根据决口大小而定。在船上装土，使土体质量超过船的承载力而下沉，然后在船的背水面抛土袋和土料，用以断流。根据九江市城防堤决口抢险的经验，沉船截流在封堵决口的施工中起到了关键作用。沉船截流可以大大减小通过决口处的过流流量，从而为全面封堵决口创造条件。

在实现沉船截流时，由于横向水流的作用，船只定位较为困难，必须防止沉船不到位的情况发生。同时船底部难与河滩底部紧密结合，在决口处高水位差的作用下，沉船底部流速仍很大，淘刷严重，必须迅即抛投大量料物，堵塞空隙。

堤防决口抢堵，是一项十分紧急的任务。事先要做好准备工作，如对口门附近河道地形、地质进行周密勘察分析，测量口门纵横断面及水力要素，组织施工、机械力量，备足材料等；堵口方法要因地制宜；抢堵速度要快，一气呵成；注意保证工程质量和工作人员的人身安全。

【案例】 汉水王家营堵口

王家营堤段位于湖北省钟祥县汉水下游左岸，历来是汉水防洪的险要堤段，保卫着汉北平原区的安全。1921 年 7 月上旬上游发生暴雨，12 日丹江口出现洪峰，据推算，流量为 38000m^3/s，居 1583 年以来历史洪水的第 7 位。王家营堤段发生大溃口，口门全长 5240m，主要过流段 1100m，溃口水量淹没汉北平原，殃及钟祥、天门、汉川等 11 个县，灾害很重。汛后，地方政府组织数千人，施工 50 余天，堵口成功，如图 10－22 所示。

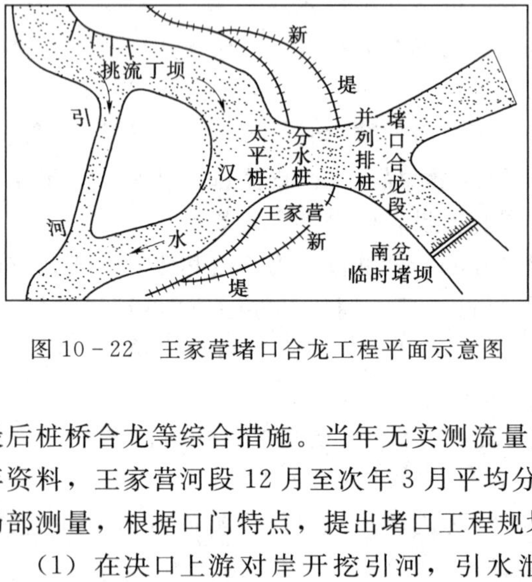

图 10－22 王家营堵口合龙工程平面示意图

王家营决口位于河道凹岸，迎流直冲，属于夺河性溃决。本堤段基础组成主要为粉细砂，口门冲深达地面以下 3～4m，大量水流不断向汉北区倾泄。此次堵口，采取因势制宜，就地取材，立堵平堵结合，最后桩桥合龙等综合措施。当年无实测流量资料。据王家营下游新城水文站 1950～1977 年资料，王家营河段 12 月至次年 3 月平均分月流量 529～780m^3/s。此次堵口在前期做了局部测量，根据口门特点，提出堵口工程规划。具体方法如下：

（1）在决口上游对岸开挖引河，引水泄至决口下游，以减少口门的进流量，降低水位。

（2）在决口上游同岸建挑流坝，挑开溜势，扩大引河分流效果。

（3）修筑堵坝。堵坝的设计和施工方法如下。

1）选择堤线。考虑合龙与堤线的要求，选在地基较好，水流较缓，水深较浅地带。

2）两端进占。就近取土做新堤，高出水面 1m 多，总土方 49 万 m^3。

3）打桩填埽。向中央进占，口门渐窄，流速加大，引起冲刷时，沿堤边线上下游各打桩 1 排，桩长 8m，入土 4.5m，沿桩填埽以阻水溜，埽内填土。每日收工前，在端头加做埽工裹头防冲。

4）埽工。分泥埽与清埽，前者以绳索数根上铺芦柴一层，加土约 350kg，捆成直径 45 cm，长 3～3.5m 的圆捆，两端填实，用于深水区；后者捆法与泥埽相似，重 50 余 kg，成青果形，适于浅水区。

5）合龙，打桩架桥，两端进占。口门收缩到预定地段，宽 64m 时，在龙口上打桩 1 排，为分水桩，以阻溜直冲龙口，致使水流向原河槽下泄。在分水桩前再打 1 排太平桩，防止冬季施工期冰凌撞击，并以铁丝牵制分水桩。在龙口打桩 5 排，形成 4 条巷道，桩长 11m，入土 5m。桩顶用粗绳缠牢，短木绞紧，再系横木，垂直于水流向，以螺栓、铁钉扣牢，然后加铺面板，构成工作桥，以满足施工抛放草埽、麻袋、土包等的需要。麻袋装砂，满度以 70%为限，并加缝口。草埽是用散草和绳索捆成，每个加土 50 余 kg，略成球状，草绳纵横交织，俗称土球，用于合龙闭气。在抛泥埽前，先抛土球层使底面略平一些。

合龙前用土料装好麻袋 8 万个，土球 10 万个，并备好工具和料物，组织壮劳力 5000 余人。抛放时，在 4 个巷道的上游一齐抛填泥埽及土球，其下游巷道抛填沙袋。合龙的紧要关头，鸣锣击鼓，一鼓作气，半天的紧张施工截断了水流。当时漏水严重，又加抛沙袋、土球，并在临水面作戗堤，至此完全断流闭气。

此外，为了抬高口门下游水位，减少合龙时的龙口水位差，合龙前在龙口下游溃口冲成的两个岔道之一的南岔上，打桩下埽，筑一处堵坝，作为合龙的辅助措施。

八、涵闸抢险

涵闸及穿堤管道往往是防汛中的薄弱环节。由于设计考虑不周、施工质量差、管理运用不善等方面的原因，汛期常出现水闸滑动、闸顶漫溢、涵闸漏水、闸门操作失灵、消能工冲刷破坏、穿堤管道出险等故障。通常采用的抢险方法简述如下。

（一）水闸滑动抢险

水闸下滑失稳的主要原因有：上游挡水位偏高，水平水压力增大；扬压力增大，减少了闸室的有效质量，从而减小了抗滑力；防渗、止水设施破坏或排水失效，导致渗径变短，造成地基土壤渗透破坏，降低地基抗滑力；发生地震等附加荷载。水闸滑动抢险的原则是："减少滑动力、增大抗滑力，以稳固工程基础"。抢护方法如下。

（1）闸上加载增加抗滑力。即在闸墩、桥面等部位堆放块石、土袋或钢铁块等重物，加载量由稳定核算确定。加载时注意加载量不得超过地基承载力；加载部位应考虑构件加载后的安全和必要的交通通道；险情解除后应及时卸载。

（2）下游堆重阻滑。在水闸可能出现的滑动面下端，堆放土袋、石块等重物。其堆放位置和数量可由抗滑稳定验算确定。堆重阻滑如图 10－23 所示。

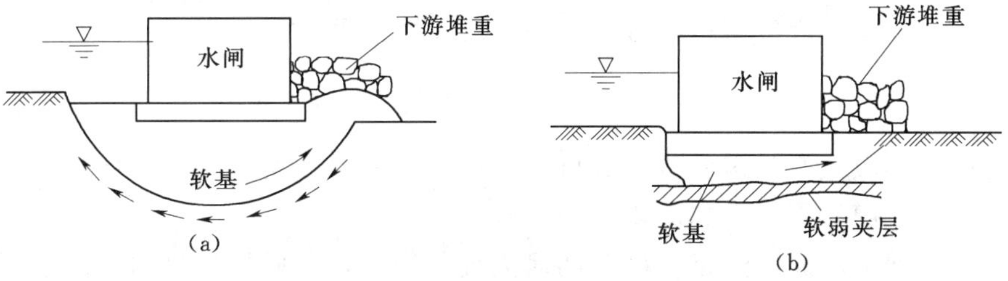

图 10－23　下游堆重阻滑示意图

（a）圆弧滑动；（b）混合滑动

（3）蓄水反压减少滑动力。在水闸下游一定范围内，用土袋或土筑成围堤，壅高水位，减小上下游水头差，以抵消部分水平推力，如图 10－24 所示。围堤高度根据壅水需要而定，断面尺寸应稳定、经济。若下游渠道上建有节制闸，且距离又较近时，关闸壅高水位，也能起到同样的作用。

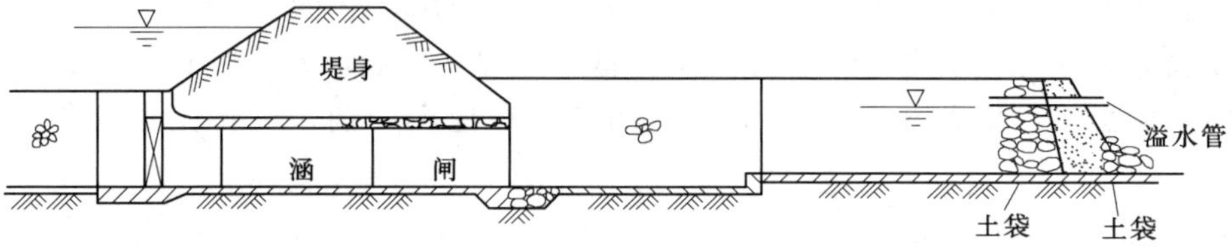

图 10－24 下游围堤蓄水反压示意图

（二）闸顶漫溢抢护

涵洞式水闸埋设于堤内，防漫溢措施与堤坝的防漫溢措施基本相同，这里介绍的是开敞式水闸防漫溢抢护措施。

造成水闸漫溢的主要原因是设计挡洪标准偏低或河道淤积，致使洪水位超过闸门或胸墙顶部高程。抢护措施主要是在闸门顶部临时加高。

（1）无胸墙开敞式水闸漫溢抢护。当闸孔跨度不大时，可焊一个平面钢架，其网格不大于 0.3m×0.3m，用临时吊具或门机将钢架吊入门槽内，放在关闭的闸门顶上，靠在门槽下游侧，然后在钢架前部的闸门顶分层叠放土袋，迎水面用篷布或土工膜挡水，亦可用 2～4cm 厚木板，拼紧靠在钢架上，在木板前放一排土袋压紧，以防漂浮，如图 10－25 所示。

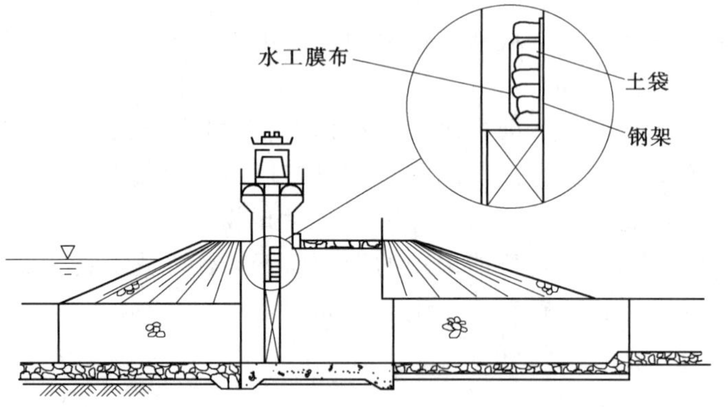

图 10－25 无胸墙开敞式漫溢抢护示意图

（2）有胸墙开敞式水闸漫溢抢护。可以利用闸前的工作桥在胸墙顶部堆放土袋，迎水面要压篷布或土工膜布挡水，如图 10－26 所示。

上述两种情况下堆放的土袋，应与两侧大堤相衔接，共同抵挡洪水。注意闸顶漫溢的土袋高度不宜过大。若洪水位超过过大，可考虑抢筑闸前围堰，以确保水闸安全。

上述两种情况下堆放的土袋，应与两侧大堤相衔接，共同抵挡洪水。注意闸顶漫溢的土袋高度不宜过大。若洪水位超过过大，可考虑抢筑闸前围堰，以确保水闸安全。

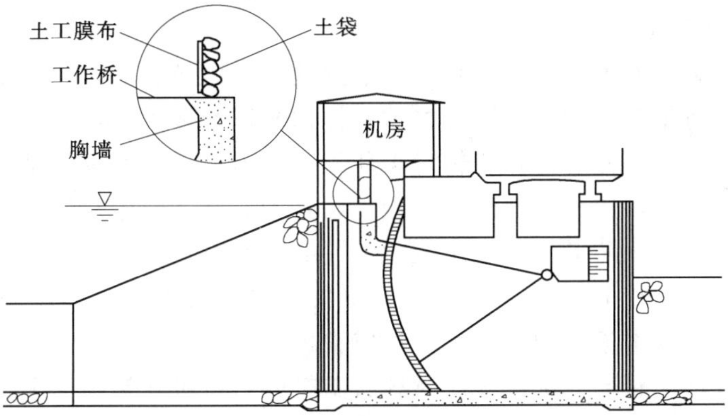

图 10－26　有胸墙开敞式闸漫溢抢护示意图

（三）闸门漏水抢护

如闸门止水橡皮损坏，可在损坏的部位用棉絮等堵塞。如闸门局部损坏漏水，可用木板外包棉絮进行堵塞。当闸门开启后不能关闭，或闸门损坏大量漏水时，应首先考虑利用检修闸门或放置叠梁挡水，若不具备这些条件，常采用以下办法封堵孔口。

(1) 篷布封堵。若孔口尺寸不大，水头较小时，可用篷布封堵。其施工方法是：将一块较新的篷布，用船拖至漏水进口以外，篷布底边下坠块石使其不致漂起，再在顶边系绳索，岸上徐徐收紧绳索，使篷布张开并逐渐移向漏水进口，直至封住孔口。然后把土袋、块石等沿篷布四周逐渐向中心堆放，直至整个孔口全部封堵完毕。切忌先堆放中心部分，而后向四周展开，这样会导致封堵失败。

(2) 临时闸门封堵。当孔口尺寸较大、水头较高时，可按照涵闸孔口尺寸，用长圆木、角钢、混凝土电杆等杆件加工成框架结构，框架两边可支承在预备门槽内或闸墩上。然后在框架内竖直插放外裹棉絮的圆木，使其一根紧挨一根，直至全部孔口封堵完毕。如需闭浸止水，可在圆木外铺放止水土料。

(3) 封堵涵管进口。对于小型水库，常采用斜拉式放水孔或分级斜卧管放水孔，若闸门板破裂或无法关闭时，可采用网孔不大于 20cm×20cm 的钢筋网盖住进水孔口，再抛以土袋或其他堵水物料止水。对于竖直面圆形孔，可用钢筋空球封堵。钢筋空球是用钢筋焊一空心圆球，其直径相当于孔口直径的 2 倍。待空球下沉盖住孔口后，再将麻包、草袋（装土 70%）抛下沉堵。如需要闭浸止水，再在土袋堆体上抛撒黏土。对于竖直面圆形孔，也可用草袋装砂石料，外包厚 20～30cm 的棉絮，用铅丝扎成圆球，并用绳索控制下沉，进行封堵。

（四）闸门不能开启的抢护

由于闸门启闭螺杆折断，无法开启时，可派潜水员下水探清闸门卡阻原因及螺杆断裂位置，用钢丝绳系住原闸门吊耳，临时抢开闸门。

采用多种方法仍不能开启闸门或开启不足，而又急需开闸泄洪时，可立即报请主管部门，采用炸门措施，强制泄洪。这种方法只能在万不得已时才采用，同时尽可能只炸开闸门，不损坏闸的主体部位，最大限度的减少损失。

（五）消能工破坏的抢护

涵闸和溢洪道下游的消能防冲工程，如消力池、消力槛、护坦、海漫等，在汛期过水时被冲刷破坏的险情是常见的现象。可根据具体情况进行抢护。

(1) 断流抢护。条件允许时，应暂时关闭泄水闸孔，若无闸门控制，且水深不大时，可用土袋堵塞断流。然后在冲坏部位用速凝砂浆补砌块石，或用双层麻袋填补缺陷，也可用打短桩填充块石或埽捆防护。若流速较大，冲刷严重时，可先抛一层碎石垫层，再采用柳石枕或铅丝笼等进行临时防护。要求石笼（枕）的直径约 0.5～1.0m，长度在 2m 以上，铺放整齐，纵向与水流方向一致，并连成整体。

(2) 筑潜坝缓冲。对被冲部位除进行抛石防护外，还可在护坦（海漫）末端或下游做柳枕潜坝或其他形式的潜坝，以增加水深，缓和冲刷，如图 10－27 所示。

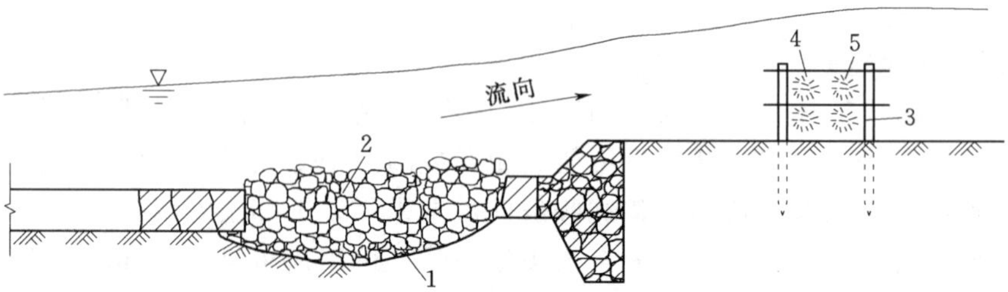

图 10－27 柳捆壅水防冲示意图

1—冲刷坑；2—抛石；3—木桩；4—柳捆；5—铁丝

（六）穿堤管道险情抢护

穿堤的各种管道，如虹吸管、泵站出水管、输油管、输气管等，一般多为铸铁管、钢管或钢筋混凝土管。易出现的问题是，管接头开裂、管身断裂或管壁锈蚀穿孔，造成漏水(油)，冲刷并淘空堤身，危及堤坝安全。引起的主要险情有接触面渗流、堤内洞穴、坍塌等，因此要及时抢护。

(1) 临河堵漏。当漏洞发生在管道进口周围时，可用棉絮等堵塞。在静水或流速很小时，可在漏洞前用土袋抛筑月堤，抛填黏土封堵。

(2) 压力灌浆截渗。在沿管壁周围集中渗流的范围内，可用压力灌浆方法堵塞管壁四周孔隙或空洞，浆液可用水泥黏土浆（水泥掺土重的 10%～15%），一般先稀后浓，为加速凝结，提高阻渗效果，浆内可加适量的水玻璃或氯化钙等速凝剂。

(3) 洞内补漏。对于内径大于 0.7m 的管道，最好停水，派人进入管内，用沥青或桐油麻丝、快凝水泥砂浆或环氧砂浆，将管壁上的孔洞和接头裂缝紧密堵塞修补。

(4) 反滤导渗。如渗水已在背水堤坡或出水池周围逸出，要迅速抢修砂石反滤层导渗，或筑反滤围井导渗、压渗。

涵闸下游基础渗水处理措施也是修砂石反滤层或围井导渗。

涵闸岸墙与堤坝连接处，极易形成漏水通道，危及堤坝安全。它的处理方法也是上述的临河堵塞、灌浆和背河导渗。

强 化 训 练

一、名词解释

1. 散浸

2. 漏洞

3. 管涌

4. 吹填固堤

二、填空题

1. 洪水浸顶的抢护原则是____________，加高堤坝增加挡水高度及____________。

2. 散浸的抢护原则是__________________。

3. 漏洞的抢护原则是__________________。

4. 管涌的抢护原则是__________________。

5. 水闸滑动的抢护原则是______________。

6. 临水崩塌的抢护是__________________。

7. 防汛抢险应急预案应包括______保障、______保障、______保障、______保障和其他保障。

三、选择题

1. 若发生多处决口，堵口顺序错误的是（　　）。

A. 先堵下游，后堵上游　　B. 先堵小口，后堵大口

C. 小口在上游，大口在下游，先堵小口　　D. 小口在上游，大口在下游，先堵大口

2. （　　）多出现在沙层较高，黏土覆盖层较薄，土质松散，主流近岸的河岸。

A. 弧形矬崩　　B. 条形倒崩　　C. 风浪洗崩　　D. 滑崩

3. （　　）是在溃口两端向中间进占，最后合龙闭气。

A. 平堵法　　B. 立堵法　　C. 平、立堵结合法　　D. 立、平堵结合法

4. 水库堤坝中白蚁多属于（　　）。

A. 木栖白蚁　　B. 土栖白蚁　　C. 土木两栖白蚁　　D. 土水两栖白蚁

5. （　　）是一种古老而行之有效、且比较彻底的灭蚁方法。

A. 诱杀法　　B. 诱饵法　　C. 挖穴取巢　　D. 灌填

6. 大坝溃决分析不包括（　　）。

A. 分析水库溃坝形式　　B. 进行溃坝洪水计算

C. 分析洪水预报精度　　D. 绘制水库溃坝风险图

四、简答题

1. 为什么说堤防比水库防汛抢险任务重？

2. 堤防外部检查有哪些内容？堤防内部隐患检查有哪些方法？

3. 堤防常见病害有哪些？

4. 试述吹填固堤的施工特点？

5. 白蚁在土质堤坝中的分布规律有哪些？

6. 预防堤坝发生白蚁的措施有哪些？

7. 堤坝发生白蚁后有哪些方法灭治?

8. 防汛准备包括哪些方面的工作?

9. 巡堤查险应制定哪些制度?巡堤时应做到哪“五到”和哪“三快”?

10. 编制防汛抢险预案的目的和基本原则是什么?

11. 防汛抢险应急预案的基本内容有哪些?

12. 编制防汛抢险应急预案应注意哪些事项?

13. 抢险子堤的型式有哪几种?它们各适应什么条件?

14. 散浸的原因是什么?抢护散浸的方法有哪些?

15. 探测漏洞有哪些方法?为什么采用“滤水围井”抢护漏洞险情?绘出“滤水围井”示意图。

16. 什么是管涌险情?它的抢护方法有哪些?

17. 防止风浪淘刷的抢护方法有哪些?

18. 闸门损坏、大量漏水时常采用哪些方法封堵?

五、实训题

根据实际资料,编制一份防汛抢险预案。

参 考 文 献

[1] 水利电力部水文水利管理司．水工建筑物养护修理工作手册［M］．北京：水利电力出版社，1979.

[2] 水利部农村水利司，灌溉管理手册［M］．北京：中国水利水电出版社，1994.

[3] SL 210—98 土石坝养护修理规程［S］．北京：中国水利水电出版社，1998.

[4] SL 230—98 混凝土坝养护修理规程［S］．北京：中国水利水电出版社，1999.

[5] SL75—94 水闸技术管理规程［S］．北京：中国水利水电出版社，1998.

[6] SL 703—81 河道堤防工程管理通则［S］．北京：水利出版社，1981.

[7] 水利部农村水利司．供水工程规划［S］．北京：中国水利水电出版社，1995.

[8] 水利部水利管理司，中国水利学会水利管理专业委员会．小型水库管理丛书．第三分册．运行管理．北京：中国水利水电出版社，1994.

[9] 水利部水利管理司，中国水利学会水利管理专业委员会．小型水库管理丛书．第二分册．安全检查与加固［M］．北京：中国水利水电出版社，1994.

[10] 水利部水利管理司，中国水利学会水利管理专业委员会．小型水库管理丛书．第四分册．防汛与抢险［M］．北京：中国水利水电出版社，1994.

[11] 牛运光．土坝安全与加固［M］．北京：中国水利水电出版社，1998.

[12] 梅孝威．水利工程管理［M］．北京：中国水利水电出版社，2005.

[13] 石自堂．水利工程管理［M］．武汉：武汉水利电力大学出版社，2000.

[14] 陈良堤．水利工程管理［M］．北京：中国水利水电出版社，2005.

[15] 梅孝威．水利工程经营管理［M］．西安：地图出版社，1998.

[16] 梅孝威．治河与防洪［M］．郑州：黄河水利出版社，2004.

[17] 谭界雄，高大水，周和清，等．水库大坝加固技术［M］．北京：中国水利水电出版社，2011.

[18] 易晶萍．病害水工程维护与管理［M］．北京：中国水利水电出版社，2007.

[19] 张世瑕．村镇供水［M］．北京：中国水利水电出版社，2005.

[20] 周为民，陈柏荣，章喆，等．防汛与抢险技术［M］．郑州：黄河水利出版社，2010.

[21] 李宗尧．节水灌溉技术［M］．北京：中国水利水电出版社，2010.

[22] 邓念武．大坝变形监测技术［M］．北京：中国水利水电出版社，2010.